住房和城乡建设领域专业人员岗位培训考核系列用书

施工员专业管理实务
（装饰装修）

江苏省建设教育协会　组织编写

中国建筑工业出版社

图书在版编目(CIP)数据

施工员专业管理实务（装饰装修）/江苏省建设教育协会组织
编写. —北京：中国建筑工业出版社，2014.9
住房和城乡建设领域专业人员岗位培训考核系列用书
ISBN 978-7-112-17264-1

Ⅰ. ①施… Ⅱ. ①江… Ⅲ. ①建筑工程-工程施工-岗位培
训-教材②建筑装饰-工程施工-岗位培训-教材 Ⅳ. ①TU7

中国版本图书馆 CIP 数据核字（2014）第 215738 号

本书是《住房和城乡建设领域专业人员岗位培训考核系列用书》中的
一本，依据《建筑与市政工程施工现场专业人员职业标准》编写，供施工
员（装饰装修）学习专业管理实务知识使用。全书共分 17 章，内容包括：
吊顶工程；轻质隔墙工程；抹灰工程；墙柱饰面工程；裱糊、软硬包及涂
饰工程；楼地面工程；细部工程；防水工程；幕墙工程；门窗工程；建筑
安装工程；软装配饰工程；施工项目管理概论；施工项目质量管理；施工
项目进度管理；施工项目成本管理；施工项目安全管理与职业健康。本书
可作为施工员（装饰装修）岗位培训考核的指导用书，又可作为施工现场
相关专业人员的实用手册，也可供职业院校师生和相关专业技术人员参考
使用。

* * *

责任编辑：刘　江　岳建光　万　李
责任设计：王国羽
责任校对：李美娜　赵　颖

住房和城乡建设领域专业人员岗位培训考核系列用书
施工员专业管理实务
（装饰装修）
江苏省建设教育协会　组织编写

*

中国建筑工业出版社出版、发行（北京西郊百万庄）
各地新华书店、建筑书店经销
北京红光制版公司制版
环球印刷（北京）有限公司印刷

*

开本：787×1092 毫米　1/16　印张：24½　字数：595 千字
2014 年 11 月第一版　2015 年 6 月第三次印刷
定价：**63.00** 元
ISBN 978-7-112-17264-1
（26037）

住房和城乡建设领域专业人员岗位培训考核系列用书

编 审 委 员 会

主　任：杜学伦

副主任：章小刚　　陈　曦　　曹达双　　漆贯学

　　　　金少军　　高　枫　　陈文志

委　员：王宇旻　　成　宁　　金孝权　　郭清平

　　　　马　记　　金广谦　　陈从建　　杨　志

　　　　魏德燕　　惠文荣　　刘建忠　　冯汉国

　　　　金　强　　王　飞

出 版 说 明

为加强住房城乡建设领域人才队伍建设，住房和城乡建设部组织编制了住房城乡建设领域专业人员职业标准。实施新颁职业标准，有利于进一步完善建设领域生产一线岗位培训考核工作，不断提高建设从业人员队伍素质，更好地保障施工质量和安全生产。第一部职业标准——《建筑与市政工程施工现场专业人员职业标准》（以下简称《职业标准》），已于 2012 年 1 月 1 日实施，其余职业标准也在制定中，并将陆续发布实施。

为贯彻落实《职业标准》，受江苏省住房和城乡建设厅委托，江苏省建设教育协会组织了具有较高理论水平和丰富实践经验的专家和学者，以职业标准为指导，结合一线专业人员的岗位工作实际，按照综合性、实用性、科学性和前瞻性的要求，编写了这套《住房和城乡建设领域专业人员岗位培训考核系列用书》（以下简称《考核系列用书》）。

本套《考核系列用书》覆盖施工员、质量员、资料员、机械员、材料员、劳务员等《职业标准》涉及的岗位（其中，施工员、质量员分为土建施工、装饰装修、设备安装和市政工程四个子专业），并根据实际需求增加了试验员、城建档案管理员岗位；每个岗位结合其职业特点以及培训考核的要求，包括《专业基础知识》、《专业管理实务》和《考试大纲·习题集》三个分册。随着住房城乡建设领域专业人员职业标准的陆续发布实施和岗位的需求，本套《考核系列用书》还将不断补充和完善。

本套《考核系列用书》系统性、针对性较强，通俗易懂，图文并茂，深入浅出，配以考试大纲和习题集，力求做到易学、易懂、易记、易操作。既是相关岗位培训考核的指导用书，又是一线专业人员的实用手册；既可供建设单位、施工单位及相关高、中等职业院校教学培训使用，又可供相关专业技术人员自学参考使用。

本套《考核系列用书》在编写过程中，虽经多次推敲修改，但由于时间仓促，加之编者水平有限，如有疏漏之处，恳请广大读者批评指正（相关意见和建议请发送至 JYXH05@163.com），以便我们认真加以修改，不断完善。

本书编写委员会

主　　编：杨　志

副 主 编：吴俊书　谭福庆

编写人员：吴俊书　谭福庆　顾晓峰　徐秋生

　　　　　黄建国　吴德炫　陈　胜　黄　玥

　　　　　唐　江　胡本国　常　波　吴贞义

　　　　　李　明　邓文俊　刘国良　张淑华

　　　　　王　宏　李　勇　冯黎喆　孙栋梁

主　　审：刘清泉　朱炳生

前　　言

为贯彻落实住房城乡建设领域专业人员新颁职业标准，受江苏省住房和城乡建设厅委托，江苏省建设教育协会组织编写了《住房和城乡建设领域专业人员岗位培训考核系列用书》，本书为其中的一本。

施工员（装饰装修）培训考核用书包括《施工员专业基础知识（装饰装修）》、《施工员专业管理实务（装饰装修）》、《施工员考试大纲·习题集（装饰装修）》三本，反映了国家现行规范、规程、标准，并以建筑工程（装饰装修）施工技术操作规程和建筑工程（装饰装修）施工安全技术操作规程为主线，不仅涵盖了现场施工人员应掌握的通用知识、基础知识和岗位知识，还涉及新技术、新设备、新工艺、新材料等方面的知识。

本书为《施工员专业管理实务（装饰装修）》分册，系统阐述了施工员（装饰装修）工作中需要掌握的施工工艺流程和技术要求、施工安全和质量要求及施工现场管理知识，贴近施工员工作实际需要。全书共分17章，内容包括：吊顶工程；轻质隔墙工程；抹灰工程；墙柱饰面工程；裱糊、软硬包及涂饰工程；楼地面工程；细部工程；防水工程；幕墙工程；门窗工程；建筑安装工程；软装配饰工程；施工项目管理概论；施工项目质量管理；施工项目进度管理；施工项目成本管理；施工项目安全管理与职业健康。附录中对创精品工程、绿色装饰装修及最新的施工技术进行了解读。

本书在编写过程中得到江苏省装饰装修发展中心、苏州市住房和城乡建设局、苏州金螳螂建筑装饰股份有限公司、苏州智信建设职业培训学校等单位的支持与帮助，在此谨表谢意。

本书既可作为施工员（装饰装修）岗位培训考核的指导用书，又可作为施工现场相关专业人员的实用手册，也可供职业院校师生和相关专业技术人员参考使用。

目　　录

13

第1章 吊顶工程

1.1 吊顶工程概述

吊顶又称顶棚，是建筑装饰工程的一个重要子分部。吊顶具有保温、隔热、隔声和吸声的作用，也是隐蔽电气、暖卫、通风空调、通信和防火、报警管线设备等的隐蔽层。本章主要介绍的是悬吊式吊顶。

1. 基本构造

吊顶工程的构造由支承、基层和面层三部分组成，其构造如图1-1所示。

（1）支承部分：由吊杆和主龙骨组成。吊杆又称吊筋，是主龙骨与结构层（楼板或屋架）连接的构件，一般预埋在结构层内，也可以采用后置埋件，建筑装饰装修多采用后置埋件；主龙骨又称承载龙骨或大龙骨，主龙骨与吊杆相连接。

（2）基层：由次龙骨、横撑龙骨和吊挂件组成。是固定顶棚面层的主要构件，并将承受面层的重量传递给支承部分，同时基层材料必须达到防火等级要求。

（3）面层：是顶棚的装饰层，使顶棚达到既有吸声、隔热、保温、防火等功能，又具有美化环境的效果。

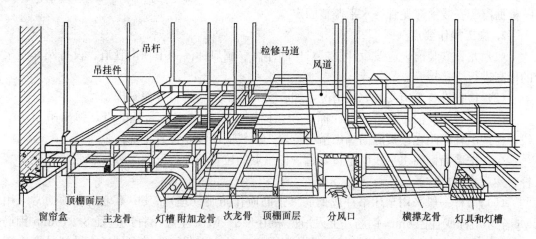

图1-1　吊顶装配示意图

除了以上所述的吊顶体系，还有一类集成吊顶，是由装饰模块、功能模块（包括照明、通风、供暖等设施）及构配件组成的，可以在工厂预制并在现场自由组合的多功能一体化吊顶。

2. 吊顶工程的分类

按照施工工艺不同，分为整体面层吊顶、板块面层吊顶和格栅吊顶。

（1）整体面层吊顶

整体面层吊顶是指面层材料接缝不外露的吊顶。通常以轻钢龙骨、铝合金龙骨和木龙骨等为骨架，以石膏板、水泥纤维板、金属板和木板等为饰面材料。

（2）板块面层吊顶

板块面层吊顶是指面层材料接缝外露的吊顶。通常以轻钢龙骨、铝合金龙骨和木龙骨等为骨架，以石膏板、金属板、矿棉板、木板、塑料板、玻璃板、石材板和复合板等为饰面材料。

（3）格栅吊顶

格栅吊顶是指由条状或点状等材料不连续安装的吊顶。通常以轻钢龙骨、铝合金龙骨和木龙骨等为骨架，以金属、木材、塑料复合材料等为饰面材料。

1.2 吊顶龙骨施工

常用吊顶龙骨主要为轻钢龙骨、铝合金龙骨、型钢材料。传统的木龙骨整体做法因吊顶防火要求较严，在公共建筑空间目前已经限制使用，仅在一些吊顶造型处（如转角、跌级、窗帘盒等部位）局部使用。

1.2.1 轻钢龙骨施工

1. 施工流程

施工前准备→墙柱面上弹出标高线→楼板底面按吊杆间距弹出吊杆布置线→按标高线安装墙面边龙骨→安装吊杆→安装主龙骨→按标高线及起拱要求调整主龙骨→固定次龙骨→根据需要安装横撑龙骨→水平调整固定。

2. 施工操作要点（图 1-2）

（1）龙骨安装前，应按设计要求对房间净高、洞口标高和吊顶内管道、设备及其支架的标高进行交接检验。

（2）检查设备管道安装完成情况，如有交叉施工，应进行合理安排。

（3）龙骨安装前，先按照设计标高在四周墙柱面上测定标高基准点，弹出吊顶水平线；再按吊杆间距在楼板底面画出吊杆位置。弹线应清晰，位置正确。

（4）按墙面标高水平线固定边龙骨，按吊点的位置钻孔，安装带镀锌膨胀管的全牙螺杆，然后将螺母拧紧。

（5）吊杆一般采用全牙吊杆或钢筋（钢筋应作防腐处理），其中不上人吊顶通常采用 M6 全牙吊杆或直径 6mm 钢筋，上人吊顶采用 M8～M10 全牙吊杆或直径 8～10mm 钢筋。吊杆间距应小于 1.2m。当吊杆与设备管道相遇时，应调整并增设吊杆；吊杆长度大于 1.5m 时，应设置反支撑。当吊杆与设备相遇时，应调整并增设吊杆或采用型钢支架。

（6）吊杆与主龙骨用吊挂件连接。吊挂件安装时注意正反固定，吊杆应垂直吊挂，旋紧双面丝扣。吊杆距主龙骨端部距离不大于 300mm，否则应增设吊杆。主龙骨与吊挂件分上人和不上人两种，上人吊顶的主龙骨应选用 U 形或 C 形高度在 50mm 及以上型号的上人龙骨，其厚度应不小于 1.2mm。主龙骨的间距应不大于 1.2m，靠墙第一根主龙骨距离墙面不大于 300mm。

（7）用连接件将次龙骨与主龙骨固定，次龙骨长度方向可用接插件连接，再用支托将

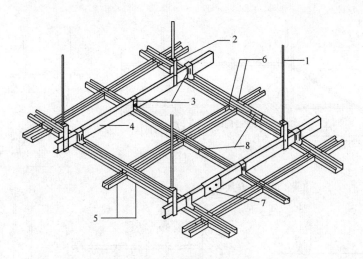

图 1-2　U形龙骨吊顶示意图

1—吊杆；2—吊件；3—挂件；4—承载龙骨（主龙骨）；5—覆面龙骨（次龙骨和横撑龙骨）；
6—挂插件；7—承载龙骨连接件；8—覆面龙骨连接件

横撑龙骨安装于次龙骨上。

（8）龙骨的安装，一般是按照预先弹线的位置，从一端依次安装到另一端，如果有高低跨，常规做法是先安装台阶、灯槽侧板，然后高跨部分，再安装低跨部分。对于检修孔、上人孔、通风口、灯带、灯箱等部位，在安装龙骨的同时，应将尺寸及位置按设计要求留出，将封边横撑龙骨安装完毕。主次龙骨必须让开灯孔、喇叭等设备。

（9）在安装龙骨时，根据标高控制线使龙骨就位，龙骨的安装与调平应同时完成。调平龙骨时应考虑吊顶中间部分起拱，一般为短跨的1/200。走道长度超过15m或面积大于100m²、或在吊顶转角处应预留伸缩缝，主次龙骨及面层必须断开。遇到建筑变形缝处时，吊顶宜随变形缝断开。

1.2.2　铝合金龙骨施工

1. 施工流程

施工流程同轻钢龙骨施工。

2. 施工操作要点（图1-3）

（1）吊杆与主龙骨的安装参见1.2.1小节第2条(1)～(4)款。

（2）铝合金边龙骨沿标高水平线固定于墙面，铝合金主向龙骨按框架尺寸用连接件与主龙骨固定，然后将铝合金横撑龙骨接插于主向龙骨的插口里。铝合金龙骨的接缝应平整、吻合。铝合金主龙骨一般按房间、走道长方向走向。

（3）铝合金龙骨的安装与调平应同时完成。调平龙骨时应考虑吊顶中间部分起拱，一般为短跨的1/200。

（4）铝合金龙骨的框架布置模数一般为600mm×600mm，饰面材料尺寸与之协调统一。根据设计要求框架也可布置成600mm×1200mm、300mm×1200mm，饰面材料配套使用。铝合金龙骨格栅吊顶，格栅尺寸根据设计要求一般为100mm×100mm、150mm×150mm、200mm×200mm。

3

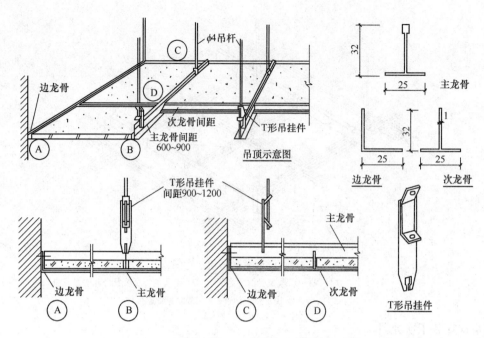

图 1-3　T形、L形铝合金吊顶龙骨安装示意

（5）吊顶面板上的格栅灯具、风口算子等设备尺寸应与铝合金龙骨框架模数协调一致。

1.2.3　木龙骨施工

1. 施工流程

施工流程同轻钢龙骨施工。防火要求高的建筑室内空间应限制木龙骨的使用量，大面积吊顶建议仅在局部造型处使用。

2. 施工操作要点（图 1-4）

（1）根据设计标高，在四周墙柱面上弹出吊顶水平线，弹线应清晰，位置正确。

（2）吊杆的安装参见 1.2.1 节第 2 条(1)～(3)款。使用木吊杆时，仅限非保温轻型吊顶。断面尺寸常用 40mm×60mm，30mm×50mm。间距按设计要求。木吊顶与天棚顶基层连接不得使用木榫。

（3）根据设计要求进行分档画线，档的大小应与面层板尺寸相适应。主龙骨间距一般控制在 600～800mm，次龙骨的间距控制在 300～400mm。钉固时要先钉主龙骨，后钉次龙骨。

（4）主龙骨安装，一般采用 40mm×60mm 或 50mm×70mm 的方木，用吊挂件与吊杆连接或吊杆穿过主龙骨固定连接。

（5）次龙骨安装，一般采用 25mm×40mm 或 30mm×50mm 方木。次龙骨安装前需将确定的面层刨平刨光，以保证吊顶的面层平顺光滑。沿墙龙骨按墙面标高水平线用木楔固定墙面，次龙骨用铁钉与主龙骨钉牢，选用的钉子长度为 60～80mm，以保证能够斜向穿过次龙骨与主龙骨牢固连接。次龙骨与主龙骨垂直安装。钉中间部分的次龙骨时，要按规定调整主龙骨的起拱高度，一般 7～10m 跨度的房间起拱 3‰；10～15m 跨度的房间起

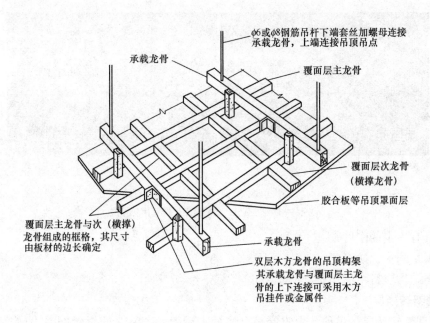

图 1-4 木龙骨吊顶安装示意

拱 5‰，起拱高度偏差控制在±10mm 以内。

（6）木龙骨与墙体等接触处应进行防腐处理，木吊杆、木龙骨周边应涂刷防火涂料 2～3 遍，并应符合有关设计防火规范的规定。

1.2.4 吊顶反支撑及钢架转换层施工

1. 吊顶反支撑基本概念

反支撑的作用主要是当室内产生负风压的时候，控制吊顶板面向上或横向移动。如板面受到风荷载作用，板面会上下浮动，吊杆通常是用 $\phi6$、$\phi8$ 或 $\phi10$ 的钢筋制作的，它可以控制板面向下的移动，而不能控制板面向上的移动，用反支撑可以撑住板面不让板面向上或横向移动，从而达到控制板面变形的作用。

反支撑适用在：装饰吊顶完成面到建筑楼盖底面的距离大于 1.5m、小于 2.5m 的范围内。大于这个范围需要设置钢架的转换层结构。

2. 吊顶反支撑常规做法

反支撑结构的上部需要与建筑结构或承重构件相连，保证合理安排间距和受力位置，一般可以通过如使用：化学螺栓、膨胀螺栓、钢结构抱箍等方法与建筑承重体固定。反支撑的结构材料一般为角钢、槽钢、方管（作镀锌处理）。满焊为三角形框架，三角形框架底边位于上方，尖角向下固定吊杆。防止吊顶在气压变化的时候向上变形，形成穹顶，造成吊顶破坏。

在反支撑安装的布局上，反支撑应设置在主龙骨主节点（主龙骨与吊杆连接点），应为梅花形分布，角钢制作反支撑如图 1-5。常规做法反支撑间距不大于 3 倍吊杆间距，距墙体不应大于 1800mm，中间可以使用丝杆拉紧，丝杆间距不大于 1200mm。

3. 吊顶反支撑施工注意事项

反支撑一般使用型钢或轻钢龙骨，但是要满足以下条件：

(a)　　　　　　　　　　　　　　(b)

图 1-5　角钢反支撑安装图

(a) 整体角钢转换层；(b) 槽钢丝杆互用转换层

1）具有一定的刚度；

2）满足防火、防腐要求；

3）与结构进行可靠连接。

4. 钢架转换层

　　吊顶钢架转换层是吊顶与上方楼板（屋面、屋架网架）之间设置的受力转换结构层。顶层屋面及已做好防水的楼面，在安装膨胀螺栓时控制打孔深度，避免影响、破坏屋面或楼板的防水层，转换层可采用 C 形钢作梁或钢桁架，如图 1-6 所示。

(a)　　　　　　　　　　　　　　(b)

图 1-6　转换层 C 形钢作梁或钢桁架

(a) C 形钢转换层；(b) 钢桁架转换层

　　吊顶钢架转换层的设置，通常有以下几种情形：

图 1-7　采用吊杆吊方管，方管与吊顶基层相连

　　（1）吊杆上部为网架或钢屋架不宜打孔装吊杆，以免影响结构安全，此时应设钢架转换层。网架顶钢架转换层承载点在网架的圆球位置或经原设计单位确认的位置，转换层应进行承载计算。

　　（2）吊顶面距上方楼板（屋面、屋架）高度在 2.5m 以上时，如直接设吊杆刚因吊杆过长不稳定，此时应设置钢架转换层。

　　（3）当吊杆与管道等设备相遇、吊顶

造型复杂或内部空间较高时，应调整吊杆间距、增设吊杆或增加钢结构转换层。吊杆不得直接吊挂在设备或设备的支架上。如图 1-7 所示。

当需要设置永久性马道时，马道应单独吊挂在建筑承重结构上，宽度不宜小于500mm，上空高度应满足维修人员通道的要求，两边应设防护栏杆，栏杆高度不应小于900mm，栏杆上不得悬挂任何设施或器具，马道应设置照明，并设置于人员进出的检修口。

1.3　吊顶面板施工

常用吊顶面板材料有石膏板、矿棉板、金属板、木板、塑料板及格栅饰面等，其中以纸面石膏板、矿棉板、铝板吊顶材料最为常见。近年还有一些透光膜、GRG 材料、GRC 材料、竹制品等新型材料的出现，极大地增加了吊顶的类型和饰面效果。

1.3.1　纸面石膏板面板施工

纸面石膏板吊顶的施工要点如下：

（1）纸面石膏板是轻钢龙骨吊顶饰面材料中最常用的罩面板，根据设计使用要求，可分别选用普通纸面石膏板、防火纸面石膏板和防潮纸面石膏板，常用厚度有 9.5mm、12mm 等。

（2）纸面石膏板安装可使用烤漆或镀锌的自攻螺钉与次龙骨、横撑龙骨固定，螺钉与板边的距离不得小于 10mm，也不宜大于 16mm，板四周钉距 150～200mm，钉头嵌入石膏板内 0.5～1mm，钉帽应刷防锈漆，并用石膏腻子抹平。

（3）铺设大块纸面石膏板时，应使板的长边（包封边）沿纵向次龙骨，板中间螺钉的间距 150～170mm，螺钉应与板面垂直且埋入板面，并不使纸面破损。

（4）为防止面层接缝开裂，铺设的石膏板之间留 4～6mm 缝隙或按 45°刨出倒角，底口宽度 2～3mm 用石膏腻子嵌缝刮平，再用专用接缝带粘贴。安装双层石膏板时，面层板与基层板的接缝应错开不小于 300mm，并不在同一根龙骨上接缝。

（5）纸面石膏板与龙骨固定，应从一块板的中部向板的四边固定，不能多点同时作业，以免产生内应力，铺设不平。

（6）顶面造型转角处宜采用 L 形整体石膏板防止面层接缝开裂。

（7）吊顶上的风口算子、灯具、烟感探头、喷淋洒头可在石膏板就位后安装，也可留出周围石膏板，待上述设备安装后再行安装。

1.3.2　矿棉板饰面施工

矿棉板饰面施工有以下几种方法。

（1）搁置法：可与铝合金和轻钢 T 形龙骨配合使用，龙骨安装调直找平后，可将饰面板搁置在主、次龙骨组成的框内，板搭在龙骨的肢上即可。饰面板的安装应稳固严密，与龙骨的搭接宽度应大于龙骨受力面宽度的 2/3。

（2）钉固法：在矿棉吸声板每四块的交角点和板的中心，用专门的塑料花托脚以螺钉固定在龙骨上。金属龙骨大多采用自攻螺钉，木龙骨大多用木螺钉。

（3）粘贴法：将矿棉吸声板用胶粘剂直接粘贴在平顶木条或其他吊顶小龙骨上。

（4）企口暗缝法：将矿棉吸声板加工成企口暗缝的形式。龙骨的两条肢插入暗缝内，不用钉，不用胶，靠两条肢将板担住。

1.3.3 金属板饰面施工

（1）金属饰面板常规种类

吊顶金属板材，根据材质的不同分为不锈钢板材、铝合金板、铝板、镀锌微薄铁板等。

金属板吊顶又分为不开孔和开孔饰面。开孔饰面具有吸收声音的作用。

吊顶型金属板材的常用规格：200mm×200mm，300mm×300mm，300mm×600mm，600mm×600mm，900mm×900mm等。厚度分为0.4～2.0mm。根据其构造和形状的不同特点分为：①铝合金条板吊顶型材；②铝合金方板吊顶型材；③铝合金格栅吊顶型材；④铝合金筒型吊顶型材；⑤铝合金挂片吊顶型材；⑥铝合金藻井顶棚型材；⑦不锈钢筒面吊顶。

常用金属板吊顶龙骨有轻钢龙骨和铝合金龙骨，吊顶龙骨施工见第二节。

（2）铝合金饰面板安装

铝合金饰面板常用卡式安装。铝合金饰面板与专用龙骨有卡接配套设计，饰面板可以很方便的卡入龙骨。

（3）铝塑饰面板安装

根据设计要求，裁成需要的形状，用胶贴在事先封好的底板上，可以根据设计要求留出适当的胶缝。胶粘剂粘贴时，涂胶应均匀；粘贴时，应采用临时固定措施，并应及时擦去挤出的胶液；在打封闭胶时，应先用美纹纸带将饰面板保护好，待胶打好后，撕去美纹纸带，清理板面。

（4）铝单板饰面安装

将板材加工折边，在折边上加上铝角，再将板材用拉铆钉固定在龙骨上，可以根据设计要求留出适当的胶缝，在胶缝中填充泡沫胶棒，在打封闭胶时，应先用美纹纸带将饰面板保护好，待胶打好后，撕去美纹纸带，清理板面。

1.3.4 格栅饰面施工

1. 木格栅吊顶施工

（1）施工流程

基层处理→弹线定位→单体构件拼装→单元安装固定→饰面成品保护。

（2）施工操作要点

1）基层处理：安装准备工作除与前边的吊顶相同外，还需对结构基底底面及顶棚以上墙、柱面及设备、管线等进行涂黑处理，或按设计要求涂刷其他深色涂料。

2）弹线定位：由于结构基底及吊顶以上墙、柱面部分已先进行涂黑或其他深色涂料处理，所以弹线应采用白色或其他反差较大的液体。根据吊顶标高，用“水柱法”在墙柱部位测出标高，弹出各安装件水平控制线，再从顶棚一个直角位置开始排布，逐步展开。

3）单体构件拼装：单体构件拼装成单元体可以是板与板的组合框格式、方木骨架与板的组合格式、盒式与方板组合式、盒与板组合式等，如图1-8、图1-9所示。

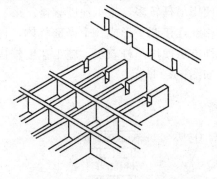

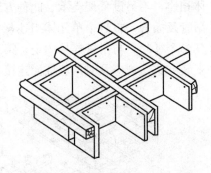

图1-8　木板方格式单体拼装　　　图1-9　方木骨架与板方格式单体拼装

4）单元安装固定：吊点的埋设大多采用金属膨胀螺栓，吊杆必须垂直于地面，且能与单元体无变形的连接，因此吊杆的位置可移动调整，待安装正确后再进行固定。

5）饰面成品保护：木质开敞式吊顶需要进行表面终饰。终饰一般涂刷高级清漆，以露出自然木纹。当完成终饰后安装灯饰等物件时，工人必须戴干净的手套仔细进行操作，对成品进行认真保护。必要时应覆盖塑料布、编织布加以保护。

2. 铝合金格栅吊顶施工

金属格栅型开敞式吊顶施工中广泛应用的铝合金格栅，是用双层0.5mm厚的薄铝板加工而成的，其表面色彩多种多样，单元体组合尺寸一般为610mm×610mm左右，有多种不同格片形状，但组成开敞式吊顶的平面图案大同小异。也可以现场编制格栅。

（1）施工准备：与前述各类开敞式吊顶施工准备工作相同。

（2）单体构件拼装：当格栅型铝合金板采用标准单体构件（普通铝合金板条）时，其单体构件之间的连接拼装，采用与网络支架作用相似的托架及专用十字连接（图1-10），一般大面积的铝格栅吊顶组装接口不能在同一直线，应现场错位编制施工，能确保平整度。当采用铝合金格栅式标准单体构件时，通常采用插接、挂件或榫接的方法，如图1-11所示。

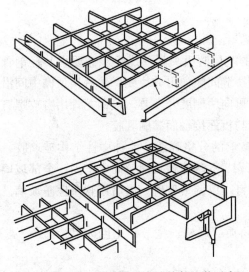

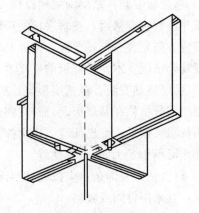

图1-10　铝合金格栅以十字连接件组装示意　　　图1-11　铝合金格栅型吊顶板拼装示意

（3）单元体安装固定：一般有两种方法：第一种是将组装后的格栅单元体直接用吊杆与结构基体相连，不另设骨架支承。此种方法使用吊杆较多，施工速度较慢。第二种是用带卡口的吊管及插管，将数个单元体担住，并相互连接调平形成一个局部整体，再用通长的钢管将其整个举起，与吊杆连接固定。第二种方法使用吊杆较少，施工速度较快。不论采用何种安装方式，均应及时与墙柱面连接，如图1-12所示。

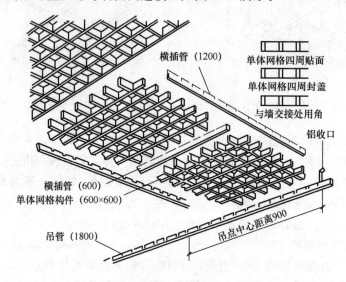

图 1-12　单元体安装固定示意图

1.3.5　特殊饰面板施工

1. 玻璃饰面施工

（1）施工流程

放线→吊杆安装→主龙骨安装→次龙骨安装→防腐、防火处理→基层板安装→面层镜子安装→钉（粘）装饰条。

（2）施工操作要点

1）见1.2"吊顶龙骨施工"中有关内容。

2）基层板安装：基层板采用设计要求的基层防火夹板并满足承载要求。轻钢骨架安装完成并经验收合格后，按基层板的规格、拼缝间隙弹出分块线，然后从顶棚中间沿次龙骨的安装方向先装一行基层板，作为基准，再向两侧展开安装。轻钢龙骨用自攻螺钉与龙骨拧紧咬合牢固。木龙骨钉板前，其木龙骨与板面接触面满刷乳胶。

3）面层玻璃安装：在基层板上，按照玻璃的分格弹线，涂抹中性结构玻璃胶。把玻璃按照弹线分格粘在基层板上，并在四角用 ϕ12不锈钢圆头螺钉固定牢固。全部玻璃固定后，用长靠尺靠平，突出部位，再次拧紧螺钉，以调平玻璃。最后用软布擦净玻璃。玻璃之间必须留不小于1.5mm自然缝。

4）钉（粘）装饰条：应按设计要求的材质、规格、型号、花色选用装饰条。装饰条安装时，宜采用钉固或胶粘。

5）玻璃与龙骨之间的连接方式和尺寸应符合设计要求。玻璃与龙骨之间应设置衬垫，连接应牢固。

6）吊顶用的玻璃应选用安全玻璃，应进行自身重力荷载下的变形设计计算，可采用弹性力学方法进行计算。对于边框支承玻璃板，其挠度限值不应超过其跨度的 1/300 和 2mm 两者中的最小值。对于点支承玻璃板，其挠度限值不应超过其支承点间长边边长的 1/300 和 2mm 两者中的最小值。

7）当玻璃吊顶距离地面大于 3m 时，必须使用夹层玻璃。用于吊顶的夹层玻璃，厚度不应小于 6.76mm，PVB 胶片厚度不应小于 0.76mm。

8）玻璃吊顶应考虑灯光系统的维护和玻璃的清洁。宜采用冷光源，并应考虑散热和通风，光源与玻璃之间应留有一定的间距。

2. 透光膜饰面施工

（1）透光膜基本概念

透光膜吊顶由软膜、龙骨、扣边条组成。

软膜，软膜采用特殊的聚氯乙烯材料制成，厚度 0.18～0.2mm，每平方米重 180～320g，其防火级别为 B1 或 A 级，色彩多样。软膜通过一次或多次切割成形，并用高频焊接完成。软膜需要在实地测量出顶棚尺寸后，在工厂里制作完成。

龙骨，通常采用铝合金挤压形成，需要与软膜配套。其作用是扣住顶棚软膜，有五种型号，适用于不同的造型。

扣边条，通常用半硬质聚氯乙烯挤压形成，其防火级别为 B1 级，被焊接在软膜的四周边缘，便于顶棚软膜扣在铝合金龙骨上。

（2）施工操作要点

1）根据图纸设计要求，在需要安装软膜顶棚的水平高度位置四周围固定一圈 4cm× 4cm 支撑龙骨或防火基层板，侧板高度一般控制在 250mm 以上（光源与软膜间距）。

2）当所有需要木方条子固定好之后，然后在支撑龙骨的底面固定安装软膜顶棚的铝合金龙骨。

3）当所有的安装软膜顶棚的铝合金龙骨固定好以后，再安装软膜。先把软膜打开用专用的加热风炮充分加热均匀，然后用专用的插刀把软膜张紧插到铝合金龙骨上，最后把四周多出的软膜修剪完整即可。

4）安装完毕后，用干净毛巾把软膜顶棚擦拭清洁干净。

5）需要综合考虑检修功能及散热功能。

1.4　吊顶工程质量标准

1.4.1　质量控制要点

（1）重型灯具、电扇及其他重型设备及有振动的设备严禁安装在吊顶工程的龙骨上。

（2）轻钢龙骨石膏板吊顶，重量不大于 1kg 的筒灯、石英射灯等设施可直接安装在饰面板上；重量不小于 3kg 的灯具、吊扇、空调等或有振颤的设施，应直接吊挂在建筑承重结构上。

（3）所采用的人造板或饰面人造木板，必须有游离甲醛含量或游离甲醛释放量检测报告。并应符合设计要求和《民用建筑工程室内环境污染控制规范》GB 50325—2010（2013年版）的规定。

1.4.2 质量允许偏差

（1）整体面层吊顶工程安装质量的允许偏差和检验方法应符合表1-1的规定。

整体面层吊顶工程安装质量的允许偏差和检验方法　　　　表1-1

项次	项　目	允许偏差（mm）	检验方法
1	表面平整度	3	用2m靠尺和塞尺检查
2	缝格、凹槽直线度	3	拉5m线，不足5m拉通线，用钢直尺检查

（2）板块面层吊顶工程安装质量的允许偏差和检验方法应符合表1-2的规定。

板块面层吊顶工程安装质量的允许偏差和检验方法　　　　表1-2

项次	项目	允许偏差（mm）				检验方法
		石膏板	金属板	矿棉板	木板、塑料板、玻璃板、石材板、复合板	
1	表面平整度	3	2	3	3	用2m靠尺和塞尺检查
2	接缝直线度	3	2	3	3	拉5m线，不足5m拉通线，用钢直尺检查
3	接缝高低差	1	1	2	1	用钢直尺和塞尺检查

（3）格栅吊顶工程安装质量的允许偏差和检验方法应符合表1-3的规定。

格栅吊顶工程安装质量的允许偏差和检验方法　　　　表1-3

项次	项目	允许偏差（mm）		检验方法
		金属格栅	木格栅、塑料格栅、复合材料格栅	
1	表面平整度	2	3	用2m靠尺和塞尺检查
2	格栅直线度	2	3	拉5m线，不足5m拉通线，用钢直尺检查

1.4.3 质量保证措施

（1）严格遵守国家强制性条文和质量标准；遵守质量管理制度。

（2）使用进场检验合格的产品和材料。

（3）严格按照施工方案施工，抓好施工技术质量安全交底，使操作人员明确设计意图和技术、质量、安全措施。

（4）严格执行工序验收制度，上道工序未经验收合格，不得进行下道工序的操作。各工序要进行自查、互查和交接检查。

（5）严格工程质量验收与记录，包括：材料检验、隐蔽工程、质量检查、检验批与分项/分部工程验收等。

（6）按照操作人员技术等级安排相应的工艺作业。

（7）吊顶工程定位尺寸，必须经复核检验正确后，才能进行施工操作。

第2章 轻质隔墙工程

2.1 轻质隔墙工程概述

轻质隔墙为承重墙以外的类似于填充墙的墙体，一般作为建筑内空间分格和房间分格的墙体，多用在建筑主体完成后的装修阶段。

轻质隔墙的分类：轻质隔墙主要有骨架隔墙、板材隔墙、玻璃隔墙。

骨架隔墙大多为轻钢龙骨或木龙骨，饰面板有石膏板、埃特板、GRC 板、PC 板、PVC 板、塑料板、吸声板、软硬包、胶合板等。

板材隔墙大多为加气混凝土条板和增强石膏空心条板等。

玻璃隔墙主要有玻璃板、空心玻璃砖等。

2.2 板材隔墙施工

1. 复合轻质隔墙施工流程

墙位放线→墙基施工→安装定位架→复合轻质墙板安装，随立门窗口→墙底缝隙填塞干硬性豆石混凝土。

2. 复合轻质隔墙操作要点 (图 2-1)

（1）根据设计图纸规定的墙基位置，在地面上放出墙位线，并引测至顶棚和墙柱。

（2）墙基施工前应将楼地面凿毛，浮土清扫干净，用水湿润，然后现浇混凝土墙基。

（3）复合轻质墙板安装宜由墙的一端开始排列，顺序安装至另一端，最后剩余宽度大于 450mm 时，应在板中增立一根龙骨，补板时在四周粘贴石膏板条，再在板条上粘贴石膏板。

（4）墙上设有门窗口者，应先安装门窗口一侧较短的墙板，随即立口，再顺序安装门窗口另一侧墙板。一般情况下，门口两侧墙板宜使用整板，拐角两侧墙板，也力求使用整板。

（5）复合轻质墙板安装时，在板的顶面、侧面和门窗口外侧面，应先将浮土清除后均匀涂抹胶粘剂成"∧"状，安装时侧面要严，上下要顶紧，接缝内胶粘剂要饱满（要凹进板面 5mm 左右）；接缝宽度为 35mm，板底空隙不大于 25mm，板下所塞木楔一般不拆除，但不得外露墙面。

（6）第一块复合轻质墙板安装后，要检查垂直度，顺序往后安装时，必须上下横靠检查尺，若发现板面接缝不平，应及时用夹板校正。

（7）双层复合轻质墙板中间留空气层的墙体，其安装要求：先安装一道复合板在空气层一侧的墙板接缝要用胶粘剂勾严密封；安装另一侧复合轻质墙板前，插入电气设备管线安装，第二道复合轻质墙板的板缝要与第一道墙板缝错开，并应使明露于房间一侧的墙面平整。

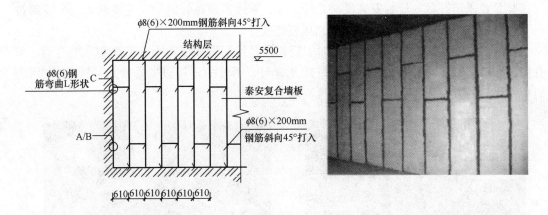

图 2-1　复合轻质墙板安装示意图

2.3　骨架隔墙施工

骨架隔墙，是指那些以饰面板材镶嵌于骨架中间或固定于骨架两侧面形成的轻质隔墙。在隔声要求比较高时，也可在两层面板之间加设隔声层，或可同时设置三、四层面板，形成二至三层空气层，以提高隔声效果。骨架式隔墙均在施工现场组装。

2.3.1　轻钢龙骨石膏板隔墙施工

轻钢龙骨石膏板隔墙，是以轻钢龙骨为骨架，以纸面石膏板为墙面材料，在现场组装的分室或分户非承重墙。这种隔墙重量轻、占地少、隔声效果好、劳动强度低、随意性强、防火性能好。在民用建筑、公共建筑的装饰装修中得到广泛应用。

1. 施工流程

弹线→固定沿地、沿顶龙骨→门洞口制作→安装竖龙骨→安装通贯龙骨→横撑龙骨→安装支撑卡→设备管线安装→封装面板→隔声材料安装→隐蔽验收→封装面板。

2. 操作要点（图 2-2）

（1）弹线。根据设计图纸，弹出隔墙的四周边线，定出龙骨的位置。如果边龙骨所固定的位置有凸凹不平的现象，要进行处理，保证边龙骨安装后的平整度。

（2）固定龙骨。在沿地、沿顶龙骨接触处，先铺设橡胶条、密封膏或沥青泡沫塑料条，再用射钉或金属膨胀螺栓将沿地、沿顶龙骨固定。龙骨的边线应与弹线重合。固定点的间距宜在 600mm 左右，龙骨的端部及接头处应设固定点，固定应牢靠。

沿地、沿顶龙骨固定好后，按两者间的净距离切割竖龙骨，竖向龙骨的切割应保持贯通龙骨的穿孔在同一水平标高（在竖龙骨的同一头切割），并将切割好的竖向龙骨依次推入沿地和沿顶龙骨之间。竖龙骨位置及垂直度调整好后，随后将竖龙骨两端与沿地及沿顶龙骨固定。

竖向龙骨的接长可用 U 形龙骨套在 C 形龙骨的接缝处，用拉铆钉或自攻螺钉固定。边龙骨与墙体间也要先进行密封处理，再进行固定。

竖龙骨固定好后，最后安装贯通龙骨。上、下排贯通龙骨的接头应错开，接头应跨过一个整竖格（图 2-2），接头用铆钉或钻尾钉连接。

在门、窗等洞口为防止门窗开关时因轻钢龙骨墙面的强度和刚度不够而发生振动，可在门窗洞口处的竖龙骨内衬方钢管，贯通龙骨与方钢管的连接可把贯通龙骨折成 90°用铆钉或钻尾钉与方钢连接（图 2-3），可提高墙面的整体刚度。

图 2-2　通贯龙骨接头安装示意图

图 2-3　通贯龙骨与加强方钢管连接安装示意图

（3）安装纸面石膏板。在立柱的一侧应将石膏板按位置定好扶稳，再进行固定。一侧固定完后，固定另一侧石膏板。如有管线工程或隔声要求的隔墙，要先铺设管线和做隔声保温层，然后再安装石膏板。为增强隔声效果和减小安装自攻螺钉时对另一侧自攻螺钉的振动，两侧石膏板应错缝安装。如需安装两层石膏板时，两层板缝应错开（图 2-4）。石膏板宜竖向铺设，长边接缝应落在竖龙骨上，这样可以提高隔断墙的整体强度。

(a)　　　　　　　　　　　　　　　　(b)

图 2-4　石膏板安装方法示意图
(a) 石膏板未错缝拼贴做法错误；(b) 石膏板错缝拼贴做法正确

对于半径较大的曲面墙，竖向龙骨的间距宜为 300mm 左右，石膏板最好横向铺设。

当半径为 1m 左右时，竖向龙骨间距宜为 150mm 左右。以上两种情况在安装石膏板时，先在曲面的一端加以固定，然后轻轻地、逐渐向板的另一端，向龙骨方向推动，直到完成曲面为止。当曲面半径较小时，在装板前应将面纸和背纸彻底淋湿，注意应均匀洒水然后放置数小时，即可安装。当板完全干燥时会保持原来的硬度。

2.3.2　木骨架隔墙施工

木骨架罩面板隔墙是指采用木龙骨、木质板材罩面的室内小型隔墙工程，其突出的优点是组装简便、造型灵活，充分利用人造板罩面取材容易，应用技术也较为成熟。但其缺点主要是不利于消防，较大型或重要场所的隔断墙体不宜采用木质隔墙。

操作要点如下：

（1）隔墙放线：在楼地面上弹出隔墙边线，并引测至两端墙（柱）面和楼板（梁）底面。对于有踢脚台设置要求的，则首先砌筑踢脚台；对于设计要求有局部变形及门洞口装置者，为确保隔断墙体的稳定，可在踢脚台砌筑时埋入防腐木砖以便于与隔断结构作加固处理，而后在踢脚台面弹出隔断骨架下槛安装基准线。

（2）确定隔墙骨架固定点：隔墙的基本框架由上下槛及两端的沿墙（柱）竖龙骨（立筋）组成。隔墙基本框架的下槛在传统做法上并不必与楼地面固定，只是将通长方木与靠墙龙骨顶紧。但对于有开启门的隔断墙体，为保持隔断的稳定牢靠，门框部位应采取与楼地面（或踢脚台）固定连接的措施。对于造型变化较为复杂的现代室内隔墙装饰体，在其局部更有必要与建筑结构主体进行固定连接。为此宜按 300～400mm 的间距在楼地面、顶面及两端墙或柱面设紧固点，画出位置，对于采用金属膨胀螺栓或木楔圆钉法进行连接者应预先打孔。

（3）固定木龙骨。隔墙木筋的安装顺序一般是先按弹线固定靠墙（柱）的边龙骨，用圆钢钉钉牢于墙内防腐木砖上。无预埋的则按设计要求采用金属胀管或打入木楔以圆钢钉进行连接的方法。然后将上槛托至楼板或梁底弹线位置，将预留钢筋穿入事先钻好的孔中再把钢筋头折弯勾住上槛；也可采用预留镀锌铁丝绑扎住上槛的做法；无预埋者即采用金属膨胀螺栓的固定方法。

靠墙木筋与上槛的固定顺序也可先将上槛到位，再把靠墙立筋紧贴端墙立直同时将上槛撑紧钉牢。将下槛对准边线就位，两端头顶紧于靠墙立筋底部，然后进行局部固定，按金属胀管或木楔圆钉固定做法，或与踢脚台面的预埋木砖钉固。

在下槛上画出立筋位置线，依次在上、下槛之间撑立立筋，找垂直后分别与上下槛钉牢，圆钉于立筋端头处斜向钉入上槛及下槛。

于立筋之间撑钉横撑，横撑龙骨段两端分别用圆钉斜向钉牢于立筋上，同一行横撑要求在同一水平线上。当采用市售半槽扣接式成品木格栅作隔断骨架时，其横竖龙骨咬口相接处应施胶加钉连接牢固，重要的交接部位要采用铁件补强，骨架竖向应使用较大断面的方木予以支承加固。

木隔墙基层及地台安装示意见图 2-5。

（4）铺钉罩面板。隔墙木骨架通过隐蔽验收后即可铺装罩面板，与罩面木质板接触面的龙骨应刨削平直，横竖龙骨交接处必须平整。

图 2-5　木隔墙基层及地台安装示意图

2.4　活动隔墙施工

活动式隔墙能满足空间灵活多变的要求，在展览布置或多功能活动空间有着其他隔墙无法替代的独特作用，是一种具有相当应用价值的隔墙形式。活动式隔墙的特点是可以随意闭合或打开，使相邻的空间随之成为独立的一个大空间。

活动隔墙的种类，从形式上可分为直滑式、拼装式和折叠滑动式，从隔墙板构造上可分为单一板材、复合夹心板材、软质帷幕、玻璃折扇等。

直滑式活动隔墙是由若干隔扇组合而成的。这些隔扇可以是独立的，也可以利用合页连接到一起。独立的隔扇可以沿着各自的轨道滑动，但在滑动中始终不改变自身的角度，沿着直线开启或关闭。扇较多时，直滑式隔墙完全打开时，隔扇可以隐蔽于洞口的一侧或两侧。当洞口很大，隔扇较多时，往往采用一段拐弯的轨道或分岔的轨道重叠在一起，见图 2-6。直滑式活动隔墙操作要点如下。

图 2-6　活动式隔墙实景案例图

（1）弹线。按设计图位置进行弹线，量复核尺寸，若出现误差，应在设计等有关方面同意的前提下，通过对隔扇尺寸调整予以解决。

（2）隔扇制作。按设计要求选料制作，先制作主体木框架，然后钉面板和放置中间隔声材料，再固定饰面层，最后在边框上垫好密封条（泡沫聚乙烯）后钉铝质镶边或其他封边材料。

（3）安装轨道。轨道分上轨与下轨（地轨），隔扇若不是很重或是滑动式半隔断，一般都不用地轨。上轨用螺钉固定在顶部的框料上，上轨安装要水平、顺直，按设计要求选定螺钉尺寸与间距，否则会影响使用。

（4）安装滑轮。滑轮安装可以安装在每扇隔扇顶框的端部，也可以安装在每扇隔扇顶框中部。如果是多扇组合的还须安装连接各隔扇的合页。滑轮的种类很多，若设计中没有规定时，可按隔扇的重轻来选择，隔扇重的，选用带有滚珠轴承的滑轮；隔扇轻的，选用带有金属轴套的尼龙滑轮或滑钮。当上部滑轮设在隔扇顶面的一端时，楼地面上要相应地设轨道，隔扇底面要相应地设滑轮，构成下部支承点。这种轨道的断面多数都是 T 形的。当上部滑轮设在隔扇顶面的中央时，楼地面上一般不用设轨道。如果隔扇较高，可在楼地面上设置导向槽，在隔扇的底面相应地设置中间带凸缘的滑轮或导向杆。此时，下部装置的主要作用是维持隔扇的垂直位置，防止在启闭过程中向两侧摇摆。

（5）安装密封条。隔扇的两个垂直边常常做成凸凹相咬的企口缝，并在槽内镶嵌橡胶或毡制的密封条。最前面一个隔扇与洞口侧面接触处可设密封管或缓冲板。隔扇的底面与楼地面之间的缝隙（约 25mm）常用橡胶或毡制密封条遮盖。当楼地面上不设轨道时，也可以在隔扇的底面设一个富有弹性的密封垫，并相应地采取一个专门装置，使隔墙处于封闭状态时能够稍稍下落，从而将密封垫紧紧地压在楼地面上。

（6）靠结构墙面的立筋，在立筋距地面 150mm 处应设置 60mm 长的橡胶门档，使隔墙扇与立筋相碰时得到缓冲而不致损坏隔墙扇边框。

（7）楼板底上槛和导轨吊杆的连接点，应在同一垂直线上且应重合；用吊杆螺栓调整导轨的水平度，并应反复校中、校平，以确保安装质量。

（8）吊轮安装架的回转轴，必须与隔墙扇上梃的中心点垂直且应重合。隔墙扇上梃的中心点距上梃两端应等距离，距两侧的距离也必须相等，以确保回转轴归中，使隔墙扇使用时折叠自如。

2.5 玻璃隔墙施工

玻璃隔墙实景见图 2-7。玻璃隔断操作要点如下。

（1）弹定位线：根据施工图，在室内先弹楼地面位置线，再弹结构墙面（或柱）上的位置线，及顶部吊顶标高。线弹好后，要核对位置线上的预埋铁件的位置是否正确。如果没有预埋铁件，则应画出金属膨胀螺栓钻孔的孔位。落地无竖框玻璃隔墙还应留出楼地面的饰面层的厚度。如果有踢脚线，还应考虑踢脚线饰面层的厚度。

（2）安装框架：如果结构面上没有预埋铁件，或预埋铁件位置不符合要求，则按位置中线钻孔，埋入膨胀螺栓。然后将型钢按已弹好的位置安放好，检查水平度、垂直度合格后，随即将框格的连接件与预埋件或金属膨胀螺栓焊牢。型钢在安装前应刷好防腐涂料，焊好后在焊接处再做防锈漆。

当大面积玻璃隔墙采用吊挂式安装时，则应在主体结构的楼板或梁下安装吊挂玻璃的支撑架和上框。用大玻璃厂家提供的整套吊挂夹具，按配套吊夹的规格和数量以及大玻璃的重量和尺寸，安装吊夹。吊挂夹具的夹紧力随重量的增加而加强。

（3）安装大玻璃。大玻璃安装，应按设计大样图节点施工。一般方法是将大玻璃按隔

图 2-7　玻璃隔墙实景案例图

墙框架的水平尺寸和垂直高度，进行分块排布。先安装靠边结构墙边框的玻璃。将槽口清理干净，垫好防振橡胶垫块，用玻璃吸盘把玻璃吸牢，由 2～3 人手握吸盘同时抬起玻璃，将玻璃竖着插入上框槽口内，然后轻轻垂直落下，放入下框槽口内，并推移到边槽槽口内，然后安装中间部位的玻璃。玻璃之间应留 2～3mm 的缝隙或留出玻璃肋厚度相同的缝，以便安装玻璃肋和打胶。吊挂式玻璃安装，玻璃就位后，用夹具固定每块玻璃。玻璃与金属类、石材类、砖类等材料不可直接接触，应用弹性材料做隔离层。

（4）嵌缝打胶。玻璃板全部就位后，校正平整度、垂直度，同时在槽两侧嵌橡胶压条，从两边挤紧玻璃，然后打硅酮结构胶，注胶应均匀注入缝隙中，并用塑料刮刀在玻璃的两面刮平玻璃胶，随即清洁玻璃表面的胶迹。

（5）边框装饰。如果边框嵌入地面和墙（柱）面的饰面层中，则在做墙（柱）面和地面饰面时，沿接缝应精细操作，使其美观。如果边框没有嵌入墙（柱）面和地面时，则应另用胶合板做底衬板，用不锈钢等金属材料，粘贴于材板上，使其光亮美观。

（6）清洁玻璃。无框玻璃安装好后，应用棉纱蘸清洁剂，在两面擦去胶迹和污染物，再在玻璃上粘贴不干胶纸带，以防玻璃被碰撞。

（7）玻璃隔墙操作人员，应经专业技术安全培训、考核合格后发证，持证上岗。

（8）膨胀螺栓的埋置深度、焊缝长度、高度和焊条型号，应符合设计要求。

2.6　玻璃砖隔墙施工

2.6.1　施工流程

放线→固定周边框架→扎筋→排砖→玻璃砖砌筑→勾缝→边饰处理。

2.6.2　操作要点

玻璃砖隔墙实景见图 2-8。

图 2-8　玻璃砖隔墙实景案例图

（1）放线。弹出墙的底砖线，按标高立好皮数杆，皮数杆的间距以 15～20m 为宜，超长的中间应增设皮数杆。砌筑前用素混凝土或垫木找平并控制好标高，在玻璃砖墙四周根据设计图纸尺寸要求弹好墙身线。

（2）固定周边框架。将框架固定好，用素混凝土或垫木找平并控制好标高；骨架与结构连接牢固。同时做好防水层及保护层。固定金属型材框用的镀锌钢膨胀螺栓直径不得小于 8mm，间距小于等于 500mm。

（3）扎筋。非增强的室内空心玻璃砖隔断尺寸应符合表 2-1 的规定。

非增强的室内空心玻璃砖隔断允许规格　　　　　　　　　　　　　表 2-1

砖缝的布置	隔断尺寸（m）	
	高度	长度
贯通的	小于等于 1.5	小于等于 1.5
错开的	小于等于 1.5	小于等于 6.0

1）室内空心玻璃砖隔断的尺寸超过上表规定时，应采用直径为 6mm 或 8mm 的钢筋增强。

2）当只有隔断的高度超过规定时，应在垂直方向上每 2 层空心玻璃砖水平布一根钢筋；当只有隔断的长度超过规定时，应在水平方向上每 3 个缝垂直布一根钢筋。

3）高度和长度都超过规定时，应在垂直方向上每 2 层空心玻璃砖水平布 2 根钢筋，在水平方向上每 3 个缝至少垂直布一根钢筋。

4）钢筋每端伸入金属型材框的尺寸不得小于 35mm。用钢筋增强的室内空心玻璃砖隔断的高度不得超过 4m。

（4）排砖。玻璃砖砌体采用十字缝立砖砌法。按照排版图弹好的位置线，首先认真核对玻璃砖墙长度尺寸是否符合排砖模数。否则可调整隔墙两侧的槽钢或木框的厚度及砖缝的厚度。注意隔墙两侧调整的宽度要保持一致，隔墙上部的槽钢调整后的宽度也应尽量保持一致。

（5）玻璃砖砌筑。玻璃砖采用白水泥：细砂＝1：1 的水泥浆或白水泥：108 胶＝100：7 的水泥浆（重量比）砌筑。白水泥浆要有一定的稠度，以不流淌为好。

按上、下层对缝的方式，自下而上砌筑。两玻璃砖之间的砖缝宜控制在 10～12mm 之间。

每层玻璃砖在砌筑之前，宜在玻璃砖上放置十字定位架，卡在玻璃砖的凹槽内。

砌筑时，将上层玻璃砖压在下层玻璃砖上，同时使玻璃砖的中间槽卡在定位架上，两层玻璃砖的间距为 5～10mm，每砌筑完一层后，用湿布将玻璃砖面上沾着的水泥浆擦去。

玻璃砖墙宜以 1500mm 高为一个施工段，待下步施工段胶结料达到设计强度后再进行上部施工。当玻璃砖墙墙面积过大时应增加支撑。

最上层的空心玻璃砖应深入顶部的金属型材框中，深入尺寸不得小于 10mm，且不得大于 25mm。空心玻璃砖与顶部金属型材框的腹面之间应用木楔固定。

（6）勾缝。玻璃砖墙砌筑完后，立即进行表面勾缝。勾缝要勾严，以保证砂浆饱满。先勾水平缝，再勾竖缝，缝内要平滑，缝的深度要一致。勾缝与抹缝之后，应用布或棉纱将砖表面擦洗干净，待勾缝砂浆达到强度后。用硅树脂胶涂敷。也可采用矽胶注入玻璃砖间隙勾缝。

（7）边饰处理。当玻璃砖墙没有外框时，需要进行饰边处理。饰边通常有木饰边和不锈钢饰边等。

金属型材与建筑墙体的屋顶的结合部，以及空心玻璃砖砌体与金属型材框翼端的结合部应用弹性密封剂密封。

2.7 隔墙工程质量标准

2.7.1 板材隔墙质量控制要点和允许偏差

（1）隔墙板材的品种、规格、性能、颜色应符合设计要求。有隔声、隔热、阻燃、防潮等特殊要求的工程，板材应有相应性能等级的检测报告。

（2）安装隔墙板材所需预埋件、连接件的位置、数量及连接方法应符合设计要求。

（3）隔墙板材安装必须牢固。现制钢丝网水泥隔墙与周边墙体的连接方法应符合设计要求，并应连接牢固。

（4）隔墙板材安装应垂直、平整、位置正确，板材不应有裂缝或缺损。

（5）板材隔墙表面应平整光滑、色泽一致、洁净，接缝应均匀、顺直。

（6）隔墙上的孔洞、槽、盒应位置正确、套割方正、边缘整齐。

（7）板材隔墙安装的允许偏差和检验方法应符合表 2-2 的规定：

板材隔墙安装的允许偏差和检验方法 表 2-2

序号	项目	允许偏差（mm）				检验方法
		复合轻质墙板		石膏空心板	钢丝网水泥板	
		金属夹芯板	其他复合板			
1	立面垂直度	2	3	3	3	用2m垂直检测尺检查
2	表面平整度	2	3	3	3	用2m靠尺和塞尺检查
3	阴阳角方正	3	3	3	4	用直角检测尺检查
4	接缝高低差	1	2	2	3	用钢直尺和塞尺检查

2.7.2　骨架隔墙安装质量控制要点和允许偏差

（1）骨架隔墙所用龙骨、配件、墙面板、填充材料及嵌缝材料的品种、规格、性能和木材的含水率应符合设计要求。有隔声、隔热、阻燃、防潮等特殊要求的工程，材料应有相应性能等级的检测报告。

（2）骨架隔墙工程边框龙骨必须与基体结构连接牢固，并应平整、垂直、位置正确。

（3）骨架隔墙中龙骨间距和构造连接方法应符合设计要求，骨架内设备管线的安装、门窗洞口等部位加强龙骨应安装牢固、位置正确，填充材料的设置应符合设计要求。

（4）木龙骨及木墙面板的防火和防腐处理必须符合设计要求。

（5）骨架隔墙的墙面板应安装牢固，无脱层、翘曲、折裂及缺损。

（6）墙面板所用接缝材料及接缝方法应符合设计要求。

（7）骨架隔墙表面应光滑、色泽一致、洁净、无裂缝，接缝应均匀、顺直。

（8）骨架隔墙上的孔洞、槽、盒应位置正确、套割吻合、边缘整齐。

（9）骨架隔墙内的填充材料应干燥，填充应密实、均匀、无下坠。

（10）骨架隔墙安装的允许偏差和检验方法应符合表 2-3 的规定。

骨架隔墙安装的允许偏差和检验方法　　　　　　　　　　表 2-3

序号	项目	允许偏差（mm）		检验方法
		纸面石膏板	人造木板、水泥纤维板	
1	立面垂直度	3	4	用 2m 垂直检测尺检查
2	表面平整度	3	3	用 2m 靠尺和塞尺检查
3	阴阳角方正	3	3	用直角检测尺检查
4	接缝直线度	—	3	拉 5m 线，不足 5m 拉通线，用钢直尺检查
5	压条直线度	—	3	拉 5m 线，不足 5m 拉通线，用钢直尺检查
6	接缝高低差	1	1	用钢直尺和塞尺检查

2.7.3　活动隔墙质量控制要点和允许偏差

（1）活动隔墙所用墙板、配件等材料的品种、规格、性能和木材的含水率应符合设计要求。有阻燃、防潮等特性要求的工程，材料应有相应性能等级的检测报告。

（2）活动隔墙轨道必须与基体结构连接牢固，并应位置正确。

（3）活动隔墙用于组装、推拉和制动的构配件必须安装牢固、位置正确，推拉必须安全平稳灵活。

（4）活动隔墙制作方法、组合方式应符合设计要求。

（5）活动隔墙表面应色泽一致、平整光滑、洁净，线条应顺直、清晰。

（6）活动隔墙上的孔洞、槽、盒应位置正确、套割吻合、边缘整齐。

（7）活动隔墙推拉应无噪声。

（8）活动隔墙安装的允许偏差和检验方法应符合表 2-4 的规定。

活动隔墙安装的允许偏差和检验方法			表 2-4
序号	项目	允许偏差（mm）	检验方法
1	立面垂直度	3	用 2m 垂直检测尺检查
2	表面平整度	2	用 2m 靠尺和塞尺检查
3	接缝直线度	3	拉 5m 线，不足 5m 拉通线，用钢直尺检查
4	接缝高低差	2	用钢直尺和塞尺检查
5	接缝宽度	2	用钢直尺检查

2.7.4 玻璃隔墙质量控制要点和允许偏差

（1）玻璃隔墙工程所用材料的品种、规格、性能、图案和颜色应符合设计要求。玻璃板隔墙应使用安全玻璃。

（2）玻璃砖隔墙的砌筑或玻璃板隔墙的安装方法应符合设计要求。

（3）玻璃砖隔墙砌筑中埋设的拉结筋必须与基体结构连接牢固，并应位置正确。

（4）玻璃板隔墙的安装必须牢固。玻璃板隔墙胶垫的安装应正确。

（5）玻璃隔墙表面应色泽一致、平整洁净、清晰美观。

（6）玻璃隔墙接缝应横平竖直，玻璃应无裂痕、缺损和划痕。

（7）玻璃板隔墙嵌缝及玻璃砖隔墙勾缝应密实平整、均匀顺直、深浅一致。

（8）玻璃隔墙安装的允许偏差和检验方法应符合表 2-5 的规定。

玻璃隔墙安装的允许偏差和检验方法				表 2-5
序号	项目	允许偏差（mm）		检验方法
		玻璃砖	玻璃板	
1	立面垂直度	3	2	用 2m 垂直检测尺检查
2	表面平整度	3	—	用 2m 靠尺和塞尺检查
3	阴阳角方正	—	2	用直角检测尺检查
4	接缝直线度	—	2	拉 5m 线，不足 5m 拉通线，用钢直尺检查
5	接缝高低差	3	2	用钢直尺和塞尺检查
6	接缝宽度	—	1	用钢直尺检查

第3章 抹灰工程

3.1 抹灰工程概述

抹灰是将水泥、砂、石灰膏、水等一系列材料均匀拌和，涂抹在建筑物的表面，形成连续均匀的硬质保护层的做法。一般应分层进行涂抹，通常为底层、中层和面层。底层为粘结层，起到粘结和初步找平的作用；中层主要起找平作用，根据工程实际需要也可省略；面层起到美化、装饰作用，根据设计要求，面层可直接作为装饰层，当抹灰层外选用其他装饰材料如壁纸、瓷砖时，抹灰面层也可省略。

抹灰工程主要有两大功能，一是防护功能，保护墙体不受风、雨、雪的侵蚀，增加墙面防潮、防风化、隔热的能力，提高墙身的耐久性能、热工性能；二是美化功能，改善室内卫生条件，净化空气，美化环境，提高居住舒适度。

按施工工艺不同，抹灰工程分为一般抹灰和装饰抹灰。

一般抹灰按砂浆组成材料的不同，分为石灰砂浆、水泥砂浆、水泥混合砂浆、聚合物水泥砂浆和麻刀灰、纸筋石灰、石膏灰等。

装饰抹灰按饰面效果分为涂抹水刷石、斩假石、干粘石、假面砖等。

3.2 水泥砂浆抹灰施工

3.2.1 施工流程

前期准备→基层处理→弹线、找规矩→做灰饼→做标筋→抹门窗护角→抹底灰→抹中层灰→抹面层灰。

3.2.2 操作要点

（1）水泥应颜色一致，宜采用同一批号的水泥，严禁不同品种的水泥混用。水泥进场后应对水泥的凝结时间和安定性进行复验。砂子采用平均粒径 0.35～0.5mm 的中砂，砂颗粒要求坚硬洁净，不得含有黏土、草根、树叶、碱质及其他有机物等有害物质。砂在使用前应根据使用要求过不同孔径的筛子，筛好备用。

（2）抹灰前结构工程应全部完成，并经有关部门验收，达到合格标准。抹灰前应检查门窗的位置是否正确，与墙体连接是否牢固。连接处和缝隙应用 1∶3 水泥砂浆或 1∶1∶6 水泥混合砂浆分层嵌塞密实。铝合金门窗框缝隙所用嵌缝材料应符合设计要求，并事先粘贴好保护膜。弹好楼面 100cm 水平标高线，准备好相关施工工具。常见的抹灰工具有各种抹刀、刷子、水桶、水壶、墨斗、托灰浆板、靠尺等；常见的施工机械有砂浆搅拌机、喷浆机、粉碎淋灰机等。

（3）抹灰前应检查基体表面的平整，以决定其抹灰厚度。抹灰前应在大角的两面、阳台、窗台、碹脸两侧弹出抹灰层的控制线，以作为打底的依据。基体表面灰尘、污垢和油渍等，应清理干净，并洒水湿润。对混凝土表面缺陷如蜂窝、麻面、露筋等应剔到实处，并刷素水泥浆一道（内掺水重10%的108等建筑胶），紧跟用1：3水泥砂浆分层补平。

阳台栏杆、挂衣铁件、预埋铁件、管道等应提前安装好，结构施工时墙面上的预留孔洞应提前堵塞严实，将柱、过梁等凸出墙面的混凝土剔平，凹处提前刷净，用水洇透后，再用1：3水泥砂浆或1：1：6水泥混合砂浆分层补衬平。管道穿越墙洞、楼板洞应及时安放套管，并用1：3水泥砂浆或细石混凝土填嵌密实；电线管、消火栓箱、配电箱安装完毕，并将背后露明部分钉好钢丝网；接线盒用纸堵严。

预制混凝土外墙板接缝处应提前处理好，并检查空腔是否畅通，勾好缝，进行淋水试验，无渗漏方可进行下道工序。加气混凝土表面缺棱掉角需分层修补。做法是：先洇湿基体表面，刷掺水重10%的108胶水泥浆一道，紧跟抹1：1：6混合砂浆，每遍厚度应控制在7～9mm。混凝土与轻质砌块墙体交接处均应加钉200mm宽钢丝网。

（4）弹线、找规矩、套方：分别在门窗口角、垛、墙面等处吊垂直套方，在墙面上弹抹灰控制线。并用托线板检查基层表面的平整度、垂直度，确定抹灰厚度，最薄处抹灰厚度不应小于7mm。墙面凹度较大时，应用水泥砂浆分层抹平。

（5）贴饼、冲筋：根据控制线在门口、墙角用线坠、方尺、拉通线等方法贴灰饼。在2m左右高度离两边阴角100～200mm处各做一个灰饼，然后根据两灰饼用托线板挂垂直做下边两个灰饼，高度在踢脚线上口，厚薄以托线板垂直为准，然后拉通线每隔1.2～1.5m上下各加若干个灰饼。灰饼一般用1：3水泥砂浆做成边长为50mm的方形。门窗口、垛角也贴灰饼，上下两个灰饼要在一条垂直线上。

根据灰饼用与抹灰层相同的水泥砂浆进行冲筋，冲筋根数应根据房间的高度或宽度来决定，一般筋宽约100mm为宜，厚度与灰饼相同。冲筋时上下两灰饼中间分两次抹成凸八字形，比灰饼高出5～10mm，然后用刮扛紧贴灰饼搓平。可冲横筋也可冲立筋，依据操作。墙面高度不大于3.5m时宜充立筋。墙面高度大于3.5m时，宜充横筋。

（6）做护角：根据灰饼和冲筋，在门窗口、墙面和柱面的阳角处，根据灰饼厚度抹灰，粘好八字靠尺（也可用钢筋卡子）并找方吊直。用1：3水泥砂浆打底，待砂浆稍干后用阳角抹子用素水泥浆捋出小圆角作为护角。也可用1：2水泥砂浆（或1：0.3：2.5水泥混合砂浆）做明护角。护角高度不应低于2m，每侧宽度不应小于50mm。在抹水泥护角的同时，用1：3水泥砂浆（或1：1：6水泥混合砂浆）分两遍抹好门窗口边的底灰。当门窗口抹灰面的宽度小于100mm时，通常在做水泥护角时一次完成抹灰。

（7）抹底灰：冲筋完2h左右即可抹底灰，一般应在抹灰前一天用水把墙面基层浇透，刷一道聚合物水泥浆。底灰采用1：3水泥砂浆（或1：0.3：3混合砂浆）。打底厚度设计无要求时一般为13mm，每道厚度一般为5～7mm，分层分遍与冲筋抹平，并用大杠垂直、水平刮一遍，用木抹子搓平、搓毛。然后用托线板、方尺检查底子灰是否平整，阴阳角是否方正。抹灰后应及时清理落地灰。

（8）抹罩面灰：罩面灰采用1：2.5水泥砂浆（或1：0.3：2.5水泥混合砂浆），厚度一般为5～8mm。底层砂浆抹好24h后，将墙面底层砂浆湿润。抹灰时先薄薄地刮一道聚合物水泥浆，使其与底灰结合牢固，随即抹第二遍，用大刮杠把表面刮平刮直，用铁抹子压实压光。

（9）抹水泥窗台板：先将窗台基层清理干净，用水浇透，刷一道聚合物水泥浆，然后抹1∶2.5水泥砂浆面层，压实压光。窗台板若要求出墙，应根据出墙厚度贴靠尺板分层抹灰，要求下口平直，不得有毛刺。砂浆终凝后，常温条件下洒水养护2～3d。

（10）抹墙裙、踢脚：基层处理干净，浇水润湿，刷界面剂一道，随即抹1∶3水泥砂浆底层，表面搓毛，待底灰七八成干时，开始抹面层砂浆。面层用1∶2.5水泥砂浆，抹好后用铁抹子压光。踢脚面或墙裙面一般凸出抹灰墙面5～7mm，并要求出墙厚度一致，表面平整，上口平直光滑。

3.3 墙面保温薄抹灰施工

外墙外保温是由保温层、保护层和固定材料（胶粘剂、锚固件）等构成且适用于安装在外墙外表面的非承重保温构造总称。

根据国家对建筑保温、节能的有关要求，寒冷、严寒地区已大量采用外保温墙，保温层薄抹灰工程做法已大量应用。

墙面保温薄抹灰是以挤塑聚苯板（XPS板）或膨胀聚苯板（EPS板）为保温材料，采用聚合物胶粘剂将聚苯板粘贴在外墙外侧，用聚合物抗裂砂浆复合耐碱玻纤网布作为罩面层（起到抗裂、防渗的作用），所形成的墙体抹灰保护层。

3.3.1 施工流程

材料准备→基层处理→弹线→调制聚合物胶浆→铺设翻包网布→铺设保温板→安装锚固件→涂抹面层聚合物胶浆→铺设网布→涂抹面层聚合物胶浆→验收。

3.3.2 操作要点

（1）材料准备：聚合物胶浆、标准耐碱玻纤网布、锚固件、伸缩缝塑料条、膨胀聚苯板（EPS）或挤塑聚苯板（XPS）。

（2）基层处理：基层墙体应坚实平整，墙面应清洁，清除灰尘、油污、脱模剂、涂料、空鼓及风化物等影响粘结强度的杂物。

用2m靠尺检查墙体的平整度，最大偏差大于4mm时，应用1∶3的水泥砂浆找平。

若基层墙体不具备粘结条件，可采取直接用锚固件固定的方法，固定件数量应视建筑物的高度及墙体性质决定。

（3）弹线：按照图纸规定弹好散水水平线，在设计伸缩缝处的墙面弹出伸缩缝宽度线等。在阴阳角位置设置垂线，在两个墙面弹出垂直线，用此线检查保温板施工垂直度。

（4）调制聚合物胶浆：使用干净的塑料桶倒入约5.5kg的净水，加入25kg的聚合物胶浆，并用低速搅拌器搅拌成稠度适中的胶浆，净置5min。使用前再搅拌一次。调好的胶浆宜在2h内用完。

（5）铺设翻包网：裁剪翻包网布的宽度应为200mm＋保温板厚度的总和。先在基层墙体上所有门、窗、洞周边及系统终端处，涂抹粘结聚合物胶浆，宽度为100mm，厚度为2mm。将裁剪好的网布一边100mm压入胶浆内，不允许有网眼外露，将边缘多余的聚合物胶浆刮净，保持甩出部分的网布清洁。

（6）铺设保温板：

1）保温板若为挤塑板，应在涂刷粘结胶浆的一面涂刷专用界面剂，放置 20min 晾干后待用。

2）保温板一般应采取横向铺设的方式，由下向上铺设，错缝宽度为 1/2 板长，必要时进行适当的裁剪，尺寸偏差不得大于±1.5mm。

3）将保温板四周均匀涂抹一层粘结聚合物胶浆，涂抹宽度为 50mm，厚度 10mm，并在板的一边留出 50mm 宽的排气孔，中间部分采用点粘，直径为 100mm，厚度 10mm，中心距 200mm，对于 1200mm×600mm 的标准板，中间涂 8 个点，对于非标准板，则应使保温板粘贴后，涂抹胶浆的面积不小于板总面积的 30%。板的侧边不得涂胶。

4）基层墙体平整度良好时，亦可采用条粘法，条宽 10mm，厚度 10mm，条间距 50mm。

5）将涂好胶浆的保温板立即粘贴于墙体上，滑动就位，用 2m 靠尺压平，保证其平整度和粘贴牢固。

6）板与板之间要挤紧，板间缝隙不得大于 2mm，板间高差不得大于 1.5mm，板间缝隙大于 2mm 时，应用保温条将缝塞满，板条不得粘结，更不得用胶粘剂直接填缝，板间高差大于 1.5mm 的部位应打磨平整。

7）在所有门、窗、洞的拐角处均不允许有拼接缝，须用整块的保温板进行套割成型，且板缝距拐角不小于 200mm。

8）在所有阴阳角拐角处，必须采用错缝粘贴方法，并按垂线用靠尺控制其偏差，用 90°靠尺检查。

（7）安装锚固件：对于 7 层以下的建筑保温施工时，可不用锚固件固定。保温板粘贴完毕，24h 后方可进行锚固件的安装。在每块保温板的四周接缝及板中间，用电锤打孔，钻孔深度为基层内约 50mm，锚固深度为基层内约 45mm。锚固件的数量应根据楼层高低及基层墙体的性质决定，在阳角及窗洞周围，锚固件的数量应适当增加，锚固件的位置距窗洞口边缘，混凝土基层不小于 50mm，砌块基层不小于 100mm。锚固件的头部要略低于保温板，并及时用抹面聚合物胶浆抹平，以防止雨水渗入。

（8）分格缝的施工：

1）如图纸上设计有分格缝，则应在设置分格缝处弹出分格线，剔出分格缝，宽度为 15mm，深度 10mm 或根据图纸而定。

2）裁剪宽度为 130mm＋分格缝宽度总和的网布，将分格缝隙及两边 65mm 宽的范围内涂抹聚合物胶浆，厚度为 2mm，将网布中间部分压入分格缝，并压入塑料条，使塑料条的边沿与保温板表面平齐。两边网布压入胶浆中，不允许有翘边、皱褶等。

（9）铺设网格布：涂抹面层胶浆前应先检查保温板是否干燥，用 2m 靠尺检查平整度，偏差应小于 4mm，去除表面的有害物质、杂质等。用抹子在保温板表面均匀涂抹一层面积略大于一块网格布的抹面聚合物胶浆，厚度为 2mm，立即将网格布按“T”字形顺序压入。同时应注意以下几点：

1）网格布应自上而下沿外墙一圈一圈铺设。

2）不得有网线外露，不得使网布皱褶、空鼓、翘边。

3）当网格布需拼接时，搭接宽度应不小于100mm。

4）在阳角处需从每边双向绕角且相互搭接宽度不小于200mm，阴角处不小于100mm。

5）当遇门窗洞口，应在洞口四角处沿45°方向补贴一块200mm×300mm标准网格布，以防开裂。

6）在分格缝处，网布应相互搭接。

7）铺设网格布时应防止阳光曝晒，并应避免在风雨气候条件下施工，在干燥前墙面不得沾水，以免导致颜色变化。

（10）抹面层聚合物胶浆并找平：待表面胶浆稍干可以碰触时，立即用抹子涂抹第二道胶浆，以找平墙面，将网格布全部覆盖。面层胶浆总厚度为3～5mm。

3.4 装 饰 抹 灰 施 工

装饰抹灰是指利用材料的特点和工艺处理，使抹灰层具有不同的质感、纹理和色泽效果的抹灰类型。装饰抹灰饰面的种类很多，新出现的涂料涂饰及新型装饰处理工艺也有很多，装饰抹灰饰面若设计及施工处理得当，抹灰层可以取得独特的装饰艺术效果。

3.4.1 斩假石施工

斩假石又称剁斧石，装饰效果近于花岗石，但费工较多。先在底层上镶嵌分格木条，洒水湿润后刮水泥浆一道，随即抹11mm厚1∶1.25（水泥∶石渣）内掺30%石屑的水泥石渣浆罩面层。罩面层应采取防晒措施并养护2～3d（强度达到设计强度的60%～70%）后，用剁斧将面层斩毛。斩假石面层的剁纹应均匀，方向和深度一致，棱角和分格缝周边留15mm不剁。一般剁两遍，即可做出近似用石料砌成的装饰面。

斩假石抹底层砂浆时，认真做好基层清理并作毛化处理，浇水湿润。抹底层砂浆时应分层进行，不应过厚，超过35mm时应增加钢筋网片，打底后做好浇水养护，防止基层空鼓。

斩假石剁石时，应掌握好开剁时间，不应过早，使用的剁斧应锋利，斩剁时用力均匀，防止因开剁时间过早，出现面层有坑和因用力过大或过小造成剁纹深浅不一致、纹路凌乱、表面不平整。

3.4.2 水刷石施工

水刷石多用于外墙面，由于水刷石浪费水资源并且对环境有污染，目前已较少使用。先在底层面上按设计弹线安装8mm×10mm的梯形分格木条，用水泥浆在两侧粘结固定，以防大面收缩开裂，然后将底层洒水湿润后刮水泥浆一层，以增强与底层的粘结，随即抹上稠度为5～7mm，厚8～12mm的水泥石子浆（水泥∶石子＝1∶1.25～1∶1.5）面层，拍平压实，使石子均匀且密实，待其达到一定强度（用手指按无陷痕印）时，用棕刷子蘸水自上而下刷掉面层水泥浆，使石子表面外露，然后用喷雾器（或喷水壶）自上而下喷水冲洗干净。

3.4.3　干粘石施工

同水刷石一样先在底层上镶嵌分格木条，洒水湿润后，抹上一层 4～6mm 厚 1：2～1：2.5 的水泥砂浆层，随即紧跟着再抹一层 2mm 厚的 1：0.5 水泥石灰膏粘结层，同时将配有不同颜色或同色的粒径为 4～6mm 的石子甩粘拍平压实在粘结层上，随即用铁抹子将石子拍入粘结层，拍平压实石子时，不得把灰浆拍出，以免影响美观，要使石子嵌入深度不小于石子粒径的 1/2，待有一定强度后洒水养护。

3.4.4　喷涂饰面施工

喷涂饰面是用喷枪将聚合物水泥砂浆均匀喷涂在墙面底层上，此种砂浆由于加入 801 胶等聚合物，具有良好的抗冻性及和易性，能提高饰面层的表面强度与粘结强度。通过调整砂浆的稠密和喷射压力的大小，可喷成砂浆饱满、呈波纹状的波面喷涂或表面不出浆而满布细碎颗粒的粒状喷涂。其做法是在底层先喷或刷一道胶水溶液，使基层吸水率趋于一致，以保证和喷涂层粘结牢固。喷涂层厚 3～4mm，粒状喷涂要求 3 遍成活；波面喷涂必须连续操作，喷至全部泛出水泥浆但又不至流淌为好。在大面喷涂后，按分格位置用铁皮刮子沿靠尺刮出分格缝。喷涂层凝固后再喷罩一层有机硅憎水剂。

3.5　抹灰施工质量标准

3.5.1　水泥砂浆抹灰施工质量控制要点及允许偏差

（1）抹灰前基层表面的尘土、污垢、油渍等应清除干净，并应洒水润湿。

（2）一般抹灰所用材料的品种和性能应符合设计要求。水泥的凝结时间和安定性复验应合格。砂浆的配合比应符合设计要求。

（3）抹灰工程应分层进行。当抹灰总厚度大于或等于 35mm 时，就采取加强措施。不同材料基体交接处表面的抹灰，应采取防止开裂的加强措施。当采用加强网时，加强网与各基体的搭接宽度不应小于 100mm。

（4）抹灰层与基层之间及各抹灰层之间必须粘结牢固，抹灰层应无脱皮、空鼓，面层应无爆灰和裂缝。

（5）一般抹灰工程的表面质量应符合下列规定：

1）普通抹灰表面应光滑、洁净、接槎平整，分格缝应清晰。

2）高级抹灰表面应光滑、洁净、颜色均匀、无抹纹，分格缝和灰线应清晰美观。

（6）护角、孔洞、槽、盒周围的抹灰应整齐、光滑；管道后面的抹灰表面应平整。

（7）抹灰的总厚度应符合设计要求；水泥砂浆不得抹在石灰砂浆层上；罩面石灰膏不得抹在水泥砂浆层上。

（8）抹灰分格缝的设置应符合设计要求，宽度和深度应均匀，表面应光滑，棱角应整齐。

（9）有排水要求的部位应做滴水线（槽）。滴水线（槽）应整齐顺直、内高外低，滴水槽的宽度和深度均不应小于 10mm。

由于抹灰前基层底部清理不干净或不彻底，抹灰前不浇水，每层灰抹得太厚，跟得太紧；对于预制混凝土，光滑表面不剔毛，甚至混凝土表面的酥皮也不剔除就抹灰；加气混凝土表面没清扫，不浇水就抹灰；抹灰后不养护，这些问题都会导致抹灰面出现空鼓、开裂。为解决好空鼓、开裂的质量问题，应从三方面下手解决：第一是施工前的基体清理和浇水；第二是施工操作时分层分遍压实应认真，不马虎；第三是施工后及时浇水养护，并注意操作地点的洁净，抹层一次抹到底，克服烂根。

一般抹灰工程质量的允许偏差和检验方法见表 3-1。

一般抹灰工程质量的允许偏差和检验方法　　　　　　　　　　　　表 3-1

项次	项目	允许偏差（mm）		检验方法	备注
		普通抹灰	高级抹灰		
1	立面垂直度	4	3	用 2m 垂直检测尺检查	1）普通抹灰，本表第 3 项阴角方正可不检查； 2）顶棚抹灰，本表第 2 项表面平整度可不检查，但应平顺； 3）应注意空鼓、开裂和烂根等质量问题
2	表面平整度	4	3	用 2m 靠尺和塞尺检查	
3	阴阳角方正	4	3	用直角检测尺检查	
4	分格条（缝）直线度	4	3	拉 5m 线，不足 5m 拉通线，用钢直尺检查	
5	墙裙、勒脚上口直线度	4	3	拉 5m 线，不足 5m 拉通线，用钢直尺检查	

3.5.2　保温墙面抹灰施工质量控制要点

（1）执行标准《外墙外保温工程技术规程》JGJ 144—2004、《膨胀聚苯板薄抹灰外墙外保温系统》JG 149—2003。

（2）基层墙体平整度在 4mm 之内。

（3）基层表面必须粘结牢固，无空鼓、风化、污垢、涂料等影响粘结强度的物质及质量缺陷。

（4）基层墙面如用 1∶3 水泥砂浆找平，应对粘结胶浆与基层墙体的粘结力做专门的试验。

（5）粘结胶浆确保不掺入砂、速凝剂、防冻剂、聚合物等其他添加剂。

（6）保温板的切割应尽量使用标准尺寸。

（7）保温板到场，施工前应进行验收，是否符合设计和国家规定的相关要求。

（8）保温板的粘贴应采用点框法，粘结胶浆的涂抹面积不应小于保温板总面积的 30%。

（9）保温板的接缝应紧密且平齐，板间缝隙不得大于 2mm，如大于 2mm，用保温条填实后磨平。

（10）板与板间不得有粘结剂。

（11）保温板的粘结操作应迅速，安装就位前粘结胶浆不得有结皮。

（12）门、窗、洞口及系统终端的保温板，应用整块板裁出直角，不得有拼接，接缝距拐角不小于 200mm。

（13）保温板粘贴完毕至少静置 24h，方可进行下一道工序。

（14）不得在雨中铺设网格布。

（15）标准网布搭接至少100mm，阴阳角搭接不小于200mm。

（16）若用聚苯板做保温层时，建筑物2m以下或易受撞击部位可加铺一层网格布，以增加强度。铺设第一层网格布时不需搭接，只对接。

（17）保护已完工的部分免受雨水的渗透和冲刷。

（18）使用泡沫塑料棒及密封膏时须提供合格证以及相关技术资料，泡沫棒直径按缝宽1.3倍采用。

（19）打胶前应确保节点没有油污、浮尘等杂质。

（20）密封膏应完全塞满节点空腔，并与两侧抹面胶浆紧密结合。

（21）聚苯板安装允许偏差和检验方法应符合表3-2的规定。

聚苯板安装允许偏差　　　　　表3-2

项次	项目	允许偏差（mm）	检查方法
1	表面平整度	3	用2m靠尺和塞尺检查
2	立面垂直度	3	用2m垂直检查尺检查
3	全高	$H/1000$且不大于20mm	经纬仪或吊线
4	阴、阳角方正	3	用直角检验尺检查
5	接缝高低差	1.0	用钢直尺和塞尺检查
6	接缝宽度	1.5	用钢直尺检查

（22）保温层薄抹灰的允许偏差和检验方法应符合表3-3的规定。

保温层薄抹灰的允许偏差和检验方法　　　　　表3-3

项次	项目	允许偏差（mm）	检查方法
1	表面平整度	3	用2m靠尺和塞尺检查
2	立面垂直度	3	用2m垂直检查尺检查
3	阴、阳角垂直方正	3	用直角检验尺检查
4	分格条（缝）直线度	3	拉5m线，不足5m拉通线，用钢直尺检查

3.5.3　装饰抹灰施工质量控制要点及允许偏差

1. 斩假石施工质量控制要点及允许偏差

（1）斩假石表面剁纹应均匀顺直、深浅一致，应无漏剁处；阳角处应横剁并留出宽窄一致的不剁边条，棱角应无损坏。

（2）分格条（缝）的设置应符合设计要求，宽度和深度应均匀，表面应平整光滑，棱角应整齐。

（3）有排水要求的部位应做滴水线（槽）。滴水线（槽）应整齐顺直，滴水线应内高外低，滴水槽的宽度和深度均应不小于10mm。

（4）斩假石工程施工质量的允许偏差和检验方法见表3-4。

斩假石工程施工质量的允许偏差和检验方法 　　　　　　　　表 3-4

项目	允许偏差（mm）		检验方法
	国标、行标	企标	
立面垂直度	4	4	用 2m 垂直检测尺检查
表面平整度	3	3	用 2m 靠尺和楔形塞尺检查
阳角方正度	3	3	用直角检测尺检查
分格条（缝）直线度	3	2	拉 5m 线，不足 5m 拉通线，用钢直尺检查
墙裙、勒脚上口直线度	3	2	拉 5m 线，不足 5m 拉通线，用钢直尺检查

2. 水刷石施工质量控制要点及允许偏差

（1）施工时应将基层清理干净，做好基层毛化处理，浇水湿润。抹底灰应分层进行，控制抹灰厚度，打底后做好浇水养护，防止基层空鼓。

（2）底层灰干至七八成时抹面层石渣，抹前刮一道聚合物水泥浆，抹好后的石渣浆应轻轻拍实，防止面层出现空鼓裂缝。

（3）水刷石面层所用石渣应采用同厂家、同批号，并一次备齐，中间不得更换供货厂家，保证品种、规格一致。拌石渣时应设专人统一配料，抹石渣时应反复揉压抹平，冲洗时对已完成的成品做好保护，最后应用清水冲洗干净，防止墙面不清洁、颜色不一致。

（4）水刷石施工前应将与散水交接的墙下部、腰线与墙接触部分清理干净，并将下部水刷石抹压密实，防止出现烂根。

（5）做阴角处刷石时，应将阴角的两个面找好规矩，一次做成，同时喷刷。大面积墙面水刷石，冲刷新做的水刷石前，将已做好的水刷石用净水湿润后再冲刷新的水刷石。新活完成后，再用净水同时由上而下冲洗整个水刷石墙面，以防出现污染、混浊。

（6）水刷石接槎不得留在分格块中间，应留在分格条处、水落管后边或独立装饰部位的边缘，防止墙面乱留槎，影响整体效果。

（7）抹阳角时石渣浆接槎应在阳角的尖角处，安放靠尺时要比上端已抹好的阳角高出 1～2mm，喷洗时要骑角喷洗，并注意喷水角度，喷水速度要均匀，防止阳角出现黑边。

（8）水刷石质量要求是石粒清晰、分布均匀、紧密平整、色泽一致，不得有掉粒和接槎痕迹。

（9）分格条（缝）的设置应符合设计要求，宽度和深度应均匀，表面应平整光滑，棱角应整齐。

（10）有排水要求的部位应做滴水线（槽）。滴水线（槽）应整齐顺直，滴水线应内高外低，滴水槽的宽度和深度均应不小于 10mm。

（11）水刷石工程施工质量的允许偏差和检验方法见表 3-5。

水刷石工程施工质量的允许偏差和检验方法 　　　　　　　　表 3-5

项目	允许偏差（mm）		检验方法
	国标、行标	企标	
立面垂直度	5	4	用 2m 垂直检测尺检查
表面平整度	3	3	用 2m 靠尺和楔形塞尺检查

项　目	允许偏差（mm）		检验方法
	国标、行标	企标	
阳角方正度	3	3	用直角检测尺检查
分格条（缝）直线度	3	2	拉 5m 线，不足 5m 拉通线，用钢直尺检查
墙裙、勒脚上口直线度	3	3	拉 5m 线，不足 5m 拉通线，用钢直尺检查

3. 干粘石施工质量控制要点及允许偏差

（1）施工时应将基层清理干净，做好基层毛化处理，浇水湿润。抹底灰应分层进行，控制抹灰厚度，打底后做好浇水养护，防止基层空鼓。

（2）抹粘石砂浆时要平整、厚薄均匀；甩石渣时，不要用力过猛，掌握好力度。防止因灰层过厚产生返浆，灰层薄处出现坑凹，粘石后拍不到位，浮在表面造成面层颜色不一致、有花感。

（3）分格条两侧粘石砂浆干得快，施工时分格条处应先粘，然后再粘大面。阳角粘石应采用八字靠尺，起尺后应及时用米粒石修补，防止阳角及分格条两侧出现黑边。

（4）抹粘石砂浆前，底灰要用水湿润，减慢粘石砂浆干燥的速度，粘石后拍、按要到位，将石渣拍入粘石砂浆层中，防止石渣浮动，手触即掉。

（5）底灰浇水湿润应适度，粘石砂浆稠度应适宜，并控制抹灰厚度，防止因甩石渣时造成粘结层坠裂。

（6）干粘石面层起条后应认真勾缝，防止分格条、滴水槽不光滑、不清晰。

（7）干粘石表面质量要求是表面色泽一致、不露浆、不漏粘，石粒应粘结牢固、分布均匀，阳角处应无明显黑边。

（8）分格条（缝）的设置应符合设计要求，宽度和深度应均匀，表面应平整光滑，棱角应整齐。

（9）有排水要求的部位应做滴水线（槽）。滴水线（槽）应整齐顺直，滴水线应内高外低，滴水槽的宽度和深度均应不小于 10mm。

（10）干粘石施工质量的允许偏差和检验方法见表 3-6。

干粘石施工质量的允许偏差和检验方法　　　　表 3-6

项目	允许偏差（mm）		检验方法
	国标、行标	企标	
立面垂直度	5	5	用 2m 垂直检测尺检查
表面平整度	5	4	用 2m 靠尺和楔形塞尺检查
阳角方正度	4	3	用直角检测尺检查
分格条（缝）直线度	3	3	拉 5m 线，不足 5m 拉通线，用钢直尺检查

第4章 墙柱饰面工程

4.1 墙柱饰面工程概述

墙柱装饰饰面范围相当广泛，本章节主要特指用于室内墙面的石材、陶瓷面砖、马赛克、金属、木质装饰饰面工程。墙面石材效果见图 4-1。

图 4-1　墙面石材效果

4.2 湿贴石材施工

4.2.1 施工流程

事先准备→弹线→试排试拼块材→钻孔、剔槽→穿铜丝或镀锌铁丝与块材固定→绑扎、固定钢筋网→安装固定→分层灌浆→擦缝→清理墙面。

4.2.2 操作要点

1. 事先准备

（1）结构经检查和验收，隐检、预检手续已办理，水电、通风、设备安装施工完毕。

（2）石板按设计图纸的规格、品种、质量标准、物理力学性能、数量备料，并进行表面处理。

（3）已备好相关的材料及工具等，天然石材要做好六面防护。

（4）对施工操作者进行技术交底，应强调技术措施、质量标准和成品保护。

（5）先做样板，经质检部门自检，报业主和设计鉴定合格后，方可组织人员进行大面积施工。

2. 弹线

将墙、柱面用大线坠从上至下吊垂直。同时考虑石材的厚度、灌注砂浆的空隙和钢筋网所占的尺寸，一般石材板外皮距结构面的厚度以 50～70mm 为宜。找出垂直后，在地面上弹出石材的外廓尺寸线，此线即为第一层石材的安装基准线，编好号的石材在弹好的基准线上画出就位线，每块按设计规定留出缝隙。

3. 试排试拼块材

饰面板材应颜色一致，无明显色差。经精心预排试拼后，对石材颜色的深浅分别进行编号，使相邻板材颜色相近，无明显色差，纹路相对应形成图案，达到令人满意的效果。

4. 钻孔、剔槽

安装前先将饰面板用台钻钻眼。钻眼前先将石材预先固定在木架上，使钻头直对板材上端面，在块板的上、下两个面打眼，孔的位置打在距板宽两端 1/4 处，每个面各打两个眼，孔位（孔中心）距石板背面以 8mm 为宜。如板材宽度较大时，可增加孔数。钻孔后用金刚石錾子把石板背面的孔壁轻轻剔一道槽，深 5mm 左右，连同孔眼形成牛鼻眼，以备埋卧钢丝。板的固定采用防锈金属绑扎。大规格的板材，中间必须增设锚固点。

5. 穿铜丝或镀锌铁丝与块材固定

将铜丝或镀锌铁丝剪成长 200mm 左右，一端用木楔子粘胶将绑孔丝楔进孔内固定牢固，另一端顺槽弯曲并卧入槽内，使石材上下端面没有绑扎丝突出，以保证相邻石材接缝严密。

6. 绑扎钢筋网

将墙体饰面部位清理干净，剔出预埋在墙内的钢筋头，焊接或绑扎 $\phi6$ 钢筋网片，先焊接竖向钢筋，并用预埋钢筋弯压于墙面，后焊横向钢筋。

7. 安装固定

石材的安装固定是按部位取石材将其就位，石板上口外仰，右手伸入石板背面，把石板下口绑扎丝绑扎在横筋上；把石板竖起，便可绑石板上口绑扎丝，并用木楔垫稳，石板与基层间的间隙一般为 30～50mm（灌浆厚度）。用靠尺检查调整木楔，达到质量要求后再拴紧绑扎丝，如此依次进行。第一层安装固定完毕，再用靠尺板找垂直，水平尺找平整，方尺找阴阳角方正。在安装石板时如发现石板规格不准确或石板之间缝隙不符，应用木楔等物体进行调整固定，使石板之间缝隙一致，并保持第一层石板的上口平直。找完垂直、平整、方正后，调制熟石膏，将调成粥状的石膏贴在石板上下之间，使这两层石板粘结成一整体，木楔处也可粘结石膏，再用靠尺检查有无变形，待石膏硬化后方可灌浆。

8. 灌浆

石材板墙面防空鼓是关键。施工时应充分湿润基层，在竖缝内塞 15～20mm 深的麻丝或泡沫塑料条，以防漏浆。灌注时，边灌边用橡皮锤轻轻敲击石板面或用短钢筋轻捣，使浇入砂浆排气。灌浆应分层分批进行，第一层浇筑高度为 150～200mm，且不得超过石板高度 1/3；如发现石板外移错位，应立即拆除重新安装。第一次灌浆后待 1～2h，等砂浆初凝后应检查一下是否有移动，确定无误后，进行第二层灌浆，第二层灌浆高度为 200～300mm，待初凝后再灌第三层，第三层灌至低于板上口 50～100mm 处为止。

9. 擦缝

板材安装前宜在板材背面进行背涂处理，这样在板材背面形成一道防水层，防止雨水渗入板内。石板安装完毕，缝隙必须在擦缝前清理干净，然后用与板色相同的颜色调制纯水泥浆擦缝，使缝隙密实、干净、颜色一致。也可在缝隙两边的板面上先粘贴一层胶带纸，用密封胶嵌板缝隙，扯掉胶带纸后形成一道凸出板面1mm的密封胶线缝，使缝隙既美观又防水。

10. 清理墙面

石材板安装完要及时进行清理，由于板面有许多肉眼看不见的小孔，如果水泥砂浆污染表面，时间一长就不易清理掉，会形成色斑，应用酸液洗去后用清水充分冲洗干净，以达到美观的效果。

4.3 干挂石材施工

4.3.1 干挂石材（传统式）施工

1. 施工流程

出翻样图→进场材料检验→基层检测处理→基层弹线→基层钻孔→安装基层钢架→预排编号→板材开孔或开槽→安装连接件→挂板→嵌缝→清洗板面。

2. 操作要点

（1）出翻样图

根据设计图以及墙柱校核实测的规格尺寸，并将饰面板的缝宽度包括在内，计算出板块的排档，并按安装顺序编号，绘制墙、柱面各分块大样图以及节点大样图，作为加工定货的依据和基层弹线安装钢架的依据。

（2）进场材料检验

1）对进场材料按加工定货单检验其品种、规格、颜色。

2）对进场材料按定货要求检验其边角垂直度、平整度、光洁度、倒角要求、裂缝、棱角缺陷，应符合定货合同和国家验收规范要求。

（3）基层检测处理

基层面检测垂直度和平整度。平整度误差不能大于10mm。超出部分凿去，凹陷不足部分用高强度水泥砂浆找平。

（4）基层弹线

1）水平线必须以一定的标高为起点，四周连通，尤其要注意接缝必须与窗洞的水平线连通。

2）垂直线尽可能按块材尺寸，由阳角端向阴角端方向弹。

（5）基层钻孔

混凝土墙体用不锈钢膨胀螺栓固定连接件。孔位要依照弹线尺寸确定，孔径按选用的膨胀螺栓确定，一般比膨胀螺栓胀管直径大1mm。孔径深度必须达到选用膨胀螺栓胀管的长度。

（6）安装基层钢架

1）钢架用膨胀螺栓与基层相连接，螺母必须拧紧，拧紧后的螺栓再涂强力粘接胶加固。钢架与基层预埋件相连接，电焊焊缝长度、厚度必须按设计要求进行。

2）钢架安装完毕，必须采用专用防锈漆进行除锈处理。

（7）根据翻样图预排对号

石材安装前必须按翻样图进行预排对号，石材安装时应保证上下左右颜色、花纹一致，纹理通顺，接缝严密吻合，遇有不合格的石材，必须剔除，安置于阴角或底部不显眼的部位。但应保证挂上的石材与相邻石材色泽、纹路一致。

（8）板材开孔或开槽

1）板材面积大于 1m² 设 8 个孔（4 对），0.6～1m² 设 6 个孔（3 对），小于 0.6m² 设 4 个孔（2 对），特殊小尺寸石板不得少于 2 个孔。

2）孔位在板厚的中心线上，两端部的孔位距板两端 1/4 边长处，孔径≥6mm，孔深 ≥25mm。

3）板材开槽数 1m² 设 8 条槽（4 对），0.6～1m² 设 6 条槽（3 对），小于 0.6m² 设 4 条槽（2 对），特殊小尺寸石板不得少于 2 条槽。

4）板材开槽槽宽 5mm，槽深＞7mm。

（9）安装连接件

连接件位置必须准确，安装必须牢固，螺母必须拧紧，在拧紧的螺栓上再涂强力胶加固。

（10）挂板

1）为了保证离缝的准确性，安装时在每条缝中安放二片厚度与缝宽要求相一致的塑料片（待打硅胶时取出）。

2）板材孔眼中必须填注粘结胶与销钉相胶合。粘胶必须饱满。

3）每安装完一块板必须检查它的水平和垂直度。

（11）嵌缝

1）嵌缝前基层面必须清理干净，基层面要干燥，以便确保嵌缝胶与基层良好地粘结。

2）泡沫条直径要大于缝宽 4mm，确保泡沫条顶紧板材两边，不留缝隙。泡沫条要深入板面 10mm。

3）嵌缝胶要均匀地挤打，一要保证嵌缝胶与基板边粘结牢固，二要使外表呈凹形半圆状态，平整光滑美观。

（12）清洗板面

1）施工时尽可能不要造成污染，减少清洗工作量，有效保护板材光泽。

2）一般的色污可用草酸、双氧水刷洗，严重的色污可用双氧水与漂白粉掺在一起搅成面糊状涂于斑痕处，2～3 天后铲除，色斑可逐步减弱。

3）清洗完毕必须重新对板材磨光，上光蜡。

4.3.2 干挂石材（背栓式）施工

1. 施工流程

出翻样图→进场材料检验→基层检测处理→基层弹线→基层钻孔→安装基层钢架→预排编号→背栓扩孔→安装连接件→挂板→嵌缝→清洗板面。

2. 操作要点

（1）出翻样图

根据设计图以及墙柱校核实测的规格尺寸，并将饰面板的缝宽度包括在内，计算出板块的排档，按安装顺序编号，绘制墙、柱面各分块大样图以及节点大样图，作为加工定货的依据和基层弹线安装钢架的依据。

（2）进场材料检验

1）对进场材料按加工定货单检验其品种、规格、颜色。

2）对进场材料按定货要求检验其边角垂直度、平整度、光洁度、倒角要求、裂缝、棱角缺陷，应符合定货合同和国家验收规范要求。

（3）基层检测处理

基层面检测垂直度和平整度。平整度误差不能大于 10mm。超出部分凿去，凹陷不足部分用高强度水泥砂浆找平。

（4）基层弹线

1）水平线必须以一定标高为起点，四周连通，尤其要注意接缝必须与窗洞的水平线连通。

2）垂直线尽可能按块材尺寸，由阳角端向阴角端方向弹。

（5）基层钻孔

混凝土墙体用不锈钢膨胀螺栓固定连接件或用化学锚固剂固定连接件。孔位要依照弹线尺寸确定，孔径按选用的膨胀螺栓确定，一般比膨胀螺栓胀管直径大 1mm。孔径深度必须达到选用膨胀螺栓胀管的长度。

（6）安装基层钢架

1）钢架用膨胀螺栓与基层相连接，螺母必须拧紧，拧紧后的螺栓再涂强力粘接胶加固。钢架与基层预埋件相连接，电焊焊缝长度、厚度必须按设计要求进行。

2）钢架安装完毕，必须采用专用防锈漆进行除锈处理。

（7）根据翻样图预排对号

石材安装前必须按翻样图进行预排对号，安装时应保持上下左右颜色、花纹一致，纹理通顺，接缝严密吻合，遇有不合格的石材，必须剔除，安置于阴角或底部不显眼的部位。但应保证挂上的石材与相邻石材色泽、纹路一致。

（8）背栓扩孔

1）板材面积不大于 $1m^2$，一般设 4 个对应孔，大于 $1m^2$ 的板材，应该根据受力情况适当增加孔位。

2）孔位应该离板边缘至少 15cm。

3）孔眼内大外小，使进入孔中的连接杆件无法拔出。

4）孔深一般应保持 15mm。

5）先用规定粗的钻头打 15mm 深的孔，然后用专用钻头进行孔内扩孔，形成内大外小的连接孔（图 4-2）。

（9）安装连接件

1）在板孔中安装背栓螺丝，背栓螺丝安装入孔中后，在孔内部分会大，形成内大外小的形状，与石材上的孔恰好吻合，为了安全起见，在背栓螺丝安装入孔前，先在孔内注入环氧树脂胶，使连接件与石材形成良好的面连接，而且环氧树脂胶还能有效防止石材孔边的受剪破坏。击入式背栓螺丝安装，见图 4-3，旋入式背栓螺丝安装见图 4-4。

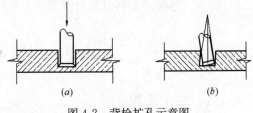

图 4-2　背栓扩孔示意图

（a）背栓扩孔 a；（b）背栓扩孔 b

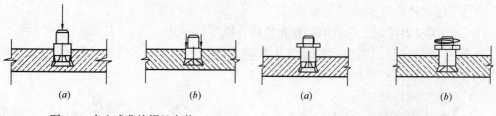

图 4-3　击入式背栓螺丝安装
　　(a) 击入式背栓螺丝安装 a；
　　(b) 击入式背栓螺丝安装 b

图 4-4　旋入式背栓螺丝安装
　　(a) 旋入式背栓螺丝安装 a；
　　(b) 旋入式背栓螺丝安装 b

2）在连接件安装牢固后，再套上专用挂件，将螺栓与连接件拧紧。同时，在混凝土基层或钢支架上同样安装对应的专用挂件（图 4-5）。

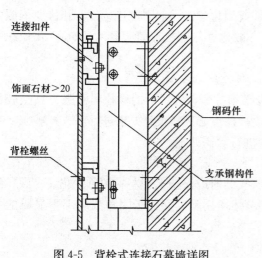

图 4-5　背栓式连接石幕墙详图

（10）挂板

1）为了保证离缝的准确性，安装时在每条缝中安放二片厚度与缝宽要求相一致的塑料片（待打硅胶时取出）。

2）专用挂件对接完毕，石材边线排列均顺直之后，拧紧限位螺丝，使石材保持最佳的位置。

3）每安装完一块板必须检查它的水平和垂直度。

（11）嵌缝

1）嵌缝前基层面必须清理干净，基层面要干燥，以便确保嵌缝胶与基层良好地粘结。

2）泡沫条直径要大于缝宽 4mm，确保泡沫条顶紧板材两边，不留缝隙。泡沫条要深入板面 10mm。

3）嵌缝胶要均匀地挤打，一要保证嵌缝胶与基板边粘结牢固，二要使外表呈凹形半圆状态，平整光滑美观。

（12）清洗板面

1）施工时尽可能不要造成污染，减少清洗工作量，有效保护板材光泽。

2）一般的色污可用草酸、双氧水刷洗，严重的色污可用双氧水与漂白粉掺在一起搅成面糊状涂于斑痕处，2～3 天后铲除，色斑可逐步减弱。

3）清洗完毕必须重新对板材磨光，上光蜡。

4.4　内墙铝塑板施工

4.4.1　施工流程

出翻样图→基层处理→弹线→钻孔扎榫→固定木龙骨→防潮、防火处理→隐蔽验收→

基层板固定→弹线→铝塑板安装→缝处理。

4.4.2　操作要点

1. 出翻样图

在铝塑复合板订货、安装前一定要出翻样图，翻样图要根据设计饰面布置，结合实际施工面的形式、面积大小，确定每块铝塑复合板的规格、尺寸、安装方式、基层构造、胶粘剂型号、接缝尺寸（一般3~5mm），圆柱还要确定接缝的构造形式等。

2. 基层处理

用托线板检查墙面垂直度和平整度。如墙面平整误差在10mm以内，采取垫补砂浆修整的办法，如误差大于10mm，可在墙面与木龙骨之间加垫木来解决，以保证木龙骨的平整度和垂直度。

3. 弹线

根据翻样图确定的基层构造尺寸，在墙面上弹出木筋的水平、垂直尺寸线，弹线尺寸必须正确。

4. 钻孔、扎榫

用12~16mm的冲击钻头，在基层面上按弹线位置钻孔，孔深不小于40mm，一般孔距不大于500mm。在孔眼中打入直径略大于孔径的木榫。如在湿潮地区或墙面易受潮湿的部位，木榫可用柏油浸泡，待干后打入孔眼，并将木榫表面与墙面削平。

5. 固定木龙骨

木龙骨的截面尺寸一般为30mm×50mm，间距一般为500mm。如果基层板厚12mm时，木龙骨的间距可放大到600mm。木龙骨与基层连接用钉子的长度一般为木龙骨厚度的2~2.5倍。竖向龙骨要垂直。水平、竖向龙骨要在一个平面上。

6. 防潮、防火处理

在潮湿区域，基层上需作防潮处理，一般可用水性高分子防水涂料涂二遍。木龙骨都要作防火处理，方法是在木龙骨上涂防火漆。

7. 基层板固定

隐蔽工程验收后，可固定基层板。基层板一般采用细木工板，厚度10mm左右。固定基层板钉子的长度为板厚的2~2.5倍。10mm以上的木板常用30~35mm铁钉固定。钉子的数量和间距要适中。间距一般以200mm为好，以防止木板表面翘曲。铁钉的钉帽要砸扁，送入板内。

8. 弹铝塑板安装线

在衬板上要弹出每块铝塑复合板的安装线，水平线和垂直线要呈双线。双线中间为接缝的距离，每根线为铝塑覆合板的边线。

9. 铝塑复合板安装

（1）将板材背面与底板均匀涂布强力胶，待两面稍具黏性时，再以双手轻压至施工位置，直至完全粘结牢固。

（2）切勿使用树脂或硬化态的胶粘剂，以防产生凹凸不平或粘结不良的现象。

（3）切勿使用铁锤或硬物敲击。如此会使铝塑复合板面留下凹痕。

（4）使用胶粘剂前，一定要仔细阅读该胶粘剂的说明书，以便正确使用该胶粘剂。

10. 缝处理

（1）嵌缝在接缝处用确定的填缝胶嵌填。填缝胶表面要光滑，形状为凹形半月状，填缝胶不能沾在饰面板表面。

嵌缝前一定要在缝的两边贴好保护膜，保护膜要在缝嵌完后，填缝胶完全固化后再撕去。

（2）压条装饰缝：根据设计施工图或排版图的规定，选择相应的压条，并根据施工节点图要求进行安装。

4.5 内墙饰面砖施工

4.5.1 施工流程

基层处理→找平→选砖→浸砖→放线→预排→贴砖→擦缝。

4.5.2 操作要点

1. 基层处理

镶贴饰面砖的基体表面应具有足够的稳定性和刚度，若为光面应进行凿毛处理，浇水湿润后，用素水泥浆（或界面剂）满刷一遍。对油污进行清洗，即先将表面尘土、污垢清扫干净，用10%火碱水将墙面的油污刷掉，随之用净水将碱冲净、晾干。若为毛面只需浇水清洗、湿润后，用1:1水泥砂浆加建筑胶水拌和，或用胶粘剂加适量细砂和水搅拌成砂浆，喷在墙上，其喷点需均匀，终凝后浇水养护，达到一定强度后方可进行抹灰作业。不同的材料相接处，应铺钉金属网。

基层若为砖砌体墙面，应首先按照砌体抹灰工艺，对砌体上的管线槽、孔洞等进行防裂、防空鼓处理，抹底灰后需对底灰扫毛或划出纹道，常温条件下24h后浇水养护。

2. 找平（抹底灰）

按照预做的方正灰饼进行方正抹灰，首先墙面必须提前一天浇水湿润，在原底灰上抹1:1.5水泥砂浆结合层。局部如有7~12mm厚必须抹1:3水泥砂浆表面搓平。

3. 选砖

一般按1mm差距分类，选出1~3个规格，选好后根据房间大小计划用料，选砖时要求外形方正、平整、无裂纹、棱角完好、颜色均匀，表面无凹凸和扭翘等毛病，不合格面砖不用。

4. 浸砖

所选用砖浸泡2~24小时，具体情况具体对待，一般以砖不冒泡为准，取出阴干，待表面手摸无水气方可挂贴。饰面砖浸水可以有效防止空鼓、起壳、脱落。

5. 放线、排砖

待基层灰六至七成干时即可按图纸和现场实际尺寸进行排版放线，应弹出垂直与水平控制线，一般竖线间距在1m左右，横线一般根据面砖规格尺寸每5~10块弹一水平控制线，有墙裙的弹在墙裙上口。一个房间应镶贴品牌、规格、批号一致的饰面砖。开始镶贴时，一般由阳角开始，自下而上的进行，尽量使不成整块的饰面砖留在阴角。如果有水池、镜框时，必须要以水池、镜框为中心往两边分贴。如墙面留有孔洞、槽盒、管根、管卡等，要用面砖上下左右对准孔洞套划好，然后将面砖放在一块平整的硬物体上进行切割。

6. 贴标准点

标准点是用废面砖粘贴在底层砂浆上，贴时将砖的棱角翘起，以棱角作为镶贴面砖表面平整的标准。做灰饼的砂浆用混合砂浆（水泥∶石灰膏∶砂＝1∶0.1∶3），在灰饼面砖的棱角上拉立线，再于立线上拴活动的水平线，用来控制面砖表面平整，做灰饼时上下灰饼需用靠尺板找好垂直，横向几个灰饼需拉线或用靠尺板找平。

7. 垫底层

根据计算好的最下一皮砖的下口标高，垫放好尺板作为第一皮下口的标准。底尺上皮要比地面低 1cm 左右，以便地面压过墙面砖。底尺安放必须水平，摆实摆稳；底尺的垫点间距应在 40cm 以内。要保证垫板牢固。

8. 贴砖

首先把挑选出一致规格的面砖清扫干净，放入净水中浸泡 2h 以上，取出待表面晾干，用水泥砂浆（水泥∶砂＝1∶1）或用饰面砖粘结剂（大砖张贴应掺入适量细砂，以增加强度）由下往上镶贴。门口或阳角以及长墙每间距 2m 左右均应先竖向贴一排砖作为墙面垂直、平整和砖层的标准，然后按此标准向两侧挂线镶贴。

9. 擦缝

镶贴完毕应自检有无空鼓、不平、不直等不合格现象，发现问题应及时返工修理。然后用清水将砖面冲洗干净并用棉丝擦净。用长毛刷蘸粥状白水泥素浆（或使用勾缝剂）涂缝，然后用布将缝子的素浆擦匀，砖面擦净。

4.5.3 瓷板（玻化砖）湿贴

瓷质砖（玻化砖，吸水率 0.5％）以它的高致密性和低吸水率等特点正在逐步取代吸水率大且密度低的普通瓷砖、陶瓷砖，在现场施工中玻化砖湿贴安装常发生空鼓开裂现象，以下就原因和相关预防措施作一个简介。

1. 玻化砖湿贴空鼓通病产生的原因分析

（1）基层墙面的变形。非承重隔墙用轻钢龙骨或木龙骨做基架，用水泥纤维板或木条覆面。因轻钢龙骨的刚度不够或木龙骨的含水率不标准而引起基层骨架变形，基层骨架变形而引起玻化砖饰面层的空鼓脱落。

（2）粘结砂浆或粘结剂硬化时缺水。玻化砖粘结在轻质混凝土砌块、红砖墙等吸水较大的材料上时，粘结水泥砂浆或粘结剂硬化反应时抢去了本该是硬化反应用的水，从而导致硬化反应不能顺利完成，引起玻化砖的空鼓脱落。

（3）基层未清理干净。基层墙面及砖的背面有油渍、污染物、灰尘等未清理干净，影响粘结层同砖及墙面的有效结合，引起玻化砖的空鼓脱落。

（4）高致密性瓷砖粘贴的难点。传统的普通瓷砖因其密度低，在砖表面有很多的毛细孔存在，水泥类粘结剂能通过这许多的毛细孔渗透进去，水泥凝固后便形成一个个铆栓，就是使用这种铆固原理来粘贴普通瓷质砖的。而玻化砖正因其高致密性和低吸水率，如果用传统的水泥粘结，因表面无毛细孔而不能形成铆栓效果，容易引起玻化砖的空鼓脱落。

（5）水泥等粘结材料的质量不合格。水泥的相关技术指标不合格，粘结强度不合格引起的玻化砖空鼓脱落。

（6）保养和成品保护不标准。粘贴安装后水泥砂浆硬化反应时缺水而未补水；粘贴安装后未到标准强度的龄期，而其他工种在玻化砖饰面上作业而影响玻化砖同基层的有效粘结。

2. 玻化砖湿贴空鼓通病的防治措施

（1）从设计上排除空鼓：超过 3m 高的墙面、共享空间不宜采用湿贴法安装，可用钢基层干挂法安装玻化砖。

（2）非承重隔墙用轻钢龙骨或木龙骨做基架玻化砖饰面，所使用的轻钢龙骨和木龙骨的强度应符合相关的标准。不能以石膏板或木饰面板的基层标准用来作为玻化砖饰面基层标准。

（3）轻质混凝土砌块、红砖墙等吸水较大的材料在玻化砖粘结的前一天应加水湿润，在粘结砂浆或粘结剂达到一定强度后洒水养护不少于 7d。

（4）用水泥改性剂作界面剂处理。先用改性水泥浆均匀涂刷于玻化砖背面，然后在上面均匀地撒下中粗黄砂，所用比例如下：

1）改性剂∶水泥＝1∶2 左右。

2）配制时可先按改性剂∶水泥＝0.8∶1 拌成稠浆，再加入剩余改性剂拌成稀浆，这样配成的改性水泥浆均匀，结块少。

（5）玻化砖和石材专用胶：聚合物增强的水泥基瓷砖粘结剂，特殊高强粘结配方，采用吸盘的吸附原理，可改善玻化砖的粘结性能，大大降低玻化砖湿贴安装的空鼓率。施工方法如下：

1）基面应干净、干燥、坚实、平整及稳固妥当。

2）将 25kg 的专用胶粉剂加入 6kg 的清水中，搅拌直至无结块，静置 3min 后再均匀搅拌。

3）先以锯齿镘刀铺摊约 3mm 厚度，每次批覆面积约在 $1m^2$ 左右。

4）依据玻化砖沟深度，用适当的锯齿镘刀刮出均匀条纹状后将玻化砖粘贴于基面上，轻轻挤压砖面让砖跟胶浆完全接触。

5）最大厚度以不大于 6mm 为准。

6）在标准温、湿度状况下，粘结完工 16h 后，方可进行填缝作业。

4.6　木制品制作安装

4.6.1　木制品概述

成品木制品主要由木质材料［含实木、各种人造板材（含无机板材）、实木单板等］在工厂完成各项功能结构及表面装饰生产后，随精装修工程同时安装施工，完工后不可移动的表面或实体结构具有木质特性的各种收纳容器（如橱、柜等）、墙面装饰板（木质装饰面板或简称木饰面）、室内门等装饰部品部件的统称。

1. 木制品的分类

(1) 固定家具（收纳类木制品）。指衣柜、橱柜、卫浴柜、文件柜、书柜等固定家具的总称。其安装应根据装饰设计所限定的位置、功能、结构等进行精确安装，安装完成，其四周与其他介质界面的交接过渡应符合设计、使用及外观质量要求。

(2) 室内木质门。是指以木质材料为主体结构，用于室内各房间门口封闭及通行，兼顾装饰效果的木质产品的总称。其安装应根据装饰设计所限定的位置、功能、结构、开启方向等进行精确安装，安装完成，其四周与其他介质界面的交接过渡应符合设计、使用及外观质量要求，各项五金的功能应符合设计和使用要求。木质门窗的安装详见本书第10章相关章节内容。

(3) 木质装饰面板。是指以木质材料为主体结构或表面具有木质特性的室内墙面、顶面装饰面板的总称，其安装含基层制作和面层安装两大部分。

2. 成品木制品的优势

(1) 装修质量大幅提高：工厂所有设备环境都是为木制品产品生产而设计，无尘面漆房与红外线烤漆房出产的油漆效果是现场施工所无法比拟。根据现场尺寸专门定制的木制品产品将与现场完全"合身"，也就更好地利用了现场空间。工厂化生产采用的是标准化、系列化的构件拼装生产工艺流程，生产过程受到严格监控，从而可以确保部品的质量稳定。南方夏天相对湿度较大，因此木质装修容易发生变形、发胀现象，工厂化操作则有效解决了这一问题。

(2) 施工周期大大缩短：采用工厂化生产木制品产品方式，减少了施工现场作业环节，简化了工艺流程，现场开工的同时，工厂（集成家居生产基地）进行同期生产，待现场基础工序完成，木制品就可现场拼装，能大大缩短工期。

(3) 实现了环保要求：由于装修部件都是提前生产好的，减少了大量的现场油漆、粘合等工作，大大减少了对室内空气的污染，只需通过拼装组合即可完成，因此减少了现场刨、锯等噪声和装修垃圾的污染；另外，装修部品在生产过程中，都经过特殊的工艺处理，建设方不必担心刚装修完的房屋会存在有害气体，从而真正做到环保、安全，做到对人和环境的尊重。

(4) 容易控制成本：木制品在厂里加工可以进行配料，控制原材料的成本，不像在现场施工由于工作面大，现场管理不能面面俱到，容易造成材料浪费。

4.6.2 木质饰面板的安装

1. 施工流程

加工前准备→木皮选择→木皮加工→基层板选择→基层板加工→基层板平整度处理→粘贴木皮→加压处理→饰面板精裁→四面封边→饰面板磨光→油漆→油漆烘干→模拟组装→包装。

2. 木制品工厂制作的操作要点

(1) 加工前准备

1) 加工图深化设计，根据设计方案进行深化设计，完成加工图设计和审核。

2) 制定加工流程，根据加工图纸，编制加工工艺流程，并且通过审核。

3) 选择饰面材料，根据要求和审定的样板，选择各种相应的木种木皮。木皮通常采用 0.6mm 厚实木切片，有特殊规定的按特殊规定选择木皮厚度。

4）选择基层材料，基层材料通常采用中密度板、刨花板、多层板、细木工板等，设计有具体规定的采用设计规定的基层板。

5）木材原材料含水率：木质原材料的含水率应控制在 8%～12%。如有特殊要求的，经过设计批准可按设计要求选材。

6）饰面油漆准备：根据光面涂饰质量要求，选择适合的油漆品种和涂饰工艺。

（2）木皮选择

首先，根据设计要求，选择木皮品种。

其次，根据设计效果图，要选择设计要求品种中纹路比较一致的种类。

再次，根据设计效果图，要精选木皮色泽，使所选木皮经过油漆涂装后，最后的色泽能够最接近设计要求的颜色。

最后，选择木皮的厚度。通常选用 0.6mm 厚的木皮，干后厚度不小于 0.55mm。设计或业主有特殊要求的，将根据要求进行木皮定加工。

（3）木皮加工

首先，有图案的木饰面，根据设计效果图的图案，进行图案各组成部分木皮几何尺寸的裁切。各组成部分裁切完毕，要进行试拼装，重点核对拼装后的图案与原设计图案的一致性，尤其要注意各细部的精确表现。

其次，木皮纹路的试拼。目的是保证拼接后的饰面木纹有规律，视觉上顺畅。

再次，木皮的缝制。木皮的缝制分图案的缝制、整个饰面的缝制。缝制采用可溶性缝制线，缝制缝采用对接跳缝针脚形式。

（4）基层板选择

根据加工图要求、各类木饰面的结构需要以及装饰外观需要，选择合适的基层板。

常用的基层板为多层板、密度板等。

（5）基层板加工

基层板材料将根据设计几何尺寸，留出少量的余量进行初步裁剪，使整张基层板略微大于实际几何尺寸。

（6）基层板平整度处理

把配置好的芯板，经过重型砂光机打磨，保证平整度。砂光过程要了解机器的性能，并掌握切削度技术参数，避免磨砂过度，造成几何尺寸的不准。

（7）粘贴木皮

在粘贴木皮时，要保证木皮的四个角与基层板相应角基本吻合，以保证复核后的饰面几何尺寸精确。

基层板处理完毕，安放于作业台上，基层板要水平，不得过于倾斜，以保证每一点与布胶机的距离一致。

布胶机布胶时走速要均匀，速度不得过快，使胶水充分进入木眼，避免漏胶、缺胶，使木皮不易脱胶。

（8）加压处理

把粘贴完的复核饰面板放入压床进行加压固定，使木皮与芯板牢牢粘合。加压时，饰面板一定要叠放平整，板与板之间一定要垫保护层，防止其他东西粘上。加压压力大小和时间长短，不可随意，要根据气候冷、热，胶水性能，加工件数等因素，来确定压力大小和加压时间。

热压压力：通常在 8MPa 左右。

（9）饰面板精裁

压制完成后的饰面板，将进一步进行精确裁剪。整个饰面几何尺寸要精确到 0.02mm 以内。有图案的饰面，图案与各边线尺寸精确度不能小于 1mm。以保证多块饰面板安装后，图案的视觉效果无差异。

（10）四面封边

木皮封边应采用大型全自动封边机进行，以保证边角的锐直和顺。

实木封边时，应对实木封边材进行选择，腐朽材、不干材、大节疤材不得使用。同时四根包边的材质和颜色要求一致。拼贴应严密，不允许有脱胶。局部拼缝的缝隙应小于 0.2mm。

（11）饰面板磨光

饰面板精裁后，需要进行磨光工序。磨光将在大型抛光砂光机中进行。应按砂纸不同粒径分批进行。

（12）油漆

按照设计规定的油漆品种、漆膜厚度，进行规定次数的油漆涂刷。

工厂中完成木饰面油漆，必须保证在无尘车间内进行。油漆涂装通常均采用机械喷涂工具。

（13）油漆烘干

根据预定的烘干温度和烘干时间，调整烘干车间的控制系统。第一次烘干饰面，必须进行饰面干燥程度和光泽程度检查，以保证饰面的质量。

（14）试模拟组装

检验组成构件的规格、品种、尺寸、木纹、漆膜，符合要求的，在厂内进行模拟组装，模拟组装产品符合产品要求，再做标记，分类包装。

（15）包装

饰面板油漆干燥后，要分块进行包装。通常采用瓦楞硬纸板进行包装。

有特殊需要可采用薄聚酯膜进行首层包装，然后用聚苯乙烯板进行外层包装，并用封箱带固定牢固。包装外部，要注明运送工程名称、部位、编号等相关内容。

3. 木饰面板施工现场安装

（1）基层制作

1）木基层制作：以 30mm×40mm 木龙骨制作成 400mm×400mm 左右的骨架，并将骨架与墙面牢固连接。骨架表面平整度、垂直度、水平度、转角角度等应符合设计及相关规范要求，木基层的防火、防腐、防虫蛀要求应符合相关规定。

2）轻钢龙骨基层制作：可用 100mm、75mm 的隔断轻钢龙骨或卡式龙骨作基层，龙骨的壁厚应达到标准的要求，确保基层的强度和刚度才能保证木饰面不变形，见图 4-6。

（2）木饰面板的面层安装

1）木饰面挂件的要求

面层安装一般通过挂件将装饰面板与基层进行挂合安装而完成，挂件一般有木质挂

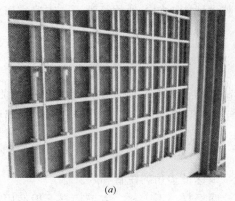 

(a)　　　　　　　　　　　　　　　　　(b)

图 4-6　木制品基层安装案例图
（a）木龙骨基层骨架；（b）轻钢龙骨基层骨架

件、金属挂件、塑料件等。所有木质、金属质地的挂件、扣件的受力方面的数据均需经过计算和确认，并应做相关的剥离试验和先期的样板安装试验，在取得可靠安全的安装方案后才能大面积施工。

目前施工现场大量推广木质挂件，通常为 12mm 的实木或优质多层板（不能用中密度纤维板和刨花板材质），安装档距一般在 400mm 以内。

面层安装应牢固，无松动和滑移现象，面层安装工艺应充分考虑如何克服木质材料的干缩，避免安装后出现开裂、收缩等质量问题。

2）木饰面面层安装顺序

① 先安装墙面木饰面，后安装门套、柱子、窗套等。

② 木饰面中间有软硬包、镜面、玻璃、墙纸的，先安装木饰面，后镶嵌软硬包等。

③ 木饰面分格缝和工艺缝用不锈钢、铜条、钛金、PVC 等新型材料嵌缝的应在厂家生产时一次集成生产，避免现场安装后的二次施工对面层造成质量缺陷。

4.6.3　固定家具安装施工

固定家具组装顺序的一般原则是：先内后外，从左向右、从上往下，由前往后；先柜体，再收口，再抽屉，后门扇。以下所说的施工流程仅作参考。

1. 施工流程

复核图纸→顶底、侧面组装→竖向横向隔板安装→水平垂直规方→后背安装→活动隔板安装→移门轨道安装→门安装→拉手门锁碰珠等五金玻璃安装→修补→成品保护。

2. 操作要点

（1）复核固定家具的安装图纸、到场的家具部件配件和现场安装的实际尺寸三者之间是否相符，有矛盾的地方的调整既要达到图纸设计效果，又要确保固定家具的使用功能。

（2）弹出水平、垂直控制线，在地面、顶面、墙面上弹出家具安装位置线。

（3）平面组装各部件成型后就位，固定家具高度同室内净高等高或接近等高的家具只可立面实体就位组装。

（4）吊垂线或红外线测量家具的水平、垂直偏差并同时调整，测量家具门洞对角线尺寸偏差并同时调整规方。

（5）紧固各部件螺钉和连接件的同时复测水平、垂直度和对角线。

（6）移门轨道的安装螺钉应固定在硬质木料上，也可用对穿螺栓固定在预埋的钢板上。

（7）移门同石材饰面、瓷砖饰面等接触的，要在碰触处加贴橡胶条或毛条作缓冲，以免开关时撞击石材饰面而使双方受损。

（8）安装和运输中损坏的阳角、线条、油漆等应由专业人员进行统一修理。

（9）按照相关质量标准做好质量检查和验收。

4.7 墙柱饰面施工质量标准

4.7.1 石材施工质量控制要点及允许偏差

1. 石材墙面施工质量控制要点及允许偏差

（1）石材墙面工程所用材料的品种、规格、性能和等级，应符合设计要求及国家现行产品标准和工程技术规范的规定。

（2）石材墙面的造型、立面分格、颜色、光泽、花纹和图案应符合设计要求。

（3）石材孔、槽的数量、深度、位置、尺寸应符合设计要求。墙角的连接节点应符合设计要求和技术标准的规定。

（4）石材墙面表面应平整、洁净，无污染、缺损和裂痕。颜色和花纹应协调一致，无明显色差，无明显修痕。

（5）石材接缝应横平竖直、宽窄均匀；阴阳角石板压向应正确，板边合缝应顺直；凹凸线出墙厚度应一致，上下口应平直；石材面板上洞口、槽边应套割吻合，边缘应整齐。

（6）石材饰面板安装的允许偏差和检验方法见表 4-1。

石材饰面板安装的允许偏差和检验方法　　　　　　　　表 4-1

项　目	允许偏差（mm）				检　验　方　法
	光　面		粗　面		
	国标行标	企标	国标行标	企标	
立面垂直度	2.0	2.0	3.0	3.0	用 2m 垂直检测尺检查
表面平整度	2.0	2.0	3.0	2.0	用 2m 靠尺和塞尺检查
阴阳角方正	2.0	2.0	4.0	3.0	用直角检测尺检查
接缝平直度	2.0	2.0	3.0	3.0	拉 5m 线，不足 5m 拉通线，用钢直尺检查
墙裙上口平直	2.0	2.0	3.0	3.0	拉 5m 线，不足 5m 拉通线，用钢直尺检查
接缝高低	0.5	0.5	3.0	2.0	用钢板短尺和塞尺检查
接缝宽度偏差	1.0	1.0	2.0	1.0	用钢直尺检查

2. 石板干挂施工质量控制要点

（1）大理石、花岗石等面层所用板块及基层配件的品种、质量等应符合设计要求和国家环保规定。

（2）石材干挂应考虑主体结构沉降对饰面结构的影响和破坏。

（3）石材出厂或安装前要做好六面背涂防护，火烧板等毛面石材污染渗透后不易清理。

（4）石材干挂基层钢架完工后要严格验收合格后才能作后续的干挂施工，要有完整的隐蔽检查和验收记录。

（5）墙面上的膨胀螺栓要做拉拔试验，非镀锌钢架要做好防腐防锈，不锈钢挂件要符合设计要求和相关质量标准。

（6）石材的不锈钢插槽开切应准确，不锈钢挂件的上口同石材切口的下口应有效接触，而不可有太大的间隙（图4-7）。饰面板安装必须牢固。

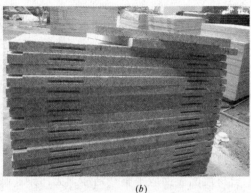

(*a*)　　　　　　　　　　　　　　　(*b*)

图 4-7　石材干挂短槽开切安装示意图

(*a*) 平板石材干挂效果实例；(*b*) 石材开槽实例

（7）空心砖墙上未经处理不能直接用膨胀螺栓固定干挂钢架，应用穿墙螺栓并在反面加夹钢板。

（8）石材饰面上的消防门、电子屏等的排布应同饰面分格缝协调一致，不可影响整体饰面效果。

（9）石材踢脚线安装应同基层连接牢固，踢脚线表面应洁净、高度一致、结合牢固、出墙厚度一致。

（10）受力用胶如石材背条的粘结安装必须用干挂专用结构胶（双组分 AB 胶）。

4.7.2　金属饰面板施工质量控制要点及允许偏差

（1）金属饰面板排板分格布置时，应根据深化设计规格尺寸并与现场实际尺寸相符合，兼顾门、窗、设备、箱盒的位置，避免出现阴阳板、分格不均等现象，影响金属饰面板整体观感效果。按排板图画出龙骨上插挂件的安装位置，用自攻螺钉将插挂件固定于龙骨上，并确保与板上插挂件的位置吻合，固定牢固。

（2）龙骨插挂件安装完毕后，全面检验固定的牢固性及龙骨整体垂直度、平整度。并检验、修补，对金属件及破损的防腐涂层补刷防锈漆。

（3）金属饰面板安装中，板块缝之间塞填同等厚度的铝垫片以保证缝隙宽度均匀一致。并应采取边安装、边调整垂直度、水平度、接缝宽度和临板高低差，以保证整体施工质量。

（4）对于室内小面积的金属饰面板墙面可采用胶粘法施工，胶粘法施工可采用木质骨架。先在木骨架上固定一层细木工板，以保证墙面的平整度和刚度，然后用胶直接将金属板面粘贴在细木工板上。粘贴时胶应涂抹均匀，使饰面板粘结牢固。

（5）板缝打胶：金属饰面板全部装完后，在板缝内填塞泡沫棒，胶缝两边粘好胶纸，然后用硅酮耐候密封胶封闭。注胶时应调节好胶枪嘴的大小和角度，注胶应均匀、连续、饱满。嵌缝胶打完后，及时用空胶瓶的弧边将胶缝挤压密实并形成凹弧面，最后清理两边的胶纸，清除余胶。

（6）板面清洁：在拆架子前将保护膜撕掉，用脱胶剂清除胶痕并用中性清洗剂清洗板面。

（7）雨期施工各种饰面材料的运输、搬运、存放，均应采取防雨、防潮措施，以防发生霉变、生锈、变形等现象。

（8）冬期注胶作业环境温度应控制在 5℃ 以上，结构胶粘结施工时，环境温度不宜低于 10℃。

（9）金属饰面板和安装辅料的品种、规格、质量、形状、颜色、花型、线条和性能，应符合设计要求。

（10）金属饰面板孔、槽数量、位置和尺寸应符合设计要求。

（11）金属饰面板安装工程预埋件或后置埋件、连接件的数量、规格、位置、连接方法和防腐处理必须符合设计要求。安装必须牢固。后置埋件的现场拉拔检测值必须符合设计要求。

（12）金属饰面板表面应平整、洁净、美观、色泽一致，无划痕、麻点、凹坑、翘曲、褶皱、损伤，收口条割角整齐，搭接严密无缝隙。

（13）金属饰面板加工允许偏差见表 4-2。

金属饰面板加工允许偏差

表 4-2

项　　目		允许偏差（mm）
边长	≤2000	±2.0
	>2000	±2.5
对边尺寸	≤2000	≤2.5
	>2000	≤3.0
对角线尺寸	≤2000	2.5
	>2000	3.0
折弯高度		≤1.0
平面度		≤2/2000
孔的中心距		±1.5

（14）金属饰面板安装允许偏差见表 4-3。

金属饰面板安装允许偏差			表 4-3

项　目	允许偏差（mm）		检 验 方 法
	国标、行标	企标	
立面垂直度	2.0	2.0	用 2m 垂直检测尺或红外线检查
表面平整度	3.0	2.0	用 2m 垂直检测尺和楔形塞尺检查
阴阳角方正	3.0	3.0	用直角检测尺检查
接缝直线度	1.0	0.5	拉 5m 线，不足 5m 拉通线，用钢尺检查
墙裙、勒脚上口直线度	2.0	1.0	拉 5m 线，不足 5m 拉通线，用钢尺检查
接缝高低差	1.0	0.5	用钢直尺和塞尺检查
接缝宽度	1.0	0.5	用钢直尺检查

4.7.3　面砖湿贴饰面施工质量控制要点及允许偏差

（1）饰面砖的品种、规格、图案颜色和性能应符合设计要求。

（2）饰面砖粘贴工程的找平、防水、粘结和勾缝材料及施工方法应符合设计要求及国家现行产品标准和工程技术标准的规定。

（3）饰面砖粘贴必须牢固。

（4）满粘法施工的饰面砖工程应无空鼓、裂缝。

（5）饰面砖表面应平整、洁净、色泽一致，无裂痕和缺损。

（6）阴阳角处搭接方式、非整砖使用部位应符合设计要求。

（7）墙面突出物周围的饰面砖应整砖套割吻合，边缘应整齐。墙裙、贴脸突出墙面厚度应一致。

（8）饰面砖接缝应平直、光滑，填嵌应连续、密实；宽度和深度应符合设计要求。

（9）有排水要求的部位应做滴水线（槽）。滴水线（槽）应顺直，流水坡向应正确，坡度应符合设计要求。

（10）饰面砖粘贴的允许偏差和检验方法应符合表 4-4 的规定。

饰面砖粘贴的允许偏差和检验方法				表 4-4

项次	项　目	允许偏差（mm）		检 验 方 法
		外墙面砖	内墙面砖	
1	立面垂直度	3	2	用 2m 垂直检测尺检查
2	表面平整度	4	3	用 2m 靠尺和塞尺检查
3	阴阳角方正	3	3	用直角检测尺检查
4	接缝直线度	3	2	拉 5m 线，不足 5m 拉通线，用钢尺检查
5	接缝高低差	1	0.5	用钢直尺和塞尺检查
6	接缝宽度	1	1	用钢直尺检查

4.7.4　木制品饰面施工质量允许偏差

（1）木饰面形状和位置允许偏差和检验方法见表 4-5。

木饰面形状和位置允许偏差和检验方法　　　表 4-5

名称	公称范围（mm）	允许偏差	检验方法
翘曲度	对角线长度<700	≤1.0	应采用误差不大于 0.1mm 的翘曲度测定器具。测定时，将器具放置在试件的对角线上，测量试件中点与基准直线的距离，以其中一个最大值为翘曲度评定值
	700≤对角线长度<1400	≤2.0	
	对角线长度≥1400	≤3.0	
平整度	表面任意点	≤0.2	1m 靠尺和塞尺
位差度	相邻面板间前后、左右、上下错位量	≤1.0	1m 靠尺和塞尺
邻边垂直度	对角线长度<1000	≤2.0	1m 靠尺和塞尺
	对角线长度≥1000	≤3.0	2m 靠尺和塞尺
高度、宽度	加工完成后零部件边长	±1.0	3m 卷尺
厚度	加工完成零后部件厚度	±0.5	游标卡尺
角度	零件加工角度、面板组合角度	±1°	角规

（2）木饰面基层骨架安装允许偏差和检验方法见表 4-6。

基层骨架安装允许偏差和检验方法（mm）　　　表 4-6

项　目	允许偏差（mm）		检　验　方　法
	高级	普通	
立面垂直度	2	3	2m 垂直检查尺
表面平整度	2	3	2m 靠尺和塞尺
阴阳角方正	2	3	直角检查尺
接缝直线度	2	3	拉 5m 线，不足 5m 拉通线，钢直尺检查
压条直线度	2	3	
接缝高低差	1	1	钢直尺和塞尺

（3）木饰面安装允许偏差和检验方法见表 4-7。

木饰面安装允许偏差和检验方法　　　表 4-7

项　目	允许偏差（mm）		检　验　方　法
	高　级	普　通	
立面垂直度	1.0	1.5	2m 垂直检测尺
表面平整度	1	1	2m 靠尺和塞尺
阴阳角方正	1.0	1.5	直角检测尺
接缝直线度	1	1	拉 5m 线，不足 5m 拉通线，钢直尺检查
墙裙、勒脚上口直线度	1.5	2	
接缝高低差	0.5	1	钢直尺和塞尺
接缝宽度	1	1	钢直尺

4.7.5　固定家具安装施工质量控制要点及允许偏差

（1）家具龙骨应对接平正，龙骨间要有固定衔接。固定家具龙骨必须与接触面（地面、顶面、墙面）固定连接。木龙骨要涂刷防火涂料，达到防火要求。金属家具骨架必须涂刷防锈漆，焊接牢固、平整。

（2）基层板安装必须牢固、平整。不能影响饰面板效果。

（3）表面饰面板安装，实木单板材质均匀美观，涂胶位置拼合严正，无胶液外溢的痕迹。饰面板接缝位置，如为密缝处理，必须结合紧密，饰面板纹理拼接美观，无拼凑感，整体性好。如为离缝处理，缝宽3～5mm，缝宽应一致，而且平直、光滑、通顺，不应有错缝，毛糙等缺陷。

（4）收口线条要无裂痕，规格尺寸一致，表面光滑，无扭曲变形，接头割角平整严密。收口线条用枪钉固定的，钉距不大于200mm，钉帽钉入板内0.5～1mm，钉眼处用与饰面板同色的油性腻子抹平。

（5）固定家具与石饰面、玻化砖饰面、墙纸饰面、软硬包饰面等的交接处应结合严密，不可用胶掩饰不规则的缝隙。

（6）固定家具的工艺缝和与顶面的交接缝应顺直、宽窄深浅一致。

（7）固定家具表面及门的安装应平整、洁净、色泽一致，不得有裂缝、翘曲及损坏，门的合缝和水平十字交叉缝应统一整齐。

（8）吊柜的安装应与顶面连接牢固，并应作吊柜满载、过载时的受力检测。

（9）表面涂饰层前必须保证家具基体干燥。木材表面含水率低于12％，金属表面不能有湿气。基层腻子应坚实牢固，不得有凹凸不平、起皮和裂痕现象。腻子干燥后应打磨平整，并将粉末、砂粒清理干净。金属表面油漆前应将表面的灰尘、油渍、锈斑、焊渣、毛刺、磷皮清除干净。油漆面层应光滑均匀，无毛糙、刮痕等问题，家具顶部及柜门上下冒头面不得有漏刷。

（10）五金件安装位置准确合理，安装紧密严实，方正牢固，结合处无崩茬、扭曲、松动，使用顺畅，无声响，无少件、漏装现象。

固定家具安装形位偏差和检验方法见表4-8。

固定家具安装形位偏差和检验方法   表4-8

项　目	部件名称和规格		允许值（mm）	检验方法
垂直度	柜体正面、侧面		±1.0	靠尺和钢直尺
对角线长度差	柜体对角线长度≥1000		≤3.00	钢卷尺
	柜体对角线长度＜1000		≤2.00	钢直尺或钢卷尺
位差度（非设计要求）	门与框架、门与门相邻表面的距离偏差		≤2.00	钢直尺和塞尺
	抽屉与框架、抽屉与门、抽屉与抽屉相邻两表面间的距离偏差		≤1.00	钢直尺和塞尺
分缝	开门（嵌装式）	上、左、右分缝	≤1.50	塞尺
		中、下分缝	≤2.00	塞尺
	开门（盖装式）	门背面与柜体表面间隙	≤2.00	塞尺
	抽屉（嵌装式）	上、左、右分缝	≤1.50	塞尺
	抽屉（盖装式）	抽屉面背面与柜体表面间隙	≤1.50	塞尺

项　目	部件名称和规格		允许值（mm）	检验方法
下垂度	抽屉	下垂	≤20.00	钢直尺和钢卷尺
摆动度		摆动	≤15.00	钢直尺和钢卷尺
外形极限偏差	设计规定的长、宽、深尺寸		±5	用钢卷尺量（同取正或负值）
搁板挠度	搁板下垂度与长度的比值		≤0.5%	钢直尺和塞尺
挂衣棍挠度	挂衣棍下垂度与长度的比值		≤0.4%	钢直尺和塞尺

第5章 裱糊、软硬包及涂饰工程

本章包括裱糊工程，常用有各种墙纸、壁布、锦缎墙布、金银箔等；软硬包工程，常用有软包饰面和硬包饰面等；涂饰工程，常用有室内涂料饰面等。

5.1 裱 糊 施 工

用于墙面饰面裱糊的材料主要有塑料壁纸、金属壁纸、纯纸壁纸、纤维壁纸、PVC壁纸、天然材料面壁纸（草、麻、木、叶等）、锦缎墙布等。

5.1.1 壁纸施工

1. 壁纸施工流程

基层处理→墙面涂刷基膜→墙面弹线→壁纸裁切→刷胶粘剂→上墙裱贴、拼缝、搭接、对花→调胶→赶压胶粘剂气泡→擦净胶水→修整清洁。

壁纸工程实例见图 5-1。

图 5-1 壁纸工程实例

2. 壁纸施工操作要点

（1）基层处理

1）原则上达到平整、干燥、色泽均匀即可贴壁纸。

2）水泥、砖墙：本身较平坦，用腻子批平，刷上封闭底胶即可贴壁纸。

3）石膏板、夹板和细木工板：有接缝存在，故先补缝再批平。

4）石膏粉加白胶取代批平用腻子，可加快干燥，缩短施工时间。

5）墙面如有不牢固的粉末存在，应砂磨除去、整平，刷上基膜才可贴壁纸；若墙面非常光滑（例如油漆过的墙面），不易吸收胶水、不易干燥，附着力会下降，此种基层要砂磨后才能贴壁纸。

6）涂料墙：是很适合改贴壁纸，但需做好砂磨处理后涂刷壁纸基膜才可施工。贴墙纸的墙面预处理其实和刷涂料的墙面预处理大致相同。

（2）墙面涂刷基膜

基膜目的在于固化和保护腻子表层，也可加强墙底防水、防霉功能，但要等腻子完全干燥才能涂刷。基膜涂刷应均匀、平整，但不宜太厚。因基膜成膜后的硬度不大，故应当涂刷两遍为宜。

（3）墙面弹线

基膜干燥后即可使用吊线坠和墨斗弹线，目的是保证壁纸边线水平或垂直及材质的尺寸准确。一般在墙转角处、门窗洞口处均应弹线，便于折角贴边。如果从墙角开始裱糊，应在墙角比壁纸宽度窄 10～20mm 处弹垂直线；在壁炉烟囱或类似地方，应定在中央。

（4）壁纸裁切

首先根据纸卷包装中的标签纸对收到的货物进行检验，确认产品的型号是否正确，生产批号是否一致。通常壁纸纸带的切割长度应为墙面高度加 5～10cm 余量，裁剪时务必注意图案的对花因素。在已剪裁好的纸带背面标出上下和顺序编号。壁纸裁切应选用专用壁纸裁刀，操作时用钢尺压住裁痕，一刀裁下，裁切角度以 45° 为最佳，中途刀片不得转动和停顿，以防止壁纸边缘出现毛边飞刺。

（5）调胶

每种壁纸有其配套的专用胶粘剂（也有使用专用胶水的，此处不做叙述），采用胶粉加水搅拌而成。调配胶粘剂时需要一个塑料筒（最好带刻度）和一根搅拌棍，根据胶粉包装盒上的使用说明加入适量的凉水，先用搅拌棍向一个方向搅动水，在水保持运动的状态下，边继续搅动，边将胶粉逐渐加入水中，直至胶液呈均匀状态为止。

原则上，壁纸越重，胶液的加水量应越小，要根据胶粉包装盒上厂家的说明进行调配，务必采用干净的凉水，不可用温水或热水，否则胶液将结块而无法搅匀。已经搅拌均匀的胶浆可通过加水进行稀释，而如果胶浆太稀，在搅拌好的胶浆中加入胶粉会结块而无法再搅拌均匀。胶液不宜太稀，而且上胶量不宜太厚，否则胶液容易从接缝处溢出而影响粘贴质量。

（6）刷胶粘剂

为保证施工质量尽可能采用打胶机。如果采用手工上胶，请注意打胶的均匀性，并尽量避免将胶液溢到壁纸表面。手工上胶时将墙纸胶液用毛刷涂刷在裁好的墙纸背面，特别注意四周边缘要涂满胶液，以确保施工品质，刷好后将其叠成"S"形待用，既避免胶液干得过快又不污染壁纸。有背胶的塑料壁纸出售时会附一个水槽，槽中盛水，将裁好的壁纸浸泡其中，由底部图案面向外，卷成一卷，过 1min 即可裱糊。

（7）上墙裱贴、拼缝、搭接、对花

将刷过胶粘剂的壁纸，胶面对着胶面，手握壁纸顶端两角凑近墙面，展开上半截的折叠部分，对准参照线贴第一张墙纸，从中间由下向上扫平，挤出气泡，注意对花，墙纸的底部与墙对齐。墙纸贴好后，再用剪刀的刀背，沿踢脚板边缘在墙纸上划出一条明显的折痕，把墙纸下端轻轻揭起，沿折痕剪齐，然后贴回原处，并且刷平。

墙上开关插座的处理是壁纸裱贴的难点，操作时应先关掉总电源，然后将墙纸盖过整个电源开关或插座，从中心点割出两条对角线，就会出现 4 个小三角形，再以美工刀沿电源开关或插座四周将多余的墙纸切除。最后用毛巾擦掉多余的胶粘剂。

另外对于墙上已有突出构件（如本任务中墙面上已安装完毕的木格架），应当先量出物体位置尺寸，用笔在壁纸上轻轻标出物件的轮廓，然后用刀裁去多余部分，并将壁纸贴紧接缝，不得露白亏纸。

如遇转角处，壁纸应超过转角裱糊，超出长度一般为50mm。不宜在转角处对缝，也不宜在转角处为使用整幅宽的壁纸而加大转角部位的张贴长度。如整幅壁纸及超过转角部位在100mm之内可不必剪裁，否则，应裁至适当宽度后再裱糊。阳角要包实，阴角要贴平。

（8）赶压胶粘剂气泡

将壁纸贴到墙面后，需将气泡赶出并使壁纸紧贴墙面以便作最终的剪裁，切勿用力将浆液从纸带边缘挤出而溢到壁纸表面。不得使用刮板在壁纸上进行大面积刮压，以免损坏壁纸表面或将部分胶液从壁纸的边缘挤出而溢到壁纸表面上，从而造成壁纸粘贴不牢、接缝部位开裂及脏污等。

（9）擦净胶水

左右两个纸带的边缘接缝部位需用斜面接缝压辊进行辊压，以使壁纸粘贴牢固，接缝不会开裂。如不慎将胶液溢到壁纸表面，务必及时用潮湿海绵擦掉，切勿来回涂抹，否则壁纸干透后会留下亮带。

（10）修整清洁

将上下两端多余墙纸裁掉，刀片要锋利以免毛边，再用清洁湿毛巾或海绵蘸水将残留在墙纸表面的胶液完全擦干净，以免墙纸变黄。墙纸干燥后若发现表面有气泡，用刀割开注入胶液再压平即可消除。

5.1.2 锦缎施工

1. 施工流程

开幅→缩水上浆→衬底熨烫→裁边→裱糊→防虫处理。

2. 锦缎施工操作要点

（1）开幅

计算出每幅锦缎的长度，开幅时留出缩水的余量，一般幅宽方向为0.5%～1%，幅长方向为1%左右；如需对花纹图案的锦缎，就要放长一个图案的距离，然后计算出所需幅数，开幅时要考虑到墙两边图案的对称性，门窗转角等处要计算准确。

（2）缩水上浆

将开幅裁好的锦缎浸没入清水中，浸泡5～10min后，取出晾至其八成干时，放到铺有绒面的工作台上，在绸缎背面上浆。浆糊的配比为面粉∶防虫涂料∶水＝5∶40∶20（重量比），调成稀液浆。上浆时将锦缎背面朝上平铺在台案上，并将两边压紧，用排笔或硬刮板蘸上浆液从中间开始向两边刷。浆液应少而匀，以打湿背面为限。

（3）衬底熨烫

托纸：在另一张平滑的台面上平铺一张幅度大于锦缎幅宽的宣纸，用水打湿，使其平贴桌面，把上好浆的锦缎，从桌面托起，将有浆液一面向下，贴于打湿的宣纸上，并用塑料刮片，从中间向四边刮压，并粘贴均匀，待打湿的宣纸干后，即可从桌面取下。平摊在工作台上用熨斗平伏整齐，待用。

（4）褙细布

将细布也浸泡缩水晾至未干透时，平铺在案子上刮浆糊，待浆糊半干时，将锦缎与之对齐并粘贴，并垫上牛皮纸用滚筒压实，也可垫上潮布用电熨斗熨平待用。

这两种衬底方法可选用一种，也有不衬底直接将上浆的锦缎熨平上墙的。

（5）裁边

锦缎的幅边有宽4～5cm的边条，无花纹图案。为了粘贴时对准花纹图案，在熨烫平伏后，将锦缎置于工作台上用直尺压住边，用锋利的裁纸刀将边条裁去。

（6）裱糊

将刷过胶粘剂的锦缎饰面胶面对着胶面，手握锦缎顶端两角凑近墙面，展开上半截的折叠部分，对准参照线贴第一张锦缎，从中间由下向上扫平，挤出气泡，注意对花，锦缎的底部与墙对齐。锦缎贴好后，再用剪刀的刀背，沿踢脚板边缘在锦缎上划出一条明显的折痕，把锦缎下端轻轻揭起，沿折痕剪齐，然后贴回原处，并且刷平。

墙上开关插座的处理是锦缎饰面裱贴的难点，操作时应先关掉总电源，然后将锦缎盖过整个电源开关或插座，从中心点割出两条对角线，就会出现4个小三角形，再以美工刀沿电源开关或插座四周将多余的锦缎切除。最后用毛巾擦掉多余的胶粘剂。

另外对于墙上已有突出构件（如本任务中墙面上已安装完毕的木格架），应当先量出物体位置尺寸，用笔在锦缎上轻轻标出物件的轮廓，然后用刀裁去多余部分，并将锦缎贴紧接缝，不得露白亏纸。

如遇转角处，锦缎应超过转角裱糊，超出长度一般为50mm。不宜在转角处对缝，也不宜在转角处为使用整幅宽的锦缎而加大转角部位的张贴长度。如整幅锦缎超过转角部位在100mm之内可不必剪裁，否则，应裁至适当宽度后再裱糊。阳角要包实，阴角要贴平。

（7）涂防虫胶

裱糊后涂刷一遍防虫涂料。

裱糊锦缎的衬底细布，颜色应与锦缎色相近或稍浅为佳。锦缎花色的选择上要考虑到它的薄、透特点，而挑选那些遮盖性强的颜色和花色，以免漏底。

5.1.3 金银箔施工

金（银）箔按材料性质可以分为真金（银）箔和仿金（银）箔两种。真金（银）箔，用黄金制作，价格昂贵，常见用于宫廷及大型庙宇中的真身佛像贴金；仿金（银）箔，按照真金（银）箔的表象使用非纯金（银）的成分仿制出来，由于其成本便宜很多，在装饰中使用较广。

金箔有九八与七四之分，九八又名库金，七四又名大赤金。金箔主要尺寸有100mm×100mm，50mm×50mm，93.3mm×93.3mm和83.3mm×83.3mm等多种，金箔厚度较薄，保存在毛边纸中，使用时需要用专用的镊子夹起。仿金箔主要包括铜箔和台湾金，其中铜箔的材质较厚，尺寸较大，主要为140mm×140mm；而台湾金的尺寸和厚度与金箔相仿。仿银箔主要为铝箔，主要尺寸为140mm×140mm。贴金箔必须使用专用的贴箔胶粘剂，胶粘剂有水性和油性之分，使用的场合也略有区别。

金箔的选择时应注意：金箔根据不同的含金量而有所不同，含金量高的偏黄，低的则偏红。而仿金箔颜色比较刺眼，质感柔和度较差。此外，仿金箔如铜箔，容易发生表面氧化现象，而金箔则不会。

1. 金银箔施工流程

基层处理→刷胶粘剂→上墙裱贴→金银箔面上油。

2. 金银箔施工操作要点

（1）基层处理

首先要把装饰金箔的表面处理平滑，基层必须干燥、平整，无起皮、裂缝和空洞，不可有灰尘等污垢。

（2）刷胶粘剂

在要贴金箔的表面薄涂生漆或专业的胶水。

用上好的生宣纸或毛边纸，把表面的漆液吸去。把生宣纸贴在涂过漆液或胶水的表面，同时用纯棉布（要质地柔软的）包裹棉花拍打，使宣纸充分接触表面，然后把宣纸用镊子揭去，用新的一张宣纸再吸。这样反复3～4遍。

（3）上墙裱贴

当表面胶水或漆液被吸的只剩下很薄的时候将金箔贴在饰物表面。粘贴时将金箔连同毛边纸用镊子夹起，把金箔的一面贴在物体表面，手法一定要轻，金箔粘在物体表面，可以用嘴轻轻地吹一下，使金箔平展，以便能够将金箔轻轻地贴在饰物表面。贴好后用纯棉布（要质地柔软的）包裹棉花轻轻拍打已经贴上去的金箔，对于凹的地方，把棉布或棉花做成适合的形状来拍打就可以了，再结合柔软的羊毛笔刷来回轻扫。

（4）金银箔面上油

待金箔表面全部干燥以后，可在表面上一层明油。使用胶水粘贴的应在表面涂保护胶。

5.2 软硬包施工

1. 施工流程

材料准备→施工准备→基层或底板处理→吊直、套方、找规矩、弹线→计算用料、套裁面料→粘贴面料→安装贴脸或装饰边线、刷镶边油漆→软包墙面安装。

2. 操作要点

（1）材料准备

1）常用软硬包墙面的组成材料主要有：软包饰面、填充材料、面板、底板、龙骨、木框等。

2）软包墙面木框、龙骨、底板、面板等木材的树种、规格、等级、含水率和防腐处理，必须符合设计图纸要求和相关的规范规定。

3）软包面料及其他填充材料必须符合设计要求，并应符合建筑内装修设计防火的有关规定。

4）龙骨料一般用红白松烘干料，含水率不大于12％，厚度应根据设计要求，不得有腐朽、节疤、劈裂、扭曲等疵病，并预先经防腐处理。

5）面板一般采用胶合板（五合板），厚度不小于3mm，颜色、花纹要尽量相似，用原木板材作面板时，一般采用烘干的红白松、椴木和水曲柳等硬杂木，含水率不大于12％。其厚度不小于20mm，且要求纹理顺直、颜色均匀、花纹近似，不得有节疤。扭曲、裂缝、变色等疵病。

6）外饰面用的压条、分格框料和木贴脸等面料，一般采用工厂加工的半成品烘干料，含水率不大于12％，厚度满足设计要求且外观没毛病的好料，并预先经过防腐处理。

7）辅料有防潮纸或油毡、乳胶、钉子、木螺钉、木砂纸等。

8）一般硬包无海绵类填充料。

硬包实例见图5-2，硬包插片安装见图5-3。

图5-2 硬包实例

图5-3 硬包插片安装实例

（2）施工准备

1）混凝土和墙面抹灰已完成，基层按设计要求木砖或木筋已埋设，水泥砂浆找平层已抹完灰并刷冷底油，且经过干燥，含水率不大于8％；木材制品的含水率不得大于12％。

2）水电及设备，墙顶上预留预埋件已完成。

3）房间里的吊顶分项工程基本完成，并符合设计要求。

4）房间里的木护墙和细木装修底板已基本完成，并符合设计要求。

5）对施工人员进行技术交底时，应强调技术措施和质量要求。大面积施工前。应先做样板间，经质检部门鉴定合格后，方可组织班组施工。

（3）基层或底板处理

凡做软包墙面装饰的房间基层，大都是事先在结构墙上预埋木砖、抹水泥砂浆找平层、做防潮层、安装50mm×50mm木墙筋（中距为450mm）、上铺五层胶合板。此基层或底板实际是该房间的标准做法。如采取直接铺贴法，基层必须作认真的处理，方法是先将底板拼缝用油腻子嵌平密实，满刮腻子1～2遍，待腻子干燥后用砂纸磨平，粘贴前，在基层表面满刷封闭漆一道。如有填充层，此工序可以简化。

（4）吊直、套方、找规矩、弹线

条型布艺硬包

仿皮软包

图 5-4　布艺及软包工程实例

根据设计图纸要求，把该房间需要软包墙面的装饰尺寸、造型等通过吊直、套方、找规矩、弹线等工序，把实际设计的尺寸与造型落实到墙面上。

（5）计算用料、套裁填充料和面料

首先根据设计图纸的要求，确定软包墙面的具体做法。一般做法有二种，一是直接铺贴法（此法操作比较简便，但对基层或底板的平整度要求较高）；二是预制铺贴镶嵌法，此法有一定的难度，要求必须横平竖直、不得歪斜，尺寸必须准确等。放线需要做定位标志以利于对号入座。

（6）粘贴面料

如采取直接铺贴法施工时，应待墙面细木装修基本完成、边框油漆达到交活条件，方可粘贴面料；如果采取预制铺贴镶嵌法，则不受此限制，可事先进行粘贴面料工作。首先按照设计图纸和造型的要求先粘贴填充料，按设计用料把填充垫层固定在预制铺贴镶嵌底板上，然后把面料按照定位标志找好横竖坐标上下摆正，首先把上部用木条加钉子临时固定，然后把下端和二侧位置找好后，便可按设计要求粘贴面料。

（7）安装贴脸或装饰边线

根据设计选择和加工好的贴脸或装饰边线，应按设计要求先把油漆刷好（达到交活条件），便可把事先预制铺贴镶嵌的装饰板进行安装，首先经过试拼达到设计要求和效果后，便可与基层固定并安装贴脸或装饰边线，最后修刷镶边油漆成活。

（8）修整软包墙面

如软包墙面施工安排靠后，其修整软包墙面工作比较简单，如果施工插入较早，由于增加了成品保护膜，则修整工作量较大；例如增加除尘清理、钉粘保护膜的钉眼和胶痕的处理等。

5.3 涂 饰 施 工

涂饰工程是应用最为广泛的饰面工程，包括水性涂料涂饰工程、溶剂型涂料涂刷工程和美术涂饰工程。

水性涂料涂饰工程包括：乳液型涂料、无机涂料、水溶性涂料等涂饰工程。

溶剂型涂料涂饰工程包括：聚氨酯丙烯酸涂料、有机硅丙烯酸涂料等涂饰工程。

美术涂饰工程包括：套色涂饰、滚花涂刷、仿花纹涂刷等涂饰工程。

涂料的分类方法很多，按使用部位分为：屋面涂料、外墙涂料、内墙涂料及顶棚涂料、地面涂料等；按特殊功能分有防水涂料、防霉涂料、防火涂料、防蛀涂料、防腐涂料、防锈蚀涂料等。外墙涂料分为薄涂料、厚涂料、复层涂料等。

5.3.1　合成树脂乳液内墙涂料施工

1. 施工流程

深化设计→基层处理→补缝、刮腻子→磨平→第一遍满刮腻子→磨平→第二遍满刮腻子→磨平→涂刷底层涂料→复补腻子→磨平→局部重刷底层涂料→第一遍面层涂料→第二遍面层涂料→验收。

2. 操作要点

(1) 深化设计

熟悉图纸，了解设计意图，提供"小样"或色板或色卡，经设计师确认小样后订购涂料。

(2) 基层处理

要求基层平整、结净，达不到要求的要用石膏腻子修补，实干后打磨。

(3) 补缝、刮腻子

对基层细缝批嵌腻子修补，对石膏板缝等用专用胶粘剂粘贴胶带或玻纤网格带固定，对墙面刮腻子，实干后磨平。

(4) 第一遍满刮腻子

对墙面满刮腻子应横竖刮，接槎收头要刮净，面层涂料有颜色时，腻子内适量掺入与面层相协调的颜料。

(5) 磨平

待第一遍腻子实干后，用砂纸磨平。

(6) 第二遍满刮腻子

重复第一遍做法。

(7) 磨平

重复第一遍腻子实干后，用砂纸磨平。

(8) 涂刷底层涂料

表干后需复补腻子，实干后再磨平。

(9) 滚刷第一遍面层水溶性涂料

施工程序应先顶棚后墙面，操作顺序自下而上进行。

(10) 喷涂第二遍面层

喷涂水溶性涂料时，喷头距墙面 20～30cm，喷涂前，对边角应先滚刷；喷涂时，移动速度要平稳，厚度要均匀。

(11) 成品保护

完工后，要采取措施，防止污染墙面。

5.3.2 合成树脂乳液外墙涂料施工（包括溶剂型涂料、无机建筑涂料）

1. 施工流程

深化设计→基层处理→补缝、刮腻子、磨平→涂刷底层涂料→第→遍面层涂料→第二遍面层涂料→验收。

2. 操作要点

（1）深化设计

熟悉图纸，了解设计意图，提供"小样"或色板或色卡，经设计师确认小样后订购涂料。

（2）基层处理

要求基层平整、结净，达不到要求的可用聚醋酸乙烯∶水泥∶水（1∶5∶1）腻子修补，实干后打磨。

（3）补缝、刮腻子、磨平

对基层细缝批嵌腻子修补，用外墙腻子刮平，实干后磨平。

（4）涂刷底层涂料

可用滚刷，实干后方可进行面层涂刷。

（5）涂刷第一遍面层涂料

宜用喷涂，先刷边角，再大面积涂刷，涂层应均匀，干后，再涂刷第二遍面层涂料。

（6）涂刷第二遍面层涂料

同第一遍。

（7）成品保护

完工后，要采取措施，防止污染墙面。

5.3.3 合成树脂乳液砂壁状建筑涂料施工

1. 施工流程

深化设计→基层处理→补缝、刮腻子、磨平→涂刷底层涂料→墙面分格→喷涂主层涂料→第一遍面层涂料→第二遍面层涂料→验收。

2. 操作要点

（1）深化设计

熟悉图纸，了解设计意图，提供"小样"或色板或色卡，经设计师确认小样后订购涂料。

（2）基层处理

要求基层平整、洁净，达不到要求的要用外墙腻子修补，实干后打磨。

（3）补缝、刮腻子、磨平

对基层细缝进行批嵌腻子修补，同样要用外墙腻子刮平，实干后磨平。

（4）涂刷底层涂料

滚、刷、喷涂均可，实干后方可弹线分格

（5）墙面分格

大墙面喷涂宜按 $1.5m^2$ 左右分格，然后逐格喷涂。

（6）喷涂主层涂料

材料应按装饰设计要求，通过试喷确定涂料黏度、喷嘴口径、空气压力和喷涂管尺寸；喷涂时宜二人一组、互相配合。

（7）第一遍面层涂料

此层宜薄而均匀，第二遍面层涂料喷涂后面层效果应达到设计要求。

（8）成品保护

完工后，要采取措施，防止污染墙面。

5.3.4 复层建筑涂料施工

1. 施工流程

深化设计→基层处理→补缝、刮腻子、磨平→涂刷底层涂料—涂刷中间层涂料→第一遍面层涂料→第二遍面层涂料→验收。

2. 操作要点

（1）深化设计

熟悉图纸，了解设计意图，提供"小样"或色板或色卡，经设计师确认小样后订购涂料。

（2）基层处理

要求基层平整、洁净，不符要求的要清理并用腻子修补，实干后打磨。

（3）补缝、刮腻子、磨平

对基层细缝进行批嵌腻子修补，同样要用腻子刮平，实干后磨平。

（4）涂刷底层涂料

可用滚涂或喷涂，干后方可进行中间层涂刷。

（5）中间层涂刷

喷涂时，应控制涂料黏度，根据凹凸程度不同要求选用喷涂管尺寸、喷枪嘴口径、喷枪工作压力，喷射距离宜控制在 40～60cm；喷涂时宜二人一组、互相配合。喷枪运行中喷嘴中心线垂直于墙面，沿被涂墙面平行移动，运行速度保持一致，连续作业。

（6）压平型的中间层涂刷

此层应在中间层喷涂表干后，用塑料辊筒将隆起部分表面压平；水泥系中间层，应采取遮盖养护。干燥后，采用抗碱封底涂刷材料，再涂刷罩面层涂料二遍。

（7）成品保护

完工后，要采取措施，防止污染墙面。

5.3.5 美术涂饰施工

1. 套花式饰面施工

（1）施工流程

深化设计→基层处理→弹水平线→刷清油→刮腻子→磨光→再刮腻子→再磨光→弹分色线→涂刷调合漆→再涂刷调合漆→套花→画线→验收。

（2）操作要点

1）深化设计

熟悉图纸，了解设计意图，美术图案要通过电脑排版，提供"小样图"或色板图或色卡，经设计师确认"小样"后实施。

2）套花

是在墙面涂刷的基础上进行的，要用特制的漏花板，按美术图案的形式，有规律地将各种颜色的溶剂型涂料喷刷在墙面上；套色有几种颜色必须套几遍。

2. 滚花涂刷施工

（1）施工流程

深化设计→基层处理→涂刷基层涂料→弹线→滚花→画线→验收。

（2）操作要点

1）深化设计

熟悉图纸，了解设计意图，对美术图案要通过电脑排版，提供"小样图"或色板图或色卡，经设计师确认小样后实施。

2）滚花

使用刻有花纹图案的胶皮辊在刷好涂料的墙面上滚印图案的施工工艺。滚花涂刷必须在溶剂型涂刷完成后进行，按美术花纹的形式，有规律地滚涂在墙面上。底层涂料通常采用聚乙烯醇水玻璃内墙涂料，聚乙烯醇缩甲醛内墙涂料及其同类改性产品或采用内墙乳胶涂料；弹线：底层涂料干燥后，在墙上弹垂直线和水平线，确定滚花的位置；应用专门的滚花涂料，也可以用聚乙烯醇系内墙涂料加入5%左右的聚醋酸乙烯乳液及适量的色浆配置。

滚涂应从上至下，从左至右进行，辊筒垂直于粉线，不得歪斜，用力均匀，滚印1～3遍，达到图案颜色鲜明、轮廓清晰为止；不得有漏涂、污斑和流坠，无接槎显露。

3. 仿木纹涂刷施工

（1）施工流程

深化设计→基层处理→弹水平线→刷清油→刮腻子→磨光→刮色腻子→再磨光→涂刷调合漆→再涂刷调合漆→弹分格线→刷面层涂料→做木纹→用干刷轻扫→画分格线→刷清漆→验收。

（2）操作要点

1）熟悉图纸

了解设计意图，美术图案要通过电脑排版，提供"小样图"或色板图或色卡，经设计师确认小样后实施。

2）底层涂料

颜色与木材本色近似的颜色为宜。

3）弹分格线

仿木纹涂饰的分格，要考虑横、竖木纹的尺寸比例协调，竖木纹高约为横木纹板宽的四倍左右。

4）刷面层涂料

面层涂料的颜色要比底层深，不得掺快干油，宜用干燥结膜较慢的清油，刷油不宜过厚。

5）做木纹

用干刷清扫：用不等距锯齿橡皮板在面层涂料上做曲线木纹，然后用钢梳或软干毛刷轻轻扫除木纹的棕眼，形成木纹（宜先做实样，扫出的木纹达到设计效果后，方可全面实施）。

6）划分格线

待面层木纹干燥后，画分格线。

7）刷罩面清漆

待所做木纹、分格线干透后，表面涂刷清漆一道。

8）清漆罩面

要求刷匀、刷全，不得起皱皮。

4. 机械喷涂

利用压力或压缩空气将涂料涂布于房屋建筑构件表面的机械化施涂方法，广泛应用内外墙的涂刷工程。

（1）施工流程

施工准备→检查喷涂机械→按确定的喷涂程序喷涂→验收。

（2）操作要点

1）施工准备

选择喷涂机械，研究喷涂方法、行走路线和环境保护措施；做好技术、安全交底，明确质量标准和安全要求。

2）检查喷涂机械

要检查机械设备的动力系统、喷嘴、喷枪、喷管等以及配套的施工用电系统是否完好无损。控制好空压机施工喷涂压力，一般在 0.4~0.8MPa 范围内，或按涂料产品使用说明调好压力，确保运行安全与正常。

3）按规定程序喷涂

喷涂时，手握喷枪要稳，涂料出口与被涂面垂直，喷枪（喷斗）移动时与喷涂面保持平行。喷枪（喷斗）运动速度适当且保持一致，一般为 40~60（cm/min），见图 5-5。

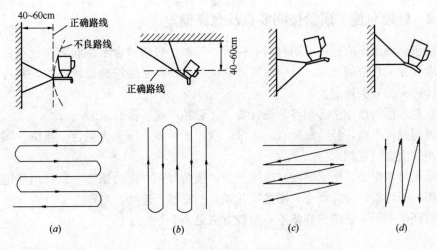

图 5-5　喷枪作业移动路线图

喷涂时，喷嘴与被涂面距离控制在 40～60（cm）。

喷涂行走路线如图所示：（*a*）、（*b*）是正确的，（*c*）、（*d*）是错误的，喷枪移动应保持与被涂面平行，范围不能太大，一般直线喷涂 70～80（cm）后，拐弯 180°反向喷涂下一行；两行重叠宽控制在喷涂宽的 1/2～1/3。

喷涂施工质量要求：涂膜厚度均匀，颜色一致，平整光滑，不应有露底、皱纹、流挂、针孔、气泡、失光发花等缺陷。

喷涂施工前，对于不做喷涂的相邻部位装饰面应粘保护胶带，防止喷涂时受污染。

4）成品保护

喷涂结束后，应对喷涂部位实施保护，防止污染。

5.4 裱糊、软硬包及涂饰工程质量标准

5.4.1 裱糊施工质量控制要点及允许偏差

（1）壁纸、墙布的种类、规格、图案、颜色、环保和燃烧性能等级必须符合设计要求及国家现行标准的有关规定。

（2）裱糊工程基层处理质量应符合规范的相关要求。

（3）裱糊后各幅拼接应横平竖直，拼接处花纹、图案应吻合，不离缝，不搭接，不显拼缝。

（4）壁纸、墙布应粘贴牢固，不得有漏贴、补贴、脱层、空鼓和翘边。

（5）裱糊后的壁纸、墙布表面应平整，色泽一致，不得有波纹起伏、气泡、裂缝、皱折及斑污，斜视时应无胶痕。

（6）复合压花壁纸的压痕及发泡壁纸的发泡层应无损坏。

（7）壁纸、墙布与各种装饰线、设备线盒应交接严密。

（8）壁纸、墙布边缘应平直整齐，不得有纸毛、飞刺。

（9）壁纸、墙布阴角处搭接应顺光，阳角处应无接缝。

5.4.2 软硬包施工质量控制要点及允许偏差

（1）软包墙面木框或底板所用材料的树种、等级、规格、含水率和防腐处理，必须符合设计要求和相关规范的规定。软包面料及其他填充材料必须符合设计要求，并符合建筑内装修设计防火的有关规定。

（2）软包木框构造作法必须符合设计要求，钉粘严密、镶嵌牢固。

（3）表面面料平整，经纬线顺直，色泽一致，无污染。压条无错台、错位。同一房间同种面料花纹图案位置相同。

（4）单元尺寸正确，松紧适度，面层挺秀，棱角方正，周边弧度一致，填充饱满、平整，无皱折、无污染，接缝严密，图案拼花端正、完整、连续、对称。

（5）软硬包工程安装的允许偏差和检验方法见表 5-1。

项　　目	允许偏差（mm）	检验方法
垂直度、平整度、阴阳角方正	3	用垂直检测尺等工具检查
边框、压条的宽度、高度差	0，－2	用钢直尺检查
对角线长度差	3	用钢直尺检查
裁口、线条接缝差	1	用钢直尺和塞尺检查

5.4.3　涂饰施工质量控制要点及允许偏差

（1）水性涂料涂饰工程所用涂料的品种、型号和性能应符合设计要求。

（2）水性涂料涂饰工程的颜色、图案应符合设计要求。

（3）水性涂料涂饰工程的基层处理应符合下列要求：

1）新建筑物的混凝土或抹灰基层在涂饰涂料前应涂刷抗碱封闭底漆。

2）旧墙面在涂饰涂料前应清除疏松的旧装修层，并涂刷界面剂。

3）混凝土或抹灰基层涂刷溶剂型涂料时，含水率不得大于 8%；涂刷乳液型涂料时，含水率不得大于 10%。木材基层的含水率不得大于 12%。

4）基层腻子应平整、坚实、牢固，无粉化、起皮和裂缝；内墙腻子的粘结强度应符合《建筑室内用腻子》JG/T 298 的规定。

5）厨房、卫生间墙面必须使用耐水腻子。

（4）薄涂料的涂饰质量和检验方法应符合表 5-2 的要求。

薄涂料的涂饰质量和检验方法　表 5-2

项次	项　目	普通涂饰	高级涂料	检验方法
1	颜色	均匀一致	均匀一致	观察
2	泛碱、咬色	允许少量轻微	不允许	
3	流坠、疙瘩	允许少量轻微	不允许	
4	砂眼、刷纹	允许少量轻微砂眼，刷纹通顺	无砂眼，无刷纹	
5	装饰线、分色线直线度允许偏差（mm）	2	1	拉 5m 线，不足 5m 拉通线，用钢直尺检查

（5）厚涂料的涂饰质量和检验方法应符合表 5-3 的要求。

厚涂料的涂饰质量和检验方法　表 5-3

项　次	项　目	普通涂饰	高级涂料	检验方法
1	颜色	均匀一致	均匀一致	观察
2	泛碱、咬色	允许少量轻微	不允许	
3	点状分布	—	疏密均匀	

（6）复层涂料的涂饰质量和检验方法应符合表 5-4 的要求。

复层涂料的涂饰质量和检验方法表　　　　　表 5-4

项　次	项　目	质量要求	检验方法
1	颜色	均匀一致	
2	泛碱、咬色	不允许	观察
3	喷点疏密程度	均匀，不允许连片	

（7）涂层与其他装修材料和设备衔接处应吻合，界面应清晰。

第6章 楼 地 面 工 程

6.1 楼地面工程概述

楼地面是建筑物地下室地面、底（首）层地面和楼层地面的总称。楼地面又称建筑地面，在装饰装修时称：楼地面工程或建筑地面工程。

楼地面按照不同的使用功能和安全要求，应具有耐磨、防潮、防水、防滑、防腐蚀、便于清洁等特点，有的地面还需具备弹性、吸声、隔声、通风、供暖、保温、抗静电和阻燃性能等；经装饰装修施工后的楼地面，应具有足够的强度、刚度和耐久性，能承受相应荷载（如家具、用具、人的活动等）带来的外力（如摩擦力、重力），能满足设计范围内的使用功能和安全要求，能达到设计要求的装饰效果，美观舒适感好；同时，对建筑结构和构件起到一定的保护作用。

楼地面工程按照不同的设计功能、施工方法、使用功能等有多种类型，通常按照所用材料和施工方法分类，有整体面层地面、板块面层地面、木竹面层地面、塑胶地面和热辐射供暖地面面层等。

6.1.1 楼地面的基本构造与作用

1. 楼地面的基本构造（图 6-1）

底层地面的构造包括：基土、垫层、找平层、隔离层（防潮层）、结合层、面层。

楼层地面的构造包括：结构层、找平层、隔离层（防潮层）、结合层、面层。

有特殊要求的地面，因设计功能和使用要求的不同，其构造有所不同，例如底层热辐

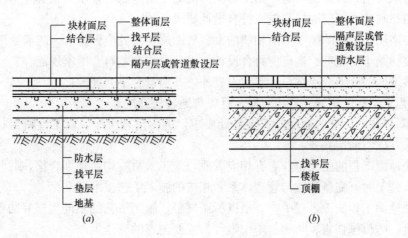

图 6-1　楼地面构造示意图

（*a*）地面；（*b*）楼面

射供暖地面的构造包括：基土、垫层、找平层、隔离层（防潮层）、绝热层、保护层、填充层（有防水要求的地面还需做一道防水层）、找平层、结合层、面层等。

面层以下统称为基层，包括各构造层。

2. 各构造层的含义和作用

面层：能直接承受各种物理和化学作用的建筑地面表面层。

结合层：使面层与下一构造层相联结的中间层。

填充层：在建筑地面上起隔声、保温、找坡和暗敷管线等作用的构造层。

隔离层：防止建筑地面上各种液体或地下水、潮气渗透地面等作用的构造层；仅防止地下潮气透过地面时，可称作防潮层。

绝热层：用于地面阻挡热量传递的构造层。

找平层：在垫层、楼板上或填充层（轻质、松散材料）上起整平、找坡或加强作用的构造层。

垫层：能承受并传递地面荷载于基土上的构造层。

基土：底层地面的地基土层，严禁用淤泥、腐殖土、冻土、耕植土、膨胀土和含有有机物质大于 8‰的土作为地面工程的基土；基土应均匀密实，压实系数设计无要求时不应小于 0.9，能够满足设计要求，承受垫层传来的上部荷载。

缩缝：防止各构造层在气温降低时产生不规则裂缝而设置的收缩缝。

伸缝：防止各构造层在气温升高时在缩缝边缘产生挤碎或拱起而设置的伸胀缝。

6.1.2 施工基本要求

（1）楼地面工程采用的材料或产品应符合设计要求和国家现行标准，各构造层施工时环境温度的控制应符合材料或产品的技术要求，并符合施工质量验收规范要求。

（2）楼地面工程中的沟槽、管线、保温、隔热、隔声、供热等上道工序完成并经隐蔽验收合格后，方可进行下道工序施工。

（3）有防水要求的建筑地面必须设置防水隔离层，防水隔离层严禁渗漏，排水的坡向应正确、排水通畅，装饰施工时严禁乱凿洞。浴厕、厨房和有排水（或其他液体）要求的地面面层与相临各类面层的标高差应符合设计要求。

（4）与浴厕、厨房等潮湿场所相邻的木、竹面层连接处应做防水、防潮处理。

（5）楼梯踏步的宽度、高度应符合设计要求，允许偏差符合国家规范。

（6）楼地面的变形缝除按设计要求设置外，并应符合下列规定：

1）与建筑结构的留缝位置相对应，且应贯通各构造层。

2）沉降缝和防震缝的宽度应符合设计要求，缝内清理干净，以柔性密封材料填嵌后用板封盖，并应与面层并齐。

（7）楼地面工程的施工企业应有相应资质，施工人员应均经培训合格，并具备相应的资格证书；施工时有完备的质量管理体系和相应的施工工艺技术标准。

（8）楼地面工程施工过程中，要根据所用材料、施工工艺的不同，抓好防触电、防临边洞口坠落、防机械伤害、防火、防中毒等为主要内容的安全生产。

6.2 基层施工

基层施工主要包括：垫层、找平层、隔离层、填充层、绝热层、木基层、金属骨架基层等构造层的施工。

6.2.1 基本要求

（1）基层铺设的材料质量、密实度、强度等级、配合比、环境污染控制指标等应符合设计要求和国家现行规范规定。

（2）埋设在基层各构造层中的管道管线、支架等均应按设计要求安装牢固，并在后道工序施工前通过隐蔽工程验收。

（3）涉及使用易燃易爆材料的基层施工，应按照产品使用说明书和国家现行消防规定，做好材料的储运、保管及使用过程中的消防安全管理和安全防护。

（4）基层施工的高程控制，应从设计基准标高（±0.000）引测室内地表面水平控制线（俗称：50线或1m线，本章以1m线作为控制各构造层面标高的基准线，图6-2），引至室内，分别在墙、柱面四周弹线并做好标记。

图 6-2 室内地面标高控制基准线

6.2.2 垫层施工

垫层按所用材料分为：灰土垫层、砂垫层、砂石垫层、碎石垫层、碎砖垫层、三合土垫层、四合土垫层、炉渣垫层、水泥混凝土垫层和陶粒混凝土垫层等。各垫层施工，所用材料不同、施工工艺不同，但工艺流程基本相同，以下着重介绍装饰施工中常见的水泥混凝土垫层和陶粒混凝土垫层。

1. 施工流程

材料准备→基层清理→测量与标高控制→混凝土搅拌→混凝土铺设振捣→养护→验收。

2. 操作要点

（1）材料准备：

水泥混凝土垫层宜用硅酸盐水泥、普通硅酸盐水泥、矿渣硅酸水泥；粗骨料采用碎石或卵石强度均匀的石料，最大粒径不应大于垫层厚度的2/3，含泥量不应大于3％；选用中砂或粗砂，含泥量不大于3％。陶粒混凝土粒径小于5mm的颗粒含量应小于10％；粉煤灰陶粒中大于15mm的颗粒含量不应大于5％；陶粒中不得混夹杂物或黏土块。陶粒宜选用粉煤灰陶粒、页岩陶粒等。混凝土强度等级应符合设计要求和国家现行标准；检验方法：观察和检查质量合格证明文件，检查配合比试验报告和强度等级检测报告；检查数量：同一工程、同一强度等级、同一配合比检查一遍。

（2）基层清理：

铺设混凝土垫层前，应对粘结在基层上的杂物全部清除并打扫干净，检查基层平整度并洒水湿润。

（3）测量与标高控制：

根据墙上1m线（地面设计标高向上1m的水平控制线，下同）及设计垫层厚度（如无设计规定，水泥混凝土垫层厚度不应小于60mm，陶粒混凝土垫层厚度不应小于80mm），往下量测出垫层面的水平标高，拉线做好标高墩，间距2m左右，有泛水要求的房间应先做最高与最低点的标高墩，然后拉线做出中间部分的标筋，用来控制垫层表面标高。

（4）混凝土搅拌：

按照混凝土的设计配合比进行投料，现有些地区已禁止使用自拌混凝土，全部使用商品混凝土施工。

（5）混凝土铺设与振捣：

铺设前将基层充分湿润，但不得有积水；混凝土铺设应从一端开始，由内向外铺设，并应连续浇筑，间歇时间不得超过2h；水泥混凝土垫层，应设置纵向缩缝和横向缩缝，纵向缩缝间距不得大于6m，横向缩缝不得大于12m，纵向缩缝应做平头缝，垫层厚度大于150mm时，可做企口缝，横向缩缝应做假缝。平头缝和企口缝的缝间不得放置隔离材料，浇筑时应互相紧贴。企口缝的尺寸应符合设计要求，假缝宽度为5~20mm，深度为垫层厚度的1/3，填缝材料应与地面变形缝的材料相一致；大面积混凝土垫层应分区段浇筑，分区段时应结合变形缝位置、不同类型的建筑地面连接处和设备基础的位置进行划分，并应与设置的纵向、横向缩缝的间距相一致。

（6）混凝土振实后，以1m线及标高墩和标筋为基准，检查平整度，用水平刮杠整平，然后用木抹子将表面搓平。有找坡要求时，其坡度应符合设计要求。

（7）养护：

混凝土浇筑12h后可以用塑料薄膜覆盖或用草包覆盖保湿养护，养护时间尚应符合现行国家标准《混凝土结构工程施工质量验收规范》GB 50204有关规定。养护期内必须保持混凝土处于湿润状态。

（8）成品保护：

1）铺设时，对垫层内的管道管线，包括通过地面的竖管要加以保护。

2）铺完后24h内，尽量不在垫层上进行其他操作或行走；冬期施工需有保温措施。

6.2.3 找平层施工

找平层有水泥砂浆找平层、混凝土找平层。胶结材料主要为水泥，材料习性基本相同。当找平层厚度<30mm时，宜用水泥砂浆做找平层；当找平厚度≥30mm时，宜用细石混凝土做找平层，有的找平层内根据设计要求还应配置钢筋网。有防水要求的建筑地面工程，找平前必须对立管、套管和地漏与楼板节点之间进行吊模密封处理，并应进行隐蔽验收和蓄水试验，排水坡度应符合设计要求，达到规定后方可进行找平层施工。

1. 施工流程

材料准备→基层清理→测量与标高控制→刷素水泥浆结合层→铺找平层→养护→验收。

2. 操作要点

（1）材料准备

找平层宜用不低于 32.5 级普通硅酸盐水泥或矿渣硅酸盐水泥；碎石或卵石的粒径不应大于找平层厚度的 2/3，含泥量不应大于 2%；宜选用中粗砂，含泥量不大于 3%，有机杂质含量不大于 0.5%，级配良好，空隙率小；水应清洁无杂质，一般用自来水或可饮用水；混凝土中掺用外加剂的质量应符合国家现行标准规定。找平层的厚度、强度等级或配合比参见表 6-1。

水泥类找平层厚度、强度等级或配合比参考表　　　　　　　表 6-1

找平层材料	强度等级或配合比	厚度（mm）
水泥砂浆	1∶2～1∶3	15～30
细石混凝土	C20	30～50

（2）基层清理

当基层为水泥混凝土垫层时，要洒水湿润，当表面光滑时要凿毛；有松散填充料时应予铺平压实；垃圾杂物应清扫干净；当基层为预制钢筋混凝土板时，应按国家现行规范规定进行板缝处理，填缝采用细石混凝土时，强度等级不得小于 C20，并加强养护。

（3）测量与标高控制

根据墙上 1m 线及设计规定的找平层厚度，往下量测找平层面的水平标高，做好灰饼和标筋，间距为 2m 左右，有泛水要求的房间应先做最高与最低点的灰饼，然后拉线做出中间部分的标筋，用来控制找平层表面标高。

（4）刷水泥浆结合层

基层清理后刷水灰比 0.4～0.5 的素水泥浆一道，随刷随铺找平层。

（5）铺找平层

找平层的基层为混凝土类时，必须待基层强度到达 1.2MPa 以上时，方可铺设找平。铺设水泥砂浆找平层或水泥混凝土找平层时，下层应湿润，铺设后要及时按灰饼和标筋的控制标高抹压平整。

（6）养护

找平层抹平压实后，在 24h 后浇水养护。

（7）成品保护

1）找平层强度未达到 1.2MPa 时，不准人员在上行走；未达到 5MPa 时，不准在上操作或堆放重物；不得在找平层上堆放杂物及粉末状材料，不得拌制和堆放砂浆、混凝土。

2）冬期禁止洒水养护，施工需要有保温措施。

6.2.4 隔离层施工

在水泥类找平层上铺设隔离层主要有卷材类、涂料类防水、防油渗隔离层，其表面应坚固、整洁、干燥。隔离层材料的防水、防油渗性能和隔离层的铺设层数（或道数）、上翻高度应符合设计要求，当采用掺有防水剂的水泥类找平层作为防水隔离层时，掺量和强度等级（或配合比）应符合设计要求，详见本书第 8 章"防水工程"的有关内容。

6.2.5 填充层施工

填充层按照所用材料的状态不同，主要有松散材料填充层、板块材料填充层和整体混凝土材料填充层。填充层主要是在地面、楼面上为隔声、保温、找坡和暗敷设管线等而设置的构造层，填充层的密度和配合比必须符合设计及国家规范要求。填充层厚度、强度等级或配合比见表6-2。

填充层厚度、强度等级或配合比参考表　　　　表6-2

序　号	填充层材料	强度等级或配合比	厚度（mm）
1	水泥炉渣	1:6	30～80
2	水泥石灰炉渣	1:1:8	30～80
3	轻骨料混凝土	C7.5	30～80
4	加气混凝土块	—	≥50
5	水泥膨胀珍珠岩块	—	≥50
6	沥青膨胀珍珠岩块	—	≥50

6.2.6 绝热层施工

建筑物室内接触基土的首层地面应增设水泥混凝土垫层后方可铺设绝热层，垫层的厚度及强度等级应符合设计要求。有防水、防潮要求的地面，宜在防水、防潮隔离层施工完毕并验收合格后再铺设绝热层。

绝热层施工质量检验尚应符合国家现行标准《建筑节能工程施工质量验收规范》GB 50411 的有关规定。

6.3 整体面层施工

铺设整体面层时，水泥类基层的抗压强度不得小于1.2MPa；表面应粗糙、洁净、湿润并不得有积水。铺设前宜涂刷界面处理剂。硬化耐磨面层、涂料面层、自流平面层的基层处理应符合设计及产品要求。

整体面层施工后，养护时间不应小于7d；抗压强度应达到5MPa后，方准上人行走；抗压强度应达到设计要求后，方可正常使用。

当采用掺有水泥拌后料做踢脚线时，不得用石灰浆打底。

整体面层的抹平工作应在水泥初凝前完成，压光工作应在水泥终凝前完成。

6.3.1 水泥混凝土面层

水泥混凝土面层厚度和强度等级应符合设计要求，强度等级不小于C20。铺设前必须对立管、套管和地漏与楼板节点之间密封处理，排水坡度应符合设计要求。水泥混凝土面层铺设不得留施工缝。施工间隙超过允许时间规定时，应对接槎处进行处理。面层与下一层应结合牢固，无空鼓和开裂。当出现空鼓时，空鼓面积不大于 $400cm^2$，且每自然间或标准间不应多于2处。踢脚线与柱、墙面紧密结合，踢脚线高度和出柱、墙面厚度应符合实际要求且均匀一致。当出现空鼓时，局部空鼓长度不大于300mm，且每自然间或标准间不应多于2处。

6.3.2 水泥砂浆面层

水泥砂浆面层的体积比、强度等级和面层的厚度符合设计要求；设计无要求时，体积比应为1：2，强度等级不应小于M15。有排水要求的水泥砂浆地面，坡度应符合设计要求，坡向正确、排水通畅，不得有倒泛水和积水现象；防水水泥砂浆面层不应渗漏。面层与基层应粘结牢固，无空鼓和开裂；当出现空鼓时，空鼓面积不大于400cm²，且每自然间或标准间不应多于2处。踢脚线与柱、墙面应紧密结合，踢脚线的高度和出柱、墙面厚度应符合实际要求且均匀一致。当出现空鼓时，局部空鼓长度不应大于300mm，且每自然间或标准间不应多于2处。

6.3.3 现浇水磨石面层施工

水磨石面层按色彩、图案分有普通水磨石（也称：本色水磨石）、彩色水磨石和美术水磨石。水磨石面层所用的图案分格条有玻璃条、铜条、铝合金条等，按设计要求选用。

水磨石面层采用白云石或大理石石粒，粒径6～16（mm），水泥与石粒拌合后铺设。有防静电要求的拌合料内应按设计要求掺入导电材料。面层厚度按石粒粒径确定，除有特殊要求外，一般为12～18（mm）。水磨石面层的结合层采用水泥砂浆时，强度等级应符合设计要求且不应小于M10，水泥砂浆稠度（以标准圆锥体沉入度计）宜为30～35（mm）。面层颜色和图案应符合设计要求，施工前应制作电脑排版图和做实样板块（图6-3），供设计师选择。普

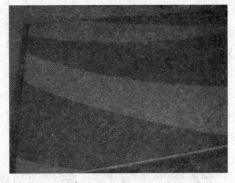

图6-3 现浇水磨石地面试样板块示例图

通水磨石面层磨光遍数不应少于3遍，高级水磨石面层的厚度和磨光遍数由设计确定。

水磨石面层拌合料的体积比应符合设计要求，设计无要求时宜为：1：1.5～1：2.5（水泥：石粒）。

防静电水磨石面层应在施工前及施工完成表面干燥后进行接地电阻和表面电阻检测，并应做好记录。

踢脚线与柱、墙面应紧密结合，踢脚线的高度和出柱、墙面厚度应符合实际要求且均匀一致。当出现空鼓时，局部空鼓长度不应大于300mm，且每自然间或标准间不应多于2处。防静电水磨石面层中采用导电金属分隔条时，分隔条应经绝缘处理，十字交叉处不得碰接。水磨石施工产生的污泥污水要做好沉淀排放，严禁直排城市下水道，防止污染环境。

6.3.4 自流平地面施工（图6-4）

自流平是一种高流动性、高塑性、能自动找平的材料。硬化快、收缩率小，耐水、耐碱性好，强度和韧性均好；经与水调和搅拌后形成易流动的无颗粒浆体，固化后形成密

实、光滑、平整的面层。

地坪装饰饰面质量与基层的平整度密切相关，由于土建地坪找平层允许 5mm 的高差，在这样高差找平层上做装饰饰面，难以满足装饰面的平整度要求。水泥砂浆自流平层是一种利用材料的高流动性调整找平层高差的方法，所以大多数精装饰地坪饰面材料安装前必须对土建地坪找平层进行平整度处理，以达到平整度控制在 1mm 之内。

自流平面层可采用水泥基、石膏基、各种合成树脂基等拌合物铺设，常见的有环氧树脂自流平地面，除了找平功能之外，还有装饰效果。

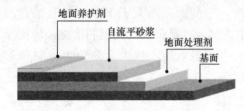

图 6-4　自流平地面构造示意图

1. 施工流程

基层处理→涂刷界面剂→配制拌合料→铺涂→滚压→养护→验收。

2. 操作要点

（1）基层处理

基层应平整坚实，残留的浮浆、积灰、垃圾、油渍应洗刷干净。表面如有凹凸不平、裂缝、起砂等缺陷，应经打磨、吸尘、修补处理。

（2）涂刷界面剂

均匀涂刷与自流平相容的界面剂，涂刷后要养护，成膜后才能进行自流平面层的铺涂。

（3）配制拌合料

应严格按照产品使用说明书规定的配比进行，在装有洁净水的容器中，缓缓放入自流平材料，用专用搅拌机边放料边充分搅拌，直至形成均匀无颗粒的拌合料（搅拌时间按照产品使用说明书）。

（4）铺涂

把搅拌均匀的自流平拌合料，从里往外倒入施工区域，用带齿刮板刮拖均匀。

（5）滚压

铺涂后即用带齿滚筒在同一水平方向上前后来回滚压，后次滚压应重叠前次滚压 50%，消除不平痕迹，如有气泡溢出，则应再次滚压，直至光滑平整。

（6）养护

常温条件下，自然养护不少于 7d；固化和养护期间采取防水、防污染和防踩踏等措施。

（7）成品保护

1）施工后应防止灰尘、杂物等污染，预防硬物刻划，硬化后打蜡保护涂膜表面。

2）干燥后可用抛光机抛光保护地面。

6.3.5　涂料地面饰面施工（图 6-5）

1. 施工流程

材料准备→基层处理→配置涂料→地面分格→刷底涂层→刷中涂层→刷罩面层→磨光磨平→

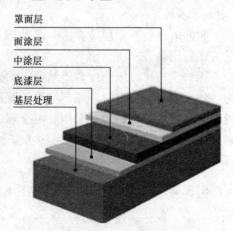

图 6-5　涂料地面构造示意图

打蜡养护→验收。

2. 操作要点

（1）材料准备

地面面层可采用丙烯酸、环氧、酚醛、
聚氨酯等树脂型涂料涂刷。

涂料应符合设计要求和国家现行有关标准的规定。油漆涂料是易引燃和易污染难清洗
材料，施工时要防火和预防环境污染。

部分地面涂料性能特点及使用条件可参考表 6-3，应以涂料生产厂家提供的产品使用
说明书为准。

部分地面涂料性能特点及使用条件参考表　　　　　　　　表 6-3

序号	名　称	性能特点	使用条件
1	多功能聚氨酯弹性彩色地面涂料	耐油，耐水，耐一般酸、碱，有弹性，粘结力强，基层发生微裂纹不会导致涂膜开裂	文体、旅游、机械工业、纺织化工、电子仪表等建筑地面，可采用刷涂施工
2	SH131-2 型超厚膜工业地坪	常温下固化，干膜厚度可达 1～5mm，硬度大，且有一定韧性，耐磨、耐油、耐热、防水渗、无毒、耐火、耐酸碱、抗冲击、粘结强	适于医院、食品加工厂等室内地面。底层刮涂，面层可用高压无气喷涂或刷涂施工。一般 7d 达到强度后才能承受负荷
3	BS707 地面涂料	能做各种图案，耐水，耐老化，耐一般酸、碱	新旧水泥砂浆地面，刮涂；表干：2h；实干：8h 左右 施工温度不低于 5℃
4	505 地面涂料	粘结力强，具有一定的耐水、耐酸、耐碱性	木质、水泥地面，三遍成活，施工温度不低于 5℃
5	RD-01 地坪涂料	流动性较好，耐水、耐磨	室内、施工温度不低于 10℃
6	DJQ-地面漆	有一定的弹性，无毒、耐水、耐磨，不耐酸碱	水泥地面，涂刷；施工时不能有明火，表干 2h，实干 24h
7	聚氨基甲酸酯清漆（聚氨酯地板清漆）	有良好的耐磨、耐水、耐溶剂性及洗净性，在室温下涂膜干燥迅速	防酸碱、防磨损木质表面及混凝土和金属表面，涂刷
8	塑料地板漆	涂膜坚韧耐磨，耐水性好，干燥快	水泥地面，木质地面，涂刷

涂料进入施工现场时，应提供有害物质限量合格检测报告。

（2）基层处理

应坚实平整，浮浆、垃圾、油渍应清理干净；凹凸不平、裂缝、起砂等缺陷，应提前
2～3d 用聚合物水泥砂浆修补。打底时用稀释胶粘剂或水泥胶粘剂腻子涂刷（刮涂）1～3
遍，干燥后，用 0 号砂纸打磨平整光滑，清除粉尘、晾干后，才能进行涂刷施工。

（3）配置涂料

按照设计要求颜色，将涂料、颜料、填料、稀释剂按照一定比例搅拌均匀；当天料宜

当天施工完。

（4）地面分格

按照设计要求或按计划施工的顺序在地面上弹出分格线，按分格线进行施工（适用于凝固较快的涂料施工）。

（5）刷底涂层

操作顺序由房间里面往外涂刷，将搅拌好的涂料倒入小桶中，用小桶往擦干净的地面上徐徐倾倒，一边倒一边用橡皮刮板刮平，然后用铁抹子抹光。

（6）刷中涂层

底涂表干后方可刷下一遍，每遍的间隔时间，一般为2～4h，涂刷1～3遍，厚度宜为0.8～1.0mm。涂刷方向、距离长短应一致，勤沾短刷，干燥较快时应缩短刷距。或通过实验确定（如地面有刻花或图案要求，在主涂层打磨后可做刻花、图案处理）。

（7）刷罩面层

待中涂层干后可涂刷1～2遍罩面涂料（环氧树脂地面采用环氧树脂清漆罩面，过氯乙烯涂料地面采用过氧乙烯涂料罩面，彩色聚氨酯地面采用彩色聚酯涂料罩面）。

（8）磨平磨光

涂料刮完后，隔一天用0号砂纸或油石把所有涂料地面普遍磨一遍，使地面磨平磨光（适用于彩色水泥自流平涂料地面）。

（9）打蜡养护

罩面涂料干燥后，将掺有颜料和溶剂的地板蜡用棉丝均匀涂抹在面层上，然后用抛光机抛光处理。

（10）成品保护

面层施工完毕后，不准污染，不准上人，养护不少于7d。

6.3.6　软质聚氯乙烯地板饰面施工

1. 施工流程

材料准备→基层处理→测量分格→热水预热→下料预铺→涂胶粘贴→拼缝焊接→打蜡保护→验收。

2. 操作要点

（1）材料准备

选用饰面材料需要注意：软质聚录乙烯地板具有耐磨、耐腐蚀、防潮、隔声、施工方便、质量轻、表面美观、行走舒适等优点。软质聚氯乙烯地板有板材和卷材两种，主要规格：板材有300mm×300mm、400mm×400mm、600mm×600mm，厚度1.2～2.0（mm）；卷材长度20m，幅度1～2m，厚度2～3（mm）。

（2）基层处理

地面应坚实，必要时要进行打磨处理，铺贴前应保持基层洁净、干燥、含水率小于8%，底层地面应做防潮层。

（3）测量分格

平面测量弹线分格应从房间中央十字中心线向四周进行，使分格对称美观；高程测量，应从1.0m线向下测出地面的面标高。

（4）热水预热

粘贴前对板块预热处理，宜放入75℃热水中浸泡10～20min，待板面松软伸平后，取出晾干备用。整卷板材存放在室内不少于24h，温度18℃左右，铺贴前全部放开放平不少于3h。

（5）下料试铺

为了取得好的效果，下料后应先虚铺做试样，板的边缝裁割成平滑的坡口，拼缝的坡口角度为55°左右，调整尺寸符合要求后，才能实际粘贴。

（6）粘贴

用专用胶粘剂粘贴后，用滚筒从板中央四周来回滚压或用专用塑胶刮板来回赶压，排出板下空气，使板与基层粘贴牢固，再摆砂袋压实，板缝挤出的胶浆及时擦抹干净。

（7）拼缝焊接

粘贴后需养护2d，才能对拼缝施焊。施焊前，应对塑料焊条去污除油处理，先用热碱水（50～60℃）清洗干净，然后用清水冲洗晾干后备用；施焊前，检查压缩空气的纯度，压缩空气控制在0.05～0.10MPa，热气流温度控制在200～250℃时，进行施焊；应使焊条、拼缝同时均匀受热，焊枪喷嘴均匀上下摆动，摆动次数1～2次/s，幅度为10mm，凸出焊缝使用专用刀具削平，抛光。

（8）打蜡保护

板缝焊接以后3d，应对板面打蜡2～3遍，打蜡前板面应保持洁净。

（9）成品保护

完工后交付使用前，应防止硬物撞划。

6.3.7 半硬质聚氯乙烯地板饰面施工

1. 施工流程

材料准备→基层处理→涂刷底子胶→测量定位分格→试铺→铺贴→养护→验收。

2. 操作要点

（1）材料准备

选用饰面材料需要注意：半硬质聚氯乙烯地板分为半硬质塑料地板砖和半硬质聚氯乙烯塑料（PVC）地板。

半硬质塑料地板砖，由聚氯乙烯—醋酸乙烯酯，加入大量石烯纤维与其他混合剂、颜料等混合，经塑化、压延成片、冲模而制成。

半硬质聚氯乙烯（PVC）地板主要为正方形，厚度0.8～1.5mm，也有卷材。具有耐油、耐腐蚀性、隔声、隔热、轻质、尺寸稳定、脚感舒适、耐久性好、装饰效果明显、施工方便等优点；添加阻燃剂的PVC板材，防火性能好。

半硬质塑料地板砖，具有轻质、耐磨、防滑、防腐、不助燃、吸水性小（24h/0.02%），色泽可选性好，使用寿命长，施工方便，表面平整、光洁、有弹性感等特点；规格有：305mm×305mm×1.2～1.3mm、333mm×333mm×1.5mm、500mm×500mm×3.0mm等。

（2）基层处理

要求基层地面坚实、干燥，必要时要进行打磨处理，铺贴前应保持基层洁净、干燥、含水率小于 8%。

（3）涂刷底子胶

底子胶由非水溶性胶粘剂和醋酸乙酯按一定比例调制而成，涂刷要均匀，越薄越好，且不得漏刷，干燥后方可刮胶铺贴面层。

（4）测量分格定位

根据设计图案和板材尺寸，进行测量弹线定位分格。

（5）试铺

按定位线进行试铺，试铺合格后，按序编号。

（6）刮胶铺贴

铺贴用的胶粘剂，应根据不同场合照表选用（可参照表 6-4）。

1）铺贴前，除去板材的防粘隔离剂，宜采用丙酮：汽油混合液＝1：8，进行脱脂除蜡，待干、平整后再涂胶粘贴，并把板放置在与施工地点相同温度的地方不少于 24h。

2）铺贴时的施工温度应控制在 10～32℃ 之间，晾置时间 5～15min。

3）使用乳液型胶粘剂，应在地面上刮胶的同时，在板材的背面也要涂胶，若用溶剂型胶粘剂，在地面上刮胶即可；使用聚醋酸乙烯溶剂胶粘剂、聚氨酯和环氧树脂胶粘剂，涂刮面不能太大，稍加晾置应立即铺贴。

4）胶粘剂应涂刮满基层，控制厚度 1.8～2.0mm 之间，超过分格线不大于 10mm；若板材背涂时，距边缘 8mm 左右不涂胶。

5）铺贴时应边粘贴，边抹压，先将边角对齐粘合，正确就位后，用橡胶滚动轻轻压实板面并赶压，或用橡皮锤敲实赶气；接缝处理的搭接宽度不小于 30mm。

（7）养护

铺贴完毕后，应及时清洁板面，擦去板缝中挤出来的余胶；根据气温一般自然养护时间为 1～3d，养护期间禁止堆物和行走，禁止板面污染，禁止用水清洗板面；养护期满后打蜡保护。

（8）注意事项

胶粘剂使用过程中，要注意防火，余浆要按防火规定处理，使用后桶盖或瓶盖要盖紧，要远离火源，存放在阴凉处。

（9）胶粘剂选用

胶粘剂选用参考见表 6-4，使用时应按设计要求和产品使用说明书的规定。

部分专用胶粘剂选用参考表 表 6-4

名 称	性能特点	适用场合	注意事项
立时得胶	粘结速度快，效果好	干燥地面施工	
水乳性氯乙胶	不燃、无味、无毒、耐水性好，初贴时粘结力大	干燥，较潮湿基层也能施工	
6101 环氧胶	粘结力强	地下室、地下人流量多的场合	粘贴时，要预防胺类固化剂对皮肤的刺激伤害
405 聚氨酯胶	初贴时粘结力小，固化后有良好的粘结	防水、耐酸碱的工程	初贴时要防止位移
202 胶	粘结速度快，强度大	用于一般耐水、耐酸碱工程	使用双组分时，要拌合均匀

（10）成品保护

完工后交付使用前，应防止硬物撞划。

6.3.8 氯化聚乙烯（CPE）卷材地板饰面施工

1. 施工流程

材料准备→基层处理→弹线定位→裁剪→刷胶→铺贴→接缝处理→养护→验收。

2. 操作要点

（1）材料准备

选用饰面材料需要注意：氯化聚乙烯（CFE）卷材，是聚乙烯与氯经取代反应制成，含氯量 30％～40％，以聚氯乙烯树脂为面层，矿物纸和玻璃纤维毡作基层的卷材。

材料要具有良好的耐磨性、耐候性、耐老化性、耐臭氧性、耐油、耐化学药品、延性好等特点；色泽可选性强，仿真效果好，适用于公共建筑和住宅建筑的室内地面。主要规格有：卷长度 10～20m，幅度 800～2000（mm），厚度 1.2～3.0（mm）。

（2）基层处理

要求基层地面坚实、干燥，必要时要进行打磨处理，铺贴前应保持基层洁净、干燥、含水率小于 8％；可用专用胶粘剂涂刷基层，增加粘结效果。

（3）测量弹线定位

根据设计图案和板材尺寸，进行测量弹线定位合格。

（4）裁剪

粘贴前将卷材放开铺平试贴，裁剪时考虑搭接尺寸不小于 20mm。

（5）刷胶

将专用胶（904 胶粘剂）刷于基层和卷材背面晾干，以手触胶面不粘即可，晾干时间 20min 左右，刷胶厚度 330～350g/m²。

（6）铺贴

应顺线铺贴，发现偏差，及时调整，铺正后，从中间往两边用手持辊筒进行滚压赶出气泡并铺平，若未赶出气泡，掀起前端，重新赶气铺贴，将接缝压实。铺贴时若胶污染板面，用 200 号溶剂汽油擦拭。

（7）养护

铺贴完毕后，应及时清洁板面，擦去板缝中挤出来的余胶；根据气温一般自然养护时间为 1～3d，养护期间禁止堆物和行走，禁止板面污染，禁止用水清洗板面。

（8）成品保护

完工后交付使用前，应防止硬物撞划。

6.4 板 块 面 层 施 工

板块面层主要包括：天然石材、面砖、地毯、玻璃、活动地板等楼地面面层。

6.4.1 地面天然石材施工面层

地面天然石材饰面主要有大理石、花岗石等。天然石材饰面基本构造见图 6-6。地面石材可以根据设计要求铺设出各种图案（图6-7）。

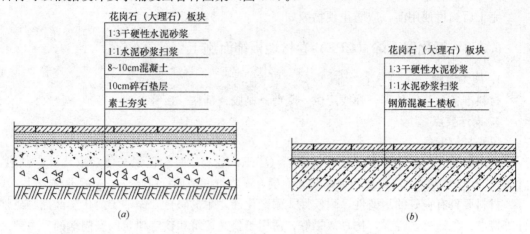

图 6-6　花岗石（大理石）板块楼地面构造示意图
(*a*) 一般地面石材板块贴面构造；(*b*) 一般楼层石材板块贴面构造

图 6-7　异形石材铺贴后实际效果示例图

1. 施工流程

初始测量→电脑排版与深化设计→基层处理→测量与弹线定位→铺设结合层→铺设石材面层→灌浆、擦缝→养护→（高级地面石材打磨→抛光与晶面处理）→验收。

2. 操作要点

（1）初始测量

测量各室内地面的平面实际尺寸，结合设计图案要求，搞清各室内平面尺寸的实际相互关系。

（2）电脑排版与深化设计

根据实测数据，对设计图案进行电脑排版，出具电脑排版图，征得设计师同意，微调或全面调整设计方案；设计确认后进行定样加工。

（3）基层处理

当基层为水泥混凝土类时，要洒水湿润，残渣、浮浆、垃圾、杂物等均应清除干净；基层应坚实平整；铺设前必须对立管、套管和地漏与楼板节点之间进行密封处理，排水坡度应符合设计要求。

（4）测量与弹线定位

根据设计认定的排版图，首先定出房间中央十字中心线，再向四周延伸进行分格测量弹线，有特定拼装图案区域的在地面上弹线固定下来；根据墙上 1m 线（即地面面标高向上 1m 的水平控制线）及设计规定的板材面层厚度，往下量测面层表面的水平标高，沿墙根用砂拍实虚铺一排板材作为标高墩；有泛水要求的房间应先做最高与最低点的标高墩，然后拉线做出中间部分的标筋，用来控制面层表面标高；弹线定位后对照图案进行试铺编号。

（5）铺设结合层

基层处理湿润后，刷一道水灰比为 0.4～0.5 的素水泥浆，随刷随铺 1：2.5 干硬性砂浆结合层，根据标高墩，拉线控制砂浆结合层的厚度，干硬程度以手捏成团、指弹即散为宜，从里往外铺摊，铺好后用大杠刮平，再用抹子拍实，厚度宜高出大理石、花岗岩底面标高 3～4mm，每次铺摊面积以两排石板宽度为宜。

（6）铺设石板面层

铺设前 24h，板材应清理干净，并做六面防护，防止返碱、返水和水锈；先行铺设中央十字中心线对角两块板材，然后沿着十字中心线向四周铺设。铺设时，干硬性结合层上应浇薄素水泥浆一道（板底应涂刮 3mm 左右的水泥胶粘料）；随浇随铺板块面层，安放时四角同时下落，用橡皮锤或小木锤填板击实夯平整，水准尺测平，及时清除板缝中挤出的余浆并清洁板面。

（7）擦缝

一般石板面层铺完 2d 后，采用机器对石材拼缝进行清理拉缝，用吸尘器清理完灰尘后，调制颜色与石材相近的云石胶填入缝中，待云石胶干透方可进行下步工序。

（8）养护

石材面层养护不少于 7d，强度达到 5MPa 后才能上人打蜡；高级花岗石材面层常温条件下养护不少于 28d，才能作打磨、晶面处理。

（9）石材打磨

高级花岗石地面养护达到强度后要打磨 3 遍。先用金刚粗砂轮打磨一遍，打磨完成后，清洗板面和清掏板缝，晾干后，用同色同品种石粉掺一定比例的环氧胶（或专用胶）搅拌均匀，批嵌板缝，同时对板面空隙修补，然后养护不少于 3d；第二次打磨改用模数较大（模数越大越细）的细磨片，打磨后清洗板面，晾干后对板缝补浆，再养护不少于 3d；第三次打磨选用更大模数的细磨片打磨，打磨完成后清洗板面，晾干，并作成品保护，不得污染板面。

（10）抛光与晶面处理

在充分晾干、洁净的地面上，均匀布洒"花岗石晶面保护液"，用 1 号钢丝绒贴在磨机底面打磨不少于 5 遍，直至光亮如镜；远视（5m 外）犹如无缝地面。

（11）成品保护

1）成品地面应防止尖锐铁器等物撞击和刻划。

2）防止有腐蚀性的污水浸入。

6.4.2 地面石材整体打磨和晶面处理施工

石材打磨是指新铺设后的成品石材（大理石、花岗石）地面或原有的石材地面，为了达到"无缝"和镜面状态，取得更好的装饰效果，采用机械打磨和晶面保护工艺进行处理的方法。

1. 施工流程

设备准备→第一遍打磨→清洗板面→清掏板缝→批嵌板缝和修补板面→养护→第二遍打磨→清洗板面→局部批嵌板缝和修补板面→养护→第三次打磨、清洗板面、养护→抛光与晶面处理。

2. 操作要点

（1）设备准备

用于打磨的金刚石软磨片应根据不同石材性质选用号数，号数越小、打磨越粗糙，号数越大、打磨越精细；因此，打磨程序先粗后细，对应的金刚石选号原则由小到大，见表6-5。

金刚石软磨片号数参考表 表6-5

30	50	60	100
150	200	300	400
500	600	800	1000
1500	2000	3000	

常用石材打磨机械有单头机、双头机、三头机和手持式角磨机，双头机、三头机主要用于大面积部位，单头机和角磨机用于地面的边角部位；打磨机械转速宜选用2800～4500r／min，打磨时需有充足的冷却水。配套机械有切缝机（若切缝时要用）、吸尘机、专用抛光机、专用晶面机以及中水回收的吸水机。

（2）第一遍打磨

新铺设的成品石材地面必须经养护达到设计强度后才能打磨，宜选用号数较小的金刚石砂轮片；打磨时需有充足的冷却水。

（3）清洗板面

经打磨后的石材地面用清水及时清洗。

（4）清掏板缝

对石材地面板缝内的原有擦缝材料、水泥砂浆、垃圾、杂物等必须清掏出来，并完全清理干净。

（5）批嵌板缝和修补板面

板面和板缝经晾干后，花岗石地面宜用同色同品种石粉掺一定比例的环氧胶（或专用胶）搅拌均匀，批嵌板缝，同时修补板面空隙；大理石地面宜用同色"云石胶"配固化剂批嵌板缝，以及修补板面空隙。

（6）养护

常温条件下，养护不少于3d。

（7）第二次打磨

改用号数较大（号数越大越细）的细磨片打磨，同样需要带冷却水打磨。

（8）清洗板面

用清水及时清洗。

（9）局部批嵌板缝和修补板面

板面晾干后，对局部需要修补的板面和板缝进行补浆。

（10）养护

常温条件下，养护不少于 3d。

（11）第三次打磨

选用更大号数的细磨片打磨，打磨完成后清洗板面，晾干，并作成品保护，不得污染板面。

若经三次打磨，仍有磨痕或达不到理想效果，仍需更换更大号数的磨片，继续打磨，此时，对于花岗石地面宜选用 2000～3000 号的磨片打磨。

（12）抛光与晶面处理

石材打磨达到效果后应换上抛光磨块或专用抛光机，进行抛光打磨，打磨需要很少的冷却水，打磨后应清洗干净；在充分晾干、洁净的地面上，均匀布洒"花岗石晶面保护液"或"大理石晶面保护液"，花岗石地面宜用 1 号钢丝绒贴在磨机底面打磨不少于 5 遍，或专用晶面机打磨处理，直至光亮如镜；远视（5m 外）犹如无缝地面（图 6-8）。

图 6-8　打磨和晶面处理后的大理石地面

6.4.3　地面面砖饰面施工

1. 施工流程

材料准备→初始测量→电脑排版与深化设计→基层处理→测量与弹线定位→铺设结合层→铺砖→勾缝、擦缝→养护→踢脚板安装→验收。

2. 操作要点

（1）材料准备

选用饰面材料需要注意：从表现效果上可分为单色、纹理、仿石材、仿术材、拼花等多种形式；按挤压成型方法有挤压砖，又称为劈离砖和方砖，干压砖和其他方法成型砖；按表面处理方式分有釉（GL）及无釉（UGL）两类，陶瓷砖多为有釉面的，而无釉砖中，又有平面、麻面、磨光面、抛光面等多种品种。

地砖饰面效果要根据设计要求选择。地砖质量应符合现行产品标准的规定。

水泥采用强度等级不低于 42.5 级的硅酸盐水泥、普通硅酸盐水泥或 32.5 级矿渣硅酸盐水泥。砂采用中、粗砂。胶粘剂应符合防水、防菌和相容性要求。

目前，已经有地砖专用胶粘剂，采用胶粘剂作粘结层，胶粘剂必须符合产品标准。

（2）初始测量

测量各室内地面的平面实际尺寸，结合设计图案要求，搞清各室内平面尺寸的实际相互关系。

（3）电脑排版与深化设计

根据实测数据，对设计图案进行电脑排版，出具电脑排版图，征得设计师同意，微调或全面调整设计方案；设计确认后进行定样加工。排版应尽量对称（图 6-9），视觉效

图 6-9　对称排版示例图

果好。

（4）基层处理

当基层为水泥混凝土类时，要洒水湿润，残渣、浮浆、垃圾、杂物等均应清除干净；基层应坚实平整。铺设前必须对立管、套管和地漏与楼板节点之间进行密封处理，排水坡度应符合设计要求。

（5）测量与弹线定位

根据设计认定的排版图，首先定出房间中央十字中心线，再向四周延伸进行分格测量弹线，有特定拼装图案区域的在地面上弹线固定下来；根据墙上 1m 线（即地面面标高向上 1m 的水平控制线）及设计规定的板材面层厚度，往下量测面层面的水平标高，沿墙根用砂拍实虚铺一排地砖作为标高墩；有泛水要求的房间应先做最高与最低点的标高墩，然后拉线做出中间部分的标筋，用来控制面层表面标高；弹线定位后对照图案进行试铺编号。

（6）铺设结合层

基层处理湿润后，刷一道水灰比为 0.4～0.5 的素水泥浆，随刷随铺 1∶2 干硬性砂浆结合层 15～20mm，干硬程度以手捏成团、指弹即散为宜，根据铺砖顺序铺摊，铺好后用大杠刮平，再用抹子拍实，每次铺摊面积以 2～3 排砖宽为宜，初凝前用完。

（7）铺砖面层

陶瓷地砖应提前浸水湿润、晾干备用。铺贴时，密铺缝宽不大于 1mm，虚缝铺贴缝隙宽度按排版图（一般为 8～10mm）；小型房间铺贴时，从门口开始，按排版图先纵向铺 2～3 行砖作为标筋，然后与墙根标高砖拉纵、横控制线，再从里到外退着铺贴；大堂、会议室等大面积房间，应先行铺设中央十字中心线对角两块板材，然后沿着十字中心线向四周铺设。铺设时，板底应涂刮 5mm 左右的水泥胶粘料；安放时四角同时下落，用橡皮锤或小木锤填板击实夯平整，水准尺测平，及时清除板缝中挤出的余浆和清洁板面；每铺 2～3 行应拉线检查缝格平直度，如超出规定应立即修整，将缝拨直，并用橡皮锤拍实，在结合层终凝前完成。若用胶粘剂结合层，铺贴砖面层时应在坚实、干净的基层表面刷一层薄而匀的底子胶，待其干燥后即铺砖，铺贴应一次就位准确，粘贴密实。

（8）擦缝、勾缝

地砖铺贴后，应在 24h 内进行擦缝、勾缝。缝宽小于 3mm 的擦缝，采用相近颜色的专用填缝剂填缝。缝宽在 8mm 以上的采用勾缝，勾缝用 1∶1 水泥和细砂浆勾缝，嵌缝要密实、平整、光滑，缝成圆弧形，凹进面砖外表面 2mm。

（9）成品保护

1）铺设后应及时围护，养护期满后，应用锯末或包装纸等材料进行覆盖保护。

2）成品地面应防止尖锐铁器或重物等撞击和刻划。

3）防止有腐蚀性的污水浸入。

6.4.4　地毯饰面施工

1. 施工流程

材料准备→初始测量→电脑排版与深化设计→基层处理→测量与弹线定位→铺设地毯→成品保护→验收。

2. 操作要点

（1）材料准备

材料品种、图案必须按照设计要求选用。

材料质量需要符合产品质量要求。

（2）初始测量

测量各室内地面的平面实际尺寸，结合地毯设计图案要求，搞清室内平面尺寸的实际相互关系。

（3）电脑排版与深化设计

根据实测数据，对设计图案进行电脑排版，出具电脑排版图，征得设计师同意，微调或全面调整设计方案；设计确认后进行定样加工。

（4）基层处理

地毯的基层有木地板、陶瓷地砖、水泥砂浆地面、混凝土地面和水磨石地面等，应根据不同基层情况进行处理，残渣、浮浆、垃圾、杂物、油垢、钉头、突出物、毛刺等均应清除干净；基层应结实、平整。

（5）测量与弹线定位

根据设计认定的排版图，首先定出房间中央十字中心线，再向四周延伸进行分格测量弹线，有特定拼装图案区域的在地面上弹线固定下来。弹线定位后根据排版图对地毯图案进行试铺、对花、编号。

（6）铺设地毯

地毯按铺设方法分有固定式和不固定式。地毯面固定式铺设：铺设地毯的房间、走道等应事先做好踢脚板，踢脚板下口均应高于地面 10mm 左右，以便将地毯毛边掩入踢脚板下。

（7）裁剪地毯

裁剪尺寸每段地毯的长度应比房间长度长 20～30mm，宽度应以裁去地毯边缘后的尺寸计算，裁剪前弹线标明裁掉的边缘部分，随后用裁边机从长卷地毯上裁下所需部分；切口整齐顺直，便于拼缝。裁剪带有花纹、条格的地毯时，必须将缝口处的花纹、条格对准吻合。簇绒和植绒类地毯裁剪时，相邻两裁口边应呈八字形，便于铺后绒毛紧密对接。采用卡条固定地毯时，应沿房间的四周靠墙壁脚 10～20mm 处将卡条固定于基层上；在门槛处应用铝合金压条等固定。卡条和压条，可用水泥钉、木螺钉固定在基层，钉距为 300mm 左右；铺设弹性衬垫应将胶粒或波形面朝下，四周与木（或金属）卡条相接处宜离开 10mm 左右，拼缝处用纸胶带全部或部分粘合，防止滑移；经常移动的地毯在基层上先铺一层纸毡以免造成衬垫与基层粘连。

将预配、裁剪好的地毯铺平，一端固定在木（或金属）卡条上，用压毯铲将毯边塞入卡条与踢脚之间的缝隙内或卡条下端。铺设时注意用张紧器将地毯在纵横方向逐段推移伸展，以保证地毯在使用过程中平直面不隆起，用张紧器张紧后，地毯四周应挂在卡条或铝合金压条上。

（8）地毯接缝

一般是对缝拼接，即铺完一幅地毯后，在拼缝一侧弹通线，作为第二幅地毯铺设张紧的标准线，按标准线依次铺设第二幅，第二幅经张紧后，要求在拼缝处花纹、条格达到对齐、吻合、自然，随后用钢钉临时固定。对于薄型地毯可搭接裁割，即在前一幅地毯铺设张紧后，后一幅搭盖前幅 30～40mm，在接缝处弹线，将直尺靠线用刀同时裁割两层地毯，扯去多余的边条后，合拢严密，不显拼缝。

地毯的接缝一般在背面采用线缝拉或用胶带粘贴方法。纯毛地毯铺设，用线缝拉接缝时，一般用线缝接结实扣，刷白胶，贴上牛皮纸；麻布衬底的化纤地毯铺设，用胶粘剂粘贴麻布窄条，沿直线（可在地面上弹线）放在接缝处的地面上，将地毯胶粘剂刮在麻布带上，然后将地毯对好后粘牢。胶带接缝：可先将胶带按地面上的弹线铺好，两端固定，将两侧地毯的边缘压在胶带上，然后用电熨斗在胶带上碾压平实，使之牢固地连在一起。

（9）收口处理

如地毯与大理石地面相接处标高近似，应镶铜条或者用不锈钢条，起到衔接与收口的作用；走道、卫生间地面标高不一致时，在门口应设收口条，用收口条压住地毯边缘。

（10）修整清洁

地毯铺好后，用裁剪刀裁去多余部分，并用扁铲将边缘塞入卡条和墙壁之间的缝中，用吸尘器吸去灰尘，清扫干净即可。

（11）地毯地面不固定式铺装

裁割与铺贴：如卷材地毯，裁剪和接缝与固定式铺设相同，但与地面的连接不同；地毯拼成整块后直接干铺在洁净的地面上，不与地面粘结。铺设踢脚板下的地毯边塞边压平；不同材质的地面交接处，应选用合适的收口条收口，同一标高的地面宜采用铜条或不锈钢条衔接收口；两种地面有高差时，应用"L"形铝合金收口条收口。

小方块地毯，铺设时应在地面弹出方格线，从房间中央开始铺设，块与块之间相互挤紧服帖，不得卷起。

（12）楼梯地毯铺设

先将倒刺板钉在踏步板和挡脚板的阴角两边，两条倒刺板顶角之间应留出地毯塞入的间隙，一般约 15mm，钉应倾向阴角面。

海绵衬超出踏步板转角应不小于 50mm，将角包住。地毯下料长度，应量出每级踏步的宽度和高度之后，宜预留一定长度。

地毯铺设由上而下，逐级进行，顶级地毯必须用压条钉固定于平台上；每级阴角处用扁铲将地毯绷紧后压入两根倒刺板之间的缝隙内，加长部分可叠钉在最下一级踏步的竖板上。防滑条应铺设在踏步板阳角边缘，然后用不锈钢膨胀螺钉固定，钉距 150～300mm。

（13）成品保护

地毯铺设后、交付使用前宜用塑料薄膜覆盖，防尘、防垃圾、防污染；及时围护，禁止烟火。

6.4.5　地面镭射钢化夹层玻璃饰面施工

1. 施工流程

材料准备→初始测量→电脑排版与深化设计→基层处理→铺木基层板→测量与弹线定位→铺设玻璃面层→贴保护胶带→板缝注胶→揭保护胶带→养护→验收。

2. 操作要点

（1）材料准备

选用饰面材料需要注意：镭射钢化夹层玻璃其抗冲击、耐磨、硬度指标与同档花岗石相仿；可按相关工序铺设在强度不低于 C20 的细石混凝土垫层或楼板上。镭射钢化夹层玻璃砖常用规格为 400mm×400mm×10mm、500mm×500mm×12mm、600mm×600mm×15mm 三种。根据设计装饰要求，特殊规格的尺寸还有 1000～2000mm 范围内的玻璃。

（2）初始测量

测量室内地面的平面实际尺寸，结合玻璃地面平面布局和图案要求，搞清室内平面尺寸的实际相互关系。

（3）电脑排版与深化设计

根据实测数据，对设计图案进行电脑排版，出具电脑排版图，征得设计师同意，微调或全面调整设计方案；设计确认后进行定样加工。

（4）基层处理

水泥混凝土类面层表面的残渣、浮浆、垃圾、杂物等清除干净，表面坚实、干燥、平整。

（5）铺木基层板

水泥类地面上按设计要求满铺 9～15mm 厚的木夹板（多层板），与水泥地面固定；木基层板表面应洁净、平整。

（6）测量与弹线定位

根据设计认定的排版图，首先定出房间中央十字中心线，再向四周延伸测量定位，并在木板上弹线；有特定拼装图案区域的要在木板上弹线固定下来；用水准仪测量玻璃层面标高，并在墙上弹线。定位后根据排版图对玻璃地面图案试铺、编号。

（7）铺设玻璃面层

将待贴的镭射钢化夹层玻璃砖背面，在离四周边沿 20mm 左右的地方打上玻璃胶，玻璃胶面积占玻璃砖面积的 5％～8％；按已弹分格线将玻璃砖安放，四角应同时落下，用木锤或橡皮锤垫木轻击平整，用水平尺测平；板缝控制在 2～3mm 之间，用长 40mm 的定位条块夹在板缝之间。

（8）贴保护胶带

玻璃砖全部贴完后 5～8h，取下定位条块，在玻璃砖四周边沿贴上 20mm 宽的保护胶带。

（9）注胶

在镭射钢化夹层玻璃砖缝隙中注满玻璃胶，高与砖面平，溢出的浆应及时清除；也可将彩色有机塑料条或铜条加玻璃胶嵌入缝隙中。

（10）揭保护胶带

打胶后次日揭去保护胶带纸，并清理砖面。

（11）养护

打胶次日应围挡养护，常温条件下自然养护不少于3d。

（12）成品保护

打胶完毕即应围挡，禁止行走和堆物。

6.4.6 地面金属弹簧玻璃饰面施工

1. 施工流程

材料准备→初始测量→电脑排版与深化设计→基层处理→测量与弹线定位→安装弹簧基座→钢架格栅制作安装→受力试验→安装厚层木板→铺设玻璃面层→贴保护胶带→板缝注胶→揭保护胶带→养护→验收。

2. 操作要点

（1）材料准备

材料主要有金属弹簧、钢架格栅、厚木板、中密度板及镭射钢化玻璃。

（2）初始测量

测量室内地面的平面实际尺寸，结合玻璃地面平面布局和图案要求，搞清室内平面尺寸的实际相互关系。

（3）电脑排版与深化设计

根据实测数据，对设计图案进行电脑排版，出具电脑排版图，征得设计师同意，微调或全面调整设计方案；设计确认后进行定样加工。

（4）基层处理

表面的残渣、浮浆、垃圾、杂物等清除干净，表面坚实、干燥、平整。

（5）测量与弹线定位

按设计要求的弹簧规格、数量及分布间距，在处理后的基层上弹线，确定弹簧基座位置。

（6）安装弹簧支座

按设计规定把弹簧支座安装在钢筋混凝土梁上。

（7）钢架格栅制作安装

钢架格栅的规格、尺寸，按照设计要求，一般用槽钢作为地板格栅，通长设置，间隔不大于1000mm；横向间隔1000mm用角钢与槽钢焊接相连，形成一个地板基层平面骨架，骨架支撑在全部弹簧上。

（8）受力试验

骨架完成后，按设计要求进行受力试验，合格后才能进行后续工序施工。

（9）安装木垫板

由一层厚毛木板和双层中密度板组成，先铺装厚毛木板，再铺装中密度板，两层中密度板的铺设方向应相反，注意错缝；铺设后用水平尺检查平整度。

（10）铺设玻璃面层

将待贴的镭射钢化夹层玻璃砖背面，在离四周边沿20mm左右的地方打上玻璃胶，玻璃胶面积占玻璃砖面积的5%～8%；按已弹分格线将玻璃砖安放，四角应同时落下，用木锤或橡皮锤垫木轻击平整，用水平尺测平；板缝控制在 2～3mm 之间，用长 40mm 的定位条块夹在板缝之间。

（11）贴保护胶带

玻璃砖全部贴完后 5～8h，取下定位条块，在玻璃砖四周边沿贴上 20mm 宽的保护胶带。

（12）注胶

在镭射钢化夹层玻璃砖缝隙中注满玻璃胶，高与砖面平，溢出的胶应及时清除；也可将彩色有机塑料条或铜条加玻璃胶嵌入缝隙中。

（13）揭保护胶带

打胶后次日揭去保护胶带纸，并清理砖面。

（14）养护

打胶次日应围挡养护，常温条件下自然养护不少于 3d。

（15）成品保护

打胶完毕即应围挡，禁止行走和堆物。

6.4.7　活动地板面层

选用饰面材料需要注意：活动地板按作用分为三种：一种是用于智能化布线系统的活动地板，统称网络地板；另一种用于防尘和防静电要求的专业用房活动地板；还有地下有通风要求的通风地板。

按结构体系分有梁式和无梁式两种，无梁式即活动地板直接搁置在可调式金属支架上（图 6-10）；梁式：以横梁、橡胶垫条和可供调节高度的金属支架组装成架空板系统，铺设在水泥类地面（或基层）上；无梁式：以活动地板、橡胶垫条和可供调节高度的金属支架组装成架空板系统，铺设在水泥类地面（或基层）上。当房间防静电要求较高，需要接地时，应将活动地板面层的金属支架、金属横梁连通跨接，并与接地体相连，接地方法应符合设计要求。

图 6-10　无梁式可调金属支架

1. 施工流程

材料准备→基层处理→测量与弹线定位→安装金属架支座→安放横梁及胶垫→供线系统桥架铺设→活动地板铺设→成品保护→验收。

2. 操作要点

（1）材料准备

活动地板面层具有防尘和防静电作用，安装方便。按构造成型分其特性有所不同：主要有采用特制的平压刨花板为基材，表面饰以装饰板和底层用镀锌板经粘结胶合而成的活动地板块；采用全钢组合结构，静电喷涂处理扣槽式网络地板；采用优质钢板拉伸成型的智能化网络全钢高架活动地板、内腔填充发泡水泥填充料，支架为镀锌铝合金构件，高度可调节并能自锁，地板四周成型有切边和铆接两种，安装采用无梁角锁，具有牢靠、稳定、调节方便的特点；防静电全钢架空活动地板及扣槽式中空网络地板，中间不灌水泥，重量轻，环保，安装轻便；通风活动地板结构与防静电全钢架空活动地板相似，能与之互换、配套使用，但内腔是空的、无发泡填料，地板上下钢板及贴面均冲制有通风孔，通风率达 17%～36%。常用规格有：500mm×500mm×25～28mm、600mm×600mm×30～35～38～40mm、610mm×610mm×35～38～40mm。

用于电子信息系统机房的活动地板面层，其施工质量检验尚应符合现行国家标准《电子信息系统机房施工及验收规范》GB 50462 的有关规定。活动地板应符合设计要求和国家现行有关标准的规定，且应具有耐磨、防潮、阻燃、耐污染、耐老化和导静电等性能。

（2）基层处理

水泥混凝土类面层表面的残渣、浮浆、垃圾、杂物等清除干净，表面坚实、干燥、平整。

（3）测量与弹线定位

按照 1m 线量出活动地板面标高，并在四周墙上弹出基准控制线；按设计图纸要求，在地面上测量出十字中心线，线槽走向及位置线，以及活动地板的金属支架位置，并进行弹线。

（4）安装金属支架

一般应从十字中心线开始向四周安装，有横梁的应同时安装；或根据弹线分格位置从一端向另一端进行，相邻有线槽的金属支架应先行安装。活动地板所有的支座和横梁应构成框架一体，并与基层连接牢固；支架抄平后高度应符合设计要求。

（5）面层活动板安装

应跟随支架及时跟进安装，同时从基准线拉线控制面标高，用金属支架调节螺栓及时调节。活动地板在门口处或预留洞口处构造设置应符合设计要求，四周侧边应用耐磨硬质板材封闭或用镀锌钢板包裹，胶条封边应符合耐磨要求。活动地板与柱、墙面接缝处的处理应符合设计要求，设计无要求时应做木踢脚线，通风口处，应选用异形活动地板铺贴。活动地板铺设后应排列整齐、接缝均匀、周边顺直。

（6）成品保护

安装后应及时清理板面，保持洁净、色泽一致。

6.5　木竹面层施工

木、竹地板铺装应在室内其他装饰工程基本结束后进行。有防水要求的地面，已做好地面防水，铺装前应对面层以下水、电管线等隐藏工程验收。按铺装方法分有钉接法和粘贴法，实铺法和空铺法等。

6.5.1　实木地板饰面施工

1. 实木地板空铺施工流程

材料准备→基层处理→测量与放线定位→砌地垄墙→安装垫木或压沿木→安装木格栅和撑木→钉毛地板（仅双层时有）→铺钉硬木面板→刨平与打磨→钉踢脚板→养护（油

漆、打蜡、保护）→验收。

2. 实木地板空铺操作要点

（1）材料准备

选用饰面材料需要注意：面层按组合方式分，有条板地板和拼花地板；按层数分，有单层（面板直接钉在木格栅上）和双层（面板钉在毛板上，毛板下是木格栅）地板；按形状分有榫接实木地板、平接实木地板和仿古实木地板三类。条板面层常用规格为 800mm 及以上，宽 50～80mm，厚 18～23mm；拼花地板规格和图案按设计要求，常用的厚度为 18～25mm，宽度有 50～100mm，长度有：300mm、400mm、500mm、600mm、800mm、900mm 等。

实木踢脚板如采用硬木，设计无要求时，宽 150mm、厚 20mm，加工时背面满涂防腐剂。

施工前应对进场的木地板按设计方案进行电脑排版，预选和试拼，要求同一房间所用地板的品种、花纹和色调一致。

实木地板宜采用耐磨、纹理清晰、有光泽、不易腐朽、不易变形并经干燥处理、加工而成的优质木材，一般选用松木、杉木、水曲柳、柞木、柚木和榆木等材质。实木地板按外观、尺寸偏差和含水率、耐磨、附着力和硬度等物理性能分为优等品、一等品和合格品三个等级。含水率应不大于 12%。

（2）基层处理

底层地面混凝土等基层已按要求施工完毕，地面无垃圾、杂物，坚实、平整。

（3）测量与放线定位

根据墙面上 1m 水平控制线，在房间四周墙上弹出用于控制地板面层标高的基准线；根据设计图纸放出地垄墙的平面位置。

（4）砌地垄墙

间距、砌筑砂浆强度等级均按设计，无要求时，采用 M5 水泥砂浆砌，墙高度低于 60cm 时砌 120 厚，超过 60cm 时，应砌 240 厚地垄墙，上留 120mm×120mm 的通风口；地垄墙长度超过 4m 时，应隔 4m 在墙两侧各设出墙 120 厚的墙墩。

（5）安装垫木或压沿木

用 100mm×50mm 压沿缘木满涂防腐剂，用 8 号镀锌铁丝两道绑牢在地垄墙上（也可钉在预埋在地垄墙的木砖上）；地垄墙顶面抹 20 厚 1：2 水泥砂浆找平层，垫木或压沿木应显露表面。

（6）安装木格栅和撑木

砌体强度达到设计强度 75% 以上；设计无要求时，木格栅与地垄墙垂直布置，龙骨与墙间距应留出不小于 30mm 的间隙，接头应采用平接头，用双面木夹板，每面钉牢，接头位置应错开。木格栅龙骨的断面选择应根据设计要求，设计无要求时，安装断面为 50mm×70mm 的通长木龙骨，间距（中-中）400mm，用断面 50×50mm 横撑，间距 800mm（中-中），剪刀撑主要用于增加木格栅的稳定性，断面一般为 400mm×400mm，中距 1500mm，以上均需满涂防腐剂。

（7）钉毛地板

应将地垄墙之间的木屑、刨花、碎木块清干净后才能铺毛地板。30°或 45°斜铺、铺钉松木毛地板（背面刷防腐剂），板厚不少于 22mm，板面需刨平、清扫洁净，并经防腐、防蛀和防火处理。

（8）铺设面层地板

一般铺设硬木企口长条地板，板缝铺设方向应满足设计图案，铺钉前先将毛地板面清扫干净，在毛地板上弹直条铺钉线。木地板的铺钉线对于走道应顺行走道方向，对于房间应顺光线方向。木地板钉接是用地板钉从板侧的凸榫边倾斜钉入，钉长为板厚度的 2～2.5 倍，钉帽要砸扁冲入地板表面 2mm，不可以露头。板缝不应大于 0.5mm，靠四周墙端必须留有 8～12mm 的空隙，用踢脚板或踢脚条封盖，每块企口地板的接头必须设置在格栅上，并间隔错开；钉到最后一块企口地板，因无法斜面钉，可用明钉钉牢。

（9）刨平与打磨（如果采用漆板无此道工序）

可顺木纹方向用地板刨光机刨光，地板打磨机打磨。一般应经粗刨、细刨和打磨，木纹全部显现，光滑、平整为止。

（10）安装踢脚板

一般采用成品踢脚板安装。

（11）养护（如果采用漆板只有打蜡这道工序）

木地板面层经刨平、打磨后应及时围挡保护；并及时油漆、打蜡上光。

（12）成品保护

完工后既要开窗通风，又要防太阳直接照射和窗开风雨淋。

6.5.2　实木复合地板饰面施工

1. 施工流程

材料准备→基层处理→测量弹线→铺衬垫→铺设面板→粘贴收边、封口条→钉踢脚板→成品保护→验收。

2. 操作要点

（1）材料准备

选用饰面材料需要注意：实木复合地板是以实木拼板或单板为面层、实木条为芯层、单板为底层，制成的企口地板和以单板为面层、胶合板为基材制成的企口地板合称，常以面层的树种来确定地板树种名称，有水曲柳、山桦榉、栎木和樱桃木等。结构为三层板材的规格有长 2100mm、2200mm×宽 180mm、189mm、205mm×厚 14mm、15mm 等，以胶合板为基材的实木复合地板规格有长 1818mm、2200mm×宽 180mm、189mm、225mm、303mm×厚 8mm、12mm 和 15mm。

实木复合地板遇水不及时清理会起拱、起泡。按外观、尺寸偏差和含水率、耐磨、附着力和硬度等物理性能分为优等品、一等品和合格品三个等级。

（2）基层处理

要求基层洁净、平整、光滑、干燥；必要时水泥地面基层要做自流平，毛地板面层要刨光，确保达到平整度标准。

（3）测量弹线

按设计确认的电脑排版图在基层上实测，确定收边、收口位置并弹线定位。

（4）铺衬垫

在平整、洁净、干燥的基层铺设 1～2 层聚氯乙烯泡沫塑料衬垫，起防潮隔离作用。

（5）铺设面板

在衬垫纸上铺设，干缝準接，使两板的凹凸缝挤紧；板缝走向：对于走道应顺行走方向，对于房间应顺光线方向。靠四周墙端必须留有 8～12mm 的空隙，铺第一条板时应在墙根嵌入木塞或橡胶垫块，密缝铺设，板缝不应大于 0.3mm。

（6）粘贴收边、收口条

门口及相邻房间接界处等，用专用胶粘剂粘贴铜条或铝合金条收边、收口。

（7）成品保护

成品复合地板铺设后，首要的是防水，遇水不及时清理，渗入板缝后会起拱破坏。

6.5.3 实木拼花木地板饰面施工

实木拼花木地板面层施工工艺流程，在钉毛地板之前基本与实木地板面层施工相同，从钉毛地板开始施工工艺、工艺流程有所不同。

1. 施工流程

钉毛地板（仅双层时有）→测量、弹线定位→试铺→拼花地板面板铺设→刨平和打磨→油漆→打蜡→成品保护→验收。

2. 操作要点

（1）钉毛地板

当面板采用席纹拼花地板，毛板宜与木格栅成 30°或 45°方向铺设；当面板采用人字纹拼花地板时，毛板宜与木格栅成 90°方向铺设。

（2）测量、弹线定位

在毛地板上实测室内地面净尺寸，然后量出地面中心点，弹出定位十字线，根据设计确认的电脑排版图案，左右前后对称分格弹线，并确定镶边。

（3）试铺

铺装拼花木地板前，对照设计图案，按定位线试铺并微调。

（4）拼花地板面板铺设

铺装顺序采用，先铺装镶边，后从地面的中心点开始，由内向外进行铺装。铺装可采用钉接式或粘贴式铺装方法。

1）钉接式铺装

钉接式拼花木地板铺装需铺装在毛地板上。铺装按图案墨线，从中央向四边铺钉，首先用有企口的硬木套于木地板企口上，然后用锤敲击使拼缝严密，要求拼缝小于 0.3mm，再后用长度为板厚 2～2.5 倍的钉子从侧面斜向钉入毛地板中，钉头不应露出，当拼花木地板的长度小于 300mm 时，用两根钉固定，长度大于 300mm 时，用三根钉固定，顶端均应钉一根钉。

2）粘贴式铺装

粘贴式拼花木地板的铺装，可做在毛地板上，又可直接铺在细石混凝土基层上。在铺贴前，应用 2m 靠尺，检查基层的平整度，空隙不得大于 2mm（必要时应对地面打磨或自流平）。粘贴按图案墨线，从中央向四边粘贴。铺贴时先在基层上涂刷一层厚约 1mm 左右的胶粘剂，再在拼木地板背面涂刷一层厚约 0.5mm 的胶粘剂。静置一定时间，待涂胶粘剂不沾手时，将拼木地板铺贴。粘贴时，使拼花板呈水平状态就位，同时用力与相邻拼花木板挤压严密，缝宽不大于 0.3mm。在此过程中，可用小木锤垫木块敲打，溢出板面的胶粘剂要及时清理干净。固定后的拼花木地板面层可用重物加压，防止空鼓翘曲。

（5）刨光和打磨

钉接式和粘贴式拼花木地板铺装后，刨光、磨光三次，刨去厚度小于 1.5mm，应无刨痕，细刨后木纹应全部显露；打磨（用砂纸磨光）后，表面应平整、光滑。

（6）～（8）

油漆→打蜡→成品保护等同实木地板面层。

6.5.4　强化复合地板饰面施工

1. 施工流程

材料准备→基层清理→测量、弹线→铺衬垫→试铺→铺中密度（强化）复合木地板面层→安装踢脚板→验收。

2. 操作要点

（1）材料准备

选用饰面材料需要注意：中密度（强化）复合地板分类：按装饰层分为单层浸渍纸层压木质地板、多层浸渍纸层压木质地板和热固性树脂装饰层压板层压木质地板；按表面图案分为浮雕浸渍纸层压木质地板和光面浸渍纸层压木质地板；按甲醛释放量分为 A 类浸渍纸层压木质地板和 B 类浸渍纸层压木质地板。中密度（强化）复合地板一般铺设在水泥地面或毛地板上。

中密度（强化）复合地板（浸渍纸层压木质地板）是以一层或多层专用纸浸渍热固型氨基树脂，铺装在刨花板、中密度纤维板、高密度纤维板等人造板基材表面，背面加平衡层，正面加耐磨层，经热压而成的地板。中密度（强化）复合地板按外观、尺寸偏差和含水率、耐磨、附着力和硬度等物理性能分为优等品、一等品和合格品三个等级。

（2）基层处理

要求水泥类地面表面洁净、平整、光滑（必要时应做自流平），毛地板平整，表面刨光。

（3）测量、弹线定位

按设计确认的电脑排版图在基层上实测，确定收边、收口位置并弹线定位。

（4）铺衬垫

采用 3mm 左右聚氯乙烯泡沫塑料衬垫，铺在水泥砂浆、混凝土或毛地板上，在门口位置或与浴厕房间相邻部位应多设一层。

（5）试铺

试铺时，在地板与墙间放入木楔控制两者间距，地板的凹槽面向墙内。先试三排，采用不施胶铺装，铺装方向按照设计要求，按"顺光、顺行"自左向右逐排铺装。达到效果后再续铺。

（6）铺中密度（强化）复合木地板面层

地板条铺成与光线平行方向，在走廊或较小房间应将地板与较长的墙面平行铺设。排与排之间的长边接缝必须保持一条直线，相邻条板错缝铺接，端头应错开不小于 300mm。铺设房间长度或宽度达 8m 时，宜在适当位置设置伸缩缝，放置铝合金条，防止整体面层受压变形。

铺装的方法有两种，一种是干缝準接，使两板的凹凸缝之间挤紧，不作任何胶接；另一种是用胶贴剂胶接，铺贴时，第一排板每块只需在短头接尾凸榫上部涂足量的胶，使地板块榫槽粘结到位，结合严密。第二排板块需在短边和长边的凹榫内涂胶，与第一排凸榫粘结，用小锤隔着垫木向里轻轻敲打，使两块结合严密、平整，不留缝隙；拉线检查，保证平直，按上述方法逐块铺设挤紧。溢出的胶液用湿布及时擦净。

铺设最后一块木板时，应用专用拉钩，用铁锤、轻轻敲击拉钩上的凸块，使其头缝挤密。

地板与墙面相接处，应留出 10mm 左右缝隙，用木楔塞紧，在胶干透后（8～24h），应拆除木楔。

（7）安装踢脚板

铺装完地板，即可安装踢脚板，铺装时，先将地板和墙间隙内的木楔和杂物清理干净，然后将基层板钉在防腐木砖（预先在墙内每隔 300mm 砌入）或防腐木楔上（事后打入），随后将踢脚板用胶粘在基层板上，踢脚板与踢脚板的接缝用钉从侧口固定。踢脚板板面应垂直，上口呈水平线，出墙厚度控制在 10～20mm 范围，下口不得与地板粘连。

（8）成品保护

复合地板铺设后，首要是防水，遇水不及时清理，渗入板缝后会起拱破坏。

6.5.5 竹地板饰面施工

1. 施工流程

材料准备→基层清理→安装木格栅龙骨、横撑→钉毛地板（仅双层时有），铺衬垫（水泥类地面所需）→竹地板铺设→弹线，钉踢脚板。

2. 操作要点

（1）材料准备

选用饰面材料需要注意：按结构分有多层胶合竹地板和单层胶合竹地板；按表面颜色分为本色竹地板、漂白竹地板和炭花竹地板。踢脚板的材质同木、竹楼地面，其宽度、厚度应按设计尺寸加工，背面涂防腐剂。一般安装在水泥类地面或毛地板上。

所用材料，应经严格选材、硫化、防腐、防蛀处理。竹地板按外观、尺寸偏差和含水率、耐磨、附着力和硬度等物理性能分为优等品、一等品和合格品三个等级。

（2）基层处理

要求水泥类地面表面洁净、平整、光滑，毛地板平整，表面刨光。

（3）安装木格栅龙骨、横撑

在水泥类基层上铺设竹地板面层时，木龙骨的间距一般为 250mm，用钢钉或膨胀螺栓固定并找平；在铺设竹地板面层前，应在木龙骨间撒防虫配料，每平方为 0.5kg。横撑间距宜 600mm 左右。

（4）钉毛地板（仅双层时有），铺衬垫（水泥类地面所需）

毛地板铺在龙骨上，设计无要求时，铺设角度宜为45°，并按要求刨光、平整；直接在水泥类地面上铺设地板时，在地面上满铺厚2～3mm聚合物地垫。

（5）竹地板铺设

拼装竹地板，第一块板应离开墙面8～12mm，用木楔塞紧，企口内采用胶粘；将竹地板逐块排紧，挤出的胶液用净布擦净。

（6）安装踢脚线

竹地板安装完成后，拆除墙边的木楔，并清理干净，然后安装木踢脚板。

（7）成品保护

竹地板安装完成后，要及时围护，要防火、防水、防污染。

6.6 热辐射供暖地面施工

热辐射供暖地面是以热水为热媒的低温热水地面辐射供暖地面或以发热电缆为加热元件的地面辐射供暖地面，简称热辐射供暖地面。

低温热水地面辐射供暖：以温度不高于60℃的热水为热媒，在加热管内循环流动，加热地板，通过地面以辐射和对流的传热方式向室内供热的供暖方式。

发热电缆地面辐射供暖：以低温发热电缆为热源，通过地面以辐射和对流的传热方式向室内供热的供暖方式。

热辐射供暖地面工程是一项系统工程，涉及土建、水暖管道安装专业、电器管线安装专业和装饰专业等多专业的施工质量和配合协调，地面各构造层的施工在前面章节已作了相应介绍，由于热辐射供暖地面的特殊性，对有关构造层的施工再作如下补充，但土建、水暖管道安装专业、电器管线安装专业的施工不属于本章范围。

热辐射供暖地面的基本构造做法，参见图6-11～图6-15。

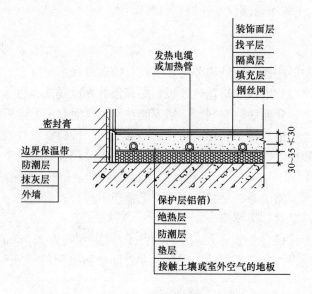

图6-11 与土壤接触且地面有防水要求的基本构造

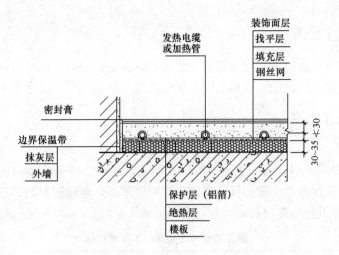

图 6-12　一般楼层热辐射供暖地面的基本构造

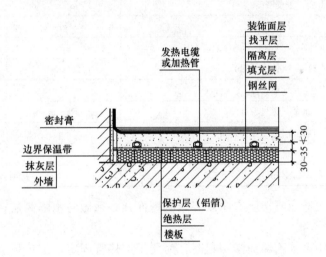

图 6-13　楼层有防水要求的热辐射供暖地面构造

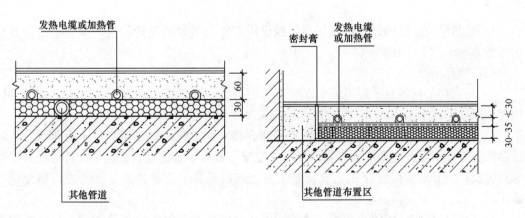

图 6-14　有其他管线的基本构造示意图（一）　　　图 6-15　有其他管线的基本构造示意图（二）

6.6.1 施工流程

施工准备→基层清理→设置防潮层→敷设边界保温层→铺设绝热层→敷设低温热水加热管系统管道设施或敷设低温发热电缆系统管线设施→填充层→结合层和面层装饰施工。

6.6.2 操作要点

（1）绝热层：

1）绝热材料应采用导热系数小、难燃或不燃，具有足够承载能力的材料。绝热层厚度、材料物理性能及铺设应符合设计要求。采用聚苯乙烯泡沫塑料时，技术指标应符合表6-6的规定；采用其他绝热材料时，应符合同等效果原则。

表 6-6

聚苯乙烯泡沫塑料主要技术指标

项　目	单　位	性能指标
表观密度	kg/m³	≥20.0
导热系数	W/(m·k)	≤0.041
压缩强度（即在10%形变下的压缩应力）	kPa	≥100
吸水率（体积分数）	%(v/v)	≤4
尺寸稳定性	%	≤3
水蒸气透过系数	kg/(Pa·m·s)	≤4.5
熔结性（弯曲变形）	mm	≥20
氧指数	%	≥30
燃烧分级	达到B级	

2）施工前底层地面或楼层有防水要求的地面，必须做防水隔离层；做完蓄水试验并经过验收。

3）绝热层使用聚苯乙烯泡沫塑料时，为便于加热管固定，绝热板上方可粘接一层纺粘法非织造布/PE镀铝膜层；或铺设一层0.8mm，网眼150mm×150mm的氩弧焊钢丝网。

4）绝热层应错缝铺设、严密拼接，铺设应平整。当设置保护层时，保护层搭接处至少重叠80mm，并宜用胶带粘牢。

（2）填充层：

1）填充层的材料宜采用不低于C20豆石混凝土，豆石粒径宜为5～12mm，加热管的填充层厚度不宜小于50mm，发热电缆填充层厚度不小于35mm。

2）发热电缆经电阻检测和绝缘性能检测合格，加热管水试合格、处于有压状态，温控器的安装盒和发热电缆冷线穿管已经布置完毕，所有伸缩缝已安装完毕，且已通过隐蔽工程验收，所有地面留洞应在填充层施工前完成。具备上述条件后，方能进行填充层的施工。

3）施工过程中，应防止油漆、沥青或其他化学溶剂接触污染加热管或发热电缆的表面；严禁人员踩踏加热管和发热电缆；严禁在加热管或发热电缆铺设区域穿凿、钻孔和射钉作业。

4）混凝土填充层施工中，加热管内的水压不应低于0.6MPa；填充层养护过程中，系统水压不应低于0.4MPa。

5）混凝土填充层宜掺入适量防止开裂的外加剂，对管线集中处，尚应铺设钢丝网以防裂缝。

6）混凝土填充层施工中，应手工铺平、压实混凝土，严禁使用机械振捣设备；避免混凝土浆进入绝热层及边界保温带的接缝处；施工人员穿软底鞋，采用平头铁锹，防止管线移动。

7）系统初始加热前，混凝土填充层的养护期不应少于21d。施工中，应对地面采取保护措施，不得在地面上加以重载、高温烘烤、直接放置高温物体和高温加热设备。

8）填充层施工完毕，应对发热电缆的标称电阻和绝缘电阻检测，验收并做好记录。

（3）边界保温带：在供暖房间所有墙、柱与地板相交位置敷设边界保温带。边界保温带应高出精装修地面，待精装修地面施工完成后，切除高于地面表面以上的边界保温带。

（4）伸缩缝设置应符合下列规定：

1）在与内外墙、柱等垂直构件交接处应留不间断的伸缩缝，伸缩缝填充材料应采用搭接方式连接，搭接宽度不应小于10mm；伸缩缝填充材料与墙、柱应有可靠的固定措施，与地面绝热层连接应紧密，伸缩缝宽度不宜小于10mm。伸缩缝填充材料宜采用高发泡聚乙烯泡沫塑料。

2）在各房间门口处、边长超过6m或地面面积超过30m²时，应按不大于6m间距设置伸缩缝，伸缩缝宽度不应小于8mm。伸缩缝宜采用高发泡聚乙烯泡沫塑料或内满填弹性膨胀膏。

3）伸缩缝应从绝热层的上边缘做到填充层的上边缘。

（5）热辐射供暖地面面层：

地面面层采用的材料或产品应符合设计要求和国家规定，宜采用下列材料：水泥砂浆、混凝土地面；地面砖、大理石、花岗石等板块地面；符合国家标准的复合木地板、实木复合地板及耐热实木地板。应具有耐热性、热稳定性、防水、防潮、防霉变等特点。

1）主要施工工艺流程：基层处理→测量弹线定位→铺设结合层→铺设面层→养护→成品保护→验收。

2）施工重点注意事项：施工要点基本同整体面层、板块面层和木板楼地面面层的铺设，需重点注意事项如下：

①基层处理：要求表面洁净、干燥、平整；但不可对基层作打磨处理；面层施工，应在填充层达到设计强度后才能进行，且表面不得有明显裂缝。

②施工面层时，不得剔、凿、割、钻和钉填充层，不得向填充层内楔入任何物件；

③以木地板作为面层时，木材应经过干燥处理，且应在填充层和找平层完全干燥后，才能进行木地板施工。

④石材、面砖在与内外墙、柱等垂直构件交接处，应留10mm宽伸缩缝；木地板铺设时，应留不小于14mm的伸缩缝；伸缩缝从填充层的上边缘做到高出装饰层上表面10～20mm，装饰层敷设完毕后，裁去多余部分。伸缩缝填充材料宜采用高发泡聚乙烯泡沫塑料。地砖、大理石、花岗岩面层施工时，在伸缩缝处应采用干贴。

⑤木地板面层可采用空铺法或胶粘法（满粘或点粘）铺设。当面层设置垫层地板时，

垫层地板的材料和厚度应符合设计要求；与填充层接触的龙骨、垫层地板、面层地板等应采用胶粘法铺设。铺设时填充层的含水率应符合胶粘剂的技术要求；木地板面层采用无龙骨的空铺法铺设时，应在填充层上铺设一层耐热防潮纸（布）。防潮纸（布）应采用胶粘搭接，搭接尺寸应合理，铺设后表面应平整、无皱褶。

⑥板块面层采用胶结材料粘贴铺设时，填充层的含水率应符合胶结材料的技术要求。

⑦施工结束后应绘制竣工图，会同管线专业安装单位，准确标注加热管或发热电缆敷设的正确位置。

3）成品保护：不宜与其他施工作业同时进行；混凝土现浇层浇捣和养护过程中，不得进入踩踏；在混凝土现浇层养护期满后，加热管或发热电缆敷设后的地面，应设置明显标识，加以妥善保护，不得在地面上运行重荷载或放置高温物体；施工后地板辐射供暖地面严禁大力敲打、冲击；不得在地面上开孔、剔凿或嵌入任何物件。

4）允许偏差应符合表 6-7 的规定。

原始地面、填充层、面层施工要求及允许偏差　　　　　　表 6-7

序号	项　目	条　件	施工要求	允许偏差（mm）
1	原始地面	铺绝热层前	平整	±8
2	填充层	骨料	直径≤12	−2
		厚度	按设计要求	±4
		门口、面积大于 30m² 或长度大于 6m	留 8mm 伸缩缝	+2
		与内外墙、柱等垂直部件	留 10mm 伸缩缝	+2
3	面层	与内外墙、柱等垂直部件	面层为木地板时，留不小于 14mm 伸缩缝	+2

6.7　楼地面工程质量标准

楼地面工程质量应符合设计要求，满足使用功能和安全要求，按照《建筑工程施工质量验收统一标准》GB 50300—2013、《建筑地面工程施工质量验收规范》GB 50209—2010、《建筑装饰装修工程质量验收规范》GB 50210—2001 等相关标准要求，通过工程质量验收。楼地面施工应按照事前、事中、事后控制的原则，从人、机、料、环、法、测六个方面抓好过程质量控制，从严控制质量偏差。

6.7.1　整体面层施工质量控制要点和质量标准

（1）面层以下各构造层（包括各类管线）都经隐蔽验收合格；基层表面洁净，平整度、强度等达到面层施工的条件。

（2）所用材料都按规定验收合格。

（3）施工人员已经操作培训合格，工艺流程和操作要点经技术交底，按施工方案执行。

（4）主控项目按规范要求全部合格，允许偏差项目符合表 6-8 的规定。

整体面层的允许偏差和检验方法 表 6-8

项次	项目	允许偏差									检验方法
		水泥混凝土面层	水泥砂浆面层	普通水磨石面层	高级水磨石面层	水泥钢(铁)屑面层	防油渗混凝土和不发火(防爆)面层	自流平面层	涂料面层	塑胶面层	
1	表面平整度	5	4	3	2	4	5	2	2	2	用2m靠尺和楔形塞尺检查
2	踢脚线上口平直	4	4	3	3	4	4	3	3	3	拉5m线和用钢尺检查
3	缝格平直	3	3	3	2	3	3	2	2	2	

6.7.2 石材地面施工质量控制要点和标准

第（1）～（3）条同 6.7.1。

（4）大理石、花岗岩面层表面应洁净、平整、无磨损，且图案清晰、色泽一致，接缝均匀，周边顺直，镶嵌正确，板块无裂纹、掉角和缺棱等缺陷。

（5）面层邻接处镶边用料及尺寸应符合设计要求，边角整齐、光滑。

（6）踢脚线表面应洁净、高度一致、结合牢固、出墙厚度一致。

（7）楼梯踏步和台阶板块缝隙宽度应一致、棱角整齐；楼层梯段相邻踏步高差不大于10mm；防滑条顺直、牢固。

（8）面层表面的坡度符合设计要求，不到泛水、无积水；与地漏、管道结合处严密牢固，无渗漏。

（9）饰面板嵌缝密实、平直，宽度和深度应符合设计要求，嵌填材料色泽应一致。

（10）墙面湿贴施工，石材应进行防碱背涂处理。饰面板与基体之间的灌注材料应饱满、密实。

（11）主控项目按规范验收全部合格，面层允许偏差符合表 6-9 规定。

大理石、花岗岩面层的允许偏差和检验方法（mm） 表 6-9

项次	项目	允许偏差		检验方法
		大理石面层和花岗石面层	碎拼大理石、碎拼花岗石面层	
1	表面平整度	1.0	3.0	用2m靠尺和楔形塞尺检查
2	缝格平直	2.0	—	拉5m线和用钢尺检查
3	接缝高低差	0.5	—	用钢尺检查和楔形塞尺检查
4	踢脚线上口平直	1.0	1.0	拉5m线和用钢尺检查
5	板块间隙	1.0	—	用钢尺检查

6.7.3 地面面砖施工质量控制要点和质量标准

第（1）～（3）条同 6.7.1。

（4）面层所用的板块的品种、质量必须符合设计要求。

（5）面层与下一层的结合层（粘结）应牢固，无空鼓。

（6）表面应洁净、图案清晰，色泽一致，接缝平整，深浅一致，周边顺直。板块无裂纹、掉角和缺棱等缺陷。

（7）面层邻接处的镶边用料及尺寸应符合设计要求，边角整齐、光滑。

（8）踢脚线表面应洁净、高度一致、结合牢固、出墙厚度一致。

（9）楼梯踏步和台阶板块的缝隙宽度应一致、棱角整齐；楼层梯段相邻踏步高差不应大于 10mm；防滑条顺直。

（10）面层表面的坡度应符合设计要求，不到泛水、无积水；与地漏、管道结合处严密牢固，无渗漏。

（11）主控项目按规范验收全部合格，砖面层的允许偏差应符合《建筑地面工程施工质量验收规范》GB 50209—2010 表 6.1.8 的规定。

6.7.4　地毯施工质量控制要点和质量标准

第（1）～（3）条同 6.7.1。

（4）地毯的品种、规格、颜色、花色、胶料和辅料及其材质必须符合设计要求和国家现行地毯产品标准的规定。

（5）地毯表面应平服、拼缝处粘贴牢固、严密平整、图案吻合。

（6）地毯表面不应起鼓、起邹、翘边、卷边、显拼缝、露线和无毛边，绒面毛顺光一致，毯面干净，无污染和损伤。

（7）地毯同其他面层连接处、收口和墙边、柱子周围应顺直、压紧。

（8）工程质量按照设计要求和相关标准验收合格。

6.7.5　地板施工质量控制要点和质量标准

第（1）～（3）条同 6.7.1。

（4）地板面层所采用的材料，品种、规格、技术等级和质量要求应符合设计要求，木格栅、毛地板和垫木等应作防腐、防蛀和防火处理。

（5）木搁安装应牢固、平直。

（6）面层铺设牢固；粘结无空鼓。

（7）面层缝隙应严密；接头位置应错开、表面洁净。

（8）踢脚线表面应光滑，接缝均匀，高度一致。

（9）主控项目按规范验收全部合格，面层的允许偏差应符合验收规范偏差表的规定。

6.7.6　塑料板面层施工质量控制要点和质量标准

第（1）～（3）条同 6.7.1。

（4）胶粘剂应按基层材料和面层材料使用的相容性要求，通过试验确定，质量符合国家现行标准规定。

（5）焊条成分和性能与被焊的板相同，质量符合有关技术标准的规定，并应有出厂合格证。

（6）塑料板及配套材料的防静电性能和施工完成后的静止时间应符合产品技术标准要求。

（7）主控项目按规范验收全部合格，偏差项目符合验收规范表的要求。

6.7.7 热辐射供暖地面施工质量控制要点和质量标准

第（1）～（3）条同 6.7.1。

（4）板块面层采用胶结材料粘贴铺设时，填充层的含水率应符合胶结材料的技术要求。

（5）面层铺设时不得扰动填充层，不得向填充层内楔入任何物件。

（6）主控项目按规范验收全部合格，一般项目符合规范要求，允许偏差项目符合表6-7的规定。

第7章 细 部 工 程

7.1 细 部 工 程 概 述

室内细部装饰包括：窗帘盒、窗台板、装饰线（踢脚线、挂镜线、门窗套线等）、花格、造型饰面及楼梯护栏与扶手安装等。细部装饰不仅具有使用功能，还能起到点缀、美化装饰面的作用。

细部装饰所用材料除符合设计要求外，还应符合国家现行产品质量标准、室内环境污染控制和消防的规定；细部装饰应制作精细，安装牢固，保证使用功能安全及装饰效果；同时，细部装饰必须遵守国家现行安全生产规定，确保安全施工。

7.2 窗帘盒、窗台板施工

窗帘盒按构造分为暗装窗帘盒、明装窗帘盒和落地窗帘盒，暗装窗帘盒镶嵌在吊顶内，施工应与吊顶一起安排考虑，明装窗帘盒是单体窗帘盒，落地窗帘盒一般沿窗墙面全部设置，也称统长窗帘盒。窗台板按材质分有水泥板、木质板、花岗石、大理石、人造石材、陶瓷等。窗帘盒、窗台板与窗共同组成一个装饰单元，窗帘盒通过窗帘轨悬挂窗帘遮挡上部结构，增强室内装饰效果。窗帘盒、窗台板的造型、规格、尺寸、安装位置和固定方法必须符合设计要求。

7.2.1 窗帘盒施工

1. 窗帘盒施工流程

材料准备→定位放线→安装木基层→窗帘盒安装→窗帘轨固定→验收。

2. 窗帘盒施工操作要点

（1）材料准备

材料准备需要注意：以窗帘轨分类时，有单轨、双轨或三轨窗帘盒。单轨窗帘盒的净宽度不小于120mm，双轨窗帘盒净宽度应大于150mm。窗帘盒的净高度根据不同的窗帘确定，一般净高为120～200mm，垂直百叶窗帘盒和铝合金百叶窗帘盒净高度为150～200mm；窗帘盒长度由窗的洞口宽度确定，比窗的洞口宽度大250～360mm，落地窗帘盒长度为房间净宽。窗帘盒半成品一般是工厂化生产，现场组装施工。窗帘盒主要有木板（宜用多层板）、PVC板、铝合金板等制成。窗帘轨的滑轨通常由合金辊压制品和轧制型材、聚氯乙烯金属层积板或镀锌钢板及钢带、不锈钢钢板等材料制成，有工字式窗帘轨、调节式窗帘轨和封闭式窗帘轨等。

（2）定位放线

根据墙上1m线，测量出窗帘盒的底标高和顶面标高并弹线。将窗帘盒的平面规格投影到顶棚上，对于落地窗帘盒还应根据断面造型尺寸把断面投影到两侧墙面上；根据投影弹出窗帘盒的中心线及固定窗帘盒的位置线。

（3）木基层施工

沿中心线检查墙面预埋件，如缺失应补木楔，固定窗帘盒的埋件（或木楔）中距按窗帘轨层数而定，一般为400～600mm，然后钉木基层板；落地窗帘盒应沿中心线在天棚上钻孔钉入木楔（或安装时直接用膨胀螺栓固定），间隔不大于500mm。木楔和木基层板均应做防潮、防火、防蛀处理。

（4）组装和固定窗帘盒

根据图纸定位线组装，常用固定方法是用膨胀螺栓和木楔配木螺钉固定法。如明装成品窗帘盒过长过重，需用角铁固定牢；窗帘盒构造固定参见明装窗帘盒示意图（图7-1、图7-3）和暗藏窗帘盒示意图（图7-2、图7-4）。塑料窗帘盒、铝合金窗帘盒都有固定孔，通过固定孔将窗帘盒用膨胀螺栓或木螺钉固定于墙面。

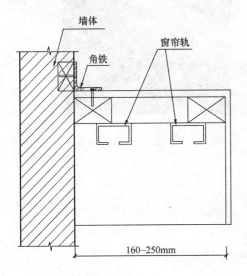 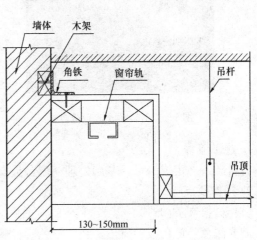

图7-1　明装（双轨）窗帘盒示意图　　　　图7-2　暗藏（单轨）窗帘盒示意图

图7-3　明装窗帘盒实物示例图　　　　图7-4　暗藏（单轨）窗帘盒实物示例图

（5）窗帘轨安装

1）有预装法和后装法两种，当窗宽大于1.2m时，窗帘轨中间应断开，断开处应煨弯错开，弯曲度应平缓，搭接长度不少于200mm。

2）采用电动窗帘轨，应严格按产品说明书组装调试。

（6）成品保护

窗帘盒运到现场未安装前，应放入工地仓库妥善保管；安装后，禁止吊挂物件或搁置脚手板等。

7.2.2　窗台板施工

窗台板宽度应根据窗内墙的宽度而定，有出墙面和平墙面两种装饰方案，一般为150mm，厚度20～50mm不等，长度应比窗两端各出50～60mm（图7-5、图7-6）。

图7-5　出墙面人造石窗台板　　　　图7-6　出墙面通长木窗台板

1. 施工流程

材料准备→定位测量→基层处理→窗台板安装→验收。

2. 操作要点

（1）材料准备

需要注意：窗台板的材质、花纹、色彩、规格应满足设计要求。

（2）定位测量

根据1m线测量窗台板完成面标高，并在两侧墙上弹控制线。完成面线宜高于窗框底线1～2mm。

（3）基层处理

木窗台板安装时，在窗台墙上，预先埋入防腐木砖，间距400mm左右，每樘窗不少于两块；石材类、陶瓷类窗台板安装前，窗台墙基层应洒水湿润。

（4）窗台板安装

1）窗台板两端伸出的长度应一致，突出墙面尺寸一致；同房间内同标高的窗台板铺设时，应以控制线为基准拉通线找平。

2）室内窗台板面层向室内方向略有倾斜（泛水），坡度约1%。

3）木窗台板固定用明钉与木砖钉牢，钉帽砸扁，顺木纹冲入板的表面，在窗台板的下面与墙交角处，应钉三角压条；石材类、陶瓷类窗台板安装时，基层做1：2水泥砂浆结合层，背面涂水泥浆料，水灰比0.4～0.5。

4）窗台板铺设时，不宜伸入窗框底下；铺设后，窗台板与窗框接镶处，嵌防水胶密封。

5）铺设后的窗台板表面平整、洁净、线条顺直、接缝严密、色泽一致，不得有裂缝、翘曲及损坏。

（5）成品保护

安装后，上部不得搁置钢管、脚手板等。

7.3 楼梯护栏和扶手

按照组成材料划分主要有玻璃护栏及扶手，金属护栏及扶手，木质护栏及扶手和石材护栏及扶手。不同材料的护栏和扶手可互相搭配，比如玻璃护栏和金属扶手等。根据《民用建筑设计通则》GB 50352—2005 的要求，栏杆应以坚固、耐久的材料制作，并能承受荷载规范规定的水平荷载；临空高度在 24m 以下时，栏杆高度不应低于 1.05m，临空高度在 24m 及 24m 以上（包括中高层住宅）时，栏杆高度不应低于 1.1m；栏杆高度应从楼地面或屋面至栏杆扶手顶面垂直高度计算，如底部有宽度大于或等于 0.22m，且高度低于或等于 0.45m 的可踏部位，应从可踏部位顶面起计算；栏杆离楼面或屋面 0.10m 高度内不宜留空；住宅、托儿所、幼儿园、中小学及少年儿童专用活动场所的栏杆必须采用防止攀登的构造，凡允许少年儿童进入活动的场所，当采用垂直杆件做栏杆时，其杆件净距不应大于 0.11m。

7.3.1 玻璃护栏及扶手

1. 施工流程

材料准备→现场实测→深化设计、电脑排版→基层处理→定位放线→栏板及扶手安装→验收。

2. 操作要点

（1）材料准备

材料准备要注意：玻璃护栏由镶嵌在地面基座上的玻璃和不锈钢、铜或其他型材扶手共同组成。玻璃的主要技术性能、外观质量、尺寸允许偏差，应符合国家有关规定，不承受水平荷载的栏板玻璃应使用符合《建筑玻璃应用技术规程》JGJ 113—2009 表 7.1.1-1 的规定，且公称厚度不小于 5mm 的钢化玻璃，或公称厚度不小于 6.38mm 的夹层玻璃；承受水平荷载的栏板玻璃应使用符合《建筑玻璃应用技术规程》表 7.1.1-1 的规定，且公称厚度不小于 12mm 的钢化玻璃或公称厚度不小于 16.76mm 的钢化夹层玻璃。当栏板玻璃最低点离一侧楼地面高度在 3m 或 3m 以上、5m 或 5m 以下时，应使用公称厚度不小于 16.76mm 钢化玻璃；当栏板玻璃最低点离一侧楼地面高度大于 5m 时，不得使用承受水平荷载的栏板玻璃。对玻璃护栏的每一个部件和连接节点都应经设计计算，相关锚固件应做锚栓试验，符合要求后方可使用。

玻璃护栏分为全玻式和半玻式两种，半玻式主要由金属栏杆、玻璃栏板和扶手组成，全玻式由玻璃栏板和扶手组成。全玻式中的玻璃不仅作为围护构件，同时是受力构件，玻璃的厚度要按《建筑玻璃应用技术规程》经计算确定，尤其要注意嵌固构件的牢固，玻璃下部嵌固深度应大于 100mm；构造设计既要考虑牢固、安装调平，又要兼顾方便更换玻

图 7-7　全玻璃栏板、金属扶手
示例图（嵌固端加强型）

璃的要求。全玻式玻璃栏板构造示意参见图 7-7、图 7-8，扶手把栏板连成整体并起着收口作用；在半玻式的玻璃栏板中，通过栏杆及栏杆上的爪件把玻璃栏板、扶手连成一体，参见图 7-9。

半玻璃栏板玻璃高度、厚度应符合《民用建筑设计通则》GB 50352—2005、《建筑玻璃应用技术规程》的强制性要求。钢化玻璃又称强化玻璃，如需在玻璃上切割、钻孔或磨边时，必须在热处理之前完成。夹层玻璃是由两片或多片玻璃合成，玻璃之间嵌涂一层透明的聚乙烯醇缩丁醛（PVB）胶片；夹层玻璃具有强度高、透明、耐光、耐热、耐湿、耐寒等特性。金属扶手的规格、型号、面层质感、亮度应符合设计要求。

图 7-8　全玻璃栏板、木扶手示例图

图 7-9　半玻式玻璃栏板及扶手构造示例图

（2）实测

对楼梯的三维尺寸全面实测，搞清楼梯各部分结构件的实际尺寸。

（3）深化设计

根据实测数据对照设计尺寸，对装饰面材料进行深化设计和电脑排版及翻样，经设计师确认"小样"后定样加工；并绘制施工放样图。

（4）基层处理

根据设计师确认的深化设计，对基层找平处理，消除土建施工误差，使基层平整牢固。

（5）定位放线

应根据施工放样图放样，由于钢化玻璃加工后不能再裁切，所以各段立柱安装尺寸必须准确。

（6）栏板、扶手安装

1）安装前，应对进场构件检查，确认几何尺寸正确和原材料质量合格。

2）安装时，应上、下口拉通线找平，保持玻璃垂直。

3）玻璃预先钻孔位置必须十分准确，固定螺栓与玻璃留孔之间要用胶垫圈或毡垫圈隔开，立放玻璃的下部要有氯丁橡胶垫块，玻璃与边框、玻璃与玻璃之间要有空隙，以适应玻璃热胀冷缩变化。

4）金属扶手表面应抛光处理。

5）玻璃周边要磨平，外露部分倒角磨光。护栏和扶手转角弧度符合设计要求，接缝严密，表面光滑，色泽应一致。

（7）成品保护

栏板和扶手施工过程中和完工后，要有适当围护和醒目警示标记，防止成品受损。

7.3.2 金属护栏及扶手

金属护栏及扶手常用的是不锈钢栏杆和扶手，具有光泽明亮，耐磨性好的特性。金属护栏及扶手的流行趋势是标准化和工厂化生产，现场组装；产品精度高，施工速度快，安装质量好。装配式金属护栏及扶手构造示意见图7-10。

图 7-10　装配式金属护栏及扶手

1. 施工流程

材料准备→现场实测→深化设计→基层处理→定位放线→护栏及扶手安装→验收。

2. 操作要点

（1）材料准备

材料准备需要注意：按照不锈钢表面的光泽程度，分为镜面不锈钢和亚光不锈钢（又称发纹或拉丝不锈钢）。镜面不锈钢光照反射率达 90％以上，亚光不锈钢反射率在 50％以下，真空镀膜处理后，会使不锈钢的耐磨性和耐腐蚀性提高；护栏、扶手管壁厚度应大于 1.2mm。

（2）实测

对楼梯的三维尺寸全面实测，搞清扶梯各部分结构件的实际尺寸。

（3）深化设计

根据实测数据对照设计尺寸，对装饰面材料进行深化设计和电脑排版，经设计师确认"小样"后定样加工；装配式栏板及扶手要提供加工图和拼装图，并绘制施工放样图。

（4）基层处理

根据设计师确认的深化设计，检查埋件位置是否准确、齐全、牢固，如不符要求，则应按设计需要补做；对基层找平处理，消除土建施工误差，使基层平整、牢固。

（5）定位放线

根据施工放样图放样，在基层（预埋件）上弹出栏杆（立柱）安装的十字中心线，使各段栏杆安装尺寸准确。

（6）栏杆、栏板、扶手安装

1）安装前，应对进场构件进行检查，确保几何尺寸正确和原材料质量符合要求；

2）应先安装起步栏杆和平台栏杆，然后上下拉通线，由下而上安装栏杆和扶手；

3）打磨和抛光，栏杆和扶手焊缝打磨和抛光要连续均匀；对发纹不锈钢管和镀钛不锈钢管的接头不宜采用焊接，宜选用有内衬的专用配件或套管连接；

4）对镜面不锈钢管焊缝处的打磨和抛光，应遵循由粗到超细逐步打磨的原则，收头用抛光轮抛光。

（7）成品保护

金属栏杆和扶手安装后，不得当作脚手架使用；对于镜面不锈钢管扶手应用薄膜纸覆盖保护。

7.3.3　石材护栏及扶手

石材楼梯护栏和扶手的主要材料有花岗石、大理石、人造石材等。

1. 施工流程

材料准备→现场实测→深化设计→基层处理→定位放线→石材构件进场检查→护栏及扶手安装→验收。

2. 操作要点

（1）材料准备

材料准备需要注意：石材楼梯护栏和扶手质地坚实，耐腐蚀、耐磨、耐久性好，板材色彩丰富，装饰效果醒目。楼梯常用饰面板材厚度为 18～20（mm）。人造石材是仿大理石、花岗石经加工而制成的石材，它具有强度高、重量轻、耐腐蚀、加工性好、表面色彩可选性强等特点，但易老化变形。

（2）实测

对楼梯的三维尺寸全面实测，搞清楼梯各部分结构件的实际尺寸。

（3）深化设计

根据实测数据对照设计尺寸，对石材护栏（石柱）及扶手进行深化设计和电脑排版，经设计师确认"小样"后定样加工；并绘制施工放样图。根据设计师确认的电脑排版图和实测数据，绘制内外侧面展开图，加工时上、下留有裕量（图 7-11），以便安装时对花对纹调整达到要求后，按照设计尺寸统一弹线，现场切割成型。

（4）基层处理

根据设计师确认的深化设计，检查埋件是否齐全、牢固，孔位是否正确，如不符则应按设计需要补做；对基层找平处理，消除土建施工误差，使基层平整、牢固。

（5）定位放线

应根据施工放样图放样，并弹出护栏立柱或栏板安装的十字中心线，使各段石材立柱或栏板安装尺寸准确。

（6）石材构件进场检查

安装前，应对进场构件进行检查，确保几何尺寸正确和原材料质量符合要求。

（7）护栏及扶手安装

基座多采用水泥砂浆粘贴法，施工前基体表面凿毛且洁净，用水湿润，安装时临时固定；栏板与栏杆（石柱）有榫接的，应先安装起步栏杆及上层平台栏杆，然后上下拉通线，确保栏板斜率一致，起步栏杆安装后根据斜率控制线安装第一块栏板，接着再安装栏杆后安装栏板，依次而行由下往上，逐一安装完毕；栏板安装在扶梯侧边外的，根据设计要求，常采用新工艺，安装时焊接钢架后干挂栏板。扶手要用连接件在栏杆立柱上安装牢固。

（8）成品保护

护栏及扶手安装后，应防止物体撞击损伤，必要时应覆盖包装纸保护。

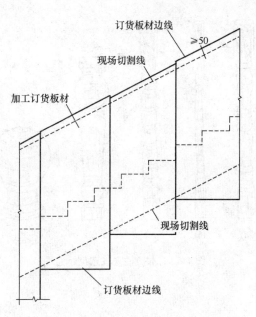

图 7-11　石材楼梯外侧护栏订货加工示意图

7.3.4　木护栏及扶手

木护栏及扶手要考虑实用、讲究美观；同时，能承受规定荷载，确保楼梯通行安全，木护栏木扶梯见图 7-12；木护栏、木扶手选型参见图 7-13、图 7-14。

（a）　　　　　　　　　　　　　　　　　　（b）

图 7-12　木护栏

（a）环境色彩对比度适宜的木护栏；（b）与环境色彩融合的木护栏

1. 施工流程

材料准备→现场实测→深化设计→基层处理→定位放线→木护栏、木扶手构件进场检查→护栏及扶手安装→验收。

2. 操作要点

（1）材料准备

材料准备需要注意：木护栏和木扶手常用材质密实又易加工的硬木制作，手感好，可漆性强。木护栏和木扶手一般均应工厂化加工生产。

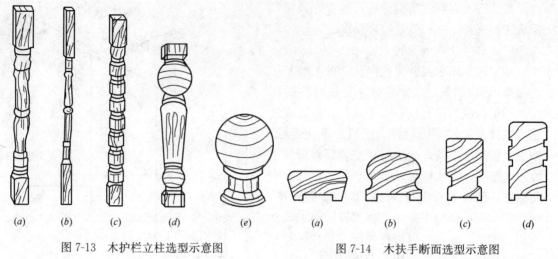

图 7-13　木护栏立柱选型示意图　　　　图 7-14　木扶手断面选型示意图

（2）实测

对楼梯的三维尺寸全面实测，搞清楼梯各部分结构件的实际尺寸。

（3）深化设计

根据实测数据对照设计尺寸，对护栏、扶手进行深化设计和电脑排版，经设计师确认"小样"后定样加工；并绘制施工放样图。

（4）基层处理

根据设计师确认的深化设计，检查埋件是否齐全牢固，位置是否正确，如不符要求则应按照设计需要补做；对基层进行找平处理，消除土建施工的误差，同时使基层平整、牢固。

（5）定位放线

应根据施工放样图放样，并在基层（预埋件）上弹出护栏安装的十字中心线，使各段护栏安装尺寸准确。

（6）木护栏、木扶手进场检查

安装前，应对进场构件进行检查，确保几何尺寸正确和原材料质量符合要求。

（7）木护栏和木扶手安装

1）栏杆安装时，应先检查预埋件位置，然后安装接脚，用螺栓连接或焊接立柱接脚件，使接脚平面位置和标高正确，然后将栏杆安装在接脚上，应使栏杆垂直，并在十字中心线上。

2）木扶手安装，先要检查固定木扶手的扁钢是否牢固、平顺。首先安装底层起步弯头和上一层平台弯头，再拉通线，保证斜率，然后由下往上试安装扶手；试安装扶手达到要求后，用木螺钉固定木扶手，木螺钉应拧紧，螺钉头不能外露，螺钉间距宜小于400mm；木扶手断面宽度或高度超过 70mm 时，宜做暗榫加固；木扶手与墙、柱连接必须牢固，构造参见图 7-15。

3）所有木扶手安装好后，要对所有构件连接处进行仔细检查，木扶手的拼接要顺滑，不顺滑处要用细刨加工，再用砂纸打磨光滑。

116

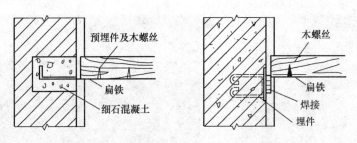

图 7-15　木扶手与墙、柱连接示意图

（8）成品保护

木护栏、木扶手安装后，应防止物体撞击损伤，必要时应覆盖包装纸保护，禁止当脚手架使用。

7.4　装饰线条施工

装饰线条按使用部位分有：踢脚线、挂镜线、门窗套线、吊顶线、阴阳角线、收口收边线等；按材料分主要有各种木装饰线、石膏装饰线、塑料装饰线、金属装饰线和石材装饰线等。

7.4.1　金属装饰线条施工

1. 施工流程

材料准备→深化设计→基层处理→测量弹线→线条检查→线条安装→验收。

2. 操作要点

（1）材料准备

材料准备要注意：金属装饰线按颜色分有金黄色、古铜色、银白色等多种；按作用分有压条、嵌条、包边条等；按材质主要有不锈钢线条、铜合金线条和铝合金线条等。有关金属线条安装构造示意参见图 7-16。

不锈钢线条：不锈钢线条装饰用途广泛，装饰效果好，属高档装饰材料；不锈钢线条具有强度高、耐水、耐磨、耐腐蚀、耐候等特点。主要有角线、槽线和包边线等，用于装饰面的压边、收口、柱角线等处，参见图 7-17～图 7-19。

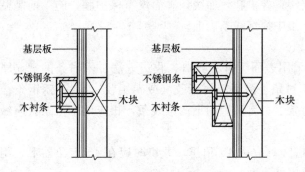

图 7-16　有关金属线条安装构造示意图

图 7-17　墙面不锈钢压条

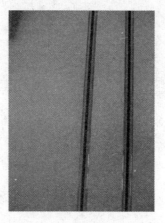

图 7-18　用于防火卷帘的不锈钢槽线　　　图 7-19　玻化砖墙面不锈钢（抛光）嵌条

铜合金线条：主要用于地面大理石、花岗石、水磨石地面的分格线，楼梯踏步的防滑条，有压角线、压边线的墙、柱及家具的装饰线；断面形状有直角形、倒 T 形⊥、L 形和槽型等。

铜合金线条强度高、耐磨性好、不锈蚀，加工后呈金黄色。

图 7-20　铝合金压边（左）线
及收口线（右）

铝合金线条：大量用于墙面和地面的收口线、压边线以及装饰镜面的包边线、天棚（吊顶）中灯槽、检修口等的封口线（图 7-20）。

（2）深化设计

通过电脑深化设计图纸，反映装饰线所用部位的装饰效果，经设计师确认类型和规格后定样加工。

（3）基层处理

检查基层面是否牢固，是否有凹凸不平现象，进行必要的修正，要求基层洁静、牢固、平整。

（4）测量弹线

测量出装饰线的位置并弹线。

（5）线条检查

施工前，对线条进行挑选，尺寸准确、表面无划痕和碰印。不锈钢线条表面一般都贴有一层塑料保护膜，如线条表面没有保护膜，施工前需贴上一层塑料胶带作为保护层，防止在施工中损坏线条表面。

（6）不锈钢线条安装

1）一般以木基层作为衬底，均采用表面无钉的收口、收边方法。木衬条的宽、厚尺寸略小于不锈钢线条内径尺寸；在木衬条上涂环氧树脂胶（或专用胶），在不锈钢条槽内涂胶，再将该不锈钢线条安装在木衬条上；有造型的不锈钢线条，相应地木衬条也应做出造型来。

2）不锈钢线条在转角处的对接拼缝，应用 45°角拼，截口时应在 45°定角器上，用钢锯条截断，并注意在截断操作时不要损伤表面。

3）不锈钢线槽截断操作禁止使用砂轮片切割机，防止受热后变色；对切断后的拼接面，用锉修平。

4）各种装饰线的自身接口位置，应尽量远离人的视平线，或置于室内不显眼位置处。

（7）成品保护

运入现场的不锈钢线条，应堆放平整，防止堆放不当变形，安装后防止受撞击损伤。

7.4.2　木装饰线

木装饰线主要用作封口封边线、阴角线、阳角线、包角线、腰线、镶板线、挂镜线等。

木装饰线按使用要求可制作成直角线、斜角线、半圆线、多角线、雕花线等。木装饰线的规格尺寸及外形很多，阴角线断面构造形状参见图7-21。

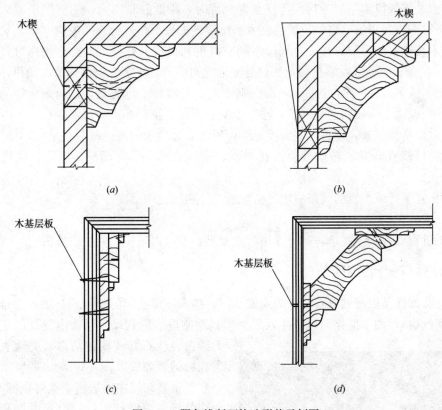

图 7-21　阴角线断面构造形状示例图

1. 施工流程

材料准备→深化设计→基层处理→测量弹线→线条进场检查与试安装→木装饰线条安装→验收。

2. 操作要点

（1）材料准备

材料准备需要注意：木装饰线一般选用木质较硬，易加工，木纹细腻，切面光滑，粘结性好，钉着力强，经干燥处理后耐腐蚀、着色好的木材。因此，木装饰线表面光滑、边角和弧面及线型既挺直又轮廓分明。木装饰线可油漆成木纹木色和多种色彩。

（2）深化设计

图纸尽可能通过电脑深化，反映装饰线所用部位的装饰效果，经设计师确认类型和规格后定样加工。

（3）基层处理

检查基层面是否固定牢固，对缝处是否有凹凸不平现象；要求基层牢固平整。

（4）测量弹线

测量出木装饰线的位置并弹线。

（5）线条检查与试安装

装饰线条进场经验收合格并试安装，检验实际效果达到要求后再继续安装。

（6）木装饰线安装固定

1）木装饰线以木基层为衬底，在条件允许时，采取胶粘固定；用钉固定时采用气钉枪钉，将钉头打扁再钉，钉的位置应在木装饰线的凹槽部位或背视线内侧。

2）木装饰线的对拼方式，按部位不同有直拼和角拼。直拼：木装饰线在对口处应开成45°或30°角；截面加胶后拼口，拼口处要求光滑顺直，不得有错位现象。角拼：对角拼接时，把木线条放在45°定位器上，用细锯锯裁，截口处不得有毛边；两条角拼的木线截好口后，在截面上涂胶后进行对拼，拼口处同样不得有错位和离缝现象。

3）对口拼接位置，应置于室内不显眼位置处，远离人的通视范围。

4）收口线在转角、转位处要连接贯通、圆顺自然、不能断头、错位，或线条宽窄不等。

5）相互平行或垂直的线条应色彩搭配适当、粗细比例适度。

（7）成品保护

施工过程要保护木线条，防止受压弯曲变形，不得因施工造成线条外伤。

7.4.3 石膏装饰线条施工

石膏装饰线是以特制熟石膏粉为主要基料，掺入一定比例的外加剂，加入少量增强材料（玻璃纤维），加水搅拌均匀后注入成型模具而制成。形状尺寸可任由设计师定，外观为纯白色。石膏线质地洁白，美观大方，有着独特的装饰效果。

石膏装饰线主要适用于室内顶棚（吊顶）周边装饰、墙壁挂镜线、门窗沿饰和柱、梁顶部装饰等，见图7-22。

石膏装饰线按外观造型分为直线型、圆弧型两种，花纹图案品种多、规格尺寸可选性强。

1. 施工流程

材料准备→深化设计→基层处理→测量弹线→试拼对花→配胶粘剂→石膏装饰线条

图7-22 吊顶周边阴角石膏装饰线示例图

安装→验收。

2. 操作要点

（1）材料准备

材料准备需要注意：石膏装饰线具有不变形、不开裂、无缝隙、耐久性强、完整性好、防火、防潮、防蛀、吸声、质轻、不腐、易安装等优点。施工容易，是一种无污染装饰材料。

石膏线的主要物理力学性能指标，见表7-1。

石膏线主要物理力学性能指标表　　　　　表 7-1

技术性能	含水率 （％）	表观密度 （g/m³）	吸湿率 （％）	静曲强度 （N/mm²）	导热系数 （W/m·k）	防火极限 （级）
指标	2.0	1.0	2.5	6.5	均值0.28	A

（2）深化设计

图纸尽可能通过电脑翻样，反映装饰线所用部位的装饰效果，经设计师确认类型和规格后定样加工。

（3）基层处理

检查基层面是否固定牢固，要求基层洁净、牢固、平整。

（4）测量弹线

在墙面上测量出石膏线的空间位置并弹线。

（5）试拼对花

对设计有图案要求的石膏线，进入现场后应试拼对花对纹。

（6）配胶粘剂

在盛少量水的桶中均匀撒石膏粘粉，使其完全覆盖水面，待粘粉刚好被水浸透（或用玻纤石膏水），稍候应即使用。

（7）铺贴石膏线

严格按弹线位置铺贴，贴线后应采取措施临时固定，静置 10～15min 后可取下支撑。对于不宜使用胶粘的，可用多层板做基层，将石膏线条用螺丝固定于木基层上。

（8）成品保护

施工过程要保护石膏线条，防止撞击破损。

7.4.4　塑料装饰线条

塑料装饰线主要有封边线、压角线、压边线、挂镜线等几种，外形和规格与木装饰线基本相同，见图7-23。

1. 施工流程

材料准备→深化设计→基层处理→测量弹线→线条进场检查→塑料线条安装→验收。

图 7-23　大理石墙裙塑料装饰线封边

2. 操作要点

（1）材料准备

材料准备需要注意：塑料装饰线是以硬聚氯乙烯树脂为基料，加入一定比例稳定剂、着色剂、增塑剂、填料等辅助材料，经拌合挤塑成型。

硬聚氯乙烯塑料装饰线设计允许时可替代木装饰线，常与墙布、壁纸、地毯等配合使用；聚氨酯浮雕装饰线用于装饰级别相对高的场所。

（2）深化设计

图纸尽可能通过电脑翻样，反映装饰线所用部位的装饰效果，经设计师确认类型和规格后定样加工。

（3）基层处理

检查基层面是否牢固，要求基层洁净、牢固、平整。

（4）测量弹线

测量出塑料装饰线的位置并弹线。

（5）线条进场检查

应检查规格尺寸、表观质量都符合要求，方可安装就位。

（6）塑料装饰线条安装

1）固定方法，塑料装饰线采用胶粘固定或螺钉固定，用圆钉固定时，钉帽须处理好。

2）压边条下料时，在转角处锯成45°斜角，以便拼接。

3）塑料装饰线凹槽处应预先钻2～3mm圆孔，孔距以200～300mm为宜，然后用螺钉将塑料装饰线钉在收口或压边处；或者选择用胶粘剂固定。

（7）成品保护

施工过程要保护塑料线条，防止受压弯曲变形，不得因施工造成线条外伤；施工后不受碰撞而变形。

7.4.5 踢脚线

踢脚线又称踢脚板。为保护室内墙面踢脚部位免受外力冲击和增加装饰艺术效果，在楼地面面层以上100～200mm高度内，沿墙四周做踢脚板，常用材料有木板、不锈钢板、塑料、石材、玻璃、铝合金、砖类等。本小节主要讲述木踢脚板、石材踢脚板、玻璃踢脚板和不锈钢踢脚板，其他材质踢脚板的施工工艺可参考此类踢脚板的安装方法。

1. 木踢脚板

木踢脚板用在木地板房四周的墙脚处；也适用于地毯地面的踢脚板，木踢脚板通常工厂化加工生产；木踢脚板一般规格20～25mm厚、100～200mm高，材质与木地板面层品种相同；木踢脚板安装构造示意见图7-24。

（1）施工流程

材料准备→深化设计→基层处理→测量弹线→木踢脚板进场检查→安装→验收。

（2）操作要点

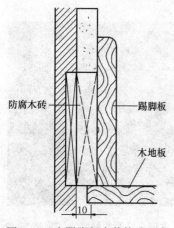

图7-24　木踢脚板安装构造示意

防腐木砖　　踢脚板　　木地板　　10

1）材料准备

材料准备需要注意：木踢脚板通常质地较硬、不易变形开裂、耐腐蚀、纹理清晰、有光泽感。

2）深化设计

图纸尽可能通过电脑深化，反映踢脚线所在部位的装饰效果，经设计师确认类型和规格后定样加工。

3）基层处理

检查基层面是否牢固，是否有凹凸不平现象，进行必要的修正，要求基层洁净、牢固、平整。

4）测量弹线

测量出木踢脚线的位置并弹线。

5）木踢脚板进场检查

施工前，对木踢脚线条进行挑选，尺寸准确、表面应光滑无刨痕和碰印。

6）木踢脚板安装

应在木地板刨光平整后再安装，使安装后的踢脚板上下口水平，上口与标高控制线吻合。

安装以木基层为衬底，每隔 400～600（mm）在内墙面砌入防腐木砖（或后置防腐木楔），在防腐木砖（或防腐木楔）外面再钉防腐木基层；踢脚线一般用气钉枪钉接，也可手工钉接，钉帽要砸扁，钉帽钉入板内 2mm 左右，板面不得有砸痕；如果板的背面留有槽，则先在木基层上安装通长小木条，再将踢脚线套接在小木条上。

木踢脚板接缝处应做榫接或斜坡盖接，转角处应做成 45°斜角对接，接缝处要增设防腐木垫块。木踢脚板安装后必须与地板面垂直。

踢脚板背面应刷防腐涂料，面层油漆涂刷应与地板面层同时、同色。

7）成品保护

施工过程要保护木踢脚板，防止受压弯曲变形，不得因施工造成外伤；施工后防止碰撞变形、受伤或受污染。

2. 石材踢脚板

主要有大理石踢脚板、花岗石踢脚板（图7-25），宜与室内地面镶边同色同材。先铺楼地面，后安装石材踢脚板。

图 7-25　石材踢脚板示例图

（1）施工流程

材料准备→深化设计→基层处理→测量弹线→石材踢脚板施工前检查与试拼→石材踢脚板安装→验收。

（2）操作要点

1）材料准备

材料准备需要注意：石材踢脚板花色品种多，色泽多彩，质地坚硬，耐磨、耐污染性好。石材踢脚板一般高度为 100～200（mm），厚度为 15～20（mm）。

2）深化设计

图纸通过电脑制图深化，反映石材踢脚板所在部位的装饰效果，经设计师确认类型和规格后定样加工（踢脚板的材质、色泽、花纹、图案一般应与石材地面材料相同）。

3）基层处理

检查基层面是否牢固，是否有凹凸不平现象，进行必要的修正，要求基层洁净、牢固、平整。

4）测量弹线

测量出石材踢脚线的位置并弹线。

5）施工前检查与试拼

对线条进行挑选，尺寸准确、表面应光滑无划痕、无缺角掉棱；按照图案进行对花对纹和试贴，图案要与地面相协调。

6）石材踢脚板安装

以水泥类基层为衬底，以湿贴为主，以水泥为胶结材料，施工前一天应对墙面提前浇水湿润。若无基层墙面或基层板时，也可采用干挂的方法施工。

镶贴安装时，先在两端各镶贴一块踢脚板，使上沿高度在同一水平线上，出墙厚度一致，沿两块踢脚板上口拉通线，用以控制踢脚板标高；然后，从阳角开始向两侧试铺，应随时检查是否平直，缝隙是否严密。

7）成品保护

施工过程要保护石材踢脚板，防止撞击破损，不得因施工造成外伤；施工后防止受污染。

3. 玻璃踢脚板施工

玻璃踢脚板有多种色彩，一般与玻璃地面相配套，常用于歌厅、舞池等娱乐场所。

（1）施工流程

材料准备→深化设计→基层处理→测量弹线→玻璃踢脚板施工前检查与试拼→玻璃踢脚板安装→验收。

（2）操作要点

1）材料准备

材料准备需要注意：踢脚板表面光滑平整，色泽明亮，与灯光相互辉映，有奇妙的装饰效果。常用规格 6～10mm。

2）深化设计

图纸尽可能通过电脑翻样，反映玻璃踢脚板所在部位的装饰效果，经设计师确认类型和规格后定样加工（踢脚板的材质、色泽、花纹、图案应与地面材料相协调）。

3）基层处理

检查基层面是否牢固，是否有凹凸不平现象，进行必要的修正，要求基层洁净、牢固、平整。

4）测量弹线

测量出玻璃踢脚板的位置并弹线。

5）施工前检查与试拼

对玻璃踢脚板进行挑选，尺寸准确、厚薄均匀、表面应光滑平整，倒角、无水痕；有图案的踢脚板应按照图案对花对纹和试铺，图案要与地面相协调。

6）玻璃踢脚板安装

在地面上弹出玻璃踢脚板的外边缘线。

一种是用专用胶将玻璃踢脚板粘贴在木基层板上；另一种是灌水泥浆粘贴在平整牢固的水泥基层上；粘贴时要及时拉通线检查上口平直度和踢脚板的垂直度；灌浆粘贴的应留一组试块，待抗压强度达 5MPa 时，方可进行踢脚板上边剩余部分墙面面层的抹灰。

7）成品保护

施工过程防止玻璃踢脚板破损；施工后防止碰撞或受污染。

7.5 装饰花格施工

室内装饰花格属于花饰一类，按使用功能分主要有花格墙、花格隔断、花格窗等，按图案分有回纹花格、背景花格、雕刻花格、方格花格等；按材质分主要有：木花格、铝板花格、砌块花格、混凝土预制花格及型材制成的花格（图 7-26～图 7-28），常用的主要有木花格和铝板制成的花格（简称：铝花格），一般半成品都是工厂化加工生产，现场组装施工。花格的造型、尺寸，安装位置和固定方法必须符合设计要求，并安装牢固。

图 7-26 木花格

图 7-27 铝板花格

(a)

(b)

图 7-28 预制混凝土花饰花格

1. 施工流程

材料准备→初始测量→深化设计→基层处理→测量放线→拼装→安装→验收。

2. 操作要点

（1）材料准备

材料准备需要注意：木花格制作方便，可饰性强；木花格宜选用硬木或杉木制作，要求节疤少、无虫蛀、无腐蚀、无翘曲、无开裂，毛料尺寸应比净料尺寸大 5mm 左右，含水率低于 12％。

铝花格材质硬、耐腐蚀、耐磨、耐老化、制作方便，可饰性可选性强，常用规格 0.6~1.2mm 厚的铝型板材制作而成。

（2）初始测量

对现场实测实量，掌握花格所在位置的实际三维尺寸。

（3）深化设计

对设计图纸认真审阅，结合现场实测实量数据，进行电脑排版和深化，提供深化下单图，经设计师确认"小样"后定样加工。

（4）基层处理

根据初始实测位置，检查预埋件位置及数量，对偏位或缺失的及时补正；要求基层平整、牢固。

（5）测量放线

精确测量花格的三维位置，并在基层上弹线。

（6）拼装

小型花格到现场后无须拼装，可直接按要求安装；对于需要现场拼装的花格，应在平整的场地上按拼装图进行拼装，木花格的拼装应以榫接为主，连接部位榫头、榫眼、榫槽，尺寸应准确，使拼装后缝隙严密。

（7）安装

1）木花格一般安装在木基层（预埋木块、木楔或木基层板）上，采用钉接法或采用先粘贴、再用钉接固定的方法。安装前要认真校对设计图、深化下单图和拼装图，使安装位置正确、牢固。

2）铝花格的安装一般采用螺丝和螺栓与边框及预埋件连接，局部用电焊与铝花格的铁脚点焊（但要注意不得烧伤铝方格及损伤表面的花纹图案）。

（8）成品保护

半成品、成品要防晒，防潮和防火；半成品未涂饰前，保持表面洁净；安装后的花格表面应洁净，宜用塑料薄膜遮护。

7.6 装饰造型饰面施工

房屋建筑的造型饰面包括了造型和饰面两部分，造型饰面是建筑设计师充分运用空间层次变化、灯光艺术效果、饰面色彩相互渗透和细部线条装饰点缀，以期达到一种完美艺术境界的表现手法。主要有吊顶造型饰面、墙与柱面造型饰面、门窗造型和综合装饰造型饰面等；室内装饰中经常碰到的是吊顶造型饰面和墙柱面的造型饰面。造型饰面施工关键在于造型，空间层次变化多，交叉作业工种多，细部节点处理复杂难度大。

7.6.1 装饰吊顶造型

吊顶造型主要有圆形、拱形、圆拱形、对称多边形等（图7-29、图7-30），饰面材料有金箔、银箔、油漆涂料、石膏、铝板等。

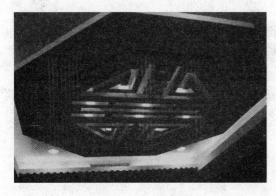 

图7-29 对称多边形造型吊顶示例图　　图7-30 施工中的圆拱形造型吊顶构造示意图

1. 施工流程

初始测量→深化设计→测量放线→基层处理→吊顶骨架及面板安装（插入水电管线等安装与试验）→装饰线条安装→涂刷→灯具安装→验收。

2. 操作要点

（1）初始测量

对现场实测实量，掌握吊顶所在位置的实际三维（长、宽、高）尺寸和地面到吊顶上、下边沿之间的实际距离。

（2）深化设计

认真审阅设计图纸，结合现场实测实量数据，反复进行电脑排版，搞清造型吊顶层级变化尺寸及对应的平面位置变化尺寸，提供电脑排版方案图和调整建议书，经设计师签字确认后实施。

（3）测量定位放线

精确测量吊顶的三维变化位置，并在墙、地、顶放实样。

1）测量出吊顶所在位置对应的地面十字中心线与吊顶天棚的十字中心线，作合理微调，使天、地中心重合，作为吊顶的中心点，在地面做上醒目标记并加以保护。

2）以1m线为基准，分别测量出吊顶完成面的标高和各造型面层级变化的标高，在四周墙、柱弹线做标记；并把各层级变化后对应的吊顶平面位置线在地面上弹线（以中心点为基准向四周引测）做标记。

3）图纸上明确的灯光带位置、灯孔位置、通风口位置、检修口位置等，应按正投影原理在地面上弹线做标记。

4）地面上投影的吊顶平面位置尺寸确认无误后，再将该位置对应投射到天棚上。

（4）基层处理

1）造型吊顶由于层间高、荷载大，吊杆的用材、规格尺寸都应经设计计算确定，间距应小于1m。

2）吊顶面以上顶部空间≥1.5m或有些吊顶荷载大，需设钢结构转换层，应按规定经有资格的设计师设计确定。

3）造型吊顶事先没有预埋件的需设后置埋件，后置埋件必须按规定做拉拔试验合格后方可使用。

（5）吊顶骨架及面板安装

程序由上而下进行，先水电管线、设备设施桥架安装、再吊顶龙骨安装，经水试、电试及相关试验合格后，并通过隐蔽工程验收后，方可面层板安装。

（6）装饰线条安装

可以在面板结束后进行（不需要油漆的成品线条可在面层涂刷完成后安装），施工要点参见第7.4小节。

（7）面层涂刷

施工要点参见第5章。

（8）灯具安装

施工要点参见第11章。

7.6.2 装饰墙、柱面造型施工

原理同吊顶造型，饰面材料有所不同，主要有石材、金属型（板）材、陶瓷类板材、木材、塑料、金箔、银箔、油漆涂料、石膏、铝板等。以"圆柱变形曲面马赛克贴面"（图7-31～图7-33）为例论述如下。

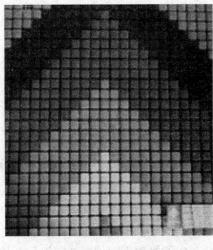 

图7-31 马赛克样品　　　　　　　　图7-32 试贴效果

1. 施工流程

初始测量→深化设计→测量放线→基层处理→再次测量→试贴试验→马赛克贴面→灯具安装→验收。

2. 操作要点

1）初始测量

对现场实测实量，掌握圆柱所在位置的实际三维（长、宽、高）尺寸和地面到天棚实际距离。

2）深化设计

认真审阅设计图纸，结合现场实测实量数据，反复进行电脑排版，搞清造型圆柱变形曲面变化尺寸及对应的平面位置变化尺寸，提供电脑排版方案图和调整建议书，经设计师确认后实施。

3）测量定位放线

以 1m 线为基准，分别测量出圆柱截面变化半径最大和最小时的标高位置，并在圆柱上做上标记。

图 7-33　造型圆柱实际效果示例图

精确测量圆柱三维变化位置，并按正投影原理在地面上投放出圆柱曲面变化截面半径最大和最小时的平面位置线，以及半径有明显变化处的其他平面位置线。

在确认地面上的圆柱变化平面位置尺寸无误后，再对应投射到天棚上，天、地中心应重合。

4）基层处理

计算出的圆柱曲面的曲率变化，选择可塑性强的木基层按变化曲率加工成型，加钢丝网水泥砂浆粉刷达到造型圆柱变形曲面变化尺寸的基层要求。

5）再次测量

重复 4）的程序，并对水泥砂浆基层面作必要的修整。

6）试贴试验

针对马赛克是方形且有图案，圆柱截面变化曲线呈双向变化的特点；进行排版技术设计和方案比较，并经试贴，对花对纹取得成功后，再后续施工。

7）马赛克贴面

按照试贴成功后的方案进行铺贴。

8）装饰线条安装

施工要点参见第 7.4 小节。

9）灯具安装

施工要点参见第 11 章。

10）成品保护

完工后验收前，宜适当围护和遮盖，防止撞击和污染。

7.7　细部工程施工质量标准

细部工程应按照《建筑工程施工质量验收统一标准》GB 50300—2013、《建筑装饰装修工程质量验收规范》GB 50210—2001 等相关标准要求，通过工程质量验收。施工时应按照事前、事中、事后控制的原则，从人、机、料、环、法、测六个方面抓好过程质量控制，从严控制质量偏差。细部工程质量除应符合设计要求、满足使用功能和安全要求外，还应达到理想的装饰效果。

7.7.1　细部工程施工质量控制要点和标准

（1）材料进场应提供产品合格证书、性能检测报告、进场验收记录，并按规定对有关材料进行复验，合格后才能使用。

（2）施工作业人员应经技术培训，达到一定的技术等级，有丰富的实践经验。

（3）预埋件（或后置埋件）、护栏与埋件的连接点等细部工程的基层，必须通过隐蔽工程验收，符合要求后才能进行面层施工。

（4）细部工程的半成品加工前应对现场实测实量，结合设计尺寸，进行电脑排版、放样和编号；半成品入场后要对现场尺寸复测、对号，符合设计要求后才能安装。

（5）编制针对性的实施方案，做好针对性的技术、质量、安全交底，搞好施工过程的协调和施工过程的质量检查。

7.7.2　细部工程施工质量标准

（1）细部工程质量验收按规范要求提供的文件、资料齐全，主控项目全部合格，一般项目观感质量好，允许偏差项目达到合格。

（2）部分细部工程允许偏差和检验方法：

1）窗帘盒安装的允许偏差和检验方法（表7-2）。

窗帘盒安装的允许偏差和检验方法　　　　　　　　　　表7-2

项次	项　　目	允许偏差（mm）	检　验　方　法
1	上口、下口直线度	3	拉5m线，不足5m拉通线，用钢直尺检查
2	水　平　度	2	用水平尺和塞尺检查
3	两端距窗洞口长度差	2	用钢直尺检查
4	两端出墙厚度差	3	用钢直尺检查

2）窗台板安装的允许偏差和检验方法（表7-3）。

窗台板安装允许偏差和检验方法　　　　　　　　　　表7-3

项次	项　　目	允许偏差（mm）	检　验　方　法
1	水　平　度	2	用1m水平尺和塞尺检查
2	上口下口直线度	3	拉5m线，不足5m拉通线，用钢直尺检查
3	两端距窗洞口长度差	2	用钢直尺检查
4	两端出墙厚度差	3	用钢直尺检查

3）护栏和扶手安装的允许偏差和检验方法（表7-4）。

护栏和扶手安装允许偏差和检验方法　　　　　表 7-4

项次	项　目	允许偏差（mm）	检　验　方　法
1	扶手直线度	4	用1m垂直检测尺检查
2	栏杆间距	0，－6	用钢尺检查
3	护栏垂直度	3	拉通线，用钢直尺检查
4	扶手高度	＋6，0	用钢尺检查

第8章 防 水 工 程

8.1 防 水 工 程 概 述

建筑防水工程是建筑工程中的一个重要组成部分，防水施工应遵循"以防为主，防排结合"的防水施工原则。建筑防水工程目的是阻止水对建筑物或构筑物结构和使用空间的侵袭，确保建筑空间的正常使用。

建筑防水工程范围很广，主要有屋面防水工程，墙面防水工程，地下防水工程，厨、浴间防水工程，管沟、地下铁道、隧道等防水工程。与建筑装饰装修相关的防水工程主要有：室内涉水区域防水工程，建筑外墙防水工程，泳池水景防水工程等。

防水材料非常多，常用类型有：防水卷材、防水涂料、防水密封材料、防水混凝土、防水水泥砂浆、防水塑料板、金属防水等。

防水是技术性非常强的专业，涉及内容广泛，轻易难以深入掌握。为了在有限时间内达到最好效果，本章重点要求掌握装饰最相关的防水知识。具体有：室内楼地面涂膜防水施工，外墙防水涂膜施工，游泳池常规防水施工。

8.2 室内楼地面聚氨酯涂膜防水施工

8.2.1 施工流程

材料准备→基层处理→涂刷基层处理剂→局部补强处理→涂刷第一遍涂料→涂刷第二遍涂料→涂刷第三遍涂料→第一次蓄水试验→涂刷界面剂→保护层施工→第二次蓄水试验→防水层验收。

典型室内地坪聚氨酯涂膜防水构造见图8-1。

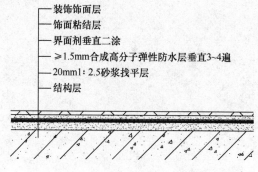

图8-1 典型室内地坪聚氨酯涂膜防水构造

8.2.2 操作要点

1. 材料准备

材料准备需要注意：目前，常用的室内楼地面涂膜防水材料主要有两大类：一类是双组分的涂膜材料（如双组分聚氨酯防水涂料或聚合物水泥防水涂料）；另一类是单组分的涂膜材料（如单组分聚氨酯防水涂料和丙烯酸酯防水涂料）或聚合物水泥防水涂料。

双组分聚氨酯防水涂膜技术指标必须符合表 8-1 的要求（参考《聚氨酯防水涂料》GB/T 19250—2013 中 I 型的规定）。

双组分聚氨酯防水涂料的基本性能　　　　　　　　　　表 8-1

序号	测 试 项 目			技 术 指 标
				I 型
1	固体含量（%）	≥	单组分	85.0
			双组分	92.0
2	表干时间（h）		≤	12
3	实干时间（h）		≤	24
4	流平性①			20min 时，无明显齿痕
5	拉伸强度（MPa）		≥	2.0
6	断裂伸长率（%）		≥	500
7	撕裂强度（N/mm）		≥	15
8	低温弯折性		≤	−35℃，无裂缝
9	不透水性			0.3MPa，120min，不透水
10	加热伸缩率（%）			−4.0～+1.0
11	粘结强度（MPa）		≥	1.0
12	吸水率（%）		≤	5.0
13	定伸时老化		加热老化	无裂纹及变形
			人工气候老化②	无裂纹及变形
14	热处理 （80℃，168h）		拉伸强度保持率（%）	80～150
			断裂伸长率（%）　≥	450
			低温弯折性（℃）　≤	−30℃，无裂纹
15	碱处理 （0.1%NaO+饱和 Ca（OH）₂溶液，168h）		拉伸强度保持率（%）	80～150
			断裂伸长率（%）　≥	450
			低温弯折性（℃）　≤	−30℃，无裂纹
16	酸处理 （2%H₂SO₄溶液， 168h）		拉伸强度保持率（%）	80～150
			断裂伸长率（%）　≥	450
			低温弯折性（℃）　≤	−30℃，无裂纹
17	人工气候老化② （1000h）		拉伸强度保持率（%）	80～150
			断裂伸长率（%）　≥	450
			低温弯折性（℃）　≤	−30℃，无裂纹
18	燃烧性能②			B2-E（点火 15s，燃烧 20s，F_s≤150mm，无燃烧滴落物引燃滤纸）

①该项性能不适用于单组分和喷涂施工的产品。留平性时间也可根据工程要求和施工环境由供需双方商定并在订货合同与包装上明示。

②仅外露产品要求测定。

2. 基层处理

卫生间的防水基层必须采用 1：2.5 的水泥砂浆找平，要求抹平压光无空鼓，表面要坚实，不应有起砂、掉灰现象。

在进行找平层施工时。管子根部周围要使其略高于地面，地漏的周围应做成略低于地面的洼坑，找平层的坡度以 2‰ 为宜；阴、阳角处，要抹成半径不小于 10mm 的小圆弧，淋浴房及门口需做止水带，高度为 50mm 左右。

基层含水率必须在 8% 以下。

3. 涂刷基层处理剂

将聚氨酯甲、乙组分和二甲苯按厂家说明书的比例（如 1：1.5：2）配合搅拌均匀，再用小滚刷均匀涂布在基层表面上，聚氨酯的施工顺序原则上是先难后易，先内后外；涂刷或喷涂基层处理剂的黏度用二甲苯调整，干燥 4h 以上，才能进行下一道工序。

4. 局部补强处理

在地漏、管道根、阴阳角和出入口等容易发生渗漏水的薄弱部位，应先用聚氨酯防水涂料按厂家说明书的比例（如甲：乙＝1：2.5）配合，均匀涂刮一遍做附加增强层处理。按设计要求，细部构造也可做胎体增强材料的附加增强层。胎体增强材料宽度为 300～500mm，搭接缝 100mm，施工时，边铺贴平整，边涂刮聚氨酯防水涂料。

5. 涂刷第一遍涂料

将聚氨酯防水涂料按厂家说明书的比例（如甲：乙＝1：2.5）混合。聚氨酯防水涂料甲乙组分的称量必须准确，所用容器、搅拌工具必须无水干燥。防水层应从地面延伸到墙面，高出地面 300mm。淋浴房墙面的防水层高度不得低于 2000mm。台盆处防水层高度不低于 1000 mm，浴缸周边上口防水层高度不低于 600mm，施工时可根据环境温度相应调整催化剂用量，加速或减缓聚氨酯防水涂料的固化速度，催化剂的一般用量是按乙组分质量的占比（0.4%～1%）加入的。室温在 20℃ 左右时，配好的聚氨酯涂料应在 0.5h 内用完，也可根据施工需要调整聚氨酯涂料的黏度。

甲、乙组分要按出厂现成的包装比例进行配比，以保证甲乙组分的准确比例。

6. 涂刷第二遍涂料

待第一遍涂料固化干燥后（基本不粘手时），一般为固化 5h 以上，再按上述方法涂刮第二遍涂料，涂刮方法应与第一遍涂刮方向相垂直，用料量与第一遍相同。

7. 涂刷第三遍涂料

待第二遍涂料涂膜固化后，再按上述方法涂刮第三遍涂料，用料量为 0.4～0.5kg/m²。

8. 第一次蓄水试验

待防水层完全干燥后，检验涂膜防水层至符合施工要求后进行第一次蓄水试验，水深 20～30mm，最浅处不低于 20mm，蓄水试验 24h 后无渗漏为合格。

9. 涂刷界面剂

为了增强防水涂膜与粘结层（如陶瓷锦砖、大理石或水泥砂浆等）之间的粘结力，在防水层表面涂混凝土界面剂，界面剂要分两次涂刷，两次要垂直。

10. 保护层施工

防水层蓄水试验不漏，质量检查合格后，就可进行保护层施工，即可进行粉抹水泥砂浆或粘贴陶瓷锦砖、防滑地砖、大理石等饰面层。施工时应注意成品保护，不得破坏防水层。

11. 第二次蓄水试验

厕浴间装饰工程全部完成后，工程竣工前还要进行第二次蓄水试验，以检验防水层完工后是否被水电或其他装饰工程损坏。蓄水时间为 24h，蓄水试验合格后，厕浴间的防水施工才算圆满完成。

8.3 室内楼地面聚合物水泥防水涂膜防水施工

8.3.1 施工流程

材料准备→基层处理→配置防水涂料→涂刷基层处理剂→局部补强处理→涂刷中层涂料→涂刷面层防水涂料→第一次蓄水试验→涂刷界面剂→保护层施工→第二次蓄水试验→防水层验收。

典型室内地坪 JS 聚合物涂膜防水构造见图 8-2。

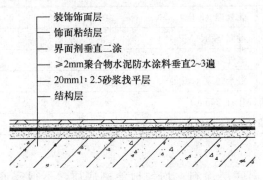

装饰饰面层
饰面粘结层
界面剂垂直二涂
≥2mm聚合物水泥防水涂料垂直2~3遍
20mm1：2.5砂浆找平层
结构层

图 8-2 典型室内地坪 JS 聚合物涂膜防水构造

8.3.2 操作要点

1. 材料准备

材料准备需要注意：聚合物水泥防水涂膜材料（通常称为 JS 聚合物水泥防水涂料）必须满足表 8-2 所示的材料基本指标（参考标准：《聚合物水泥防水涂料》GB/T 23445—2009），其中Ⅰ型通常用于非长期浸水环境，Ⅱ型用于长期浸水环境。

2. 基层处理

卫生间的防水基层必须用 1：2.5 的水泥砂浆找平，要求抹平压光无空鼓，表面要坚实，不应有起砂、掉灰现象。找平层的坡度以 1‰～2‰为宜，凡遇到阴、阳角处，要抹成半径不小于 10mm 的小圆弧，淋浴房及门口需做止水带，高度为 50mm 左右。穿过楼地面或墙壁的管件及卫生洁具等，必须安装牢固，收头必须圆滑，并按设计要求用密封膏嵌固。

3. 配制防水涂料

可按提供的配合比称量，装在搅拌桶内，用手提电动搅拌器搅拌均匀，使其不含有未分散的粉料。

序号	测 试 项 目			技 术 指 标		
				Ⅰ型	Ⅱ型	Ⅲ型
1	固体含量（%）		≥	70	70	70
2	拉伸强度	无处理（MPa）	≥	1.2	1.8	1.8
		加热处理后保持率（%）	≥	80	80	80
		碱处理后保持率（%）	≥	60	70	70
		浸水处理后保持率（%）	≥	60	70	70
		紫外线处理后保持率（%）	≥	80	—	—
3	断裂伸长率	无处理（%）	≥	200	80	30
		加热处理（%）	≥	150	65	20
		碱处理（%）	≥	150	65	20
		加热处理（%）	≥	150	65	20
		紫外线处理（%）	≥	150	—	—
4	低温柔性（φ10mm 棒）			−10℃无裂缝	—	—
5	粘结强度	无处理（MPa）	≥	0.5	0.7	1.0
		潮湿基面（MPa）	≥	0.5	0.7	1.0
		碱处理（MPa）	≥	0.5	0.7	1.0
		浸水处理（MPa）	≥	0.5	0.7	1.0
6	不透水性（0.3MPa，30min）			不透水	不透水	不透水
7	抗渗性（砂浆背水面）（MPa）		≥	—	0.5	0.8

4. 涂刷底层防水层

用辊刷或油漆刷涂刷底层涂料，均匀地涂刷底层，不得露底，一般用量为 0.3～0.4kg/m²。施工顺序原则上是先难后易，先内后外，如在施工中有异形部位，应先做异形部位而后再大面积施工，即可先在阴阳角、管道根部均匀涂刷一遍，然后进行大面积涂刷。防水层应从地面延伸到墙面，高出地面 300mm。淋浴房墙面的防水层高度不得低于 2000mm。台盆处防水层高度不低于 1200 mm，浴缸周边上口防水层高度不低于 600 mm。待涂层干固后（一般不粘脚时），方可进行下道涂层的涂刷。

5. 局部补强处理

在地漏、管道根、阴阳角和出入口等容易发生渗漏水的薄弱部位，应先用聚合物水泥防水涂料按厂家说明书的比例（如甲：乙＝1：1.5）配合，均匀涂刷一遍做附加增强层处理。按设计要求，细部构造也可做胎体增强材料的附加增强层。胎体增强材料宽度为 300～500mm，搭接缝 100mm，施工时，边铺贴平整，边涂刷聚合物水泥防水涂料。

6. 涂刷中防水涂料

按设计要求的涂刷厚度，将配制好的Ⅰ型或Ⅱ型聚合物水泥防水涂料均匀的涂刷在已干固的涂层上，并与上道涂层垂直涂刷，以保证涂层厚度的均匀性，每遍涂刷量以 0.8～1.0kg/m² 为宜，多遍涂刷以达到涂膜的厚度要求。

7. 涂刷面层防水涂料

同上。

8. 第一次蓄水试验

待防水层完全干燥后，检验涂膜防水层与基层粘结的牢固、表面平整、涂刷均匀、无流淌、皱折、鼓泡、露胎体和翘边等缺陷。符合施工要求后方可进行第一次蓄水试验，水深 20～30mm，最浅处不低于 20mm，蓄水试验 24h 后无渗漏时为合格。

9. 涂刷界面剂

为了增强防水涂膜与粘结饰面层（如陶瓷锦砖、大理石或水泥砂浆等）之间的粘结力，在防水层表面涂混凝土界面剂，界面剂要分两次涂刷，两次要垂直。

10. 保护层施工

防水层蓄水试验不漏，质量检查合格后，就可进行保护层施工，即可进行粉抹水泥砂浆或粘贴陶瓷锦砖、防滑地砖、大理石等饰面层。施工时应注意成品保护，不得破坏防水层。

11. 第二次蓄水试验

厕浴间装饰工程全部完成后，工程竣工前还要进行第二次蓄水试验，以检验防水层完工后是否被水电或其他装饰工程损坏。蓄水时间为 24h，蓄水试验合格后，厕浴间的防水施工才算圆满完成。

8.4　外墙防水涂膜施工

8.4.1　施工流程

进场材料检验→基层处理→补强处理→底涂处理→大面处理。

典型混凝土外墙高分子防水涂膜构造见图 8-3。

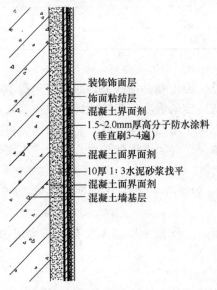

图 8-3　典型混凝土外墙高分子防水涂膜构造

8.4.2　操作要点

1. 进场材料检验

进场材料要有厂方提供的带测试技术数据的质保书，并从现场随机取料送专业检测机构进行检测。检测合格后方能在工程中使用。

水性高分子合成树脂防水涂料必须满足表 8-3 所示的主要技术性能指标（参考标准：《聚合物乳液建筑防水涂料标准》JC/T 864—2008）。

水性高分子合成树脂防水涂料主要技术性能指标　　　　　　表 8-3

序号	测 试 项 目			技 术 指 标	
				Ⅰ型	Ⅱ型
1	拉伸强度（MPa）		≥	1.0	1.5
2	断裂伸长率（%）		≥	300	
3	低温柔性，绕 φ10mm 弯棒 180°			−10℃无裂缝	−20℃无裂缝
4	不透水性（0.3MPa，30min）			不透水	
5	固体含量（%）		≥	65	
6	干燥时间（h）	表干时间	≤	4	
		实干时间	≤	8	
7	处理后的拉伸强度保持率（%）	加热处理	≥	80	
		碱处理	≥	60	
		酸处理	≥	40	
		人工气候老化处理	≥	—	80～150
8	处理后的断裂伸长率（%）	加热处理	≥	200	
		碱处理	≥		
		酸处理	≥		
		人工气候老化处理	≥	—	200
9	加热伸缩率（%）	伸长	≤	1.0	
		缩短	≤	1.0	

2. 基层处理

基层要平整，不能有凹凸。突出物必须凿去，凹处可用掺 108 胶的水泥砂浆补平。

基层砂浆不能起砂，要有一定的强度。起砂地坪必须重新修补。

基层要干燥不能有浮灰。除了清扫干净之外，必须用吹风机或吸尘器吸尽浮灰。

墙面与地面相交的阴角部位，先用水泥砂浆嵌八字角或小圆弧。

3. 加固处理

基层有大于 1mm 的裂缝必须嵌平，在上面先做一层加无纺布的防水层加强，宽10cm，裂缝居中。

墙面与地面相交的阴角部位，先做一层加无纺布的防水层加强。宽 20cm，立面和平面各占 10cm。

4. 底涂处理

大面施工前，先进行底涂施工，底涂要尽可能薄，并且与第二次间隔的时间尽可能长些。(夏季通风条件好的部位要相隔 8h，冬季则需 24h 以上)。以便让基层的湿气充分外泄，让基层内的水分充分散发，确保涂层与基层有最佳的粘结性。

5. 大面施涂

施工温度不得低于 5℃，且应避免高温、低温和室外阴雨天气施工。

施涂前应将材料充分搅匀，根据不同材质，采用滚、刮、刷的方法。

第二、第三次涂刷间隔时间可缩短（以手摸涂层完全不粘手时可进行下道工序施工）。涂膜可稍厚。

涂膜总厚度不得低于 1.5mm。

两涂的涂刷方向应互相垂直交叉。

8.5 泳池常规防水施工

游泳池常规防水施工材料主要为防水涂料与防水卷材，采用刚柔结合的施工方式；此外，也有采用不锈钢内胆代替防水材料充当防水层。本节对游泳池涂膜防水施工进行举例说明。

8.5.1 施工流程

材料准备→混凝土界面剂→砂浆找平层→JS 防水层→砂浆找平层→混凝土界面剂→高分子防水层→混凝土界面剂→饰面粘结层→装饰饰面层。

典型游泳池防水节点构造见图 8-4。

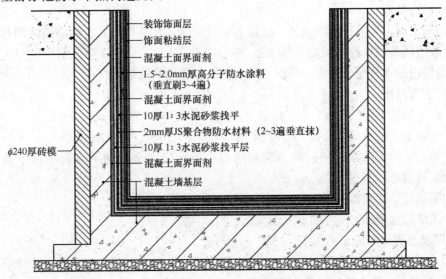

图 8-4 典型游泳池防水节点构造

8.5.2 操作要点

1. 材料准备

JS 聚合物水泥防水涂料及高分子防水涂料必须满足表 8-2 和表 8-3 的要求。

2. 混凝土界面剂施工

为了增强砂浆找平层与基层之间的粘结力，在基层表面涂混凝土界面剂，界面剂要分两次涂刷，两次要垂直。

3. 砂浆找平层施工

采用 1：3 水泥砂浆找平，找平层厚度 10mm，找平层需要平整。

4. JS 聚合物水泥防水涂料施工

用辊刷或油漆刷涂刷底层涂料，均匀地涂刷底层，不得露底，一般用量为 0.3～0.4kg/m²。施工顺序原则上是先难后易，先内后外（地面施工顺序见下图），如在施工中有异形部位，应先做异形部位而后再大面积施工。待涂层干固后（一般不粘脚时），方可进行下道涂层的涂刷。

按设计要求的涂刷后面防水层。将配制好的 I 型或 II 型聚合物水泥防水涂料均匀的涂刷在已干固的涂层上，并与上道涂层垂直涂刷，以保证涂层厚度的均匀性，每遍涂刷量以 0.8～1.0kg/m² 为宜，多遍涂刷以达到涂膜的厚度要求。

5. 砂浆找平层施工

采用 1：3 水泥砂浆找平。找平层厚度 10mm。砂浆找平层直接做在 JS 防水层上。找平层需要平整。

6. 混凝土界面剂施工

为了增强高分子防水层与砂浆找平层之间的粘结力，在找平层表面涂混凝土界面剂，界面剂要分两次涂刷，两次要垂直。

7. 高分子防水层施工

（1）底涂处理

大面施工前，先进行底涂施工，底涂要尽可能薄，并且与第二次间隔的时间尽可能长些。（夏季通风条件好的部位要相隔 8h，冬季则需 24h 以上）。以便让基层的湿气充分外泄，让基层内的水分充分散发，确保涂层与基层有最佳的粘结性。

（2）大面施涂

1）施工温度不得低于 5℃，且应避免高温、低温和室外阴雨天气施工。

2）施涂前应将材料充分搅匀，根据不同材质，采用滚、刮、刷的方法。

3）第二、第三次涂间隔时间可缩短（以手摸涂层完全不粘手时可进行下道工序施工）。涂膜可稍厚。

4）涂膜总厚度不得低于 1.5mm。

5）两涂的涂刷方向应互相垂直交叉。

8. 混凝土界面剂施工

为了增强饰面粘结层与高分子防水层之间的粘结力，在干透的防水层表面涂混凝土界面剂，界面剂要分两次涂刷，两次要垂直。

9. 装饰饰面施工

按照装饰饰面施工要求进行。

10. 泳池防水施工注意事项

（1）泳池防水施工需要充分重视防水层、饰面层的粘结强度，防止脱落。需要十分重视混凝土界面剂的运用，可以有效提高各交界层之间的连接力。

（2）泳池防水施工尽可能采用双层防水层。双层防水层采用刚性和柔性结合效果更好。

8.6 防水施工质量标准

8.6.1 外墙防水施工质量控制要点

建筑外墙防水工程，应符合行业标准《建筑外墙防水工程技术规程》JGJ/T 235—2011 相关的规定。对于质量检查及验收，应符合下列规定：

（1）外墙防水层不得有渗漏现象。

（2）门窗洞口、穿墙管、预埋件及收头等部位的防水构造，应符合设计要求。

（3）找平层及砂浆防水层应平整、坚固，不得有空鼓、酥松、起砂、起皮现象。

（4）涂膜防水层应与基层粘结牢固，表面平整，涂刷均匀，不得有流淌、皱褶、鼓泡、露胎体和翘边等缺陷。

（5）涂膜防水层的平均厚度应符合设计要求，最小厚度不应小于设计值的 80%。检验方法为针测法或割取 20mm×20mm 实样用卡尺测量。

（6）外墙防水层完工后应进行验收。防水层不得有渗漏现象。防水层渗漏检查应在雨后或持续淋水 30min 后进行。

（7）建筑外墙防水工程各分项工程施工质量检验数量，应按外墙面面积每 500～1000m² 为一个检验批；每个检验批每 100m² 应至少抽查一处，每处不得小于 10m²，且不得少于 3 处。节点构造应全部进行检查。

（8）外墙防水材料应有产品合格证和出厂检验报告，材料的品种、规格、性能等应符合国家现行有关标准和设计要求。对进场的防水防护材料应抽样复检，并提出抽样试验报告，不合格的材料不得在工程中使用。

8.6.2 室内防水工程施工质量控制要点

室内防水工程的质量验收，应按照《建筑地面工程施工质量验收规范》GB 50209—2010 的相关要求，还应符合《屋面工程质量验收规范》GB 50207—2012 的有关规定。

（1）室内防水隔离层严禁渗漏，排水的坡向应正确、排水通畅。

（2）涂膜防水层应与基层粘结牢固，表面平整，涂刷均匀，不得有流淌、皱褶、鼓泡、露胎体和翘边等缺陷。

（3）涂膜防水层的平均厚度应符合设计要求，最小厚度不应小于设计值的 80%。检验方法为针测法或割取 20mm×20mm 实样用卡尺测量。

（4）检查有防水要求的建筑地面的面层应采用泼水方法。

（5）防水隔离层铺设后，应采用蓄水试验的方法。蓄水试验的相关规定如下：

1）蓄水试验所用水应符合《混凝土用水标准》JGJ 63—2006 的规定。

2）检测前，应堵塞待检区域内的水落口。蓄水深度最浅处不应小于 10mm，且不应超过立管套管和防水层的收口高度。

3）蓄水试验时间不应小于 24h，并应由专人负责，做好记录。蓄水试验过程中，应及时观察水面高度和背水面渗漏情况。若发现漏水情况，应立即停止蓄水试验。

4）蓄水试验结束后，应排除蓄水。可采用红外热像法进行全面普查。

（6）墙柱面处的防水设防高度应高出面层 200～300mm 或按设计要求的高度铺涂。阴阳角和管道穿过楼板面的根部应增加铺涂附加防水、防油渗隔离层。墙面防水检验的间隙淋水应达到 30min 以上进行检验不渗漏。

（7）室内防水工程应按防水施工面积每 100m² 抽查一处，每处不得小于 10m²，且不得少于 3 处。节点构造应全部进行检查。厨房、厕浴间等单间防水施工面积小于 30m² 时，按单间总量的 20％抽查，且不得少于 3 间。

（8）防水材料应有产品合格证和出厂检验报告，材料的品种、规格、性能等应符合国家现行有关标准和设计要求。对进场的防水防护材料应抽样复检，并提出抽样试验报告，不合格的材料不得在工程中使用。

第 9 章 幕 墙 工 程

9.1 幕 墙 工 程 概 述

幕墙是一种悬挂在建筑结构框架外侧的外墙围护构件，它的自重和所承受的风荷载、地震作用等通过锚接点以点传递方式传至建筑物主框架，幕墙构件之间的接缝和连接用现代建筑技术处理，使幕墙形成连续的墙面。建筑幕墙的种类见图9-1。

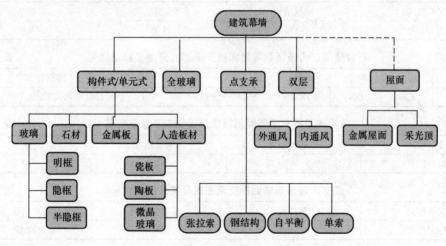

图9-1　建筑幕墙种类

国家标准《建筑幕墙》GB/T 21086—2007对建筑幕墙的分类及标记作了规定。

9.1.1　分类及标记

（1）按主要支承结构形式分类及标记代号见表9-1。

建筑幕墙主要支承结构形式分类及标记代号　表9-1

主要支承结构	构件式	单元式	点支承	全玻	双层
代　号	GJ	DY	DZ	QB	SM

（2）按密闭形式分类及标记代号见表9-2。

幕墙密闭形式分类及标记代号　表9-2

密闭形式	封 闭 式	开放式
代　号	FB	KF

（3）按面板材料分类及标记代号：
①玻璃幕墙，代号为BL；②金属板幕墙，代号应符合表9-3的要求；③石材幕墙，

143

代号为 SC；④人造板材幕墙，代号应符合表 9-4 的要求；⑤组合面板幕墙，代号为 ZH。

金属板面板材料分类及标记代号 表 9-3

材料名称	单层铝板	铝塑复合板	蜂窝铝板	彩色涂层钢板	搪瓷涂层钢板	锌合金板	不锈钢板	铜合金板	钛合金板
代号	DL	SL	FW	CG	TG	XB	BG	TN	TB

人造板材材料分类及标记代号 表 9-4

材料名称	瓷板	陶板	微晶玻璃
标记代号	CB	TB	WJ

（4）面板支承形式、单元部件间接口形式分类及标记代号见表 9-5～表 9-10。

构件式玻璃幕墙面板支承形式分类及标记代号 表 9-5

支承形式	隐框结构	半隐框结构	明框结构
代号	YK	BY	MK

石材幕墙、人造板材幕墙面板支承形式分类及标记代号 表 9-6

支承形式	嵌入	钢销	短槽	通槽	勾托	平挂	穿透	蝶形背卡	背栓
代号	QR	GX	DC	TC	GT	PG	CT	BK	BS

单元式幕墙单元部件间接口形式分类及标记代号 表 9-7

接口形式	插接型	对接型	连接型
标记代号	CJ	DJ	LJ

点支承玻璃幕墙面板支承形式分类及标记代号 表 9-8

支承形式	钢结构	索杆结构	玻璃肋
标记代号	GG	RG	BLL

全玻幕墙面板支承形式分类及标记代号 表 9-9

支承形式	落地式	钢结构
标记代号	LD	GG

双层幕墙分类及标记代号 表 9-10

通风方式	外通风	内通风
代号	WT	NT

9.1.2 标记方法

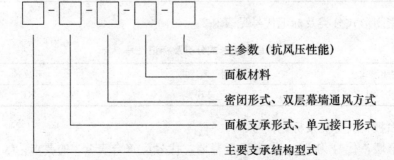

□-□-□-□-□
主参数（抗风压性能）
面板材料
密闭形式、双层幕墙通风方式
面板支承形式、单元接口形式
主要支承结构型式

144

9.1.3 标记示例

GB/T 21086 GJ-YK-FB-BL-3.5（构件式-隐框-封闭-玻璃，抗风压性能 3.5kPa）
GB/T 21086 GJ-BS-FB-SC-3.5（构件式-背拴-封闭-石材，抗风压性能 3.5kPa）
GB/T 21086 GJ-YK-FB-DL-3.5（构件式-隐框-封闭-铝单层板，抗风压性能 3.5kPa）
GB/T 21086 GJ-DC-FB-CB-3.5（构件式-短槽式-封闭-瓷板，抗风压性能 3.5kPa）
GB/T 21086 DY-DJ-FB-ZB-3.5（单元式-对接型-封闭-组合，抗风压性能 3.5kPa）
GB/T 21086 DZ-SG-FB-BL-3.5（点支式-索杆结构-封闭-玻璃，抗风压性能 3.5kPa）
GB/T 21086 QB-LD-FB-BL-3.5（全玻璃-落地-封闭-玻璃，抗风压性能 3.5kPa）
GB/T 21086 SM-MK-NT-BL-3.5（双层-明框-内通风-玻璃，抗风压性能 3.5kPa）

9.1.4 术语和定义

1. 建筑幕墙

建筑幕墙是指由面板与支承结构体系（支承装置与支承结构）组成的、可相对主体结构有一定位移能力或自身有一定变形能力、不承担主体结构所受作用的建筑外围护墙。

2. 构件式建筑幕墙

构件式建筑幕墙是指现场在主体结构上安装立柱、横梁和各种面板的建筑幕墙。幕墙节点示意见图 9-2。

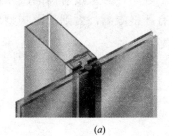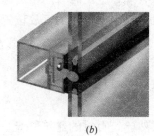

(a) (b) (c)

图 9-2 幕墙节点示意图

(a) 竖向节点；(b) 横向节点；(c) 开启扇节点

3. 单元式幕墙

单元式幕墙是指由各种墙面板与支承框架在工厂制成完整的幕墙结构基本单位，直接安装在主体结构上的建筑幕墙。单元式幕墙见图 9-3。

单元式幕墙的特点：

（1）幕墙单元工厂内加工制作易实现工业化生产，降低人工费用，控制单元质量；大量的加工制作、准备工作在工厂内完成，从而缩短幕墙现场施工周期和工程施工周期，为业主带来较大的经济效益和社会效益。

（2）单元与单元之间阴阳镶嵌连接，适应主体结构位移能力强，能有效吸收地震作用、温度变化、层间位移，单元式幕墙较适用于超高层建筑和纯钢结构高层建筑。

（3）接缝处多使用胶条密封，不使用耐候胶（是目前国内外幕墙技术的发展趋势），不受天气对打胶的影响，工期易控制。

（4）由于单元式幕墙主要在室内施工安装，主体结构适应能力较差，不适用于有剪力

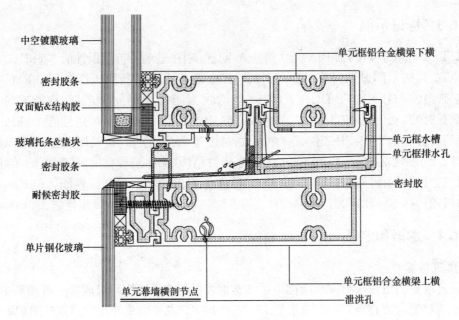

图 9-3 单元式幕墙

墙和窗间墙的主体结构。

（5）要求有严格的施工组织管理，施工时有严格的施工顺序，必须按对插的次序进行安装。对主体施工用垂直运输设备等施工机械的安放位置有严格限制，否则将影响整个工程的安装。

4. 玻璃幕墙

玻璃幕墙是指面板材料是玻璃的建筑幕墙。

5. 石材幕墙

石材幕墙是指面板材料是天然建筑石材的建筑幕墙。

石材挂接的方式有：背栓式、铝合金挂件、不锈钢挂件等。

6. 金属板幕墙

金属板幕墙是指面板材料外饰面为金属板材的建筑幕墙。

7. 人造板材幕墙

人造板材幕墙是指面板材料为人造外墙板（包括瓷板、陶板和微晶玻璃等，不包括玻璃、金属板材）的建筑幕墙。

（1）瓷板幕墙：以瓷板（吸水率平均值 $E \leqslant 0.5\%$ 干压陶瓷板）为面板的建筑幕墙。

（2）陶板幕墙：以陶板（吸水率平均值 $3\% < E \leqslant 6\%$ 和 $6\% < E \leqslant 10\%$ 挤压陶瓷板）为面板的建筑幕墙。

（3）微晶玻璃幕墙：以微晶玻璃板（通体板材）为面板的建筑幕墙。

8. 全玻幕墙

全玻幕墙是指由玻璃面板和玻璃肋构成的建筑幕墙。

全玻幕墙的主要特点：①通透性好；②加工工厂化；③材料种类少，施工工艺简单；④维护维修方便、易于清洗。

9. 点支承玻璃幕墙

点支承玻璃幕墙是指由玻璃面板、点支承装置和支承结构构成的建筑幕墙。

由于玻璃幕墙采用钢结构为支撑受力体系，所用的钢结构可以是圆钢管钢杠，也可以是鱼腹式钢铰支桁架或其他形式铰支桁架。钢结构上安装钢爪，面板玻璃四角开孔，钢爪上的紧固件穿过面板玻璃上的孔，紧固后将玻璃固定在钢爪上。此结构选材灵活、施工简单。

10. 双层幕墙

双层幕墙是指由外层幕墙、热通道和内层幕墙（或门、窗）构成，且在热通道内能够形成空气有序流动的建筑幕墙。

（1）热通道。可使空气在幕墙结构或系统内有序流动并具有特定功能的通道。

（2）外通风双层幕墙。进、出通风口设在外层，通过合理配置进出风口使室外空气进入热通道并有序流动的双层幕墙。

（3）内通风双层幕墙。进、出通风口设在内层，利用通风设备使室内空气进入热通道并有序流动的双层幕墙。

11. 采光顶与金属屋面

采光顶与金属屋面是指由透光面板或金属面板与支承体系（支承装置与支承结构）组成的，与水平方向夹角小于 75°的建筑外围护结构。

12. 封闭式建筑幕墙

封闭式建筑幕墙是指要求具有阻止空气渗透和雨水渗漏功能的建筑幕墙。

13. 开放式建筑幕墙

开放式建筑幕墙是指不要求具有阻止空气渗透或雨水渗漏功能的建筑幕墙。

14. 雨篷

雨篷分为铝板雨篷和玻璃雨篷。玻璃雨篷以点式幕墙居多，造型奇特、美观。

9.2 幕墙安装质量控制要点

现场的质量控制首先应从设计开始，它直接影响到幕墙的安全、功能和外观质量，因此按规定幕墙的设计是经规定程序批准并具有资质的单位设计，图纸须盖有该工程设计单位验证认可的出图章，并附有结构设计计算书。其次幕墙施工质量的好坏，主要取决于施工单位的管理水平和技术素质。根据幕墙工程管理的规定，幕墙工程的施工单位必须具有建筑幕墙工程施工质量企业资质等级，并根据相应资质等级承接幕墙安装工程。幕墙的安装施工应单独编制施工组织设计方案。

9.2.1 预埋件的安装

（1）为了保证幕墙构架与主体结构连接，设置预埋件的混凝土不宜低于 C30。

（2）预埋件锚板厚度，锚固长度等应经设计计算确定。

（3）一般预埋件的锚筋不少于 4 根，不宜多于 8 根，其直径不宜小于 8mm，也不宜大于 25mm。

（4）锚筋与锚板的焊缝高度不小于 $0.5d$，且不宜大于 6mm。

（5）锚筋长度不宜小于 250mm，当未充分利用锚筋受拉强度或受剪、受压锚筋，其长度不应小于 180mm。

（6）锚板厚度应大于锚筋直径的 0.6 倍。

（7）锚筋中心至锚板边缘距离不应小于 $2d$，且不小于 20mm。

（8）对于受拉和受弯预埋件锚板的厚度应大于两锚筋间距的 1/8，其锚筋的间距和锚筋至构件边缘的距离均不应小于 $3d$，且不小于 45mm。

（9）对于受剪预埋件的锚筋间距不应大于 300mm，且上、下两筋间距和锚筋距构件下边缘距离不应小于 $6d$ 及 70mm，左右两筋间距和锚筋距构件侧边缘距离不应小于 $3d$ 及 45mm。

（10）预埋件的标高偏差不应大于 10mm，预埋件位置与设计位置的偏差不应大于 20mm。预埋件的锚筋应放在外排主筋的内侧。

（11）预埋件、连接件之间的焊缝应平整，焊渣应清除干净。

（12）后置埋件使用化学锚栓锚固时，锚栓的埋设应牢固、可靠，不得露套管。

9.2.2　连接件的安装

（1）在安装幕墙连接件与预埋件的连接时，需预安装，对偏差较大的预埋件可采用焊垫片，或补打膨胀螺栓的方法予以调整，使连接角钢与立柱连接螺孔中心线标高偏差 ±3mm，角钢上开孔中心垂直方向 ±2mm，左右方向 ±3mm，以便在立柱安装时，可三维方向调整，使立柱正、侧面的垂直度、标高达到设计要求。

（2）焊接垫片应有足够的接触面和焊接面，其强度应达到预埋件锚板要求。禁止采用楔形垫片和点焊连接。不允许先用钢板对夹立柱，然后在将钢板焊接定位的施工工艺，以免造成位移和烧坏立柱氧化膜。

（3）角钢连接件与立柱接触面之间，应加设耐热、耐久、绝缘和防腐的硬质有机材料垫片。不同金属接触面应采用绝缘垫片做隔离措施。螺栓紧固应有防松措施。

（4）预埋件与幕墙连接还应该注意以下事项：

1）连接件、绝缘片、紧固件的规格、数量应符合设计要求。

2）连接件应安装牢固。螺栓应有防松脱措施。

3）连接件的可调节构造应用螺栓固定连接，并有防滑动措施，角码调节范围应符合使用要求。

4）连接件与预埋件之间的位置偏差使用钢板或型钢焊接调整时，构造形式与焊缝应符合设计要求。

5）预埋件、连接件表面防腐层应完整、不破损。

6）预埋件与幕墙连接，应在预埋件与幕墙连接节点处观察，手动检查，并应采用分度值为 1mm 的钢直尺和焊缝量规测量。

9.2.3　梁、柱连接节点的检查

（1）连接件、螺栓的规格、品种、数量应符合设计要求。螺栓应有防松脱的措施。同一连接处的连接螺栓不应少于两个，而且不应采用自攻螺钉。

（2）梁、柱连接应牢固不松动，两端连接处应设弹性橡胶垫片，或以密封胶密封。

（3）与铝合金接触的螺钉及金属配件应采用不锈钢或铝制品。

（4）梁、柱连接节点的检验，应在梁、柱节点处观察和手动检查，并应采用分度值为 1mm 的钢直尺和分辨率为 0.02mm 的塞尺测量。

9.2.4 龙骨安装

（1）龙骨安装时，相邻两根立柱安装标高偏差不应大于 3mm，同层立柱标高偏差不应大于 5mm。轴线前后偏差不应大于 2mm，左右偏差不应大于 2mm。

（2）竖向龙骨垂直度偏差：当高度小于 30m 时，不应大于 10mm；高度小于 60m 时，不应大于 15mm；高度小于 90m 时，不应大于 20mm；高度大于 90m 时，不应大于 25mm。

（3）竖向龙骨外表面偏差：相邻三立柱，应小于 2mm；当宽度小于 20m 时，应小于 5mm；宽度小于 40m 时，应小于 7mm；宽度小于 60m 时，应小于 9mm；宽度大于 60m 时，应小于 10mm。圆弧形曲面度偏差不应大于 2mm。

（4）相邻两根横向龙骨间距：当小于 2m 时，偏差不大于 1.5mm；当大于 2m 时，偏差不大于 2mm。相邻两横向龙骨的水平高差不应大于 1mm。同层横向龙骨水平高差：当长度小于 35m 时，不应大于 5mm；当长度大于 35m 时，不应大于 7mm。横向龙骨水平度：当龙骨长度小于 2m 时，应不大于 2mm，龙骨长度大于 2m 时，不应大于 3mm。

（5）竖向龙骨直线度 2m 内，不大于 2.5mm。分格对角线差：当对角线长度小于 2m 时，应小于 3mm；对角线长度大于 2m 时，应小于 3.5mm。

（6）立柱与立柱接头应有一定的空隙，一般控制在 20mm，并用密封胶填嵌密实平整。立柱与立柱接头应采用芯柱连接，芯柱应采用铝合金或不锈钢材料，不得采用热镀锌碳素钢或其他钢材。芯柱与上、下柱内壁应紧密接触，其插入上、下柱的长度不少于 2 倍的立柱截面高度。当立柱需要加强时，其加强材料必须是不锈钢或铝合金材料，不得采用其他材料，以防电腐蚀。

注：上下立柱之间应有不小于 15mm 的缝隙，并应采用芯柱连接。芯柱总长度不应小于 400mm。芯柱与立柱应紧密接触。芯柱与下柱之间应采用不锈钢螺栓固定。

（7）立柱安装调整就位后，应及时紧固。凡焊接或高强螺栓紧固后，应及时进行防锈处理。凡铝合金接触的螺栓及金属配件应采用不锈钢或轻金属制品。

（8）立柱上固定横梁角码必须水平，位置正确，这是横梁安装准确的保证。横梁与立柱之间应设置橡胶垫，并应安装严密，不渗漏。

注：立柱应采用螺栓与角码连接，并再通过角码与预埋件或钢构件连接。螺栓直径不应小于 10mm，连接螺栓应按现行国家标准《钢结构设计规范》GB 50017 进行承载力计算。立柱与角码采用不同金属材料时应采用绝缘垫片分隔。

9.2.5 玻璃板块安装

1. 材料的检验

（1）玻璃幕墙工程使用的玻璃，应进行厚度、边长、外观质量、应力和边缘处理情况的检验。

（2）玻璃厚度的允许偏差，应符合表 9-11 规定。

（3）检验玻璃厚度应采用下列方法：

玻璃安装或组装前，可采用分辨率为 0.02mm 的游标卡尺测量被检玻璃每边的中点，测量结果取平均值，约到小数点后二位。

玻璃厚度的允许偏差　　　　　　　　　　　　　　　表 9-11

玻璃厚度	允许偏差（mm）		
	单片玻璃	中空玻璃	夹层玻璃
5	±0.2	$\delta<17$ 时±1.0 $\delta=17\sim22$ 时±1.5 $\delta>22$ 时±2.0	厚度偏差不大于玻璃原片允许偏差和中间层允许偏差之和。中间层总厚度小于 2mm，允许偏差±0；中间层总厚度大于或等于 2mm 时，允许偏差±0.2mm
6	±0.2		
8	±0.35		
10	±0.35		
12	±0.4		
15	±0.6		
19	±1.0		

注：δ—中空玻璃的公称厚度，表示两片玻璃厚度与间隔框厚度之和。

对已安装的幕墙玻璃，可用分辨率为 0.1mm 的玻璃测厚仪在被检玻璃上随机取 4 点进行检测，取平均值，修约至小数点后一位。

玻璃边长的检验，应在玻璃安装或组装以前，用分度值为 1mm 的钢卷尺沿玻璃周边测量，取最大偏差值。

2. 玻璃板块的安装

玻璃幕墙的安装，必须提交工程所采用的玻璃幕墙产品的空气渗透性能、雨水渗透性能和风压变形性能的检验报告，还应根据设计的要求，提交包括平面内变形性能、保温隔热性能等的检验报告。

每副幕墙均应按不同分格各抽查 5%，且总数不得少于 10 个。

竖向构件或拼缝、横向构件或拼缝各抽查 5%，且不应少于 3 条；开启部位应按种类各抽查 5%，且每一种类不应少于 3 樘。

（1）明框玻璃幕墙安装质量应符合下列规定：

1）玻璃与构件槽口的配合尺寸应符合设计及规范的要求，玻璃嵌入量不得小于 15mm。

2）每块玻璃下部应设不少于两块弹性定位垫块，垫块的宽度与槽口的宽度相同，长度不应小于 100mm，厚度不应小于 5mm。

3）橡胶条镶嵌应平整、密实，橡胶条长度宜比边框内槽口长 1.5%～2.0%，其断口应留在四角；拼角处应粘结牢固。

4）不得采用自攻螺钉固定承受水平荷载的玻璃压条。压条的固定方式、固定点数量应符合设计要求。

检验玻璃幕墙的安装质量，应采用观察检查、查施工记录和质量保证资料的方法，也可打开采用分度值为 1mm 的钢直尺或分辨率为 0.5mm 的游标卡尺测量垫块长度和玻璃嵌入量。

（2）明框玻璃幕墙拼缝质量应符合下列规定：

1）金属装饰压板应符合设计要求，表面应平整，色彩应一致，不得有变形、波纹和凹凸不平，接缝应均匀严密。

2）明框拼缝外露框料或压板应横平竖直，线条通顺，并应满足设计要求。

3）当压板有防水要求时，必须满足设计要求；排水孔的形状、位置、数量应符合设计要求，且排水通畅。

检查明框玻璃幕墙拼缝质量时，应与设计图纸核对，观察检查，也可打开检查。

（3）全玻幕墙、点支撑玻璃幕墙安装质量检验指标，应符合下列规定：

1）幕墙玻璃与主体结构连接处应嵌入安装槽口内，玻璃与槽口的配合尺寸应符合设计和规范要求，其嵌入深度不小于18mm。

2）玻璃与槽口间的空隙应有支撑垫块和定位垫块，其材质、规格、数量和位置应符合设计和规范要求，不得用硬性材料填充固定。

3）玻璃肋的宽度、厚度应符合设计要求，玻璃结构密封胶的宽度、厚度应符合设计要求，并应嵌填平顺、密实、无气泡、不渗漏。

4）单片玻璃高度大于4m时，应使用吊夹或采用点支撑方式使玻璃悬挂。

5）点支承玻璃幕墙应使用钢化玻璃，不得使用普通浮法玻璃。玻璃开孔的中心位置距边缘距离应符合设计要求，并不得小于100mm。

6）点支承玻璃幕墙支撑装置安装的标高偏差不应大于3mm，其中心线的水平差不应大于3mm。相邻两支撑装置中心线间距偏差不应大于2mm。支撑装置与玻璃连接件的结合面水平偏差应在调节范围内，并不应大于10mm。

7）点支承玻璃幕墙相邻两爪座水平高低差不应大于1.5mm。水平度不应大于2mm。

8）检验全玻璃幕墙、点支承玻璃幕墙的安装质量，应采用下列方法：

①用表面应力检测仪检查玻璃应力。

②与设计图纸核对，检查质量保证资料。

③用水平仪、经纬仪检查高度偏差。

④用分度值为1mm的钢直尺或钢卷尺检查尺寸偏差。

（4）开启部位安装质量的检验标准，应符合下列规定：

1）开启窗、外开门应固定牢固。附件齐全，安装位置正确；窗、门框固定螺丝的间距应符合设计要求并不应大于300mm，与端部距离不应大于180mm；开启窗开启角度不宜大于30°，开启距离不宜大于300mm；外开门应安装限位器或闭门器。

2）窗、门扇应开启灵活，端正美观，开启方向、角度应符合设计要求；窗、门扇关闭应严密，间隙均匀，关闭后四角密封条均处于压缩状态。密封条接头应完好、整齐。

3）窗、门框的所有型材拼缝和螺钉孔宜注耐候密封胶，外表整齐美观。除不锈钢材料外，所有附件和固定件应作防腐处理。

4）窗扇与框架搭接宽度差不应大于1mm。

检查开启部位安装质量时，应与设计图纸核对，观察检查，并用分度值为1mm的钢直尺测量。

（5）玻璃幕墙与周边密封质量的检验指标，应符合下列规定：

1）玻璃幕墙四周与主体之间的缝隙，应采用防火保温材料严密填塞，水泥砂浆不得与铝型材直接接触，不得采用干硬性材料填塞。内外表面应采用密封胶连续封闭，接缝严密不渗漏，密封胶不应污染周围相邻表面。

2）幕墙转角、上下、侧边、封口及与周边墙体的连接构造应牢固并满足密封防水要求，外表应整齐美观。

3）幕墙玻璃与室内装饰之间的间隙不宜少于 10mm。

检查玻璃幕墙与周边密封质量时，应核对设计图纸，观察检查，并用分度值为 1mm 的钢直尺测量。

（6）玻璃幕墙外观质量的检验指标，应符合下列规定：

1）玻璃的品种、规格与色彩应符合设计要求，整幅幕墙玻璃颜色应基本均匀，无明显色差；色差不应大于 3Cielab 色差单位；玻璃不应有析碱、发霉和镀膜脱落等现象。

2）钢化玻璃表面不得有伤痕。

3）热反射玻璃的膜面不得暴露于室外。

4）热反射玻璃膜面应无明显变色、脱落现象。

5）型材表面应清洁，无明显擦伤、划伤（要求见表 9-12）；铝合金型材及玻璃表面不应有铝屑、毛刺、油斑、脱膜及污垢。型材色彩应符合设计要求并应均匀。

型材表面质量要求　　　　　　　　　　　　　　表 9-12

项　　目	质　量　要　求
擦伤，划痕深度	≤氧化膜厚的 2 倍
擦伤总面积（mm²）	≤500
划伤总长度（mm）	≤150
擦伤和划伤处数	不超过 4 处

6）幕墙隐蔽节点的遮封装饰应整齐美观。

（7）检验玻璃幕墙外观质量，应采用下列方法：

1）在较好自然光下，距幕墙 600mm 处观察表面质量，必要时用精度 0.1mm 的读数显微镜观测玻璃、型材的擦伤、划痕。

2）对热反射玻璃膜面，在光线明亮处，以手指按住玻璃面，通过实影、虚影判断膜面朝向。

3）观察检查玻璃颜色，也可用分光测色仪检查玻璃色差。

（8）玻璃幕墙保温、隔热构造安装质量的检验指标，应符合下列规定：

1）幕墙安装内衬板时，内衬板四周宜套装弹性橡胶密封条，内衬板应与构件接缝严密。

2）保温材料应安装牢固，并应与玻璃保持 30mm 以上的距离。保温材料的填塞应饱满、平整、不留间隙，其填塞密度、厚度应符合设计要求。在冬季取暖的地区，保温棉板的隔气铝箔面应朝向室内，无隔气铝箔面时应在室内侧有内衬隔气板。

检验玻璃幕墙保温、隔热构造安装质量，应采取观察检查的方法，并应与设计图纸核对，查施工记录，必要时可打开检查。

9.2.6　石材板块与金属板块安装

严禁采用全隐框玻璃幕墙设计；明框和半隐框玻璃幕墙外片玻璃应采用夹层玻璃、均质钢化玻璃或超白玻璃；外开启扇应有防玻璃脱落的构造措施。对石材幕墙应限制其应用高度，严禁建筑外墙石材采用湿贴工艺，无立柱干挂石材高度不得高于 30m。

1. 石板的加工质量

（1）每块板材正面外观缺陷的要求见表 9-13。

板材外观缺陷要求 表 9-13

项目	缺 陷 内 容	质量要求
缺棱	长度不超过 10mm，宽度不超过 1.2mm（长度小于 5mm 不计，宽度小于 1.0 不计），周边每米长允许个数（个）	1 个
缺角	面积不超过 5mm×2mm（面积小于 2mm×2mm 不计），每块板允许个数（个）	1 个
色斑	面积不超过 20mm×30mm（面积小于 10mm×10mm 不计），每块板允许个数（个）	1 个
色线	长度不超过两段顺延至板边总长的 1/10，（长度小于 40mm 的不计），每块板允许条数（条）	2 条
裂纹		不允许
窝坑	板面的正面出现窝坑	不明显

检查数量：全数检查。

检查方法：测量、观察。

（2）石板的加工应符合下列规定：

1）石板连接部位应无崩坏、暗裂等缺陷；其他部位崩边不大于 5mm×20mm，或缺角不大于 20mm 时可修补后使用，但每层修补的石板数不应大于 2%，且宜用于里面不明显部位。

2）石板的长度、宽度、厚度、直角、异型角、半圆弧形状、异型材及花纹图案造型、石板的外形尺寸均应符合设计要求。

3）石板外表面的色泽应符合设计要求，花纹图案应按样板检查。石板四周不得有明显的色差。

4）火烧石应按样板检查火烧后的均匀程度，火烧石不得有暗裂、崩裂。

5）石板的编号应同设计一致，不得因加工造成混乱。

6）石板应结合其组合形式，并应确定工程使用的基本形式后进行加工。

（3）钢销式安装的石板加工应符合下列规定：

1）钢销的孔位应根据石板的大小而定。孔位距离边端不得小于石板厚度的 3 倍，也不得大于 180mm；钢销间距不宜大于 600mm；边长不大于 1.0m 时每边应设两个钢销，边长大于 1.0m 时应采用复合连接。

2）石板的钢销孔的深度宜为 22～23mm，孔的直径宜为 7mm 或 8mm，钢销直径宜为 5mm 或 6mm，钢销长度宜为 20～30mm。

3）石板的钢销孔处不得有损坏或崩裂现象，孔径内应光滑、洁净。

（4）通槽式安装的石板加工应符合下列规定：

1）石板的通槽宽度宜为 6mm 或 7mm，不锈钢支撑板厚度不宜小于 3.0mm，铝合金支撑板厚度不宜小于 4.0mm；

2）石板开槽后不得损坏或崩裂，槽口应打磨成 45°倒角；光滑、洁净。

（5）短槽式安装的石板加工应符合下列规定：

1）每块石板上下边应各开两个短平槽，短平槽长度不应小于100mm，在有效长度内槽深度不宜小于15mm；开槽宽度宜为6mm或7mm；不锈钢支撑板厚度不宜小于3.0mm，铝合金支撑板厚度不宜小于4.0mm。弧形槽的有效长度不应小于80mm。

2）两短槽边距离石板两端部的距离不应小于石板厚度的3倍且不应小于85mm，也不应大于180mm。

3）石板开槽后不得损坏或崩裂，槽口应打磨成45°倒角，槽内光滑洁净。

4）已加工好的石板应立置通风良好的仓库内，堆放角度不应小于85°。

（6）石板的转角宜采用不锈钢支撑件或铝合金型材专用件组装，并符合：

1）当采用不锈钢支撑件组装时，不锈钢支撑件的厚度不应小于3mm；

2）当采用铝合金型材专用件组装时，铝合金型材壁厚不应小于4.5mm，连接部位的壁厚不应小于5mm。

（7）单元石板幕墙的加工组装应符合下列规定：

1）有防火要求的全石板幕墙单元，应将石板、防火板、防火材料按设计要求组装在铝合金框架上。

2）有可视部分的混合幕墙单元，应将玻璃板、石板、防火板及防火材料按设计要求组装在铝合金框架上。

3）幕墙单元内石板之间可采用铝合金T形连接件连接；其厚度应根据石板的尺寸及重量经过计算后确定，且其最小厚度不应小于4.0mm。

4）幕墙单元内，边部石板与金属框架的连接，可采用铝合金L形连接件，其厚度应根据石板尺寸及重量经计算后确定，其最小厚度不小于4.0mm；不锈钢挂件厚度不应小于3.0mm。

注：石板经切割或开槽等工序后均应将石屑用水冲干净，石板与不锈钢挂件间应采用环氧树脂型石材专用结构胶粘结。云石胶具有快速固化、脆性大等特点，适用于石材定位、修补等非结构承载粘结。由于石材幕墙金属挂件与石材间是结构承载粘结固定，根据国家标准要求不应使用云石胶。

2. 金属板的加工质量

（1）金属板的表面质量应符合表9-14规定。

金属板的表面质量（m²）　　　　　　　　　　　　　　表9-14

序号	项　　目	质量要求	检查方法
1	明显划伤和长度＞100mm的轻微划伤	不允许	观察
2	长度≤100mm的轻微划伤	≤8条	用钢直尺
3	擦伤总面积	≤500mm²	用钢直尺

（2）金属板的加工质量应符合下列要求：

金属板材的品种、规格及色泽应符合设计要求；铝合金板材表面氟碳树脂涂层厚度应符合设计要求。

金属板材加工允许偏差应符合表9-15规定。

（3）层铝板的加工应符合下列规定：

1）单层铝板折弯加工时，折弯外圆弧半径不应小于板厚的1.5倍。

2）单层铝板加劲肋的固定可采用电栓钉，但应确保铝板外表面不应变形、褪色，固定应牢固。

项　　目		允　许　偏　差
边长	≤2000	±2.0
	>2000	±2.5
对边尺寸	≤2000	≤2.5
	>2000	≤3.0
对角线长度	≤2000	2.5
	>2000	3.0
折弯高度		≤1.0
平面度		≤2/1000
孔的中心距		±1.5

3）单层铝板的固定耳子应符合设计要求。固定耳子可采用焊接、铆接或在铝板上直接冲压而成，并应位置准确，调整方便，固定牢固。

4）单层铝板构件四周边应采用铆接、螺栓或胶粘与机械连接相结合的形式固定，并应做到构件刚性好，固定牢固。

（4）铝塑复合板的加工应符合下列规定：

1）在切割铝塑复合板内层铝板和聚乙烯塑料时，应保留不小于 0.3mm 厚的聚乙烯塑料，并不得划伤外层铝板的内表面。

2）打孔、切口等外露聚乙烯塑料及角缝，应用中性硅酮耐候密封胶密封。

3）在加工过程中铝塑复合板严禁与水接触。

（5）蜂窝铝板的加工应符合下列规定：

1）应根据组装要求决定切口的尺寸和形状，在切除铝芯时不得划伤蜂窝铝板外层铝板的内表面；各部位外层铝板上，应保留 0.3～0.5mm 的铝芯。

2）直角构件加工，折角应弯成圆弧状，角缝应采用硅筒耐候密封胶密封。

3）大圆弧角构件的加工，圆弧部位应填充防火材料。

4）边缘的加工，应将外层铝板折合 180°，并将铝芯包封。

金属幕墙的女儿墙部分，应用单层铝板或不锈钢板加工成向内倾斜的盖顶。

（6）金属幕墙的吊挂件、安装件应符合下列规定：

1）单元金属幕墙使用的吊挂件、支撑件，宜采用铝合金件或不锈钢件，并应具备可调整范围。

2）单元幕墙的吊挂件与预埋件的连接应采用穿透螺栓。

3）铝合金立柱的连接部位的局部壁厚不得小于 5mm。

3. 幕墙构件的检验

幕墙安装前施工单位应当委托有资质的检测机构进行结构胶相容性检测，以及幕墙气密性能、水密性能、抗风压性能、平面内变形性能和热工性能检测。

金属与石材幕墙构件应按同一种类构件的 5% 进行抽样检查，且每种构件不得少于 5件。当有一个构件抽检不符合上述规定时，应加倍抽样复验，全部合格后方可出厂。构件出厂时，应附有构件合格证书。

4. 安装施工准备

（1）搬运、吊装构件时不得碰撞、损坏和污染构件。

（2）构件储存时应按照安装顺序排列放置，放置架应有足够的承载力和刚度。在室外储存时应采取保护措施。

（3）构件安装前应检查制造合格证，不合格的构件不得安装。

金属、石材幕墙与主体结构连接的预埋件，应在主体结构施工时按设计要求埋设。预埋件应牢固，位置准确，预埋件的位置误差应按设计要求进行复查。当设计无明确要求时，预埋件位置差不应大于20mm。

5. 幕墙安装

安装施工测量应与主体结构的测量配合，其误差应及时调整。

（1）金属与石材幕墙龙骨的安装应符合下列规定：

（2）立柱安装标高偏差不应大于3mm，轴线前后偏差不应大于2mm，左右偏差不应大于3mm。

（3）相邻两根立柱安装标高偏差不应大于3mm，同层立柱的最大标高偏差不应大于5mm，相邻两根立柱的距离偏差不应大于2mm。

1）应将横梁两端的连接件及垫片安装在立柱的预定位置，并应安装牢固，其接缝应严密。

2）相邻两根横梁的水平标高偏差不应大于1mm。同层标高偏差：当一幅幕墙宽度小于或等于35m时，不应大于5mm；当一幅幕墙宽度大于35m时，不应大于7mm。

（4）金属板与石板安装应符合下列规定：

1）应对横竖连接件进行检查、测量、调整。

2）金属板、石板安装时，左右、上下的偏差不应大于1.5mm。

3）金属板、石板空缝安装时，必须有防水措施，有符合设计的排水出口。

4）填充硅酮耐候密封胶时，金属板、石板缝的宽度、厚度应根据硅酮耐候密封胶的技术参数，经计算后确定。

5）幕墙钢构件施焊后，其表面应采取有效的防腐措施。

（5）构件式玻璃幕墙允许偏差及检查方法见表9-16。

构件式玻璃幕墙允许偏差及检查方法　　　　　　　表9-16

序号	项　目	尺寸范围	允许偏差（mm）	检查方法
1	竖缝及墙面垂直度	高度≤30m	≤10	用全站仪或经纬仪或激光仪
		30m<高度≤60m	≤15	
		60m<高度≤90m	≤20	
		90m<高度≤150m	≤25	
		高度>150m	≤30	
2	幕墙水平度	幕墙幅宽≤35m	≤5	用水平仪
		幕墙幅宽≥35m	≤7	
3	幕墙平面度		≤2.5	用2m靠尺、塞尺
4	幕墙拼缝直线度		≤2.5	用2m靠尺、塞尺
5	胶缝宽度差（与设计值相比）		±2	用卡尺测量
6	相邻面板接缝高低差		≤1.0	用2m靠尺、塞尺

检查数量：不少于工程总数的 5％且不少于 10 个分格。

（6）金属与石材幕墙安装质量应符合表 9-17 规定。

金属与石材幕墙安装允许偏差及检查方法 表 9-17

项　目		允许偏差（mm）	检查方法
幕墙垂直度	幕墙高度不大于 30m	≤10	全站仪，激光经纬仪或经纬仪
	幕墙高度大于 30m，不大于 60m	≤15	
	幕墙高度大于 60m，不大于 90m	≤20	
	幕墙高度大于 90m	≤25	
	幕墙高度大于 150m	≤30	
	竖向板材直线度	≤3	2m靠尺、塞尺
	横向板材水平度不大于 2000mm	≤2	水平仪
	同高度相邻两根横向构件高度差	≤1	钢板尺、塞尺
幕墙横向水平度	幕墙幅宽≤35 m	≤5	水平仪
	幕墙幅宽≥35 m	≤7	
分格框对角线差	对角线长不大于 2000mm	≤3	3m 钢卷尺
	对角线长大于 2000mm	≤3.5	

9.2.7 防火检验

（1）幕墙工程防火构造应按防火分区总数抽查 5％，并不得少于 3 处。

（2）幕墙防火构造的检验指标，应符合下列规定：

1）幕墙与楼板、墙、柱之间应按设计要求设置横向、竖向连续的防火隔断。

2）对高层建筑无窗间墙和窗槛墙的玻璃幕墙，应在每层楼板外沿设置耐火极限不低于 1.00h，高度不低于 0.80m 的不燃烧实体裙墙。

3）同一块玻璃不宜跨两个分火区域。

检验幕墙防火构造，应在幕墙与楼板、墙、柱、楼梯间隔断处，采用观察的方法进行检查。

（3）幕墙防火节点的检验指标，应符合下列规定：

1）防火节点构造必须符合设计要求。

2）防火材料的品种、耐火等级应符合设计和标准的规定。

3）防火材料应安装牢固，无遗漏，并应严密无缝隙。

4）镀锌钢衬板不得与铝合金型材接触，衬板就位后，应进行密封处理。

5）防火层与幕墙和主体结构间的缝隙必须用防火密封胶严密封闭。

检验幕墙防火节点，应在幕墙与楼板、墙、柱、楼梯间隔断处，采用观察、触摸的方法进行检查。

（4）防火材料铺设的检验指标，应符合下列规定：

1）防火材料的品种、材料、耐火等级和铺设厚度，必须符合设计的规定。

2）搁置防火材料的镀锌钢板厚度不宜小于 1.5mm，并不得采用铝板。

3）防火材料铺设应饱满、均匀、无遗漏，厚度不宜小于 100mm。

4）防火材料不得与幕墙玻璃直接接触，防火材料朝玻璃面处宜采用装饰材料覆盖。

5）防火层的密封材料应采用防火密封胶。

检验防火材料的铺设，应在幕墙与楼板和主体结构之间用观察和触摸方法进行，并采用分度值为1mm的钢直尺和分辨率为0.05mm的游标卡尺测量。

9.2.8 防雷检验

（1）幕墙工程防雷措施的检验抽样，应符合下列规定：

1）有均压环的楼层数少于3层时，应全数检查；多于3层时，抽查不得少于3层，对有女儿墙盖顶的必须检查，每层至少应查3处。

2）无均压环的楼层抽查不得少于2层，每层至少应检查3处。

（2）幕墙金属框架连接的检验指标，应符合下列规定：

1）幕墙所有金属框架应互相连接，形成导电通路。

2）连接材料的材质、截面尺寸、连接长度必须符合设计要求。

3）连接接触面应可靠，不松动。

（3）检验幕墙金属框架的连接，应采用下列方法：

1）用接地电阻仪或兆欧表测量检查。

2）观察、手动试验，并用分度值为1mm的钢卷尺、分辨率为0.05mm的游标卡尺测量。

（4）幕墙与主体结构防雷装置连接的检验指标，应符合下列规定：

1）连接材质、截面尺寸和连接方式必须符合设计要求。

2）幕墙金属框架与防雷装置的连接应紧密可靠，应采用焊接或机械连接，形成导电通路。连接点水平间距不应大于防雷引下线的间距，垂直间距不应大于均压环的间距。

3）女儿墙压顶罩板宜与女儿墙部位幕墙构架连接，女儿墙部位幕墙构架与防雷装置的连接节点宜明露，其连接应符合设计的规定。

4）检验幕墙与主体结构防雷装置的连接，应在幕墙框架与防雷装置连接部位采用接地电阻仪或兆欧表测量和观察检查。

第10章 门窗工程

10.1 门窗工程概述

在装饰工程中，涉及的一般门窗工程有木门窗、铝合金门窗、钢质门窗、塑料门窗等；特殊门窗则有防火门、自动门、旋转门、卷帘门、全玻璃门等。随着建筑生产技术的发展，门窗工程的制作安装逐步由传统的现场制作安装转化为工厂化生产现场安装的方式，本章主要就成品和半成品的现场安装工艺进行阐述。

10.2 木门套（扇）安装施工

木门安装前工序检查内容：主要检查门洞尺寸（洞口高度、宽度、墙体厚度、洞口和墙体垂直度等），墙面施工（涂料、腻子、墙砖、墙面垂直度和平整度等），地砖、门槛石、吊顶等完成情况，高档装饰一般在两道墙面涂料完成后方才开始木制品的安装施工。

木门（套）工艺结构图见图10-1。

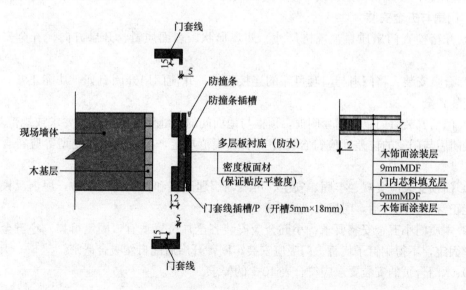

图10-1　木门（套）工艺结构图

1. 木门套基层制作

门套基层制作需满足三个基本要求：垂直度、方正度及牢固度，其次需要确保基层的完成面尺寸，满足成品门套的现场安装。轻钢龙骨隔墙须在边框龙骨处加方管或木方加强。

2. 木门套安装施工

（1）检查：根据送货单和标注标签，把门套材料搬运到确定的安装位置。拆包后认真检查产品质量是否符合要求，检查包括：规格尺寸、材料使用、木皮和涂饰要求、开启方向等。并核对预留洞口尺寸是否与图纸相符。

（2）组框：对照图纸，将门套侧板与顶板根据设计的门扇洞口尺寸组装门框框架。

（3）框架固定

1）临时固定：精确调整门套侧板正侧面的垂直度、门扇下部预留缝、门套顶板的水平度、门扇安装裁口的对角线差、门扇关闭后左、右、上三个方向与门套间留缝值，确认达标后选定点位进行临时固定。

2）永久固定：固定方式有发泡剂、枪钉、木螺丝、钢片射钉。

注：使用发泡剂时门套与墙体间的留缝值应控制在 20mm 左右，如果缝隙太大，不宜使用发泡剂固定。防火门必须使用符合防火等级的固定配件。

3. 门压线（收口条）安装

（1）核对门压线规格尺寸是否与所安装门的规格尺寸相符，现场组装压线对角裁切精确。

（2）在门压线靠墙面一侧涂布适当粘结胶，施胶量适当并均匀一致，胶体不得污染产品。

（3）将门压线轻轻压入门压线安装槽。

（4）注意门压线拼角处拼接平整，过渡顺畅。

4. 门扇与五金安装

1）开箱检查门扇质量：规格尺寸、外观形状、表面质量、开启方向、五金安装孔位等。

2）合页安装：将门扇与门套可靠的连接起来，并使门扇开闭自如，功能正常，合页螺丝安装齐全。

3）门扇安装后门扇与门套侧框，顶框与地面间的留缝值应符合设计要求或规范规定，门扇关闭后与门套的位差度应符合设计要求或规范规定，门扇的弯曲变型等应符合规范规定。

4）门锁安装应美观、牢固、安全、可靠，钥匙开启和反锁功能正常，屋内反锁与保险功能正常，开闭灵活，门扇无风动。

5）木质门小五金安装要求：小五金应安装齐全，位置适宜，固定可靠。小五金应用木螺丝固定，不得用钉子代替。门吸应安装牢固，开启后能自然吸合严密。

6）木门合页的安装要求应符合表 10-1 的要求。

木门合页安装表　　　　　　　　　　　表 10-1

门扇高度	合页安装数量	上合页与门扇顶边距离	下合页与门扇底边距离	备　　注
＜2000mm	2 只	18mm	200mm	

门扇高度	合页安装数量	上合页与门扇顶边距离	下合页与门扇底边距离	备注
2001～2400mm	3 只	18mm	200mm	中合页与上合页净距 200mm
2401～3000mm	≥4 只	18mm	200mm	上下合页间距离平分
＞3001mm	≥5 只	18mm	200mm	上下合页间距离平分

10.3 金属门窗安装施工

10.3.1 塑钢门窗安装施工

1. 检查预留洞口尺寸

窗的构造尺寸应包括预留洞口与待安装窗框的间隙及墙体饰面材料的厚度。其间隙应符合表 10-2 的要求。

洞口与窗框间隙表　　　　　　　　　　　　表 10-2

墙体饰面层材料	洞口与窗框间隙（mm）
清水墙	10
墙体外饰面抹水泥砂浆或贴马赛克	15～20
墙体外饰面贴釉面瓷砖	20～25
墙体外饰面贴大理石或花岗岩板	40～50

2. 操作步骤及施工方法

（1）预留的门窗洞口周边，应抹 2～4mm 厚的 1：3 水泥砂浆，并用木抹子搓平、搓毛。

（2）逐个检查已抹砂浆的预留洞口实际尺寸（包括应留的缝隙），与施工设计图核对，偏差处应及时整改。

（3）对于同一类型的门窗及其相邻的上、下、左、右洞口应保持通线，洞口应横平竖直；对于高级装饰工程及放置过梁的洞口，应做洞口样板。洞口宽度与高度的允许尺寸偏差应符合表 10-3 的规定。

洞口宽度与高度的允许偏差表（mm）　　　　　　　　　　表 10-3

洞口宽度高度	＜2400	2400～4800	＞4800
未粉刷墙面	±10	±15	±20
已粉刷墙面	±5	±10	±15

（4）组合窗的洞口，应在拼樘料的对应位置设预埋件或预留孔洞。当洞口需要设置预埋件时，应检查预埋件的数量规格及位置。预埋件的数量应和固定片的数量一致；其标高和坐标位置应正确。预埋件的标高偏差不大于 10mm，埋件位置和设计位置的偏差不大于 20mm。

（5）门窗安装应在洞口尺寸符合规定且验收合格，并办好工种间交接手续后，方可进行。

（6）准备简易脚手架及安全设施。

（7）安装塑钢门窗前，应认真熟悉图纸，检查预留洞口尺寸是否符合图纸设计要求。塑钢门窗安装工作应在室内粉刷和室外粉刷找平、刮糙等湿作业完毕后进行。

（8）门窗的固定片的安装符合下列要求：

1）应检查窗框上下边的位置及其内外朝向，确认无误后，安固定片。安装时应先采用直径为 $\phi 3.2$ 的钻头钻孔，然后应将十字槽盘头自攻螺钉 M4×20 拧入，并不得直接锤击钉入。

2）固定片的位置应距窗角、中竖框、中横框 150～200mm，固定片之间的间距应小于或等于 500mm，如图 10-2 所示。不得将固定片直接装在中横框、中竖框的挡头上。

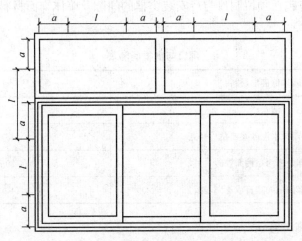

图 10-2　固定片安装位置图

a—端头（或中框）距固定片的距离；l—固定片之间的间距

（9）将门窗搬运到相应的洞口旁竖放，在门窗框及洞口上作垂直中线标记。

（10）当窗框装入洞口时，其上下框中线应与洞口中线齐，窗的上下框四角及中横框的对称位置应用木楔或垫块塞紧作临时固定；当下框长度大于 0.9m 时，其中央也应用木楔或垫块塞紧，临时固定；然后按设计图纸确定窗框在洞口墙体厚度方向的安装位置，并调整窗框的垂直度、水平度及直角度，其允许偏差符合规定。

（11）根据设计图纸及门扇的开启方向，确定门框的安装位置，并把门框装入洞口，安装时采取防止门框变形的措施，无下框平开门应使两边框的下脚低于地面标高线，其高度差宜为 30mm，带下框平开门或推拉门使下框低于地面标高线，其高度差宜为 10mm。然后将上框的一个固定片固定在墙体上，并调整门框的水平度、垂直度和直角度，并用木楔临时定位。其允许偏差应符合规定。

（12）当门窗与墙体固定时，先固定上框，然后固定边框，固定方法应符合下列要求：

混凝土墙洞口应采用射钉或塑料膨胀螺丝固定。

砖墙洞口采用塑料膨胀螺钉或金属膨胀螺丝固定，并不得固定在砖缝处。

加气混凝土小型砌体洞口，采用木螺钉将固定片固定在已预埋的胶粘圆木上。

设有预埋铁件的洞口采用焊接的方法固定，也可先在预埋件上按紧固件规格打基孔，然后用紧固件固定。

下框与墙体的固定：窗盘下应采用防水砂浆粉刷。

（13）当需要装窗台板时，按设计要求将其插入窗下框，并使窗台板与下边框结合紧密，其安装的水平精度与窗框一致。

（14）安装组合窗连窗门时，拼樘料与洞口的连接应符合下列要求：

1）拼樘料与混凝土过梁或柱子的连接符合本规程中的规定。

2）拼樘料与砖墙连接时，应先将拼樘料两端插入预留洞中，然后应用强度等级为C20的细石混凝土浇灌固定。

3）将两窗框与拼樘料卡接，卡接后用紧固件双向拧紧，其间距小于或等于600mm；紧固件端头及拼樘料与窗框间的缝隙采用嵌缝膏进行密封处理。

（15）门窗框与洞口之间的缝隙内腔采用闭孔泡沫塑料、发泡聚苯乙烯等弹性材料分层填塞，填塞不宜过紧。发泡剂等填充料必须连续，中间没有间隙，可以起到有效防水作用。对于保温、隔声等级要求较高的工程，采用相应的隔热、隔声材料填塞。填塞后，撤掉临时固定用木楔或垫块，其空隙应采用闭孔弹性材料填塞。

（16）门窗洞口内外侧与窗框之间缝隙的处理符合下列要求：

1）普通单玻璃窗：其洞口内外侧与窗框之间采用水泥砂浆或麻刀白灰浆填实抹平；靠近合页一侧，灰浆压住窗框的厚度宜以不影响扇的开启为限，待水泥砂浆硬化后，其外侧应采用嵌缝膏进行密封处理。

2）保温、隔声窗：其洞口内侧与窗框之间采用水泥砂浆填实抹平；当外侧抹灰时，采用片材将抹灰层与窗框临时隔开，其厚度宜为5mm，抹灰面应超出窗框，其厚度以不影响扇的开启为限，如图10-3所示。待外抹灰层硬化后，应撤去片材，并将嵌缝膏挤入抹灰层与窗框缝隙内。保温、隔声等级要求较高的工程，洞口内侧与窗框之间也采用嵌缝膏密封。

（17）塑料门窗扇安装

1）门扇应待水泥砂浆硬化后安装；合页部位配合间隙的允许偏差及门框、扇的搭接量符合国家现行标准《未增塑聚氯乙烯（PVC-U）塑料门》JG/T 180 的规定。

2）门窗扇上若粘有水泥砂浆，应在其硬化前，用湿布擦拭干净，不得使用硬质材料铲刮窗扇表面。

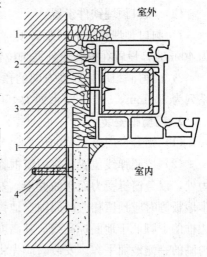

图 10-3　窗安装节点图
1—嵌缝膏；2—弹性填充料；3—固定片；
4—塑料膨胀螺钉

10.3.2 铝合金门窗安装施工

1. 洞口尺寸留置

（1）门窗框与洞口的间隙，应视不同的饰面材料而定，可参考表 10-4。

门窗框与洞口的间隙表　　　　　　　　　　表 10-4

墙体饰面材料	门窗框与洞口的间隙（mm）	备　注
一般粉刷	20～25	1. 门下部与洞口间隙还应根据楼地面材料与门下槛形式的不同进行调整，确保有槛平开门下槛上曲与高的一侧地面平齐 2. 无槛平开门框高比洞口高增加 30mm
马赛克贴面	25～30	
普通面砖贴面	35～40	
泰山面砖贴面	40～45	
花岗岩板材贴面	45～50	

（2）洞口宽度与高度的允许尺寸偏差应符合表 10-5 的规定。

洞口宽度与高度的允许尺寸偏差表（mm）　　　　　表 10-5

洞口宽度高度	＜2400	2400～4800	＞4800
未粉刷墙面	≤10	≤15	≤20
已粉刷墙面	≤5	≤10	≤15

（3）洞口预埋铁件设置：

1）洞口预埋铁件的间距必须与门窗框上设置的连接件配套。门窗框上铁脚间距一般为 400mm；设置在框转角处铁脚位置，距转角边缘 100～200mm。

2）门窗洞口墙体厚度方向的预埋铁件中心线，如设计无规定时，距内墙面：38～60 系列为 100mm，90～100 系列为 150mm。

2. 门窗框安装

（1）铝合金门窗安装的位置，开启方向，必须符合设计要求。

（2）按照弹线位置，将门窗框临时用木楔固定：木楔必须安置在窗框四角和窗梃能受力处，以免窗梃受力而弯曲变形。安装门框时应注意室内地面的标高，如果内铺地毯、拼木地板等时应预留相应的间隙。地弹簧表面应与室内地面标高一致。无下框平开门应使两边框的下脚低于地面标高线，其高度差宜为 30mm，带下框平开门或推拉门应使下框上边与高的一侧地面平齐。安装时应先将上框固定片固定在墙体上，再调整门框的水平度、垂直度和直角度，并用木楔临时定位。

（3）必须用水平尺和托线板反复校正门窗框的垂直度和水平度，并调整木挺直至门窗框垂直水平。完成上述工序后，应再复核一次。

（4）应用膨胀螺丝将墙体连接件固定在结构上，在混凝土结构上可用射钉进行固定：墙体连接件固定要牢固，不得有松动现象。严禁用长脚螺栓穿透型材固定门窗框。

墙体连接件的相隔间距应小于或等于 500mm，推拉窗在锁扣位置上必须设置一个连接件。连接件一般采用内外交错布置，如图 10-4、图 10-5 所示。

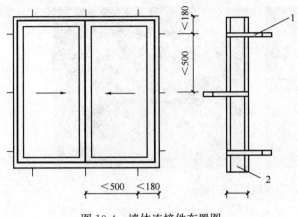

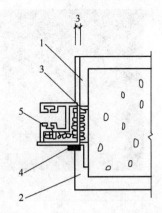

图 10-4　墙体连接件布置图
1—墙体连接件；2—系列宽度

图 10-5　饰面层与框填缝节点图
1—内粉；2—外粉；3—弹性填充料（或发泡剂）；4—硅硐密封胶；5—柔性材料

3. 门窗框与墙体安装缝隙的密封

（1）铝合金门窗框安装固定后，应先进行隐蔽工程验收，检查合格后再进行门窗框与墙体安装缝隙的密封处理。

（2）门窗框与墙体安装缝隙的处理，填充材料如设计有规定时，按设计规定执行。如设计未规定填缝材料时，清理后应填塞柔性材料，在框外侧留密封槽口，填嵌防水建筑密封胶。

（3）铝合金门窗框周边填缝。门窗框与墙体之间的填充材料必须饱满。发泡剂等填充料必须连续，中间不得有间隙，可以起到有效防水作用。窗盘应采用防水砂浆粉刷，并作防腐处理。

（4）填充材料选用柔性材料时，应充满填塞缝隙。铝合金门窗框外侧和墙体室外二次粉刷间应留 5～8mm 深槽口用建筑密封胶密实填缝。

（5）窗洞墙体室内外二次粉刷（装饰）不应超过铝合金门窗框边 3mm。

（6）铝合金窗框安装完成后．窗下坎与边框、中立框的框角节点缝隙处要抹建筑密封胶，防止框角向内窗台渗水。

（7）确保窗框的稳定性，中立框与中立框之间必须要有连接方型框料，要挤满建筑密封胶，再用螺丝固定严密，螺丝钉要拧紧拧平，框与框吻合密实，否则框缝易渗水。中挺间隔≤600mm（拼橙安装要求）。

4. 铝合金门窗框与墙体的连接

框与加气块砌体的连接门窗洞口两侧至少一砖范围应用混凝土小砌块与加气块咬砌，然后用膨胀螺栓将连接件固定在混凝土小砌块上。混凝土洞口上可直接用射钉固定、亦可用膨胀螺栓固定。见图 10-6。

5. 铝合金门窗扇安装

（1）推拉门窗扇安装：

1）将配好的门、窗扇分内扇和外扇，先将内扇插入上滑道的内槽内，自然下落于对应的下滑道的内滑道内，然后再用同样的方法装外扇。

图 10-6　门窗框洞口结构图

2）旋转调整螺钉，调整滑轮与下框的距离，使毛条压缩量为 1～2mm，如图 10-7 所示。

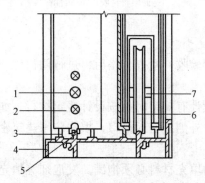

图 10-7　窗下部分纵断面图

1—调整螺钉；2—窗扇；3—密封毛条；4—下框；5—轨道；6—滑轮；7—轮轴

3）窗上所有滑轮均应调整，以使扇底部毛条压缩均匀，并使扇的立挺与框平行。

（2）平开门、窗扇安装应先把合页按要求位置固定在铝合金门、窗框上，然后将门、窗扇嵌入框内临时固定，调整合适后，再将门、窗扇固定在合页上。必须保证上、下两个转动部分在同一轴线上，并装有防脱落装置。

（3）固定式门窗扇安装，固定扇应装在室外侧面，并固定牢固不会脱落，确保使用安全。

（4）地弹簧门扇安装：应先将地弹簧主机埋设在地面上，并浇筑混凝土使其固定。主机轴应与中横挡上的顶轴在同一垂直线上，主机表面与地面齐平。待混凝土达到设计强度后，调节门顶轴将门扇装上，最后调整门扇及门扇开启速度，如图 10-8 所示。

（5）建筑密封胶施工方法：如设计未规定填缝材料时，清理后应填塞柔性材料，在框外侧留密封槽口，填嵌防水建筑密封胶。

（6）门窗扇安装后应进行第二次检查，允许偏差应符合相关规定。

6. 铝合金组合门窗安装

（1）门窗拼樘料必须进行抗风压变形验算。

（2）门窗横向或竖向组合时，宜采取套插，搭接宽度宜大于 10mm。

（3）拼樘料还应上下或左右贯通，两端应与结构层可靠连接。

（4）拼樘料与混凝土过梁或柱子连接时，应直接嵌固在门窗洞口边的预留孔内。

（5）拼樘料与砖墙连接时，应先将拼樘料两端插入预留洞口，然后应用强度等级为 C20 的细石混凝土浇灌固定。

（6）在拼樘料与钢结构洞口及设有预埋铁件的洞口，拼樘料应采用焊接连接或在预埋件上按紧固件规格打基孔，然后用紧固件固定。

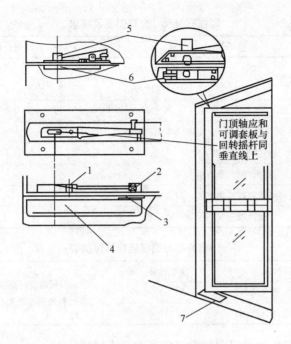

图 10-8　地弹簧门扇安装示意图
1—定位衬套；2—摇杆螺钉；3—调节螺钉；4—主机；
5—门顶轴；6—可调套扳；7—密封

（7）将两门（窗）框与拼樘料卡接时，应用紧固件双向拧紧，其间距应不大于500mm，距两端间距不大于180mm；紧固件端头及拼樘料与门（窗）框间的缝隙应采用嵌缝膏进行密封处理。

7. 带副框门窗的安装

（1）工艺流程

弹线定位→门窗洞口处理→绝缘处理→副框洞中找中线→副框就位、调整、临时固定→副框与墙体联接固定→副框与墙体间隙的处理→洞口饰面→

┌→门窗就位、调整间隙、启闭调试、固定→清理、嵌缝→纱窗安装
└→门窗框就位、调整间隙、启闭调试、固定→清理、嵌缝→亮窗玻璃、纱窗安装

（2）操作要点

1）副框安装的工艺流程与湿法作业中门窗外框安装工艺流程基本相同。其中固定片应采用自攻螺钉拧入，不得直接锤击钉入。

2）副框固定后．在洞口内外侧用水泥砂浆等抹至副框与主框接触面平，当外侧抹灰时应用片材将抹灰层与门窗框临时隔开，其厚度为5mm，待外抹灰层硬化后，撤去片材，预留出宽度为5mm、深度为6mm的嵌缝槽，待门窗固定后，用中性硅酮密封胶密封门窗外框边缘与副框间隙及嵌缝槽处。

3）副框安装尺寸允许偏差及要求参照表10-6规定。

4）门窗外框与副框连接宜采用软连接形式，也可采用紧固件连接做法，但四周间隙应适当调整。其间隙值参照表10-7的要求。

表 10-6 副框安装尺寸允许偏差及要求

项 目		允许偏差（mm）及要求
副框槽口宽度、高度	≤1500mm	0～+2.0
	>1500mm	0～+3.0
对角线之差	≤2000mm	≤3.0
	>2000mm	≤5.0
下框水平度		≤2.0
正面、侧面垂直度		≤2.0
副框与墙体的连接须牢固、可靠		须牢固、可靠
弹性填充材料		均匀、不得有间隙

门窗外框与副框连接间隙值表　　　　　表 10-7

序号	项目名称	技术要求（mm）	注：门窗宽度、高度大于 1500mm 时，应根据门窗材料的热膨胀系数调整间隙值
1	左、右间隙值（两侧）	4～6	
2	上、下间隙值（两侧）	3～5	

5）铝合金门窗安装采用钢副框时，应采取绝缘措施。

8. 门窗玻璃的安装

（1）一般门窗（木门窗、金属门窗）玻璃安装要点

1）安装时不要使玻璃撞击框架，以避免玻璃边部破碎。

2）有严重剥落或边部因破碎而变粗糙的玻璃不能使用。

3）玻璃底边在垫块附件如有斜角或喇叭式边时，应将此边转到顶部。

4）垫块应按图纸要求位置摆放，不得移动。

5）不要在玻璃附近进行焊接、喷砂、酸洗，否则会对玻璃强度和外观产生影响。如果必须进行时，可用帆布或木板类材料保护玻璃，酸洗后应立即用清水冲洗玻璃。

6）若油漆、混凝土、石膏、灰泥或其他类似的材料粘在玻璃表面上，应立即用清水或相应的溶剂洗净，否则会对玻璃表面有侵蚀作用。

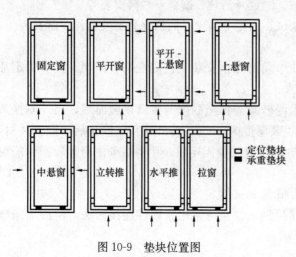

图 10-9　垫块位置图

7）不得用硬物刮镀膜玻璃的膜面。

（2）铝合金玻璃的安装要点

1）玻璃不得与玻璃槽直接接触，应在玻璃四边垫上不同厚度的玻璃垫块，其垫块位置宜按图 10-9 放置。

2）应将玻璃装入框扇内，然后用玻璃压条将其固定。

3）安装双层玻璃时，玻璃夹层四周应嵌入中隔条，中隔条应保证密封、不变形、不脱落，玻璃槽及玻璃内表面应干燥、清洁。

4）镀膜玻璃应装在玻璃的最外层，

单面镀膜层应朝向室内。

5）当保温要求 $3.5 \leqslant k < 4$ 时，应采用中空玻璃，中空玻璃的安装方法与单层玻璃相同。

6）安装五金件、纱窗合页及锁扣后，应整理纱网和压实压条。

10.4　特殊门窗的安装施工

10.4.1　防火门安装施工

1. 材料要求

（1）防火门分为钢质和木质防火门。

（2）防火门的防火等级分三级：甲级耐火极限 1.2h，乙级耐火极限 0.9h，丙级耐火极限 0.6h，其耐火极限应符合现行国家标准《高层民用建筑设计防火规范》GB 50045—1995（2005 版）中的有关规定；防火门采用的填充材料应符合现行国家标准《建筑材料不燃性试验方法》GB/T 5464—2010 的规定；玻璃应采用不影响防火门耐火性能试验合格的产品。

（3）防火门专业生产厂家应取得专业的生产许可证并经国家相关部门认可，同时还应取得国家行政主管部门的相应的资质证书，在资质范围内生产。

（4）防火门分为木制和钢制两种门扇制品，木制防火门又分为有框和无框两种；平开和自动下滑两种关闭形式。

（5）防火门成品的防火性能和开启方向必须符合设计要求。

2. 操作要点

（1）防火门安装应和门扇开启方向的墙面相平。

（2）木制有框防火门的安装应符合下列规定：

1）防火门应比安装洞口尺寸小 20mm 左右，门框应与墙身连接牢固，空隙用耐热材料填实，如图 10-10 所示。

2）防火门安装应注意平直，避免锯刨，若有不可避免的锯刨，锯刨面必须涂刷防火涂料一度。

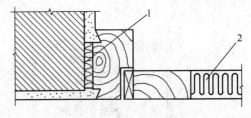

图 10-10　防火门节点图
1—嵌耐热材料；2—防火门

3）安装五金部位剖凿后，在剖凿处应涂刷防火涂料一度。

4）防火门与墙体连接应用膨胀螺丝，如用木砖必须作防火处理。

5）防火门必须安装闭门器。

3. 无框防火门安装

防火门扇装入钢筋混凝土门框裁口内时，应先将扇与框四周缝隙调整好，使门扇平直。上下门轴必须在同一垂线上，与门框预埋铁件焊接时，应校正位置，防止位移变形。上下插销及门闩、拉手的安装位置应准确，经试装后再焊接。安装完毕后应作多次开关实验，检查合格后再做门框粉刷和门扇、所有五金零件涂防火漆。

4. 自动下滑防火门安装

（1）导轨的安装应按设计图注尺寸和设计坡度弹线，先将导轨按坡度线直接与预埋铁件焊接，焊接时要保持导轨与墙体粉刷面平行，然后将上滑轮挂在导轨上，装好滑轮额板。

（2）将门扇竖起按门扇关闭时位置就位，并将吊挂螺栓初步固定在门扇上，并将吊挂螺栓套入滑轮额板，再调整门扇高度及门扇与墙面的距离，然后紧固吊挂螺栓的螺母。并装上门阻器及平衡锤，平衡锤要求门扇开启状态门扇不下滑。

（3）安装完毕经多次校正反复测试灵活后，安装其他五金零件，然后将门扇及所有五金零件、导轨涂刷防火油漆。

（4）易熔锁片要待门扇安装作业全部工序完成，再经多次校正反复试验，确认灵活后安装。

（5）易熔锁片一般采用成品，易熔合金焊料的熔解温度为72℃。

（6）易熔锁片用的易熔合金焊料其参考配方如下：铋50%；铝26.7%；镉10%；锡13.3%。

10.4.2 自动门安装施工

1. 材料和类型

（1）自动门按门体材料分，有铝合金门、不锈钢门、无框全玻璃门和异型薄壁钢管门；按扇形分，有两扇、四扇、六扇形等；按探测传感器分，有超声波传感器、红外线探头、遥控探测器、毡式传感器、开关式传感器和拉线开关或手动按钮式传感器；按开启方式分，有推拉式、中分式、折叠式、滑动式和开平式自动门等。

（2）自动门的一般构造：自动门的滑动扇上部为吊挂滚轮装置，下部设滚轮导向结构或槽轨导向结构。自动的机电装置设于自动门上部的通长机箱内。微波自动门的机箱结构见图10-11、图10-12。

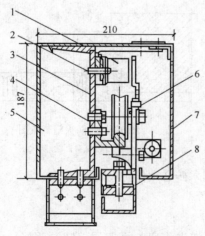

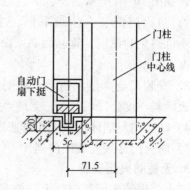

图10-11　自动门机箱结构剖面图

图10-12　自动门下轨道埋设示意图

1—限位接近开关；2—接近开关滑槽；3—机箱横梁；4—
自动门扇上轨道；5—机箱前罩板（可开）；6—自动门扇
上滑轮；7—机箱后罩板；8—自动门扇上横条

2. 操作要点

（1）安装地面导向轨

自动门一般在地面上安装导向性轨道，异型薄壁钢管自动门在地面上设滚轮导向铁件。

地平面施工时，应准确测定内外地面的标高，作可靠标识；然后按设计图规定的尺寸放出下部导向装置的位置线，预埋滚轮导向铁件或预埋槽口木条。槽口木条采用50mm×70mm方木，其长度为开启门宽的两倍。安装前撬出方木条，安装下轨道。安装的轨道必须水平，预埋的动力线不得影响门扇的开启。

（2）安装横梁

自动门上部机箱层横梁一般采用l8槽钢，槽钢与墙体上预埋钢板连接支承机箱层。因此，预埋钢板（8mm×150mm×150mm）必须埋设牢固。预埋钢板与横梁槽钢联结要牢固可靠。安装横梁下的上导轨时，应考虑门上盖的装拆方便。一般可采用活动条密封，安装后不能使门受到安装应力。即必须是零荷载。见图10-13。

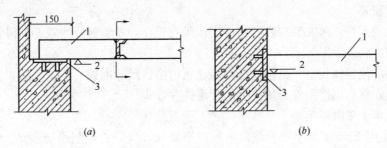

图10-13　机箱横梁支承节点

（*a*）砌体结构采用；（*b*）混凝土结构采用

1—机箱横梁；2—横梁安装标高；3—预埋钢板

（3）调试

自动门安装后，对探测传感系统和机电装置进行反复调试，将感应灵敏度、探测距离、开闭速度等调试至最佳状态，以满足使用功能。

10.4.3　卷帘门安装施工

1. 材料和类型

卷帘门又称卷闸门。其种类有普通型、防火型和抗风型；其传动方式有电动、遥控电动、手动、电动手动卷帘门；按其材质有镀锌铁板、铝合金、钢管、不锈钢、电化铝合金卷帘门等；导轨形式有8型、14型、16型。卷帘门由于具有造型美观、结构紧凑、操作简便、坚固耐用、启闭灵活、防风、防尘、防火、防盗等特点，广泛用于银行、商场、医院、仓库、工厂、车站、码头等建筑。

2. 施工流程

（1）手动卷帘门工艺流程

定位、放线→安装卷筒→安装手动机构→帘板与卷筒连接→安装导轨→试运转→安装防护罩。

（2）电动卷帘门工艺流程

定位、放线→安装卷筒→安装电机、减速器→安装电气控制系统→空载试车→帘板与卷筒连接→安装导轨→安装水幕喷淋系统→试运转→安装防护罩。

3. 操作要点

（1）定位放线

卷帘门安装方式，有洞内安装、洞外安装、洞中安装三种。即卷帘门装在门洞内，帘片向内侧卷起；卷帘门装在门洞外，帘片向外卷起和卷帘门装在门洞中，帘片可向外侧或向内侧卷起。因此定位放线时，应根据设计要求弹出两导轨垂直线及卷筒中心线并测量洞口标高。

定位放线后，应检查实际预埋铁件的数量、位置与图纸核对，如不符合产品说明书的要求，应进行处理。

（2）安装卷筒

安装卷筒时，应使卷筒轴保持水平，并使卷筒与导轨之间距离两侧保持一致，卷筒临时固定后进行检查，调整、校正合格后，与支架预埋铁件用电焊焊牢。卷筒安装后应转动灵活。

（3）帘板安装

帘板事先装配好，再安装在卷筒上。门帘板有正反，安装时要注意，不得装反。

（4）安装导轨

按图纸规定位置线找直、吊正轨道，保证轨道槽口尺寸准确，上下一致，使导轨在同一垂直平面上，然后用连接件与墙体上的预埋铁件焊牢。

（5）安装水幕喷淋系统

防火卷帘门应安装水幕喷淋系统。水幕喷淋系统，应与总控制系统联结。安装后，应试用。

（6）试运转

先手动试运行，再用电动机启闭数次，调整至无卡住、阻滞及异常噪声等现象为合格。

（7）安装卷筒防护罩

卷筒上的防护罩可做成方行或半圆形。一般由产品供应方提供。保护罩的尺寸大小，应与门的宽度和门帘板卷起后的直径相适应，保证卷筒将门帘板卷满后与防护罩有一定空隙，不发生相互碰撞，经检查合格后，将防护罩与预埋铁件焊牢。

10.4.4 旋转门安装施工

1. 材料和类型

金属旋转门有铝质和钢质两种；开启方式有手推式和自动式；扇体有四扇固定，四扇折叠移动和三扇等形式。门的规格：高度 2200mm、2400mm，门的宽度：1280～3595mm，门外径 1650～4800mm，由门窗专业厂家按国家标准图生产。

2. 施工流程

安装位置线弹线→校正预埋铁件→桁架固定装轴、固定底座→装转门顶与转壁→调整转壁位置→焊上轴承座→旋转检查→安装玻璃→油漆。

3. 操作要点

（1）安装位置线弹线

根据产品安装说明书，在预留洞口四周弹桁架安装位置线。位置线要用水准仪设水平点以保证水平度。

（2）清理预埋铁件

按安装位置线，校正预埋铁件的数量和位置。如预埋铁件数量或位置偏离位置线，应在基体上钻膨胀螺栓孔，其钻孔位置应与桁架的连接件位置相对应。

（3）桁架固定

桁架的连接件可与铁件焊接固定。如用膨胀螺栓，将膨胀螺栓固定在基体上，再将桁架连接件与膨胀螺栓焊接固定。

（4）装轴、固定底座

底座下要垫平垫实，不得产生下沉，临时点焊上轴承座，使转轴在同一个中心线垂直于地平面。

（5）装转门顶与转壁

转壁不应预先固定，便于调整与活扇之间的间隙。

转门顶按图安装好后装转门扇，旋转门扇保持 90°（四扇式）或 120°（三扇式）夹角，转动门窗，保证上下间隙，与地面间隙为 1～2mm。

（6）调整转壁位置

通过调整，以保证门扇与转壁之间的间隙。

（7）焊上轴承座

上轴承座焊完后，用 C25 混凝土固定底座，埋入插销下壳，固定转壁。

（8）旋转检查

当底座混凝土达到设计的强度等级后，试旋转应合格。

（9）安装玻璃

试旋转满足设计要求后，在门上安装玻璃。

（10）油漆

钢制旋转门按设计要求的油漆品种和颜色的涂刷或喷涂油漆。

10.4.5　全玻璃门安装施工

1. 施工流程

定位、放线→安装框顶部限位槽→安装金属饰面的木底托→安装竖向门框→安装玻璃→固定玻璃→注玻璃胶→封口玻璃之间对接→安装门扇。

2. 操作要点

（1）定位、放线

凡由固定玻璃和活动玻璃门扇组合成的玻璃门，必须统一放线定位。根据设计和施工详图的要求，放出玻璃门的定位线，并确定门框位置，准确地测量地面标高和门框顶部标高以及中横框标高。

（2）安装框顶部限位槽

限位槽的宽应大于玻璃厚度 2～4mm，槽深为 10～20mm。安装时，先由所弹中心线引出两条金属装饰板边线，然后按边线进行门框顶部限位槽的安装。通过胶合垫板调整槽口内的槽深。限位槽除木衬外，还有采用钢板压制、钢板焊制及铝金属型材等衬里外包不锈钢等制成。

（3）安装金属饰面的木底托

先把方木固定在地面上，然后再用万能胶将金属饰面板粘在方木上。方木可采用直接钉在预埋木砖上，或通过膨胀螺栓连接的方法固定。若采用铝合金方管，可以用铝角固定在框柱上，或用木螺钉固定在埋入地面中的木砖上。

（4）安装竖向门框

按所弹中心线钉立门框方木，然后用胶合板确定门框柱的外形和位置。最后外包金属装饰面。包饰面时要把饰面对头接缝位置放在安装玻璃的两侧中间位置。接缝位置必须准确并保证垂直。

（5）安装玻璃

用玻璃吸盘机把厚玻璃吸紧，然后手握吸盘由 2～3 人将厚玻璃板抬起，移至安装位置。先把玻璃上部插入门框顶部的限位槽，然后把玻璃的下部放到底托上。玻璃下部对准中心线，两侧边部正好封住门框处的金属饰面对缝口，要求做到内外都看不见饰面接缝口。

（6）固定玻璃

在底托方木上的内外钉两根小方木条把厚玻璃夹在中间，方木条距玻璃板面 4mm 左右，然后在方木条上涂刷万能胶，将饰面金属板粘卡在方木条上。

（7）注玻璃胶封口

在顶部限位槽和底部底托槽口的两侧，以及厚玻璃与框柱的对缝处等各缝隙处，注入玻璃胶封口。注胶时，由需要注胶的缝隙端头开始，顺缝隙匀速灌注，使玻璃胶在缝隙处形成一条表面均匀的直线，用塑料片刮去多余的玻璃胶，并用布擦净胶迹。

（8）玻璃之间对接

玻璃门固定部分因尺寸过大而需要拼接玻璃时，其对接缝要有 2～3mm 的宽度，玻璃板边要进行倒角处理，玻璃固定后，将玻璃胶注入对接的缝隙处中，注满后，用塑料片在玻璃板对接缝的两面将胶刮平，使缝隙形成一条洁净的均匀直线，玻璃面上用干净布擦净胶迹。

（9）安装门扇

1）玻璃门扇一般无门扇框，只有上下金属门夹，或只在角部为安装轴套而装极少一部分金属件。活动门扇的开闭靠与门扇上下金属门夹或部分金属件铰接的地弹簧来实现。

2）门扇安装前，地面地弹簧与门框顶面的定位销应定位安装完毕，两者必须为同一轴线。安装时用吊垂线检查，确保地弹簧转轴与定位销的中心线在同一垂直线上。

3）安装玻璃门扇上下门夹：把上下金属门夹分别装在玻璃门扇上下两端，并测量门扇高度。如果门扇的上下边距门横框及地面的缝隙超过规定值，即门扇高度不够，可在上下门夹内的玻璃底部垫木夹板条。如果门扇高度超过安装尺寸，则需裁去玻璃扇的多余部分。若为钢化玻璃则需按安装尺寸重新定制。

4）固定玻璃门扇上下门夹：定好门扇高度后，在厚玻璃与金属上下门夹内的两侧缝隙处，同时插入小木条，轻敲稳实，然后在小木条、厚玻璃、门夹之间的缝隙中注入玻璃胶。

5）门扇定位安装：先将门框横梁上的定位销用本身的调节螺钉调出横梁平面 2mm；再将玻璃门扇竖起来，把门扇下门内的转动销连接件的孔位对准地弹簧的转动销轴，并转动门扇将孔位套入销轴上；然后把门扇转动 90 使之与门框横梁成直角，把门扇上门夹中的转动连接件的孔对准门框横梁上的定位销，调节定位销的调节螺钉，将定位销插入孔内 15mm 左右。

6）安装玻璃门拉手：全玻璃门扇上的拉手孔洞，一般在裁割玻璃时加工完成。拉手连接部分插入洞口时不能过紧，应略有松动；如插入过松，可在插入部分裹上软质胶带。安装前在拉手插入玻璃的部分涂少许玻璃胶。拉手组装时，其根部与玻璃靠紧密后再拧紧固定螺钉，以保证拉手没有松动现象。

门窗安装工程案例见图 10-15。

图 10-15　门窗安装工程案例组图（一）

图 10-15　门窗安装工程案例组图（二）

10.5 门窗施工质量标准

10.5.1 木门窗施工质量控制要点及允许偏差

（1）门窗套制作与安装所使用材料的材质、规格、纹理和颜色、木材的阻燃性能等级和含水率、人造木板的甲醛含量应符合设计要求及国家现行标准的有关规定。

（2）门窗套的造型、尺寸和固定方法应符合设计要求，安装应牢固。

（3）门窗套表面应平整、洁净、线条顺直、接缝严密、色泽一致，不得有裂缝、翘曲及损坏。

（4）木门套（框）制作允许偏差和检验方法应符合表 10-8 规定。

木门套（框）制作的允许偏差和检验方法　　　　　　　　表 10-8

项 目 名 称	允许偏差（mm）		检 验 方 法
	高级	普通	
翘 曲	2	3	平放在检查平台，用塞尺检查
对角线长度差	2	3	钢直尺量裁口里角
高度	0～1	0～1.5	钢直尺量裁口里角
门套顶、侧板宽度及厚度	±0.5	±1	钢直尺或千分尺
门扇安装裁口（宽度和深度）	±0.5	±1	钢直尺或千分尺
门压线安装插槽宽度、深度（相对于插条厚度、宽度）	宽度：+1 深度：+5	宽度：+1 深度：+5	钢直尺或千分尺
门缝条安装槽宽度、深度	宽度：−0.5 深度：+2	宽度：−0.5 深度：+2	钢直尺或千分尺
拼角锯裁角度	±1°	±2°	角规
合页、锁具安装位置	±1	±1	用钢尺检查

（5）木门（套）装饰单板拼贴检验

1）各种装饰单板的拼贴应严密、平整，无胶迹、无透胶、无皱纹、无压痕、无裂痕、无鼓泡、无脱胶。

2）装饰单板（薄木）贴面外观的允许限值应符合表 10-9 的规定。

木门（套）装饰单板（木皮）拼贴外观要求限值　　　　　表 10-9

缺陷名称	缺 陷 范 围	允 许 限 值		
		门套（框）	门 扇	
			高级	普通
麻点	直径 1mm 以下（距离 300mm）	不限	2 个/m²	3 个/m²
麻面	均匀颗粒，手感不刮手	不限		
划伤	宽度≤0.5mm，深度不划破单板，长 100mm（经处理后外观无明显痕迹）	3 条/m²	1 条/m²	2 条/m²

缺陷名称	缺陷范围	允许限值		
		门套（框）	门扇	
			高级	普通
压痕	凹陷深度≤1.5mm、宽2mm以下，不集中，单板未断裂	5个/m²	2个/m²	3个/m²
浮贴	粘贴不牢	不允许		
褶皱	饰面重叠	不允许		
缺皮	面积不超过5mm²	5个/m²	3个/m²	不允许
翘皮	凸起不超过2mm	5个/m²	3个/m²	不允许
亮影、暗痕	面积不超过50mm²	5处/m²	2处/m²	3处/m²
离缝	拼接缝隙	≤0.5mm	≤0.2mm（高级） ≤0.5mm（普通）	≤0.2mm（高级） ≤0.5mm（普通）

（6）木门（套）安装留缝限值、允许偏差和检查方法应符合表10-10的要求。

木门（套）安装留缝限值、允许偏差和检查方法　　表10-10

项次	项　目		留缝限值		允许偏差		检验方法
			高级	普通	高级	普通	
1	门槽口对角线长度差		—	—	2	3	用钢尺检查
2	门套（框）正、侧面垂直度		—	—	1	2	1m垂直检测尺检查
3	框与扇、扇与扇接缝高低差		—	—	1	2	钢直尺、塞尺检查
4	双开（子母）门扇对口缝		1.5～2	1.5～2.5	—	—	用塞尺检查
5	门扇与上框间留缝		1.0～1.5	1.5～2	—	—	用塞尺检查
6	门扇与侧框间留缝		1.0～1.5	1.0～2.5	—	—	用塞尺检查
7	门扇与下框间留缝		3～4	3～5	—	—	用塞尺检查
8	双层门内外框间距		—	—	3	4	用钢尺检查
9	无下框时门扇与地面间留缝	外门	5～6	4～7	—	—	用钢直尺检查
		内门	6～7	5～8	—	—	用钢直尺检查
		卫生间门	8～10	8～12	—	—	用钢直尺检查
10	门套顶板（框）水平度		1.0	1.5			水平检测尺

10.5.2 塑钢门窗施工质量控制要点及允许偏差

（1）塑料门窗的品种、类型、规格、尺寸、开启方向、安装位置、连接方式及填嵌密封处理应符合设计要求，内衬增强型钢的壁厚及设置应符合国家现行产品标准的质量要求。

（2）塑料门窗框、副框和扇的安装必须牢固。固定片或膨胀螺栓的数量与位置应正确，连接方式应符合设计要求。固定点应距窗角、中横框、中竖框150～200mm，固定点间距应不大于600mm。

（3）塑料门窗拼樘料内衬增强型钢的规格、壁厚必须符合设计要求，型钢应与型材内腔紧密吻合，其两端必须与洞口固定牢固。窗框必须与拼樘料连接紧密，固定点间距应不大于 600mm。

（4）塑料门窗扇应开关灵活、关闭严密、无倒翘。推拉门窗扇必须有防脱落措施。

（5）塑料门窗配件的型号、规格、数量应符合设计要求，安装应牢固，位置应正确，功能应满足使用要求。

（6）塑料门窗框与墙体间缝隙应采用闭孔弹性材料填嵌饱满，表面应采用密封胶密封。密封胶应粘结牢固，表面应光滑、顺直、无裂纹。

（7）塑料门窗表面应洁净、平整、光滑，大面应无划痕、碰伤。

（8）塑料门窗扇的密封条不得脱槽。旋转窗间隙应基本均匀。

（9）塑料门窗扇的开关力应符合下列规定：平开门窗扇平合页的开关力应不大于80N；滑撑合页的开关力应不大于 80N，并不小于 30N。推拉门窗扇的开关力应不大于100N。

（10）玻璃密封条与玻璃及玻璃槽口的接缝应平整，不得卷边、脱槽。

（11）排水孔应畅通，位置和数量应符合设计要求。

（12）塑料门窗安装的允许偏差和检验方法见表 10-11。

塑料门窗安装的允许偏差和检验方法　　　　　　　　　　表 10-11

项　目		允许偏差（mm）	检验方法
门窗槽口宽度、高度	≤1500mm	2	用钢尺检查
	>1500mm	3	
门窗槽口对角线长度差	≤2000mm	3	用钢尺检查
	>2000mm	5	
门窗框的正、侧面垂直度		3	用 1m 垂直检测尺检查
门窗横框的水平度		3	用 1m 水平尺和塞尺检查
门窗横框标高		5	甩钢尺检查
门窗竖向偏离中心		5	用钢直尺检查
双层门窗内、外框间距		4	用钢尺检查
同樘平开门窗相邻扇高度差		2	用钢直尺检查
平开门窗合页部位配合间隙		+2；−1	用塞尺检查
推拉门窗扇与框搭接量		+1.5；−2.5	用钢直尺检查
推拉门窗扇与竖框平行度		2	用 1m 水平尺和塞尺检查

10.5.3　铝合金门窗施工质量控制要点及允许偏差

（1）建筑外门窗的安装必须牢固。在砌体上安装门窗严禁用射钉固定。

（2）用于工程上的门窗应有出厂合格证，外墙窗必须做三项性能检测，并符合设计要求的性能等级。

（3）铝合金门窗应在现场完成后做淋水试验。

（4）推拉门窗扇必须有防脱落措施，扇与框的搭接量应符合设计要求。

（5）住宅建筑外窗窗台距楼面、地面的净高低于 0.90m 时，应有防护设施。

（6）金属门窗的品种、类型、规格、尺寸、性能、开启方向、安装位置，连接方式符合设计要求。金属门窗的防腐处理及填嵌、密封处理应符合设计要求。

（7）金属门窗框的安装必须牢固。预埋件的数量、位置、埋设方式、与框的连接方式必须符合设计要求

（8）金属门窗扇必须安装牢固，并应开关灵活、关闭严密，无倒翘。推拉门窗扇必须有防脱落措施。

（9）金属门窗配件的型号、规格、数量应符合设计要求，安装应牢固，位置应正确，功能应满足使用要求。

（10）金属门窗表面应洁净，平整、光滑、色泽一致，无锈蚀。大面应无划痕、碰伤。漆膜或保护层应连续。

（11）金属门窗框与墙体之间的缝隙应填嵌饱满，并采用建筑密封胶密封。建筑密封胶表面应光滑、顺直、无裂纹。

（12）有排水孔的金属门窗，排水孔应畅通，位置和数量应符合设计要求。

（13）铝合金门窗推拉门窗扇开关力应不大于 100N。

（14）金属门窗扇的橡胶密封条或毛毡密封条应安装完好，不得脱槽。

（15）金属门窗扇安装的允许偏差和检验方法见表 10-12。

金属门窗扇安装的允许偏差和检验方法 表 10-12

项　目		允许偏差（mm）				检验方法
		铝合金		涂色镀锌钢板		
		国标行标	企标	国标行标	企标	
门窗槽口宽度、高度	≤1500mm	1.5	1.5	2.0	1.5	用钢尺检查
	>1500mm	2.0	2.0	3.0	2.0	
门窗槽口对角线长度差	≤2000mm	3.0	3.0	4.0	3.0	用钢尺检查
	>2000mm	4.0	3.0	5.0	4.0	
门窗框的正、侧面垂直度		2.5	2.0	3.0	3.0	用 1m 垂直检测尺检查
门窗横框的水平度		2.0	2.0	3.0	3.0	用 1m 水平尺和塞尺检查
门窗横框标高		5.0	4.0	5.0	4.0	用钢尺检查
门窗竖向偏离中心		5.0	4.0	5.0	4.0	用钢直尺检查
双层门窗内、外框间距		4.0	4.0	4.0	4.0	用钢尺检查
推拉门窗扇与框搭接量		1.5	1.5	2.0	2.0	用钢直尺检查
门窗开启力 ≤60N						用 100N 弹簧秤检查

10.5.4 防火门施工质量控制要点及允许偏差

（1）防火、防盗门的质量和各项性能应符合设计要求。

（2）防火、防盗门的品种、类型、规格、尺寸、开启方向、安装位置及防腐处理应符合设计要求。

（3）带有机械装置、自动装置或智能化装置的防火、防盗门，其机械装置、自动装置或智能化装置的功能应符合实际要求和有关标准的规定。

（4）防火、防盗门的安装必须牢固。预埋件的数量、位置、埋设方式、与框的连接方式必须符合设计要求。

（5）防火、防盗门的配件应齐全，位置应正确，安装应牢固，功能应满足使用要求和防火、防盗门的各项性能要求。

（6）防火、防盗门的表面装饰应符合设计要求。表面应洁净，无划痕、碰伤。

（7）钢质防火、防盗门的门框内灌入的豆石混凝土或砂浆应饱满。门框与墙之间缝隙填塞应密实。

（8）门扇关闭应严密，开关应灵活。密封条接头和角部连接应无缝隙。

（9）五金安装槽口深浅应一致，边缘应整齐，尺寸与五金件应吻合。螺钉头应卧平。

（10）防火门成品质量要求

1）金属构件一律采用电弧焊，焊缝要求不得有未熔化、未焊透、气孔、裂缝和烧穿等缺陷。

2）钢制防火门的门扇骨架，焊接校正平直后，应符合表10-13的规定。

钢制防火门的门扇骨架允许偏差　　　　　　　　　　表10-13

名　　称	允许偏差（mm）
门扇骨架的长和宽	±3
门扇骨架的弯曲度每米长度内	≤0.5
门扇骨架的对角线长度	<3
门扇骨架的平面外扭翘度	<4

（11）木制防火门外形尺寸

1）门框宽度和高度，允许偏差为±3mm。

2）门框和门扇的平面平整度允许偏差1.5mm。

3）门框和门扇两对角线长度允许偏差3mm。

4）门扇关闭后与门框的配合缝隙，为1.5～2.5mm。

（12）木质防火、防盗门安装的留缝限值、允许偏差和检验方法见表10-14。

木质防火、防盗门安装的留缝限值、允许偏差和检验方法　　　　　　表10-14

项　　目	留缝限值（mm）	允许偏差（mm）		检验方法
		国标行标	企标	
框的对角线长度差	—	2	2	用钢尺检查内外角
框的正、侧面垂直度	—	2	2	用1m垂直检测尺检查
框与扇、扇与扇接触处高低差	—	2	2	用钢直尺和楔形塞尺检查
门扇对口缝宽度	1.0～2.5	—	—	用楔形塞尺检查
门扇与上框间留缝宽度	1～2	—	—	用楔形塞尺检查
门扇与侧框留缝	1～2.5	—	—	用楔形塞尺检查
门扇与下框间留缝	3～5	—	—	用楔形塞尺检查
无框门扇与地面的留缝宽度	5～8	—	—	用楔形塞尺检查

（13）钢质防火、防盗门安装的留缝限值、允许偏差和检验方法见表10-15。

钢质防火、防盗门安装的留缝限值、允许偏差和检验方法　　　表 10-15

项　　目	留缝限值（mm）	允许偏差（mm）		检验方法
		国标行标	企标	
框的正、侧面垂直度	—	3	3	用1m垂直检测尺检查
框的对角线长度差	—	5	5	用钢尺检查内外角
门横框的水平度	—	3	3	用1m水平尺和塞尺检查
门横框标高	—	5	5	用钢尺检查
门扇与框间留缝	≤2	—	—	用楔形塞尺检查
门扇与地面的留缝宽度	4～8	—	—	用楔形塞尺检查

10.5.5　自动门施工质量控制要点及允许偏差

（1）自动门的质量和各项性能应符合设计要求。

（2）自动门的品种、类型、规格、尺寸、开启方向、安装位置及防腐处理应符合设计要求。

（3）自动门的机械装置、自动装置或智能化装置的功能应符合设计要求和有关标准的规定。

（4）自动门的安装必须牢固。预埋件的数量、位置、埋设方式、与框的连接方式必须符合设计要求。

（5）自动门的配件应齐全，位置应正确，安装应牢固，功能应满足使用要求及各项性能要求。

（6）自动门的表面装饰应符合设计要求。

（7）自动门表面应洁净，无划痕、碰伤。

（8）自动门安装的留缝限值、允许偏差和检验方法见表10-16。

自动门安装的留缝限值、允许偏差和检验方法　　　表 10-16

项　　目		留缝限值（mm）	允许偏差（mm）		检验方法
			国标行标	企标	
门窗槽口宽度、高度	≤1500mm	—	1.5	1.5	用钢尺检查
	>1500mm	—	2.0	2.0	
门窗槽口对角线长度差	≤2000mm	—	2.0	2.0	用钢尺检查
	>2000mm	—	2.5	2.5	
门框的正、侧面垂直度		—	1.0	1.0	用1m垂直检测尺检查
门构件装配间隙		—	0.3	0.3	用塞尺检查
门梁导轨水平度		—	1.0	1.0	用1m水平尺和塞尺检查
下导轨与门梁导轨平行度		—	1.5	1.5	用钢尺检查
门扇与侧框间留缝		1.2～1.8	—	—	用塞尺检查
门扇对口缝		1.2～1.8	—	—	用塞尺检查

(9) 自动门的感应时间限值和检验方法见表 10-17。

自动门的感应时间限值和检验方法　　　表 10-17

项　目	感应时间限值（s）	检验方法
开门响应时间	≤0.5	
堵门保护延时	16～20	用秒表检查
门扇全开启后保持时间	13～17	

10.5.6　卷帘门施工质量控制要点及允许偏差

（1）卷帘门的质量和各项性能应符合设计要求。

（2）防腐处卷帘门的品种、类型、规格、尺寸、安装位置及防腐处理应符合设计要求。

（3）卷帘门的机械装置、自动装置或智能化装置的功能应符合设计要求和有关标准的规定。

（4）卷帘门安装必须牢固，预埋铁件的数量、位置、埋设方式、与框的连接方式必须符合设计要求。

（5）卷帘门的配件应齐全，位置应正确，安装应牢固，功能应满足使用要求及各项性能要求。

（6）卷帘门的页片表面颜色应符合设计要求。

（7）卷帘门表面应平整洁净，无返锈、划痕、碰伤。

（8）页片嵌入导轨的深度见表 10-18。

页片嵌入导轨的深度　　　表 10-18

卷帘门内宽（mm）	每端嵌入深度（mm）
≤1800	≥20
>1800～3000	≥30

（9）卷帘门安装的允许偏差和检验方法见表 10-19。

卷帘门安装的允许偏差和检验方法　　　表 10-19

项　目		允许偏差（mm）		检验方法
		国标、行标	企标	
导轨垂直度	正面	—	2	用1m垂直检测尺检查
	侧面	—	2	
导轨平行度		—	2	用钢尺检查
卷轴水平度		—	4	用1m水平尺和塞尺检查
卷轴与导轨面平行度		—	3	用钢尺检查

10.5.7　旋转门施工质量控制要点及允许偏差

（1）旋转门的质量和各项性能应符合设计要求。

183

（2）旋转门的品种、类型、规格、尺寸、旋转方向、安装位置及防腐处理应符合设计要求。

（3）旋转门的机械装置、自动装置、智能装置的功能应符合设计要求和有关标准的规定。

（4）旋转门的安装必须牢固。预埋件的数量、位置、埋设方式、与框的连接方式必须符合设计要求。

（5）旋转门的配件应齐全，位置应正确，安装应牢固，功能应满足使用要求和各项性能要求。

（6）旋转门的表面装饰应符合设计要求。

（7）旋转门的表面应洁净，无划痕、碰伤。

（8）旋转门安装的允许偏差和检验方法见表 10-20。

旋转门安装的允许偏差和检验方法   表 10-20

项 目	允许偏差（mm）		检验方法
	国标、行标	企标	
门扇正、侧面垂直度	1.5	1.5	用 1m 垂直检测尺检查
门扇对角线长度差	1.5	1.5	用钢尺检查
相邻扇高度差	1.0	1.0	用钢尺检查
扇与圆弧边留	1.5	1.5	用塞尺检查
扇与上顶间留缝	2.0	2.0	用塞尺检查
扇与地面间留缝	2.0	2.0	用塞尺检查

10.5.8 全玻璃门施工质量控制要点及允许偏差

（1）全玻门的质量和各项性能应符合设计要求。

（2）全玻门的品种、类型、规格、尺寸、开启方向、安装位置及表面处理应符合设计要求。

（3）全玻门的安装必须牢固。固定玻璃门的五金件、预埋件的数量、位置、埋设方式、与框的连接方式必须符合设计要求。

（4）全玻门配件应齐全，位置应正确，安装应牢固，功能应满足使用要求和玻璃门的各项性能要求。

（5）全玻门的表面装饰应符合设计要求。

（6）全玻门的表面应洁净，无划痕、碰伤。

（7）全玻门打胶应饱满、粘结应牢固；玻璃胶边缘与裁口应平齐。

（8）门扇关闭后四周缝隙均匀，开关应灵活。

（9）五金安装应整齐、一致，安装牢固。螺钉与五金件应吻合、配套，螺钉头装饰帽配齐装牢。

（10）全玻门安装的留缝限值、允许偏差和检验方法见表 10-21。

全玻门安装的留缝限值、允许偏差和检验方法   表 10-21

项　目	留缝值（mm）	允许偏差（mm）		检验方法
		国标行标	企标	
顶铰、地弹簧轴心线垂直度	—	—	1	吊线，用垂直检测尺检查
顶铰、地弹簧轴心偏差	—	—	1	吊线，垂直检测尺、钢尺检查
门扇四周的留缝值	2～5	—	—	用钢直尺和楔形塞尺检查
门扇与地面间的留缝值	4～8	—	—	用楔形塞尺检查
门扇与四周玻璃隔墙的不平度	—	1.5	1	用楔形塞尺检查

第 11 章　建 筑 安 装 工 程

11.1　建筑安装工程概述

建筑安装工程是个庞大完整的系统，专业性非常强，需要专业承包商完成。但是，国内有很多工程，考虑到安装末端与装饰关系密切，有些内容由装饰承包商完成更有利于工程管理和工程质量，因此，整个系统由安装专业承包商完成，安装末端，与装饰工程紧密相关的那部分，诸如给水排水与末端用水器连接部分；末端风管与出风、进风部分；电气末端与用电器，开关面板相连部分等等，由装饰承包商完成。

针对这种现状，装饰施工员需要掌握一部分建筑安装技术管理知识，但是，这些知识又有别于完整的建筑安装知识。因此，本章有选择地介绍一些与建筑装饰工程密切相关的建筑安装知识，重点帮助装饰施工员掌握与自身工作直接相关的知识。

11.2　室内给水排水支管施工

11.2.1　室内给水支管施工

室内给水系统按照供水对象分为生产给水系统、消防给水系统和生活给水系统。

1. 室内给水工程安装的一般要求

（1）给水管道必须采用与管材相适应的管件，生活给水系统所涉及的材料必须达到饮用水卫生标准。

（2）管径≤100mm 的镀锌钢管应采用螺纹连接，套丝扣时破坏的镀锌层表面及外露螺纹部分应做防腐处理。管径＞100mm 的应采用法兰或卡套式专用管件连接，镀锌钢管与法兰的焊接处应二次镀锌。目前，镀锌钢管在给水工程中已较少使用。

（3）给水塑料管和复合管可以采用橡胶圈接口、粘接接口、热熔连接、专用管件连接及法兰连接等形式。塑料管和复合管与金属管件、阀门等的连接应使用专用管件连接，不得在塑料管上套丝。

（4）铜管连接可采用专用接头或焊接，当管径＜22mm 时，宜采用承插或套管焊接，承口应迎介质流向安装。当管径＞22mm 时，宜采用对口焊接。

（5）冷热水管道同时安装：上、下平行安装时热水管应在冷水管上方，垂直平行安装时热水管应在冷水管左侧，冷热水管道净距应大于 100mm。

2. 给水管道及配件安装施工控制要点

冷水给水系统的管道应采用镀锌钢管、PPR 管、不锈钢钢管和复合管材，见图 11-1。

（1）管道及管件焊接的焊缝表面质量应符合下列要求。

1）焊缝外形尺寸应符合图纸和工艺文件的规定，焊缝高度不得低于母材表面，焊缝

图 11-1　冷水给水系统管材
(a) PPR 管；(b) 不锈钢管配件

与母材应圆滑过渡。

2）焊缝及热影响区表面应无裂纹、未熔合、未焊透、夹渣、弧坑和气孔等缺陷。

（2）给水水平管道应有 2‰～5‰ 的坡度坡向泄水装置。

（3）管道的支、吊架安装应平整牢固，其间距应符合规范规定。

（4）水表应安装在便于检修，不受曝晒、污染和冻结的地方。安装螺翼式水表，表前与阀应有不小于 8 倍水表接口直径的直线管段。表外壳距墙表面净距为 10～30mm。水表进水口中心标高应按设计要求，允许偏差为 ±10mm。

（5）管道试压：室内给水管道的水压试验必须符合设计要求。当设计未注明时，各种材质的给水管道系统试验压力均为工作压力的 1.5 倍，但不得小于 0.6mPa。铺设、暗装、保温的给水管道在隐蔽前做好水压试验。管道系统安装完后要进行整件水压试验。水压试验时放净空气，充满水后进行加压，当压力升到规定要求时停止加压，进行检查，如各接口和阀门均无渗漏，持续到规定时间，观察其压力下降在允许范围内，通知有关人员验收。然后把水泄净，遭破损的镀锌层和外露丝扣处做好防腐处理，再进行隐蔽工作。

（6）管道冲洗、消毒：管道在试压完成后即可冲洗。冲洗应用自来水连续进行，应保证有充足的流量，并应进行消毒，经有关部门取样检验，符合国家《生活饮用水标准》方可使用。

（7）管道保温：给水管道明装、暗装的保温形式有三种形式：管道保温防冻、管道防热损失保温、管道防结露保温。其保温材质及厚度均按设计要求，质量应达到国家验收规范标准。

11.2.2　室内排水支管施工

1. 室内排水系统设置的一般原则

（1）生活粪便污水不可与雨水合流。

（2）冷却系统的废水可与雨水合流。

（3）被有机杂质污染的生产污水可与生活粪便污水合流。

（4）含大量固体杂质的污水、浓度大的酸性和碱性污水以及含有毒物质或油脂的污水，应设置独立的排水系统，且应经局部处理达到国家规定的排放标准后，方允许排入室外排水管网。

（5）生活污水管道应使用塑料管、铸铁管（由成组洗脸盆或饮用喷水器具的排水短管，可使用钢管），见图 11-2。雨水管道宜使用塑料管、铸铁管、镀锌钢管或混凝土管等。悬吊式雨水管道应选用钢管、铸铁管或塑料管。易受振动的雨水管道（如锻造车间等）应使用钢管。

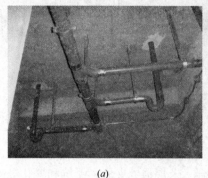 

(a)　　　　　　　　　　　　　　(b)

图 11-2　室内排水系统管材
（a）铸铁管；（b）PVC 管

2. 排水管道布置与安装施工控制要点

（1）为满足管道工作时的最佳水力条件，排水立管应设在污水水质最差、杂质最多的排水点附近。管道要尽量减少不必要的转角，宜作直线布置，并以最短的距离排出室外。

（2）为使管道不易受损，排水管道不得穿过建筑物的沉降缝、烟道和风道，并避免穿过伸缩缝，否则要采取保护措施。埋地管不得布置在可能受到重物压坏处或穿越设备基础。特殊情况需要穿过以上部位时，则应采取保护措施。

（3）排水塑料管必须按设计要求及位置装设伸缩节。如设计无要求时，伸缩节间距不得大于 4m。高层建筑中明设的排水塑料管道应按设计要求设置阻火圈或防火套管。

（4）生活污水铸铁管道和塑料管道的坡度必须符合设计或《建筑给水排水及采暖工程施工质量验收规范》GB 50242—2002 中的规定。

3. 排水管道配件安装施工控制要点

（1）在生活污水管道上设置的检查口或清扫口，当设计无要求时应符合下列规定。

1）在立管上应每隔一层设置一个检查口，但在最底层和有卫生器具的最高层必须设置。如为两层建筑时，可仅在底层设置立管检查口。如有乙字弯管时，则在该层乙字弯管的上部设置检查口。检查口中心高度距操作地面一般为 1m，允许偏差±20mm。检查口的朝向应便于检修。暗装立管，在检查口处应安装检修门。

2）在连接 2 个及 2 个以上大便器或 3 个及 3 个以上卫生器具的污水横管上应设置清扫口。当污水管在楼板下悬吊敷设时，可将清扫口设在上一层楼地面上，污水管起点的清扫口与管道相垂直的墙面距离不得小于 200mm。若污水管起点设置堵头代替清扫口时，与墙面距离不得小于 400mm。

3）在转角小于 135°的污水横管上，应设置检查口或清扫口。

4）污水横管的直线管段，应按设计要求的距离设置检查口或清扫口。

5）金属排水管道上的吊钩或卡箍应固定在承重结构上，固定件间距：横管不大于 2m；立管不大于 3m。楼层高度小于或等于 4m，立管可安装 1 个固定件。立管底部的弯管处应设支墩或采取固定措施。

6）排水塑料管道支、吊架间距应符合表 11-1 的规定。

排水塑料管道支吊架最大间距（m）　　　　　　　　表 11-1

管径（mm）	50	75	110	125	160
立管	1.2	1.5	2.0	2.0	2.0
横管	0.5	0.75	1.10	1.30	1.6

（2）通气管不得与风道或烟道连接，且应符合下列规定。

1）通气管应高出屋面 300mm，但必须大于最大积雪厚度。

2）在通气管出口 4m 以内有门、窗时，通气管应高出门、窗顶 600mm 或引向无门、窗一侧。

3）在经常有人停留的平屋顶上，通气管应高出屋面 2m，并应根据防雷要求设置防雷装置。

4）屋顶有隔热层应从隔热层板面算起。

（3）室内排水的水平管道与水平管道、水平管道与立管的连接，应采用 45°三通或 45°四通和 90°斜三通或 90°斜四通。立管与排出管端部的连接，应采用两个 45°弯头或曲率半径不小于 4 倍管径的 90°弯头。

4. 排水管道灌水、通球试验

（1）灌水试验：为防止排水管道堵塞和渗漏，确保建筑物的使用功能，室内排水管道应进行试漏的灌水试验。隐蔽或埋地的排水管道在隐蔽前必须做灌水试验，其灌水高度应不低于底层卫生器具的上边缘或底层地面高度。试验时，管道满水 15min 水面下降后，再灌满观察 5min，液面不降，管道及接口无渗漏为合格。安装在室内的雨水管道安装后也应做灌水试验，灌水高度必须到每根立管上部的雨水斗。试验时，灌水试验持续 1 h，不渗不漏为合格。

（2）通球试验：排水主立管及水平干管管道，安装后应作通球试验。通球球径为不小于管内径 2/3 的皮球，从立管顶端投入，球在排出管内不能滚动时，可注入一定量的水到管内，使球顺利随水流出为合格。通球过程中如有堵塞，应查明位置进行疏通，并重新作通球试验，直至球能随水流出为合格。

5. 应注意的质量问题

（1）室内排水管容易造成堵塞，施工期间应封闭排水管管口。防治措施如下：接口时严格清理管内的泥土及污物，甩口应封好堵严。卫生器具的排水口在未通水前应堵好，存水弯的排水丝堵可以后安装。施工排水横管及水平干管应满足或小于最小坡度要求。管件安装时应尽量采用阻力小的 Y 型或 TY 型三通等。

（2）冬期施工接口必须采取防冻措施。

11.2.3　卫生器具安装

卫生器具不论档次高低，基本质量要求必须是：内表面光滑、不渗水、耐腐蚀、耐冷热、便于洗刷清洁和经久耐用。除大便器外，卫生器具在排水口处，均应设十字形排水栅，以防止较粗大的杂物进入管内，造成管道阻塞。每一卫生器具下面均应设置存水弯，以阻止臭气逸出。

1. 卫生器具及给水配件安装施工控制要点

（1）卫生器具的安装应采用预埋螺栓或膨胀螺栓安装固定。

（2）固定洗脸盆、洗手盆、洗涤盆和浴缸等排水口接头，应通过旋紧螺母来实现，不得强行旋转落水口，落水口与盆底相平或略低于盆底。

（3）卫生器具的冷热水给水阀门和水龙头，必须面向使用人的右冷左热习惯安装。连接给水配件小铜管的位置、形状均须左右对称一致。

（4）安装镀铬的卫生器具给水配件应使用扳手，不得使用管子钳，以保护镀铬表面完好无损。接口应严密、牢固、不漏水。

（5）卫生设备的塑料和铜质部件安装时不得使用管子钳夹紧，有六角和八角形菱角面的，应用扳手夹持旋动，无棱角面的应制作专用工具夹持旋动。

（6）给水配件应安装端正，表面洁净并清除外露油麻。

（7）浴缸软管淋浴器挂钩的高度，如设计无要求，应距地面 1.8m。

（8）给水配件的启闭部分应灵活，必要时应调整阀杆压盖螺母及填料。

（9）地漏安装，应符合如下要求。

1）核对地面标高，按地面水平线采用 0.02 的坡度，在低 5～10mm 处为地漏表面标高；

2）安装后应封堵，防止建筑垃圾进入排水管；

3）地漏安装后，用 1：2 水泥砂浆将其固定。

（10）小便槽冲洗管，应采用镀锌钢管或硬质塑料管。冲洗孔应斜向下方安装，冲洗水流同墙面成 45°角。镀锌钢管钻孔后应进行二次镀锌。

（11）卫生器具安装的共同要求，就是平、稳、准、牢、不漏，使用方便，性能良好。平，就是同一房间同种器具上口边缘要水平，垂直度的偏差不得超过 3mm；稳，就是器具安装好后无摆动现象；牢，就是安装牢固，无脱落松动现象；准，就是卫生器具平面位置和高度尺寸准确，在设计图纸无明确要求时，特别是同类器具要整齐美观；不漏，即卫生器具上、下水管接口连接必须严格不漏；使用方便，即零部件布局合理，阀门及手柄的位置朝向合理；性能良好，就是阀门、水嘴使用灵活，管内畅通。

（12）卫生器具交工前应做满水和通水试验。

2. 施工注意事项

（1）搬运和安装陶瓷、搪瓷卫生器具时，应注意轻拿轻放，避免损坏。

（2）若需动用气焊时，对已做完装饰的房间墙面、地面，应用铁皮遮挡。

（3）卫生设备安装前，要将上、下水接口临时堵好。卫生设备安装后要将各进入口堵塞好，并且要及时关闭卫生间。

（4）工程竣工前，须将瓷器表面擦拭干净。

11.2.4 建筑给水排水工程质量验收

1. 基本规定

（1）建筑给水、排水工程施工现场应具有必要的施工技术标准、健全的质量管理体系和工程质量检测制度，实现施工全过程质量控制。

（2）建筑给水、排水工程施工应按照批准的工程设计文件和施工技术标准进行施工。

修改设计应有设计单位出具的设计变更通知单。

（3）建筑给水、排水工程施工应编制施工组织设计或施工方案，经批准后方可实施。

（4）建筑给水、排水工程的分项工程，应按系统、区域、施工段或楼层等划分，分项工程应划分成若干个检验批进行验收。

（5）建筑给水、排水工程的施工单位应当具有相应的资质，工程质量验收人员应具备相应的专业技术资格。

2. 验收要求

（1）检验批、分项工程、分部工程质量的验收，均应在施工单位自检合格的基础上进行，并应按检验批、分项、分部、单位工程的顺序进行验收，同时做好记录。检验批、分项工程的质量验收应全部合格，分部工程的验收，必须在分项工程验收通过的基础上，对涉及安全、卫生和使用功能的重要部位进行抽样检验和检测。

（2）建筑给水、排水及供暖工程的检验和检测应包括下列主要内容。

1）承压管道系统和设备及阀门水压试验；

2）排水管道灌水、通球及通水试验；

3）雨水管道灌水及通水试验；

4）给水管道通水试验及冲洗、消毒检测；

5）卫生器具通水试验，具有溢水功能的器具满水试验；

6）地漏及地面清扫口排水试验；

7）供暖系统冲洗与测试；

（3）工程质量验收文件和记录中应包括下列主要内容。

1）开工报告；

2）图纸会审记录、设计变更及洽商记录；

3）施工组织设计或施工方案；

4）主要材料、成品半成品、配件、器具和设备出厂合格证及进场验收单；

5）隐蔽工程验收及中间试验记录；

6）设备试运转记录；

7）安全、卫生和使用功能检验和检测记录；

8）检验批、分项工程、分部工程质量验收记录；

9）竣工图。

11.3 室内电气施工（配电箱后部分）

通常，装饰承包商承担小机电安装部分，即楼层配电箱出线以后部分的电气安装施工内容，配电箱以及配电箱进线前面部分的电气系统安装内容，大多由大机电承包商完成。

11.3.1 电缆施工要点

1. 材料质量

（1）凡所使用的电缆及附件，均应符合国家颁布的现行技术标准，并有合格证件。

（2）电缆及其附件在安装时用的紧固件，除地脚螺栓外，应用镀锌制品。

（3）电缆及其附件到达现场后，应进行下列检查：产品的技术文件是否齐全；电缆规格、绝缘材料是否符合要求，附件是否齐全；电缆封端是否严密，当电缆经外观检查有怀疑时，应进行潮湿判断与试验。

2. 电缆敷设施工质量控制要点

电缆沿桥架敷设前，应防止电缆排列不整齐，出现严重交叉现象。必须事先就将电缆敷设位置排列好，规划出排列图表，按图表进行施工。施放电缆时，对于单端固定的托臂可以在地面上设置滑轮施放，放好后拿到托盘或梯架内。双吊杆固定的托盘或梯架内敷设电缆，应将电缆直接在托盘或梯架内安放滑轮施放，电缆不得直接在托盘或梯架内拖拉。电缆沿桥架敷设时，应单层敷设，电缆与电缆之间可以无间距敷设。电缆在桥架内应排列整齐，不应交叉，应敷设一根，整理一根，卡固一根。垂直敷设的电缆每隔 1.5～2m 处应加以固定。水平敷设的电缆，在电缆的首尾两端、转弯及每隔 5～10m 处进行固定，对电缆在不同标高的端部也应进行固定。电缆固定可以用尼龙卡带、绑线或电缆卡子进行固定。

在桥架内电力电缆的总截面（包括外护层）不应大于桥架有效横断面的 40%，控制电缆不应大于 50%。室内电缆桥架布线时，为了防止发生火灾时火焰蔓延，电缆不应有黄麻或其他易燃材料外护层。电缆桥架内敷设的电缆，应在电缆的首端、尾端、转弯及每隔 50m 处，设有编号、型号及起止点等标记，标记应清晰齐全，挂装整齐无遗漏。桥架内电缆敷设完毕后，应及时清理杂物，有盖的可盖好盖板，并进行最后调整。

11.3.2 供电部分施工及注意事项

1. 电缆桥架施工及桥架内电缆敷设注意事项

根据施工图，对预埋件或固定点进行定位，沿建筑物敷设吊架或支架。直线段电缆桥架安装，在直线端的桥架相互接茬处，可用专用的连接板进行连接，接茬处要求缝隙平密平齐，在电缆桥架两边外侧用螺母固定。电缆桥架在十字交叉、丁字交叉处施工时，可采用定型产品（水平四通、水平三通、垂直四通、垂直三通），进行连接，应以接茬边为中心向两端各≥300mm 处，增加吊架或支架进行加固处理。电缆桥架在上、下、左、右转弯处，应使用定型的水平弯通、转动弯通和垂直凹凸弯通。上、下弯通进行连接时，其接茬边为中心两边各≥300mm 处，连接时须增加吊架或支架并进行加固。对于表面有坡度的建筑物，桥架敷设应随其坡度变化，可采用倾斜底座，或调角片进行倾斜调节。电缆桥架与盒、箱、柜、设备接口，应采用定型产品的引下装置进行连接，要求接口处平齐，缝隙均匀严密。电缆桥架的始端与终端应堵封牢。电缆桥架安装时，必须待整体电缆桥架调整符合设计图和规范规定后，再进行固定。电缆桥架整体与吊（支）架的垂直度与横档的水平度，应符合规范要求。待垂直度与水平度合格，电缆桥架上、下各层都对齐后，最后将吊（支）架固定牢固。电缆桥架敷设安装完毕后，经检查确认合格并将电缆桥架内外清扫后，进行电缆线路敷设。

电缆桥架应装置可靠的电气接地保护系统。外露导电系统必须与保护线连接在接地孔处，应将任何不导电涂层和类似的表层清理干净。为保证桥架的电气通路，在电缆桥架的伸缩缝或软连接处需采用编织铜线连接。对于多层电缆桥架，当利用桥架的接地保护干线时，应将各层桥架的端部用 16mm² 的软铜线并连接起来，再与总接地干线相通。长距离电缆桥架每隔30～50m距离接地一次。在具有爆炸危险场所安装的电缆桥架，如无法与已有的接地干线连接时，必须单独敷设接地干线进行接地。沿桥架全长敷设接地保护干线时，每段（包括非直线段）托盘、梯架应至少有一点与接地保护干线可靠连接。在有振动的场所，接地部位的连接处应装置弹簧垫圈，防止因振动引起连接螺栓松动，中断接地通路。

2. 配管配线施工注意事项

（1）明暗配管

1）明配导管应用离墙码固定或支、吊架固定，不得用Ω形卡件直接固定在墙上或梁上。管进箱柜时，要求一管一孔不得开长孔。铁制盒、箱严禁用电气焊开孔。水平或垂直敷设明配管允许偏差值，管路在2m以内时为3mm，全长不应超过管子内径的1/2。

多管敷设见图11-3、图11-4。

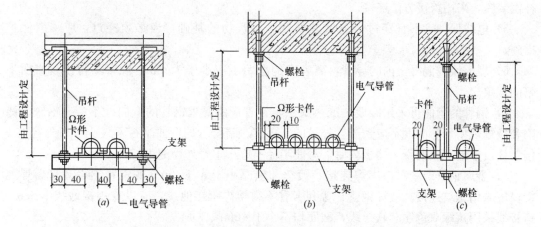

图 11-3　多管在吊架上敷设

图 11-4　电气导管成排敷设应横平竖直、弯曲一致整齐

2）管道超过一定的长度应增加过线盒，便于穿线。如直线管，长度应在30m以内；有一个转弯处，导管长度应在20m以内；有两个转弯处的导管长度应控制在15m以内。

3）砌体墙内剔槽配管，宜用专用机械进行，槽宽应大于管子外径的1.2倍，深度应考虑为管径加15mm的保护层厚度，保护层采用强度等级不小于M10的水泥砂浆抹面。暗管敷设见图11-5。

4）配管通过伸缩缝或沉降缝时，应设补偿装置（过路箱），两箱之间可用软管连接，以防止基础下沉不均，损坏管子和导线。金属导管穿过伸缩缝或沉降缝时应设有电气连通

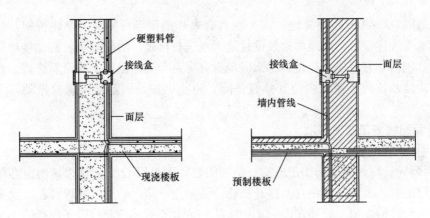

图 11-5　暗配管示意图

补偿装置，采用跨接方法连接。

5) 电线保护管不宜穿过设备或建筑物、构筑物的基础，当必须穿过，应采取保护措施。

6) 埋入墙或混凝土内的导管，离表面的净距不应小于 15mm。配管不得出现半明半暗的现象。

7) 钢管的弯曲可采用冷煨法或热煨法。钢管弯曲要求钢管的弯曲处不应有褶皱、凹陷和裂缝现象，弯曲度不应大于管外径的 0.1 倍。暗配管的弯曲半径不应小于管外径的 6 倍。埋设于地下或混凝土楼板内时，弯曲半径不应小于管外径的 10 倍。

8) 金属钢管严禁对口熔焊连接，镀锌和壁厚小于等于 2mm 的钢管不得套管熔焊连接，应采用螺纹连接。镀锌钢管、普利卡管不得熔焊跨接地线，应以专用接地线卡跨接，跨接线采用黄绿双色铜芯软导线，截面积不小于 4mm^2。

9) 塑料管的弯曲可采用冷弯法和热弯法。

10) 暗配管应尽量减少交叉，如交叉时，大口径管应放在小口径管下面，成排暗配管间距间隙应大于或等于 25mm。进入落地式配电箱的管路，排列应整齐，管口应高出基础面不小于 50mm。

（2）配线工艺

1) 穿在管内的绝缘导线额定电压不应低于交流电压 500V。

2) 在穿线前，应先清扫管路，将管中积水及杂物清除干净。

3) 为保证散热空间，管内导线总截面不得大于管内空截面积的 40%。

4) 同一交流回路的导线应穿在同一金属导管内，不得一根导线穿一根管子。不同回路、不同电压和交流与直流的导线，不得穿入同一根管子内，但下列情况除外：电压为 50V 以下的回路；同一台设备的电机回路和无抗干扰要求的控制回路；同一花灯的几个回路；同类照明的几个回路，但管内导线不应多于 8 根；各种电气、电机和用电设备的信号回路。

5) 电线导管管口应有保护措施，在不进入盒（箱）内的垂直管口，穿入导线后，应将管口作密封处理。

6) 当配线采用多相导线时，其相线的颜色应易于区分，相线、N 线、保护线（PE）的颜色应不同。同一建筑物内的导线，其绝缘层颜色选择应一致，保护线（PE 线）应采用黄绿相间色；N 线用淡蓝色；相线用：L1（A）相黄色、L2（B）相绿色、L3（C）相红色。

7）金属线槽应进行可靠的接地和接零，全长不少于 2 处与接地或接零联接。金属线槽不得熔焊跨接接地线，非镀锌线联接板的两端跨接铜芯软导线，截面积不小于 10mm²。镀锌线槽间联接板的两端不跨接接地线，但联接板两端不少于 2 个有防松螺母或防松垫圈的联接固定螺栓。

8）钢索配线用的钢索，应采用镀锌钢索，不应采用含油芯的钢索。钢索的最小截面不宜小于 10mm²，钢索的钢丝直径应小于 0.5mm，钢绞线不得有扭曲和断股现象。

9）易燃易爆危险场所使用的电缆和绝缘导线，其额定电压不应低于线路的额定电压，且不低于 750V，绝缘导线必须敷设在钢管内。

11.3.3　低压配电箱安装

（1）低压配电箱安装用膨胀螺丝固定，箱体接地端子通过接地线与接地角钢可靠焊接。配电箱安装前进行检查，规格型号与设计相符，内部元件完好，配线美观整齐，箱体外观检查完好，安装后可靠接地，采用螺栓连接

（2）检查箱内配电装置容量是否满足要求，同时复核控制电缆位置编号、芯线是否符合设计。确认无误后，剥切电缆制作电缆头并进行绑扎固定。

（3）把同一束电缆头绑扎后，将各电缆的芯线按自然顺序理顺，核对芯线编号，然后把所有芯线在距电缆头上 30～50mm 处绑扎成束。

（4）把理顺的芯线全部整齐地装入线槽中，在芯线全长的中部和上部用绝缘绑线作几圈临时绑扎，防止芯线从线槽中脱落。

（5）自上而下分别将电缆芯线按编号镶入与端子排位置相对应的线槽孔中，其预留长度也暂时留在线槽的槽孔外。从线束绑扎位置向上，每隔 400mm 对芯线绑扎一道。

（6）确定预留长度及线端绝缘剥除长度，切断多余芯线长度，并按芯线需外露长度剥除其绝缘层。从切断的芯线上取下标号牌，套在刚剥除绝缘层的芯线上。弯曲预留长度段，自端子排最下端开始向上顺序按搣线环或压接线端子方式进行接线，把芯线接到端子排上，直至全部完成。

配电管安装示例见图 11-6、图 11-7。

11.3.4　照明器具和一般电器安装

照度的概念：照度的高低决定了照明空间的感官亮度。用总的光通量［光通量，简单说就是光源在单位时间（通常是 1s）里发出的光的总能量。单位是流明（lm）］，除以照明面积就是照度，单位是勒克斯（lx）。不同的使用区域要求有不同的照度。如办公室要求 500lx、会议室要求 600～800lx、商场 800～1000lx、制图要求 5000～8000lx、卫生间和淋浴间 150lx、一般生产车间 300lx、仓库 200lx，等等。

常用灯具的种类有日光灯、直付式荧光灯、嵌入式荧光灯、吸顶灯、筒灯、高压汞灯、金属卤素灯和花灯等，应用于特殊场合的专用灯具有低压安全灯、应急灯、疏散指示灯和防爆灯等。

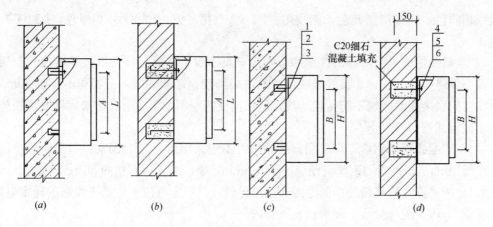

图 11-6　配电箱在墙上用螺栓安装

(*a*) 方案Ⅰ平面；(*b*) 方案Ⅱ平面；(*c*) 方案Ⅰ立面；(*d*) 方案Ⅱ立面

1—膨胀螺栓；2—螺母；3—垫圈；4—螺栓；5—螺母；6—垫圈

注：

1. 本图适用于悬挂式配电箱、起动器、电磁起动器、HH 系列负荷开关及按钮等安装；

2. 图中尺寸 A、B、H、L 见设备产品样本；

3. 方案Ⅰ适用于混凝土墙，方案Ⅱ适用于实心砖墙。

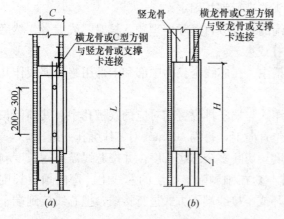

图 11-7　配电箱在轻钢龙骨内墙上暗装

(*a*) 平面；(*b*) 立面

注：1. 本图适合于重量较轻的配电箱、起动器、电磁起动器、HH 系列负荷开关及按钮等安装；

2. 图中尺寸 H、L、C 见设备产品样本；

3. 箱体厚度应小于墙板厚度，箱体宽度应不大于 500mm。

1. 普通灯具施工质量控制要点

（1）灯具固定要牢固可靠，不使用木楔。每个灯具固定用螺钉或螺栓不少于 2 个。当灯具绝缘台直径大于 75mm 时，应使用 2 个以上的螺钉或螺栓固定。灯具应在绝缘台中心，偏差不应大于 2mm。不能用钉子固定绝缘台或灯具。

（2）灯具重量大于 3kg 时，应固定在螺栓或预埋吊钩上。软线吊灯，当灯具重量在 0.5kg 及以下时，采用软电线自身吊装；大于 0.5kg 的灯具采用吊链，且软电线编叉在吊链内，使电线不受力，见图 11-8。连接灯具的软线盘扣、搪锡压线，当采用螺口灯头时，相线接于螺口灯头中间的端子上。

（3）当灯具距地面高度小于 2.4m 时，灯具的可接近裸露导体必须接地或接零可靠，并应有专用接地螺栓，且有标识。

（4）每一接线盒应供应一具灯具，门口第一个开关应开门口的第一只灯具，灯具与开关应相对应。事故照明灯具应有特殊标志，并有专用供电电源，见图 11-9。每个照明回路均应通电校正，做到灯亮，开启自如。

（5）当灯杆为钢管时，钢管内径不应小于 10mm，钢管厚度不应小于 1.5mm。安装在

(a)   (b)

图 11-8　灯具

(a) 大型灯具；(b) 筒灯（不得裸线）

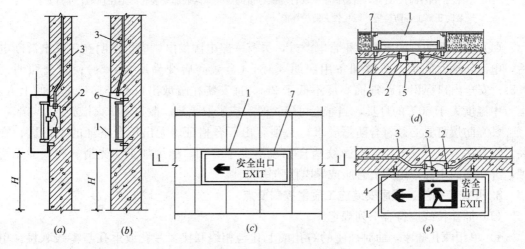

(a)　　　(b)　　　　　　(c)　　　　　　　(d)　　　　　(e)

图 11-9　应急疏导标志灯安装

(a) 墙壁明装；(b) 墙壁暗装；(c) 地面安装；(d) 1-1 剖面；(e) 面板安装

1—灯具；2—接线盒；3—金属管；4—膨胀螺栓；5—接线帽；6—膨胀螺钉；7—封堵材料

重要场所的大型灯具的玻璃罩，应采取防止玻璃罩碎裂后向下溅落的措施。

（6）花灯吊钩圆钢直径不应小于灯具挂销直径，且不应小于 6mm。大型花灯的固定及悬吊装置，应按灯具重量的 2 倍做过载试验。

（7）装有白炽灯泡的吸顶灯具，灯泡不应紧贴灯罩。当灯泡与绝缘台间距离小于 5mm 时，灯泡与绝缘台间应采取隔热措施。

2. 专用灯具施工质量控制要点

（1）36V 及以下行灯变压器外壳、铁芯和低压侧的任意一端或中性点，接地或接零应可靠。行灯灯体及手柄绝缘要良好，要坚固、耐热、耐潮湿。

（2）手术台上无影灯的供电方式由设计选定，通常由双回路引向灯具。其专用控制箱由多个电源供电，以确保供电绝对可靠。配电箱内装有专用的总开关及分路开关，电源分别接在两条专用的回路上，开关至灯具的电线采用额定电压不低于 750V 的铜芯多股绝缘电线。施工中要注意多电源的识别和连接，如有应急直流供电的话，要区别标识。

（3）游泳池及类似场所灯具（水下灯及防水灯具）的局部等电位联结应可靠，且有明显标识，其电源的专用漏电保护装置应全部检测合格。自电源引入灯具的导管必须采用绝缘导管，严禁采用金属或有金属保护层的导管。见图 11-10。

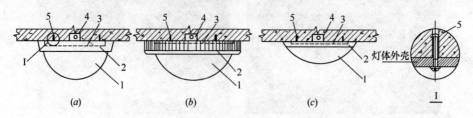

图 11-10　防水、防尘灯具安装示意图

(a) 半圆防潮、防尘型吸顶灯；(b) 半圆宽边防潮、防尘型吸顶灯；(c) 单、双环管防潮型吸顶灯

1—灯罩；2—灯罩连接饰圈；3—灯具底座；4—灯头盒；5—塑料胀塞及自攻螺钉

注：本图为一般性防护灯具，由塑料胀塞及自攻螺钉借助灯壳体内底部安装孔固定在顶部，本灯具在
安装时正确上好防护垫，以免失去防护性能。

（4）应急照明灯的电源除正常电源外，另有一路电源供电。应急照明在正常电源断电后，电源转换时间为：疏散和备用照明≤15s（金融商店交易所≤1.5s）；安全照明≤0.5s；安全出口标识灯距地面高度不低于 2m，且安装在疏散出口和楼梯口里侧的上方。运行中温度大于 60℃的灯具，当靠近可燃物时，应采取隔热、散热等防火措施。

（5）防爆灯具必须符合防爆要求，必须有出厂合格证。无出厂合格证的不得进行安装。灯具吊管及开关与接线盒螺纹啮合扣数不少于 5 扣，螺纹加工应光滑、完整、无锈蚀，并在螺纹上涂以电力复合脂或导电性防锈脂。

3. 开关、插座、风扇安装施工质量控制要点

（1）插座接线应符合下列规定。

1）单相两孔插座，面对插座的右孔或上孔与相线联接，左孔或下孔与零线联接。单相三孔插座，面对插座的右孔与相线联接，左孔与零线联接。见图 11-11。

2）单相三孔、三相四孔及三相五孔插座接地（PE）或接零（PEN）线接在上孔。插座的接地端子不与零线端子联接。同一场所的三相插座，接线的相序应一致。

3）接地（PE）或接零（PEN）线在插座间不得串联联接。

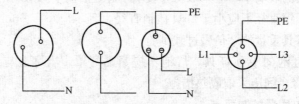

图 11-11　插座接线示意图

（2）开关安装位置应便于操作，开关边缘距门框边缘的距离为 0.15～0.2m，开关距地面高度为 1.3m。拉线开关距地面高度为 2～3m，层高小于 3m 时，拉线开关距顶板不小于 100mm，拉线出口垂直向下。相同型号并列安装及同一室内开关安装高度应一致，且应控制有序，不错位。并列安装的拉线开关的相邻间距不小于 20mm。

（3）吊扇挂钩应安装牢固，吊扇挂钩直径不小于吊扇挂销直径，且不小于 8mm。有防震橡皮垫。吊扇扇叶距地面高度不小于 2.5m。壁扇底座采用尼龙塞或膨胀螺栓的数量不少于2个，且直径不小于8mm，固定牢固可靠。

4. 建筑物照明通电试运行的要求

（1）电线绝缘电阻测试前电线的接线要完成。

（2）照明箱（盘）、灯具、开关和插座的绝缘电阻的测试在就位前或接线前要完成。

（3）备用电源或事故照明电源作空载自动投切试验前应拆除负荷，空载自动投切试验应合格，才能做有载自动投切试验。

（4）电气器具及线路绝缘电阻测试合格才能通电试验。

（5）照明全负荷试验必须在上列第（1）、（2）、（4）项完成后进行。

（6）检查灯具回路控制应与照明箱内回路的标识一致，开关控制应与灯具顺序相对应。

（7）照明系统通电连续试运行时间，公用建筑为24h，民用住宅为8h。所有照明灯具应全部开启，且每2h记录运行状态一次。

（8）连续试运行时间内应无线路过载、线路过热等故障。

质量验收时应提供以下文件：制造厂产品合格证及产品说明书；隐蔽工程记录表；过载试验记录；安装记录；线路绝缘测试记录；通电试运行记录。

11.3.5　建筑电气工程质量验收

（1）当验收建筑电气工程时，应核查下列各项质量控制资料，且检查分项工程质量验收记录和分部（子分部）质量验收记录，应正确无误，责任单位和责任人的签章应齐全。

1）建筑电气工程施工图设计文件和图纸会审记录及洽商记录；

2）主要设备、器具、材料的合格证和进场验收记录；

3）隐蔽工程记录；

4）电气设备交接试验记录；

5）接地电阻、绝缘电阻测试记录；

6）空载试运行和负荷试运行记录；

7）建筑照明通电试运行记录；

8）工序交接合格等施工安装记录。

（2）根据单位工程实际情况，检查建筑电气分部（子分部）工程所含分项工程的质量验收记录应无遗漏缺项。核查各类技术资料应齐全，且符合工序要求，有可追溯性。各责任人均应签章确认。

11.4　通风与空调工程（支路）

为满足生活和生产对室内空气环境的需求，通风与空调技术已被广泛地运用于工业、公用及民用建筑工程之中。通风，就是采用自然和机械方法，对室内空间进行换气，使其符合卫生和安全的要求，具有良好的空气品质。空气调节，就是采用专用设备对空气进行处理，为室内或密闭空间制造人工环境，使其空气的温度、湿度、流速、洁净度达到生活或生产所需的要求。本节重点是：掌握通风与空调工程的施工程序，熟悉风管系统的施工要求，了解精装修工程与通风、空调安装的配合问题。

11.4.1 通风与空调工程的施工程序

通风与空调工程是建筑工程的一个分部工程，包括送、排风系统，防、排烟系统，除尘系统，空调系统，净化空调系统，制冷系统和空调水系统七个独立的子分部工程。工程的主要施工内容包括：风管及其配件的制作与安装，部件制作与安装，消声设备的制作与安装，除尘器与排污设备安装，通风与空调设备、冷却塔、水泵安装，高效过滤器安装，净化设备安装，空调制冷机组安装，空调水系统管道、阀门及部件安装，风、水系统管道与设备防腐绝热，通风与空调工程的系统调试等。本条主要知识点是：通风与空调系统的分类，通风与空调工程一般施工程序和施工要求，通风与空调系统调试与验收要求。

1. 通风与空调系统的分类

（1）接通风的范围可分为全面通风和局部通风，接通风动力分为自然通风和使用机械动力进行有组织的机械通风。例如：热车间排除余热的全面通风，通常在建筑物上设有天窗与风帽，依靠风压和热压使空气流动，是不消耗机械动力、经济的通风方式。

（2）按空气处理设备、通风管道以及空气分配装置的组成，在工程中常见的有：集中进行空气处理、输送和分配的单风管、双风管、变风量等集中式空调系统；集中进行空气处理，和房间末端再处理设备组成的半集中系统；各房间各自的整体式空调机组承担空气处理的分散系统。

（3）通风空调系统类型的选用，一般要考虑建筑物的用途、规模、使用特点、热湿负荷变化情况、参数及温湿度调节和控制的要求，以及工程所在地区气象条件、能源状况以及空调机房的面积和位置、初投资和运行维修费用等因素。近年来，空调的节能成为行业的关注点，变风量空调系统（VAV），变制冷剂流量（VRV）空调系统，新风加冷辐射吊顶空调系统，已被更多地应用在公共建筑之中。

2. 通风与空调工程的一般施工程序和施工要求

（1）通风与空调工程的一般施工程序

施工前的准备→风管、部件、法兰的预制和组装斗风管、部件、法兰的预制和组装的中间质量验收→支吊架制作安装→风管系统安装→通风空调设备安装→空调水系统管道安装→通风空调设备试运转、单机调试→风管、部件及空调设备绝热施工→通风与空调工程系统调试→通风与空调工程竣工验收→通风与空调工程综合效能测定与调整。

（2）施工前的准备工作

1）制定工程施工的工艺文件和技术措施，按规范要求规定所需验证的工序交接点和相应的质量记录，以保证施工过程质量的可追溯性。

2）根据施工现场的实际条件，综合考虑土建、装饰，其他各机电专业等对公用空间的要求，核对相关施工图，从满足使用功能和感观要求出发，进行管线空间管理、支架综合设置和系统优化路径的深化设计，以免施工中造成不必要的材料浪费和返工损失。深化设计如有重大设计变更，应征得原设计人员的确认。

3）与设备和阀部件的供应商及时沟通，确定接口形式、尺寸、风管与设备连接端部的做法。进口设备及连接件采购周期较长，必须提前了解其接口方式，以免影响工程进度。

4）对进入施工现场的主要原材料、成品、半成品和设备进行验收。一般应由供货商、监理、施工单位的代表共同参加，验收必须得到监理工程师的认可，并形成文件。

5）认真复核预留孔、洞的形状尺寸及位置，预埋支、吊件的位置和尺寸，以及梁柱的结构形式等，确定风管支、吊架的固定形式，配合土建工程进行留槽留洞，避免施工中过多的剔凿。

（3）通风与空调工程施工技术要求

1）风管系统的制作和安装要求

风管系统的施工包括风管、风管配件、风管部件、风管法兰的制作与组装；风管系统加工的中间质量检验、运输、进场验收；风管支吊架制作安装；风管主干管安装、支管安装。针对日益增多的风管材料品种和技术素质不一的劳务队伍，施工中必须按《通风与空调工程施工质量验收规范》GB 50243—2002、《通风管道技术规程》JGJ 141—2004 及国家现行的有关强制性标准的规定，严格加以控制。风管安装见图 11-12。

图 11-12　风管安装　　　　　　　　　　图 11-13　风机水管安装

2）空调水系统管道的安装要求

空调水系统包括冷（热）水、冷却水、凝结水系统的管道及附件。镀锌钢管一般采用螺纹连接，当管径大于 DN100 时，可采用卡箍、法兰或焊接连接。空调用蒸汽管道的安装，应按《建筑给水排水及采暖工程施工质量验收规范》GB 50242—2002 的规定执行，与制冷机组配套的蒸汽、燃油、燃气供应系统和蓄冷系统的安装，还应符合设计文件、有关消防规范以及产品技术文件的规定。风机水管安装见图 11-13。

3）通风与空调工程设备的安装要求

通风与空调工程设备安装包括通风机，空调机组，除尘器，整体式、组装式及单元式制冷设备（包括热泵），制冷附属设备以及冷（热）水、冷却水、凝结水系统的设备等，这些设备均属通用设备，施工中应按现行国家标准《机械设备安装工程施工及验收通用规范》GB 50231—2009 的规定执行。设备就位前应对其基础进行验收，合格后方能安装。设备的搬运和吊装必须符合产品说明书的有关规定，做好设备的保护工作，防止因搬运或吊装而造成设备损伤。

3. 风管、部件及空调设备防腐绝热施工要求

普通薄钢板在制作风管前，宜预涂防锈漆一遍，支、吊架的防腐处理应与风管或管道相一致，明装部分最后一遍色漆，宜在安装完毕后进行。风管、部件及空调设备绝热工程施工应在风管系统严密性试验合格后进行。空调水系统和制冷系统管道的绝热施工，应在管路系统强度与严密性检验合格和防腐处理结束后进行。

4. 通风与空调系统调试与验收要求

通风与空调工程安装完毕,必须进行系统的测定和调整(简称调试)。系统调试包括:设备单机试运转及调试;系统无生产负荷的联合试运转及调试。

(1) 通风与空调系统调试

1) 通风与空调系统联合试运转及调试由施工单位负责组织实施,设计单位、监理和建设单位参与。对于不具备系统调试能力的施工单位,可委托具有相应能力的其他单位实施。

2) 系统调试前由施工单位编制的系统调试方案报送监理工程师审核批准。调试所用测试仪器仪表的精度等级及量程满足要求,性能稳定可靠并在其检定有效期内。调试现场围护结构达到质量验收标准。通风管道、风口、阀部件及其吹扫、保温等已完成并符合质量验收要求。设备单机试运转合格。其他专业配套的施工项目(如:给水排水、强弱电及油、汽、气等)已完成,并符合设计和施工质量验收规范的要求。

3) 泵统调试主要考核室内的空气温度、相对湿度、气流速度、噪声或空气的洁净度能否达到设计要求,是否满足生产工艺或建筑环境要求,防排烟系统的风量与正压是否符合设计和消防的规定。空调系统带冷(热)源的正常联合试运转,不应少于 8h,当竣工季节与设计条件相差较大时,仅作不带冷(热)源试运转,例如:夏季可仅作带冷源的试运转,冬期可仅作带热源的试运转。

(2) 通风与空调工程竣工验收

1) 施工单位通过无生产负荷的系统运转与调试以及观感质量检查合格,将工程移交建设单位,由建设单位负责组织,施工、设计、监理等单位共同参与验收,合格后办理竣工验收手续。

2) 竣工验收资料包括:图纸会审记录、设计变更通知书和竣工图;主要材料、设备、成品、半成品和仪表的出厂合格证明及试验报告;隐蔽工程、工程设备、风管系统、管道系统安装试验及检验记录、设备单机试运转、系统无生产负荷联合试运转与调试、分部(子分部)工程质量验收、观感质量综合检查、安全和功能检验资料核查等记录。见图11-14。

3) 观感质量检查包括:风管及风口表面及位置;各类调节装置制作和安装;设备安装;制冷及水管系统的管道、阀门及仪表安装;支、吊架型式、位置及间距;油漆层和绝热层的材质、厚度、附着力等。

(3) 通风与空调工程综合效能的测定与调整

1) 通风与空调工程交工前,在已具备生产试运行的条件下,由建设单位负责,设计、施工单位配合,进行系统生产负荷的综合效能试验的测定与调整,使其达到室内环境的要求。

2) 综合效能试验测定与调整的项目,由建设单位根据生产试运行的条件、工程性质、生产工艺等要求进行综合衡量确定,一般以适用为准则,不宜提出过高要求。

3) 调整综合效能测试参数要充分考虑生产设备和产品对环境条件要求的极限值,以免对设备和产品造成不必要的损害。调整时首先要保证对温湿度、洁净度等参数要求较高的房间,随时做好监测。调整结束还要重新进行一次全面测试,所有参数应满足生产工艺

通风、空调安装工程目录	
1.风管制作检查记录	22-1
2.风管部件及消声器制作检查记录	22-2
3.风管系统安装检查记录	22-3
4.通风与空调设备安装检查记录	22-4
5.空调制冷系统安装检查记录	22-5
6.空调水系统安装检查记录	22-6
7.通风与空调工程防腐、绝热施工检查记录	22-7
8.空调系统调试检查记录	22-8
9.风管漏光检测记录	22-9
10.风管漏风检测记录	22-10
11.通风系统试运转检查记录	22-11
12.空调系统管道冲洗（吹污）试验检查记录	22-12
13.设备单机试车检查记录	22-13
14.空调系统试验调整报告	22-14

图 11-14　通风、空调安装工程目录

要求。

4）防排烟系统与火灾自动报警系统联合试运行及调试后，控制功能应正常，信号应正确，风量、正压必须符合设计与消防规范的规定。

11.4.2　风管系统的施工技术要求

通风管道（简称风管）是通风与空调系统的重要组成部分，它的结构、形状、布置方式以及制作和安装的质量，直接影响系统的技术经济性能和运行效果。风管系统的施工质量要从原材料到每道加工工序，狠抓每个环节可能发生的质量通病，严格执行有关的规程、规范和标准。本条主要知识点是：风管系统的组成、分类和施工内容，风管系统的制作与安装技术要求。

1. 风管系统的组成、分类和施工内容

（1）风管系统主要由输送空气的管道、阀部件、支吊架及连接件等组成。

（2）风管系统按其系统的工作压力（P）划分为三个类别：系统工作压力 $P \leqslant 500\text{Pa}$ 为低压系统；$500\text{Pa} < P \leqslant 1000\text{Pa}$ 为中压系统；$P > 1000\text{Pa}$ 为高压系统。

（3）风管系统施工的主要内容包括风管制作、风管部件制作、风管系统安装及风管系统的严密性试验四个环节。针对不同的工作压力的风管系统，在制作、安装和严密性试验等方面，具有不同的技术要求。

2. 风管系统制作的技术要求

（1）通风与空调工程的风管及配件的制作属非标产品制作，加工前应按设计图纸和现场情况进行放样制图。目前，风管及配件制作普遍采用在施工现场采用单机加工成型，也有在预制加工厂采用自动流水线生产制作。

（2）风管及部件的板材厚度与材质应符合施工质量验收规范规定。非金属复合风管的覆面材料必须为不燃材料，具有保温性能的风管内部绝热材料应不低于《建筑材料及制品燃烧性能分级》GB 8624—2012 中规定的难燃 B 级，所用胶粘剂应与其管材材质相匹配，且对人体无害，符合环保要求。

（3）防排烟系统防火风管的板材厚度按高压系统的规定选用。风管的本体、框架、连接固定材料与密封垫料，阀部件、保温材料以及柔性短管、消声器的制作材料，必须为不燃材料。风管的耐火等级应符合设计规定，其防火涂层的耐热温度应高于设计规定的耐热温度。

（4）风管系统的绝热材料应采用不燃或难燃材料，其材质、密度、规格与厚度应符合设计要求。

（5）板材拼接按规定可采用咬接、铆接和焊接。

（6）风管应根据断面尺寸、长度、板材厚度以及管内工作压力等级，按规范要求，采取加固措施。

施工中，金属风管如果钢板的厚度不符合要求，形式选择不当，没有按照规范要求采取加固措施，或加固的方式、方法不当，会造成金属风管刚度不够，易出现管壁不平整，风管在两个吊架之间易出现挠度；系统运转启动时，风管表面颤动产生噪声，造成环境污染；风管产生疲劳破坏，影响风管的使用寿命。又如非金属复合板风管，若板材外层的铝箔损坏或粘结不牢、板材拼接处未做好密封处理、胶粘剂量不足或过稠，都会造成风管漏气，而造成系统风量不足、冷量或热量损失，达不到预期的使用效果。

3. 风管系统安装的技术要求

（1）风口、阀门、检查门及自控机构处不宜设置支、吊架；风阀等部件及设备与非金属风管连接时，应单独设置支、吊架；不锈钢板、铝板风管与碳素钢支、吊架的接触处，应采取防腐绝缘或隔绝措施。

（2）风管内严禁其他管线穿越。

（3）输送含有易燃、易爆气体或安装在易燃、易爆环境的风管系统应有良好的接地；通过生活区或其他辅助生产房间时必须严密，并不得设置接口。风管穿过需要封闭的防火墙体或楼板时，应设预埋管或防护套管，其钢板厚度不小于 1.6mm。风管与防护套管之间用柔性不燃材料封堵。输送空气温度高于 80℃的风管，应按设计规定采取防护措施。

（4）风管与风机和空气处理机等设备的连接处，应采用柔性短管或按设计规定。

（5）室外立管的固定拉索严禁拉在避雷针或避雷网上。

（6）风管系统安装完毕，应按系统类别进行严密性试验，以主干管为主，漏风量应符合设计和施工质量验收规范的规定。低压风管系统在加工工艺得到保证的前提下，可采用漏光法检测；当漏光法检测不合格时，说明风管加工质量存在问题，应按规定的抽检率进行漏风量测试，作进一步的验证。中压风管系统的严密性试验，应在漏光法检测合格后，用测试设备进行漏风量测试的抽检，抽检率为 20%，且不得少于一个系统。高压风管系统的泄漏，会对系统的正常运行产生较大的影响，因此在漏光法检测合格后，应全部用测试设备进行漏风测试。

11.4.3　精装修工程与通风、空调安装的配合问题

（1）通风系统安装阶段，在走道吊顶区域会出现通风管道、强弱电桥架、消防管道、

给水排水管道等共同排布的问题，精装修专业应会同机电单位进行图纸会审和深化，确定最佳的空间排布，保证吊顶的高度和各专业管道排布的合理性。见图 11-15。

图 11-15　风管综合布线的空间布置

（2）通风系统安装后期阶段，作业面和施工程序与装饰装修工程轮番交叉，要注意风口与装饰工程结合处的处理形式以及对装饰装修工程的成品保护，进行图纸的深化，保证空调功能效果的同时，注意精装修的观感效果。

（3）吊顶内的空调设备安装时，需单独固定支撑，不允许直接固定在吊顶龙骨，以免空调设备运行时引起吊顶的振动和乳胶漆的开裂。吊顶内的风管不允许直接压在吊顶龙骨上，避免引起吊顶的共振。

（4）空调的冷凝水管必须进行保温，避免结露产生的水滴落在吊顶上，从而造成吊顶的破坏和观感效果不佳。

（5）在施工中，往往由于未能及时配合土建施工进行预留预埋，或者在图纸变更时，没有及时核对，导致预埋管或防护套管遗漏，或者施工人员不了解规范要求，而选择钢板厚度有误，或者套管之间的缝隙选用不合格的材料进行封堵，甚至没有进行封堵，一旦发生火灾，不能有效防止火焰或烟气透过，火灾将会蔓延，有些封堵材料燃烧后还会产生毒气，造成对人体有害或物资损失。预埋管或防护套管钢板厚度不够，容易变形并导致后期风管安装及调整困难，且不能修补。又如：在防排烟系统或风管输送高温气体、易燃、易爆气体或穿越易燃、易爆环境的镀锌钢板风管施工时，若技术管理人员未能及时交底，或操作人员没有设置接地或接地不合格，一旦有静电产生，将导致管道内的易燃、易爆气体，或易燃、易爆环境产生爆炸，造成严重损失。

11.5　智能建筑工程

智能建筑指通过将建筑物的结构、设备、服务和管理根据用户的需求进行最优化组合，从而为用户提供一个高效、舒适、便利的人性化建筑环境。智能建筑是集现代科学技术之大成的产物。其技术基础主要由现代建筑技术、现代电脑技术、现代通信技术和现代控制技术所组成。

11.5.1 智能建筑的子分部组成和功能

1. 智能化建筑的系统集成 (SIC)

SIC 具有各个智能化系统信息总汇集和各类信息的综合管理功能。具体有以下三方面的要求。

（1）汇集建筑物内外的各类信息。需要标准化、规范化的接口来保证各智能化系统之间按通信协议进行信息交换。

（2）对建筑物内各个智能化系统进行综合管理。

（3）具有很强的信息处理及信息通信能力。

2. 信息网络系统 (INS)

信息网络系统是应用计算机技术、通信技术、多媒体技术、信息安全技术和行为科学等先进技术和设备构成的信息网络平台。借助于这一平台实现信息共享、资源共享和信息的传递与处理，并在此基础上开展各种应用业务。

3. 通信网络系统 (CNS)

通信网络系统是建筑物内语音、数据、图像传输的基础设施。通过通信网络系统，可实现与外部通信网络（如公用电话网、综合业务数字网、互联网、数据通信网及卫星通信网等）相联，确保信息畅通和实现信息共享。

4. 综合布线系统 (PDS)

PDS 是一种集成化通用传输系统，利用双绞线或光缆来传输智能化建筑物内的信息。它是智能化建筑物连接"3A"系统各类信息必备的基础设施。它采用积木式结构和模块化设计，实施统一标准，能完全满足智能化建筑高效、可靠和灵活性的要求。

5. 办公自动化系统 (OAS)

办公自动化是把计算机技术、通信技术、系统科学和行为科学应用于传统的数据处理技术所难以处理的、数量庞大且结构不明确的业务上。更通俗地讲，办公自动化系统就是在办公室工作中，以微型计算机为中心，采用传真机、复印机和电子邮件等一系列现代办公及通信设备，全面而又广泛地收集、整理、加工和使用信息，为科学管理和科学决策提供服务。

6. 建筑设备自动化系统 (BAS)

将建筑物或建筑群内的电力、照明、空调、给水排水、电梯和自动扶梯等系统，以集中监视、控制和管理为目的构成的综合系统。在确保建筑内环境舒适、充分考虑能源节约和环境保护的条件下，使建筑物内各种设备状态及利用率均达到最佳的目的。

7. 火灾报警系统 (FAS)

火灾报警系统由火灾探测系统、火灾自动报警及消防联动系统和自动灭火系统等部分组成，主要功能是对火灾的发生进行早期的探测和自动报警，并能根据火情的位置，及时对建筑内的消防设备、配电、照明、广播以及电梯等装置进行联动控制，达到灭火、排烟和疏散人员的目的，确保人员安全，最大限度地减少社会财富的损失。

8. 安全防范系统 (SAS)

根据建筑安全防范管理的需要，综合运用电子信息技术、计算机网络技术、视频防监控技术和各种现代安全防范技术构成的用于维护公共安全、预防刑事犯罪及灾害事故为目的的，且具有报警、视频安防监控、出入口控制、安全检查、停车场（库）管理的安全技术防范体系称为安全防范系统。

11.5.2　智能建筑工程分项系统的质量控制要点

1. 通信系统

（1）局内缆线、接线端子板等主要器材的电气应抽样测试。当湿度在 75% 以下用 250V 兆欧表测试时，电缆芯线绝缘电阻应不小于 200MΩ，接线端子板相邻端子的绝缘电阻应不低于 500MΩ。

（2）电源电缆和通信电缆宜分开走道敷设，合用走道时应将他们分别在电缆走道的两边敷设。

（3）总配线架的位置应符合设计规定，位置误差应小于 10mm，垂直度应小于 3mm，底座水平度误差不超过水平尺准线。

2. 卫星及有线电视系统

（1）室外天线和卫星接收机（在机房内）的连接线不应超过 30m，若超过 30m，则在传输过程中应使用放大器，使到达卫星接收机输入端的信号有一定的电平。

（2）传输方式的确定，当传输干线的衰耗（以最高工作频率下的衰耗值为准）小于 100 dB 时，应采用甚高频（VHF）、超高频（UHF）直接传输方式；传输干线的衰耗大于 100 dB 时，应采用甚高频（VHF）传输方式或邻频传输方式。

（3）选用的设备和部件的输入、输出标称阻抗，电缆的标称阻抗均应为 75Ω。

（4）电视图像质量的主观评价不低于 4 分。

3. 有线广播系统

（1）扩声系统扬声器宜采用明装，若采用暗装，装饰面的透声开口应足够大，透声材料或蒙面的格条尺寸相对于主要扩声频段的波长应足够小。

（2）功率放大器容量按该系统扬声器总数的 1.3 倍确定。

（3）扬声器设在走道、大厅、餐厅等公共场所，其数量应能保证从一个防火分区内任何部位到最近一个扬声器的步行距离不超过 25m。在走道交叉、拐弯处均应设置扬声器。走道末端最后一个扬声器距墙不大于 12.5m。每个扬声器额定功率不应小于 3W。客房内扬声器功率不应小于 1W。

（4）设在空调机房、通风机房、洗衣房、文娱场所和停车库等处有背景噪声的扬声器，在其播放范围内最远的播放声压级应高于背景噪声 15dB，并以此确定扬声器的功率。

4. 视频安防系统

（1）安装摄像机前应逐一接电进行检测和调整，使摄像机处于正常工作状态。

（2）从摄像机引出的电缆应至少留有 1m 的余量，以利于摄像机的转动。

（3）摄像机宜安装在监视目标附近不易受到外界损伤的地方，室内安装高度以 2.5～5m 为宜；室外安装高度以 3.5～10m 为宜。电梯轿厢内的摄像机应安装在轿厢的顶部。摄像机的光轴与电梯轿厢的两个面壁成 45°角，并且与轿厢顶棚成 45°俯角为适宜。

5. 入侵报警系统

（1）周围入侵探测器的安装，位置要对准，防区要交叉。

（2）为了防止误报警，不应将 PIR 探头对准任何温度会快速改变的物体，诸如电热器、暖气、空调器的出风口和白炽灯等强光源以及受到阳光直射的门窗等热源，以免由于热气流的流动而引起误报警。警戒区内注意不要有高大的遮挡物遮挡和电风扇叶片的干扰。PIR 一般安装在墙角，安装高度为 2~4m，通常为 2~2.5m。

6. 出入口控制（门禁）系统

（1）读卡器单独从外部供电时，读卡器的电源应使用线性稳压电源（变压器），并且不能把直流的负极连接到交流的接地端。

（2）控制器应当尽量装在有保护措施的场所或暗装，当需要明装时，应找准标高，进行钻孔，埋入金属膨胀螺栓进行固定。控制器的交流电源应单独敷设，严禁与信号线或低压直流电源线穿在同一管内。

（3）读卡器、出门按钮等设备的安装位置和标高应符合设计要求。如设计无要求，读卡器和出门按钮的安装高度宜为 1.4m，与门框的水平距离宜为 100mm。

7. 巡更系统

（1）室内分机的安装位置、高度应符合设计要求，设计无要求时底边距地面宜为 1.45m，固定牢固、可靠。

（2）暗装隔离器时，隔离器箱体框架应紧贴建筑物表面。严禁采用电焊或气焊将箱体与预埋管焊在一起。管入箱应用锁母固定。

（3）单元门口机一般采用嵌入安装，安装高度应保证摄像镜头的有效视角范围，一般操作键盘距地面 1.3~1.5m，摄像机镜头距地面 1.5~1.7m。

8. 停车场管理系统

（1）确定道闸及读卡设备摆放位置时，首先要确保车道的宽度，以便车辆出入顺畅，车道宽度不小于 3m，4.5m 左右为最佳。

（2）线圈电线最好采用多股铜芯线，导线线径不小于 $1.5mm^2$。最好采用双层防水线。

11.5.3 智能建筑工程施工的程序与方法

智能建筑工程施工全过程一般可分为施工准备、施工、调试开通和竣工验收 4 个阶段。施工准备与施工过程是由一家或几家施工单位联合进行的，调试开通往往是智能建筑工程承包商和设备厂商共同参与完成的，竣工验收则由建设单位、工程质量监督部门和政府有关专业管理部门进行的测试、审查和验收。见图 11-16。

智能建筑各分部工程设备安装前需要与建筑结构、建筑装饰、给水排水及供暖工程、建筑电气、通风与空调等工程进行工序交接，如机房环境、电源、接地干线等是否满足技术要求，同时对接口进行确认。为了满足装饰效果美观，智能工程相关的暴露在装饰饰面上的部件，需要纳入装饰面综合排版图，在不影响使用功能前提下，由装饰承包商作精确定位微调，以确保整体饰面的协调和美观。

1. 施工准备阶段

施工准备通常包括技术准备、施工现场准备、物资准备、机具准备、劳力准备、季节施工准备和计划交底与培训等。由于智能建筑工程技术含量较高且作业范围大，因此施工技术准备就显得非常重要。

2. 施工阶段

智能建筑工程的施工一般应按照审阅图纸、现场测量、支撑固定件制作、穿管布线、

(a)   (b)

图 11-16　装饰与弱电施工单位协作

(a) 一同审图，确定位置；(b) 一同现场确定位置

设备安装、单机调试、系统调试和竣工验收的程序进行。在施工过程中，要特别注意弱电施工与其他专业工程的配合。

(1) 管线施工与装饰工程的配合

1) 在吊顶内敷设管线须配合装饰工程进行，装修好主龙骨后，可在主龙骨上配置管线，钢管应卡固在龙骨上，按最近直线距离敷设。

2) 在吊顶上面安装接线盒，接线盒不能凸出吊顶平面，钢管配好后，应将电缆电线穿入，做好吊顶上面的工作，再由装修人员安装次龙骨和上面板，这时要配合装修在吊顶面板上开孔，留出接线盒，开孔的面积应小于接线盒口面。

3) 另一种做法是先将管子配好，将引线钢丝打入管子，待吊顶安装完毕后，再穿线接线和安装弱电设备。当配管位置与接线盒位置不能准确对应时，可以采用金属波纹管（蛇皮管）在吊顶内作软接续，将导线引至设备安装位置。

4) 在轻型复合墙或轻型壁板中配管，先要测量好接线盒的准确位置，计划好管子走向，与装修人员配合挖孔挖洞。

(2) 安防工程与装饰工程配合

1) 电梯厅、各层通道口尽量采用吊顶装修，这样摄像机才可以采用半球摄像机，探测器也可以采用吸顶探测器，以利于美观，与装饰的合理搭配。

2) 请装饰装修部门配合吸顶装摄像机，如快球摄像机、半球摄像机、探测器的挖孔工作，如协商位置的选取，孔径的大小是否对其他工程内容造成破坏等（像灯具等）。见图 11-17。

3) 请装饰装修部门配合摄像机等设备安装完毕后的修补工作。

4) 室外摄像机立杆的设计安装在结合设备的特性之外，还要考虑与装修的整体配合事宜，此部分内容应与装修部门同步协商，包括请装

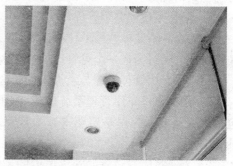

图 11-17　安装位置与灯具在一条直线上

修部门提供路灯立杆的工程图或其他装饰要求，使摄像机的安装与环境协调统一。

5）装修应提供吊顶安装高度，如走廊、电梯厅、消防梯口等位置，为壁装设备，如摄像机、探测器的具体安装定位提供依据。摄像机等安装在取得最佳监控位置的同时应达到与环境的协调统一，并尽量减少对装修造成的破坏。

（3）门禁系统与装饰工程配合

1）电控门锁的选用和安装与门的材质（木门、玻璃门、铁门、防盗门等）、开度（90°还是180°）、双扇还是单扇等均有关，确定这些内容后，才能确定选用哪一种锁具，安装方式等。

2）考虑到门的强度、效果等关系，不能在安装时做大的改动，因此提请装修部分在门的有关设计上考虑门磁、电控锁的安装可能，并为弱电设计提供有关资料，提供注意事项，如大样图、设计说明等。

3）在安装时提供相关配合，如安装前打孔等锁具安装的配合工作，使门锁、门磁等设备安装更完美和隐蔽，达到整体的美观协调。

4）门磁、门锁、出门按钮可能会有部分线路从门框内走线和出线，该部分工作内容请装饰装修单位给予配合。见图11-18。

 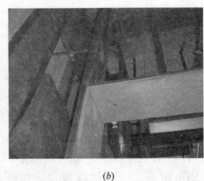

（a） （b）

图11-18　门禁系统安装

（a）由装饰单位配合开孔；（b）开孔位置由弱电单位确认

5）请装饰装修部门提供读卡器、门锁等设备安装施工时的注意事项，配合施工完毕后的修饰工作。

6）读卡器一般要安装在进门的左侧，出门按钮一般要安装在出门的右侧，如果位置有问题，请装饰装修部门予以配合修改。见图11-19。

7）门禁系统的整理管理，实际上可以理解为界定一个非常规的区域，保证区域内部一定的安全。请装饰装修单位在区域的封堵、出入的设计上给予一定的配合和考虑。这样才能保证人的行为在一个可管理的范围内。

（4）停车库管理系统与装饰工程配合

1）请提供停车库管理系统的设备用电，包括提供到现场控制室（管理亭）的用电，包括设备用电、管理亭照明等，一般每套出入口要求220V、10A以上交流电源，暂定3kW即可。

2）停车场管理设备的安装位置的选定，需要建设单位给予配合，安装时应考虑高度

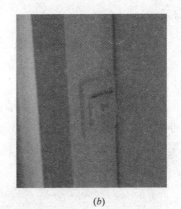

(a)   (b)

图 11-19 读卡器和开门按钮

(a) 刷卡机安装在左侧；(b) 开门按钮安装在右侧

及宽度，见图 11-20。如进行非管理出入口的封堵，以实现停车管理的整体规划目标等。

3）配合设备的安装工作，如地感线圈的预埋，读卡机、道闸等设备的安装，底座等预埋以及预埋完毕后的修饰工作。

4）做好车库内部引导指标牌的安装工作，以配合停车场的统一管理。

5）配合停车库管理系统施工完毕后的修饰工作。

（5）综合布线与装饰工程配合大开间办公室

图 11-20 安装时应考虑高度及宽度

隔断式办公桌，插座面板建议安装到隔板踢脚线。需要家具相配合开孔。

1）文印室、办公区的打印机位置：放置打印机的家具如是固定贴墙的台柜，要结合使用的方便性考虑插座面板的安装位置。建议面板设置在固定台面平面的上方。

2）会议室居中的插座面板，建议家具考虑在会议桌桌面隐藏安装（图 11-21）。或者安装于会议桌挡板上。其他看有无特殊要求，具体根据业主需求调整。需要家具配合开孔

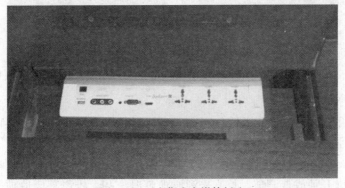

图 11-21 暗藏式多媒体插座

及考虑走线的位置。

3）办公室内、会议室其他面板，根据图纸标注。

4）相应区域的装饰墙面、地面所选用的材料、颜色、质地风格需明确，便于面板产品及地插的选用。

5）大厅墙面的面板安装位置需在装饰墙面留标准 86 型安装孔。面板安装见图 11-22。

6）大开间办公区域地板集合出线口，装饰地面要为弱电单位留好走线孔。

7）部分楼层在办公区域内有用于引线到地板下的垂直桥架，需要装饰施工单位给垂直桥架预留好位置，并做好外观的装饰。

图 11-22　面板安装水平无间隙

（6）信息发布系统与装饰工程配合

1）装饰需要显示屏系统的考虑长宽高便于开孔，还要考虑显示屏体的净重量以便加固处理，安装现场有必要考虑屏体底座的承重能力。

2）显示屏包边的宽度、颜色、质地、装饰须与周围装潢环境相协调；见图 11-23。

(a)　　　　　　　　　　　　　(b)

图 11-23　显示屏的安装
(a) 采用外框掀起式便于维护；(b) 嵌入式整体美观

（7）会议系统与装饰工程配合

1）会议室四周墙壁尽量采用软包吸声材料，地面材料为地毯，顶棚避免使用金属、有机玻璃等反射强的材料。

2）摄像机、投影机镜头前 1m 内不可安装灯光、空调出风口及消防喷淋头；投影幕前 2m 内灯光可以开关或者调节、灯光光源要求色温统一、投影幕后墙玻璃部分需要有不透光中性色调颜色的窗帘（如蓝色、米黄色等），家具颜色要求避免黑色或白色，桌面避免使用容易反光的材料。

3）会议室内的空调出风口应注意噪声隔离控制，总噪声不得高出 35dB。

4）主席台前后墙面要求采用强吸声特性的装饰材料，会议室两边侧墙材料采用穿孔形吸声板材料的木质材料，不可使用材质硬、反射强的材料（如大理石、表面光滑的金属等类似材料）。

5）顶棚选用一般常用装饰材料即可；地面家具椅子表面材料要求使用软布类材料，地面材料可选用地毯或木质地板材料。音箱前的装饰布料要求透气性能好、质地薄的材料。

（8）背投控制室与装饰工程配合

1）作为投影窗口的装修墙，要求墙体牢靠，承重量要求为 $100kg/m^2$、窗口四周平直不变形。

2）投影室应有空调以及进、出风口，以保证投影墙的工作环境湿度满足要求。

3）无论投影墙前面或背面的空调，它的出风口应离投影墙 1m 左右。

4）墙体投影机一侧全部涂乳胶，黑色、哑光。

5）投影室内应预置 220V/10A 插座 2 个，并有灯光照明。

6）交流接地电阻小于 3Ω。

7）消防喷头尽可能远离投影墙，并且要用喷雾灭火剂。

8）进入投影室的门不小于 0.9m×1.9m（宽×高）。

（9）控制室布置与装饰工程配合

1）控制室的装饰应与整体的装饰工程同步。例如，在智能建筑物管理系统中央监控室基本装饰完毕前，应将中央监控台、电视墙、模拟屏定位。

2）智能建筑工程设备的定位、安装、接线端连线，应在装饰工程基本结束时开始。

3. 调试运行阶段

智能建筑工程的子系统种类很多，性能指标和功能特点差异很大。一般是先单体设备或部件调试，而后局部或区域调试，最后整体系统调试。也有些智能化程度高的弱电系统，诸如智能化火灾自动报警系统，是先调试报警控制主机，再分别逐一调试所连接的所有火灾探测器和各类接口模块与设备。

4. 竣工验收阶段

智能建筑工程验收分为隐蔽工程验收、分项工程验收、竣工工程验收三个阶段进行。

（1）隐蔽工程验收

智能建筑工程安装中的线管预埋、直埋电缆和接地工程等都属于隐蔽工程，这些工程在下道工序施工前，应由建设单位代表（或监理人员）进行隐蔽工程检查验收，并认真办理好隐蔽工程验收手续，纳入技术档案。

（2）分项工程验收

智能建筑工程在某阶段工程结束，或某一分项工程完工后，由建设单位会同设计单位进行分项验收。有些单项工程则由建设单位申报当地主管部门进行验收。火灾自动报警系统由公安消防部门验收。安全防范系统由公安技防部门验收。卫星接收电视系统由广播电视部门验收。

5. 竣工验收

工程竣工验收是对整个工程建设项目的综合性检查验收。在工程正式验收前，应由施工单位进行预验收，检查有关技术资料、工程质量，发现问题时，及时提出整改意见，由施工单位落实整改后再进行验收。

整个智能建筑工程的验收，在各个子系统分别调试完成后，演示相应的联动控制程序。在整个系统验收文件完成后，进行系统验收。在整个集成系统验收前，也可分别进行集成系统各子系统的工程验收。

第12章 软装配饰工程

12.1 软装配饰工程概述

软装配饰是相对于硬装而言的,是一门关于整体环境、空间美学、陈设艺术、生活功能、个性偏好等多种元素的综合性、创造性前沿学科,是融合艺术、材料、技术于一体的、更趋人性化,以人为本的对空间的二度陈设与修饰;软装配饰是完美体现品味个性的再创造性思维活动;是通过运用建筑原有结构的修饰(传统建筑的顶棚藻井、雕梁画栋、斗拱额枋)或固定的艺术装置、艺术壁画及各类工艺装置、饰品等灵活搭配、组合,从而更好地满足人们的物质与精神需求。在商业空间与居住空间中运用灵活多变、可移动的元素(包括家具、装饰画、陶瓷、花艺绿植、窗帘布艺、灯饰、其他装饰摆件等)均统称为软装配饰,软装配饰可分为家具、灯具、床品布艺、饰品四大类。饰品包括装饰画、雕塑、花艺绿植及其他装饰摆件等。软装配饰和空间的关系就像衣服跟人体的关系,使用者可以根据自己的品位选择和更换。

软装配饰工程重点在设计环节,高质量完成软装配饰工程又需要施工过程积极配合。装饰施工员配合的到位与否,是与他们对软装配饰的理解深度有关,因此,本章节重点掌握软装配饰的基本概念,通过深刻理解软装配饰的设计、选材、布置基本原则,促进施工员更好地完成大装饰配套工程。

12.2 功能性陈设基本知识

12.2.1 功能性陈设范围

功能性陈设指具有实用性和使用价值的陈设,既是人们日常生活的必需品,具有极强的实用性,又能起到美化环境、装饰空间的作用。可分为以下几类:

(1)电器用品

电器用品包括电视机、音响设备、录像机、电话机、电脑、电冰箱、洗衣机、空调及厨房电器、卫生淋浴器等。

(2)书籍杂志

书籍杂志是室内重要的陈设品之一,陈设适当,不仅可以阅读便利,而且可使室内增添几分书香气息,显示出主人文雅脱俗的情趣。

(3)生活器皿

生活器皿一般指餐具、茶具、酒具、炊具、果盘、盛物篮等日常实用性陈设品。但其造型、色彩和质地具有很强的装饰性,可成套陈列,作为室内环境的装饰;也可单体陈列,作为室内点缀。

（4）其他

实用性陈设范围还包括钟表、化妆品、洗涤用品、食品等日常生活用品，乐器、文化用品、体育器械、健身器材等文体用品。他们不但具有实用性，又能起到美化环境、装饰空间的作用。

12.2.2 功能性陈设详解

1. 室内灯具

灯具是每个室内空间必需的功能性陈设品。但在现代软装配饰中的灯具装饰功能已经远远超出了其原有的使用功能，灯具已不再是单一的照明工具，而是美化室内空间的重要组成部分。灯具大致分为吊灯、吸顶灯、台灯、落地灯和壁灯，吊灯和吸顶灯属于一般照明方式（图 12-1），落地灯、壁灯属于局部照明方式，一般的室内空间多采用混合照明方式，即一般照明和局部照明相结合的布局。

图 12-1　室内吊灯

从风格上，灯具可以分为中式灯具、欧式古典灯具、欧式现代灯具、北欧造型别致灯具、古朴的乡村式灯具等；从光照上，可以分为日光灯、镁光灯、白炽灯、霓虹灯等。

从光源上来看，有 LED 光源、节能灯、白炽灯、荧光灯、金卤灯、卤素灯、手电筒、护栏灯、工程灯、石英灯、溴钨灯、汞灯、钠灯、卤钨灯；按其所发出光线的色彩可分为冷光源和暖光源。

2. 家具

现代家具的材料、结构、使用场合、使用功能的日益多样化，使现代家具更趋类型的多样化和造型风格的多元化。根据家具的安装方式可分为：固定家具、活动家具。此处只介绍活动家具。

（1）按家具设计风格分类

欧式家具：所谓欧式，只是一个泛称，像巴洛克、洛可可、哥特，都是欧式风格。欧式古典家具主要分为"巴洛克式家具""洛可可式家具""新古典家具"。特点：线条复杂，重视雕工；色系鲜艳；装饰讲究。见图 12-2。

美式家具：美式家具特别强调舒适、气派、实用和多功能。从造型来看，美式家具可分为三大类：仿古、新古典和乡村式风格。

现代家具：现代风格家具追求时尚与潮流。特征为：首先是喜欢使用新兴材料，尤其是不锈钢、铝塑板或合金材料；其次是对于结构或机械组织的暴露只有点、线、面等最小视觉元素。

图 12-2　欧式家具

中式家具：中式家具分为明式家具和清式家具，明式家具主要看线条和柔美的感觉，清式家具主要看做工。传统意义上的中式家具取材非常讲究，一般以硬木为材质，如鸡翅木、海南黄花梨、紫檀、非洲酸枝、沉香木等名贵木材。现代中式家具摒弃了传统中式家具的繁复雕花和纹路，将其尽量简化。见图 12-3。

图 12-3　中式家具

东南亚家具：东南亚家具的设计往往抛弃了复杂的装饰、线条，而代之以简单、整洁的设计，为家具营造清凉、舒适的感觉。来自大自然的木材、藤、竹成为材质首选。

地中海家具：地中海家具以古旧的色泽为主。线条简单且浑圆，为了延续古老的人文色彩，此类家具直接保留了木材的原色。铁艺家具是地中海风格独特的美学产物。

（2）按使用场合分类

按社会生活类型和典型的工作、生活环境对所使用的家具进行分类，主要有以下两大类：

1）民用家具：包括卧室家具、起居室家具、书房家具、餐厅家具、厨房家具、儿童房家具等。

2）公用家具：包括旅馆家具、办公家具、图书馆家具、学校家具、影剧院和体育馆家具、医院家具、幼儿园家具、展览馆家具、商业家具等。

3. 家具构造与工艺

（1）木家具

传统木家具的接合方式以榫接合为主。随着工业化生产的不断发展，传统的榫接合已不能满足工业化生产的要求，胶合剂、螺钉、竹木钉、金属构件等接合方式逐渐发展起来，并越来越广泛的应用在家具制造中。

（2）竹、藤家具

竹材和藤材也是天然材料，竹材坚硬、强韧；藤材表面光滑，质地坚韧，富有弹性，具有质轻、高强和朴素自然的特点，易于编制。竹、藤家具以椅、桌为主，也有床、衣架、花架、屏风等。

（3）金属家具

金属家具的主要部件都由金属制成。一般常用金属管材为骨架，与人体接触的部位采用木、竹、藤、麻、皮革、人造纤维等材料制成。金属家具中金属构件起到支撑作用。

（4）塑料家具

塑料是一种在不断改进开发的人工合成材料，它可用多种多样的化学成分采用不同的方法合成。塑料的应用也渗透到了家具行业。塑料家具特点是模具成型，形式坚固稳定。塑料家具色彩多样，质轻高强，光洁度高，耐水、耐油、耐腐蚀，造型简洁。

（5）软体家具

凡是与人体接触的部分由弹簧、填充材料等软体材料构成，使之合乎人体尺度并增加舒适度的特殊家具形态称为软体家具或包垫家具。其中也包括以纺织品或皮革直接绷紧在框架上，或以纺织物或皮革包裹弹性材料做成软垫再固定在框架上所构成的家具。

（6）石材家具

石材是一种质地坚硬耐久，感觉粗犷厚实的自然材料。石材色彩多沉重丰厚，肌理粗犷自然，纹理造型自由多变，具有雄浑的刚性美感。用于家具生产的石材有花岗岩和大理石，主要用于固定家具的台面和部分立面。

（7）玻璃家具

玻璃是一种人工材料，具有良好的耐水、耐腐蚀，清晰透明、光泽悦目的特点。可经截锯、雕刻、喷砂、化学腐蚀等艺术处理，以形成图案装饰，丰富家具装饰效果。

4. 室内标识制作与安装

在一些公共环境中，以醒目清晰、通俗易懂的图形、符号和文字构成的视觉标识，起到识别、诱导、指示、警告和说明等重要作用。标识主要是由图形、符号、文字、色彩和光等视觉要素构成，还包括听觉、触觉、嗅觉等方面的媒体（如铃声、音乐、广播、盲文数字、气味等）；具有超越语言和文字的功能性，不受国家、民族和文化程度的限制。在此主要介绍具有公共功能的视觉标识。

（1）室内公共标识的类型与作用

室内公共标识的类型与作用见表 12-1。

室内公共标识类型与作用　　　　　　　　　　　　　　　表 12-1

类型	识别标识	诱导标识	指引标识	说明标识	规则标识
作用	表示空间名称与形象，具有区别于其他事物的识别作用	指示目的性事物的方向和路线，具有引导作用	表示活动所在环境的整体信息及事物间相互关系	说明事物内容及管理方的意图	表示各种规则，维护安全和秩序

类型	识别标识	诱导标识	指引标识	说明标识	规则标识
表示内容	店名、店标、字号、房间名及设施名等	目标事物＋箭头 目标事物＋指示	地域环境、整体环境、楼层介绍、设施介绍等	设施说明、展示说明、风景说明、服务时间、操作说明、由来说明等	禁止、禁令 注意、提示 指示、预告 提醒、警告等
表示物	标牌、门牌、匾额招牌、牌匾标志、铭文墙面标志、标识牌等	诱导标识 指示标识 诱导板 诱导灯 诱导铺面等	平面图、区域图 地图标牌 导游图板 交通路线图等	说明标牌 宣传标牌 揭示标牌 告知板等	禁止标识及标牌 警告标识及标牌 指示标识及标牌 命令标识及标牌 提示标识及标牌

（2）室内常用公共标识

1）提示标识

在紧急情况下使用的一些提示标识已成为法规或常识的一部分。警报器、灭火器等设备需要有合适的标识来识别。在公共空间提供残疾人通道和设施的标识。在电梯里，楼层按钮应调到方便坐轮椅者使用的位置，并附加盲文数字（图 12-4a）。

2）警告标识

警告标识提醒人们对安全因素的注意、防止发生事故、保障安全的图形标识。警告标识其形状为正三角形，定点向上；颜色：黄底，黑框，黑图案（图 12-4b）。

(a)　　　　　(b)　　　　　(c)　　　　　(d)　　　　　(e)

图 12-4　室内常用公共标识

（a）提示标识；（b）警告标识；（c）禁止标识；（d）命令标识；（e）公共信息标识

3）禁止标识

禁止标识形状为带斜杠的圆形，颜色为白底、黑图案、斜杠与圆环为红色（图 12-4c）。

4）命令标识

命令标识的形状为圆形，色彩为蓝底、白图案（图 12-4d）。

5）公共信息图形标识

公共信息标识是设置于商业、办公、饭店、机场、车站、港口、医院、文化娱乐等公共场所，向公众提供各种信息的图形标识（图 12-4e）。

（3）室内公共标识设置形式

根据室内公共空间标识的类型和作用，设置形式可分为嵌墙式、吸壁式、管吊式、吸顶式、悬挑式、落地式和地面式等几种方式。

12.3　装饰性陈设基本知识

12.3.1　装饰性陈设范围

装饰性陈设一般不考虑实用性及物质功能，注重其精神功能，可装饰建筑空间，渲染环境气氛，增添室内雅趣，陶冶人们情操。可分为以下几类：

（1）艺术品

艺术品是人类精神活动和物质劳动的结晶，艺术品的价值体现为艺术价值、历史价值、收藏价值、经济价值等。绘画、雕塑、书法和摄影等艺术品常被视为珍贵的室内陈设品。在选择时，要注意作品的造型、色彩是否符合室内设计要求，而且要重视作品的内涵是否符合室内的格调要求。

（2）工艺品

设计精美的工艺品，无论制作材料（如木、竹、石、布、纸、金属、玻璃、塑料等）如何，都被视为珍贵的室内摆设品。其实用价值并不重要，重要的是其艺术观赏价值。

（3）纪念品

奖杯、世代相传的物品、亲友的馈赠以及结婚和生日的纪念品、旅游纪念品、战利品等，是最富情感和精神意义的纪念性室内陈设品。

（4）观赏动、植物

观赏动物一般以鸟类和鱼类为主。

室内观赏植物种类很多，以插花和盆栽为主。植物不仅具有消音、吸尘、防污染、调节温度和湿度等卫生防护功能；而且，花卉能使人们在欣赏自然美的同时，还具有陶冶情操、增强身心健康、净化空气、美化环境的作用。

（5）其他

装饰性陈设还包括很多内容，如有的本来是建筑构件、古代室内陈设物件等，经过设计加工，变成了现代艺术品，具有独特的欣赏价值。

12.3.2　室内饰品陈设选择与布置

1. 室内饰品陈设原则

（1）格调统一。室内饰品的格调应遵从室内主题，与室内整体环境统一。从环境整体设计观念出发，要求科学性与艺术性、格调与室内主题、物质因素与精神因素的有机统一。见图 12-5。

（2）灵活多变。室内饰品陈设可根据室内设计的依据因素、使用功能、审美要求等因素，因时、因地的变化，要把室内设计及饰品以动态的发展过程来认识和对待。

（3）巧作经营，使空间层次丰富。室内饰品在室内空间所处的位置，要符合整体空间的构图关系，要讲究秩序，条理清晰。遵循一定的构图法则及形式美的规律：对比与统一、均衡与对称、节奏与韵律等。使得室内饰品既陈列有序，又富有变化。

（4）主次分明，注重观赏效果。室内陈设可采用诸如汇集，搭配，有主有次，重点突

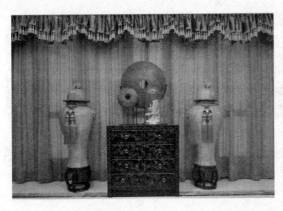

图 12-5　室内饰品

出等陈设手法，避免喧宾夺主与杂乱无章。精彩的室内饰品应重点陈列，可配合灯光效果，使其形象突出，成为室内空间的视觉中心。这种饰品占据的空间位置显赫，主题突出，具有强烈的吸引力和冲击力，构成室内视觉中心。

2. 室内饰品陈设方式

壁面（墙面）布置、橱架布置、台面布置、地面布置、悬挂装置艺术，除了以上所述的几种最普遍的陈列方式外，还有壁龛陈列、窗台陈列等。见图 12-6。

图 12-6　室内饰品陈设方式

3. 装饰画布置方式

（1）视线第一落点是最佳位置

进门视线的第一落点是最该放装饰画的地方，这样才不会觉得家里墙上很空，视线不好，同时还能产生新鲜感。

（2）装饰画形状要与空间形状相呼应

如果墙面是长方形，可以选择相同形状的单一装饰画或组合装饰画，尤其是组合装饰画，不同的摆放方式和间距，能实现不同的效果。

（3）画品摆放的四项原则

中心对称式、错落式、连排式、上下对齐式。见图 12-7。

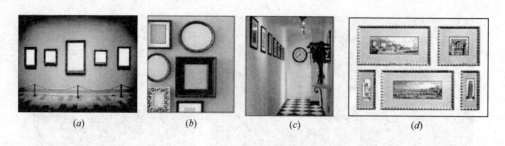

图 12-7　画品摆放原则

(*a*) 中心对称式；(*b*) 错落式；(*c*) 连排式；(*d*) 上下对齐式

4. 工艺品的摆放原则

（1）饰品配色

饰品摆放点周围的色彩是确定饰品色彩的依据，常用方法有两种，一种是配和谐色，一种是配对比色。与摆放点较为接近的颜色（同一色系的颜色）为和谐色，比如红色配粉色，白色配灰色，黄色配橙色等。与摆放点对比较强烈的颜色为对比色，比如黑配白、蓝配黄、白配绿等（图 12-8）。

图 12-8　工艺品的配色

（2）光线组合

摆放位置的光线是确定饰品明暗度的依据。我们通常在光线好的摆放位置，摆放的饰品的色彩可以暗一些，光线暗的地方，摆放色彩明亮点的饰品。灯光的颜色的不同，投射的方向的变化，可以表现出工艺品不同特质。暖色灯光能表现柔美、温馨的感觉；玻璃、水晶制品选用冷色灯光，则更能体现晶莹剔透，纯净无瑕（图 12-9）。

图 12-9　工艺品的光线组合

12.3.3　室内花艺制作与布置

1. 室内绿植的生态特征

（1）水

植物进行光合作用的重要原料是水，在夏季植物的生长期一定要根据植物的生长习性定期浇水、叶面喷水、施肥以保证植物体蒸腾的需要。春季隔3～4天浇水一次，夏季早晚各浇水一次，秋季2～3天浇水一次，冬季每周浇水1～2次，每次浇水都要浇透。

（2）光照

光照是植物制造营养物质的能源。根据植物对光照的不同要求将植物分为三类：

耐阴植物：指那些在光照弱的环境下，能正常生长发育的植物。常见的植物有：苏铁、黄杨、常青藤、鱼尾葵、棕竹、万年青、紫露草、蕨类植物等。

半耐阴植物：有一定的耐阴能力，在半阴或室内明亮的散射光环境下也能生长。常见植物有：南洋杉、南天竹、山茶花、栀子花、八仙花、变叶木、杜鹃花、兰花、文殊兰等。

喜光植物：这类植物在光照弱的环境下不能正常的生长发育。常见的植物有：米兰、白兰花、扶桑、一品红、月季、竹、槟榔、龙血树、茉莉、丁香、小苍兰、蒲包花、三角花。

（3）温度

温度是植物生长发育的重要条件之一，盆栽花木在室温25℃左右生长发育较为适宜，常用的室内盆栽植物室内温度控制在18～25℃之间为宜。根据植物对温度的不同要求，将其分为三类：

耐寒植物：原产于温带和亚热带，能耐−20℃左右的低温，在华北和东北南部露地越冬。如：迎春、萱草、丁香、玫瑰、紫藤、野蔷薇、百合、木槿等。

半耐寒植物：原产于温带和暖温带，能耐−5℃左右的低温，在东北、华北、西北有时需要埋土防寒越冬，或包草保护越冬。如：菊花、月季、芍药、郁金香、石榴等。

不耐寒植物：原产于热带和亚热带地区，性喜高温。在华南、西南部地区可露地越冬，其他地区均需温室越冬。如：一品红、文竹、鹤望兰、一叶兰、扶桑、白兰等植物。

（4）湿度

观赏植物对空气湿度也有着不同的需求，我们要根据不同的空气湿度，选择不同的植物。

多湿环境：室内空气相对湿度较大可选择如：蕨类、山茶花、榕树、橡皮树、龟背竹等植物。

中等湿度环境：可选择米兰、茉莉、棕竹、凤梨、文竹、君子兰、苏铁等植物。

干燥环境：可选择龙舌兰、虎尾兰、芦荟、景天及其他多肉植物。

2. 室内植物的观赏特征

观赏植物的种类，根据观赏对象的不同，将其分为观叶植物、观花植物、观果植物等。

（1）观叶植物

观叶植物大多属于耐阴植物。大部分的观叶植物抗寒能力和耐高温能力差，要将室温保持在 15℃以上，最佳生长温度为 22～28℃，冬季应保持在 6～10℃。观叶植物大多喜欢高温高湿的环境，对空气湿度要求较高，应经常进行叶面喷水以增加空气湿度。

主要观赏特征：观叶植物主要以叶为观赏对象，主要以叶的大小、形状、叶的色彩、质地等为观赏对象。

（2）观花植物

观花植物对光照要求较高，喜欢充足的阳光；开花时花型优美、颜色艳丽，不仅是很好的观赏植物，也是较好的插花材料。

（3）观果植物

观果植物喜阳光充足。温度是影响观果植物的重要因素之一，通常适宜温度 18～25℃，最低不低于 10℃，日夜温差不宜过大。大多数的观果植物喜欢湿润的环境，并保持土壤疏松透气。

3. 花艺（插花艺术）

室内插花艺术是将花草、植物的一部分经过人工构思、制作搭配而创造出的装饰品。其讲究的是空间构成、色彩搭配。室内花艺取材有真花和仿真花之分。鲜花花艺与绿植比，其体积相对较小，保存时间较短，在比例、色彩、风格、质感上都要与周围环境融为一体。

4. 室内绿植花艺的作用

室内绿植花艺是室内空间中重要的形式和组成部分。它利用植物花艺、园林手法及构成语言，有组织、有秩序的科学地将鲜活的绿植移入室内，协调人与环境的关系，拉近了人与自然的距离。起到柔化空间、调节空间、补充空间、创造情调、突出重点、增加视觉符号等作用。

5. 绿植花艺配置与美学原理

比例尺度、多样统一、节奏的韵律、色彩与环境的统一协调。

绿植花艺配置方式：室内空间配置绿植花艺时，应根据空间的特征，植物的种类、形态、香色等因素，选择适当的配置方式。常见的配置方式有：孤植、对植、列植、群植，除此之外，还有攀缘、下垂、吊挂、镶嵌、壁挂等配置方式。

12.4　综合性陈设基本知识

12.4.1　综合性陈设范围

综合性陈设主要指室内织物除有使用价值外，还具有装饰艺术效果，它不仅可以分隔空间、柔和空间、遮光吸声，还能使空间环境统一协调。织物在室内设计中能烘托室内气氛，点缀环境，增强室内空间的艺术感染力。它包括窗帘、床单、台布、地毯、沙发罩面等。

12.4.2　室内装饰织物的种类、特性与作用

1. 装饰织物的种类与特性

室内织物主要包括地毯、窗帘、家具的蒙面织物、陈设覆盖织物（沙发套、沙发巾、

桌毯、条毯、罩毯、台布、床单、网扣等）、靠垫、壁毯，此外还包括顶棚织物、壁织物、织物屏风、织物灯罩、工具袋、织物信插、织物吊盆等。

这些物品具有纤维织物特有的柔软质感，能在心理上产生稳定舒适的空间感。织物还具有吸声、隔声、隔热性能，是室内空间不可或缺的元素之一。窗帘、地毯等易于更换，能改变房间的气氛，是能充分展现居住者个性的便利元素。在现代人的生活中，室内织物所起的作用会越来越重要。

窗帘的主要功能：①调节室内外光线；②遮挡外部的视线；③保温隔热；④降低噪声；⑤防风、防尘。

地毯的主要功能：①步行性好；②保温性好；③吸声性好；④有适度的弹性；⑤有防火性能；⑥装饰性强。

2. 装饰织物的作用

（1）实用性

在室内空间中，窗帘起到调节光线、温度、声音、视线并有一定的装饰作用；地毯给人们提供了一个富有弹性、防寒、防潮、减少噪声的地面；陈设覆盖物可以防尘和减少磨损等。

（2）对空间的分隔性

用织物划分和联系室内空间：地毯可以创造象征性的空间。用帘帐、织物屏风划分室内空间，是我国传统室内设计中常用的手法，具有很大的灵活性和可控性，提高了空间的利用率和使用质量。

（3）装饰作用

织物的肌理是一种新颖而有独特效果的美的形式，是织物装饰作用的重要内容。织物的肌理大多是人为的，有很大的随意性。

12.4.3 室内装饰织物的制作与布置

1. 织物壁挂的制作与布置

装饰织物是环境艺术的重要组成部分。艺术壁挂是以装饰性为主的织物，可以作为室内墙面的重点装饰，形成室内的视觉中心。织物壁挂是把情绪与美高度结合的室内装饰物。

（1）壁挂的制作

壁挂的种类繁多，在这里，我们介绍编织和印染两种壁挂形式：

1）编织壁挂

编织壁挂是现代纤维壁挂艺术运用最多的工艺形式。是指由经线、纬线按一定的规律相互浮沉交织而成的织物。

2）印染壁挂

中国手工印染技术历史悠久，早在先秦典籍《周礼》中就已有关于染人、染事的记载。唐代的"三缬：［xié］"即蜡缬、绞缬、夹缬工艺，更是品种繁多。古代所谓的"三缬"也即我们今天的蜡染、扎染和夹染。

（2）壁挂的布置

利用壁挂对空间造型可作调整：

1）低矮的空间，可用竖向线条的图案壁挂，在视觉上房间会显得高些；反之，使用横向线条的图案，房间会显得低些。要想使室内显得空旷，可选用色彩强烈和立体感较强的壁挂图案。

2）室内布局单调，家具造型呆板，可选用图案和色彩比较活泼的壁挂来活跃室内气氛。

3）对于室内动线不够明确的空间，可利用地毯、壁挂等起引导作用。

4）对于凌乱的室内布置，可用有统一色彩图案或肌理的壁挂起统一作用，取得整体感。

5）对生硬粗糙的室内建材，装饰壁挂可起调和作用，引起两种质地的对比，产生和谐的艺术效果。

2. 室内装饰织物的布置

室内装饰织物的肌理、色彩、图案的选择和设计如何符合室内环境的整体感，表现各种美丽的图案也是织物的重要特色，织物之美是质感、肌理、色彩与图案的巧妙结合。

室内织物布置要服从于室内陈设物品的设计风格；室内织物设计选用的织物，在图案和色彩方面不宜过多过杂；在较单调的室内，可以选择带有图案纹样的装饰织物来布置。尤其是居室环境设计，应该活泼而有生机，往往采用对比色调、邻近色调，带纹样的装饰织物，其题材和尺度一定要考虑与室内陈设物的整体效果相协调。

第 13 章　施工项目管理概论

13.1　施工项目管理概述

13.1.1　建设工程项目管理概述

1. 项目

所谓项目是指作为管理的对象，按时间、造价和质量标准完成的一次性任务。项目的主要特征如下：

(1) 一次性（单件性）。

(2) 目标的明确性（成果性和约束性）。成果性指项目的功能性要求；约束性指期限、预算、质量。

(3) 作为管理对象的整体性。一个项目是指一个整体管理对象，在按其需要配置生产要素时，必须以总体效益的提高为标准。由于内外环境是不断变化的，所以管理和生产要素的配置是动态的。

(4) 项目按最终成果划分，有建设项目、科研开发项目、航天项目及维修项目等。

2. 建设项目

所谓建设项目是指需要一定量的投资，经过决策和实施（设计、施工）的一系列程序，在一定约束条件下形成以固定资产为明确目标的一次性事业。

3. 施工项目

所谓施工项目是指建筑施工企业对一个建筑产品的施工过程及成果，即生产对象。其主要特征如下：

(1) 是建设项目或其中的单项工程或单位工程的施工任务。

(2) 作为一个管理整体，以建筑施工企业为管理主体的。

(3) 该任务范围是由工程承包合同界定的。

13.1.2　施工项目管理概念

所谓施工项目管理是指施工企业运用系统的观点、理论和科学技术对施工项目进行的计划、组织、实施监督、控制、协调等过程管理。

施工项目管理的主体是以施工项目经理为首的项目经理部，即作业管理层，管理的客体是具体的施工对象、施工活动及相关生产要素。

(1) 项目管理是为使项目取得成功所进行的全过程、全方位的规划、组织、控制与协调。目标界定了项目管理的主要内容：成本控制、进度控制、质量控制、职业健康安全与环境管理、合同管理、信息管理、组织协调，即"三控制、三管理、一协调"。

(2) 建设项目管理是项目管理的一类。

（3）施工项目管理是由建筑施工企业对施工项目进行的管理。

施工项目的管理者是建筑施工企业，由业主或监理单位进行工程项目管理中涉及的施工阶段的管理属于建设项目管理范畴，不能算施工项目管理。

施工项目管理的对象是施工项目，施工项目管理过程是动态的，必须对资源进行优化组合，才能提高施工效率和效益。施工活动往往涉及复杂的经济、技术、法律、行政和人际关系，故施工项目管理中协调工作最为艰难、复杂、多变，因此必须强化组织协调才能保证施工顺利进行。

13.1.3 施工项目管理目标

施工方是承担施工任务单位的总称谓，它可能是施工总承包方、施工总承包管理方、分包施工方、建设项目总承包的施工任务执行方或仅仅是提供施工劳务的参与方。施工方作为项目建设的一个参与方，其项目管理主要服务于项目的整体利益和施工方本身的利益。项目的整体利益和施工方本身的利益是对立统一的关系，两者有其统一的一面，也有其矛盾的一面。

施工方项目管理的目标应符合合同的要求，其主要包括：

（1）施工的安全管理目标。

（2）施工的成本目标。

（3）施工的进度目标。

（4）施工的质量目标。

如果采用工程施工总承包或工程施工总承包管理模式，施工总承包方或施工总承包管理方必须按工程合同规定的工期目标和质量目标完成建设任务。而施工总承包方或施工总承包管理方的成本目标是由施工单位根据其生产和经营的情况自行确定的。分包方则必须按工程分包合同规定的工期目标和质量目标完成建设任务，分包方的成本目标是该分包企业内部自行确定的。

13.1.4 施工项目管理任务

1. 施工项目管理的任务

包括以下几方面：

（1）施工安全管理；

（2）施工成本控制；

（3）施工进度控制；

（4）施工质量控制；

（5）施工合同管理；

（6）施工信息管理；

（7）与施工有关的组织与协调。

施工方的项目管理工作主要在施工阶段进行，但它也涉及设计准备阶段、设计阶段、动工前准备阶段和保修期。在工程实践中，设计阶段和施工阶段往往是交叉的，因此施工方的项目管理工作也涉及设计阶段。施工阶段项目管理的任务，就是通过施工生产要素的优化配置和动态管理，以实现施工项目的质量、成本、工期和安全的管理目标。

2. 施工总承包方的管理任务

施工总承包方对所承包的建设工程承担施工任务的执行和组织的总责任，其主要管理任务如下：

（1）负责整个工程的施工安全、施工总进度控制、施工质量控制和施工的组织等。

（2）控制施工的成本（施工总承包方内部的管理任务）。

（3）施工总承包方是工程施工的总执行者和总组织者，它除了完成自己承担的施工任务以外，还负责组织和指挥其自行分包的分包施工单位和业主指定的分包施工单位的施工，并为分包施工单位提供和创造必要的施工条件。

（4）负责施工资源的供应组织。

（5）代表施工方与业主方、设计方、工程监理方等外部单位进行必要的联系和协调等。

3. 分包施工方的管理任务

分包施工方承担合同所规定的分包施工任务，以及相应的项目管理任务。若采用施工总承包或施工总承包管理模式，分包方（包括一般的分包方和由业主指定的分包方）必须接受施工总承包方或施工总承包管理方的工作指令，服从其总体的项目管理。

13.2 施工项目的组织

13.2.1 组织和组织论

1. 组织的概念

从广义上说，组织是指由诸多要素按照一定方式相互联系起来的系统。系统论、控制论、信息论、耗散结构论和协同论等，都是从不同的侧面研究有组织的系统的。从这个角度来看，组织和系统是同等程度的概念。

从狭义上说，组织就是指人们为着实现一定的目标，互相协作结合而成的集体或团体，如党团组织、工会组织、企业、军事组织等。

2. 组织的职能

组织职能是项目管理的基本职能之一，其目的是通过合理设计和职权关系结构来使各方面的工作协同一致。项目管理的组织职能包括 5 个方面。

（1）组织设计：包括选定一个合理的组织系统，划分各部门的权限和职责，确立各种基本的规章制度。

（2）组织联系：就是规定组织机构中各部门的相互关系，明确信息流通和信息反馈的渠道以及它们之间的协调原则和方法。

（3）组织运行：就是按分担的责任完成各自的工作，规定各组织体的工作顺序和业务管理活动的运行过程：组织运行要抓好三个关键性问题：一是人员配置；二是业务交圈；三是信息反馈。

（4）组织行为：指应用行为科学、社会学及社会心理学原理来研究、理解和影响组织中人们的行为、言语、组织过程、管理风格以及组织变更等。

（5）组织调整：指根据工作的需要，环境的变化，分析原有的项目组织系统的缺陷、适应性和效率性，对原组织系统进行调整和重新组合，包括组织形式的变化、人员的变动、规章制度的修订或废止、责任系统的调整以及信息流通系统的调整等。

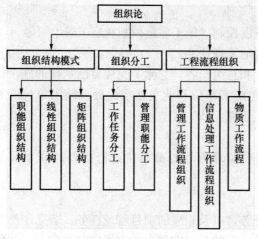

图 13-1   组织论的基本内容

3. 组织论的基本内容

组织论是一门学科，它主要研究系统的组织结构模式、组织分工，以及工作流程组织，组织论的基本内容如图 13-1 所示，它是与项目管理学相关的一门非常重要的基础理论学科。

组织结构模式反映了一个组织系统中各子系统之间或各元素（各工作部门或各管理人员）之间的指令关系。组织分工反映了一个组织系统中各子系统或各元素的工作任务分工和管理职能分工。组织结构模式和组织分工都是一种相对静态的组织关系。

工作流程组织则可反映一个组织系统中各项工作之间的逻辑关系，是一种动态关系。在一个建设工程项目实施过程中，其管理工作的流程、信息处理的流程以及设计工作、物资采购和施工的流程组织都属于工作流程组织的范畴。

4. 组织工具

组织工具是组织论的应用手段，用图或表形式表示各种组织关系，它包括：

（1）项目结构图。

（2）组织结构图（管理组织结构图）。

（3）工作任务分工表。

（4）管理职能分工表。

（5）工作流程图等。

13. 2. 2   组织结构在项目管理中的应用

组织结构模式可用组织结构图来描述，组织结构图也是一个重要的组织工具，反映一个组织系统中各组成部门（组成元素）之间的组织关系（指令关系）。在组织结构图中，矩形框表示工作部门，上级工作部门对下属工作部门的指令关系用单向箭线表示。

组织论的三个重要的组织工具——项目结构图（图 13-2）、组织结构图（图 13-3）和合同结构图（图 13-4）。

1. 项目结构图

项目结构图（Project Diagram，或称 WBS—Work Breakdown Structure）是一个组织工具，它通过树状图的方式对一个项目的结构进行逐层分解，以反映组成该项目的所有工作任务，是用来描述工作对象之间的关系。项目结构图中，矩形表示工作任务，矩形框之间的连接用连线表示。某工程项目结构示意图如 13-2 所示。

项目结构分解并没有统一的模式，但应结合项目的特点，参考以下原则进行：

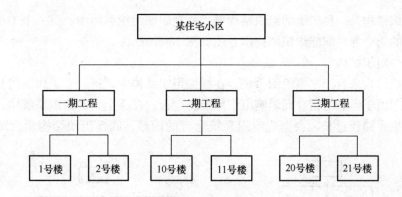

图 13-2　项目结构图

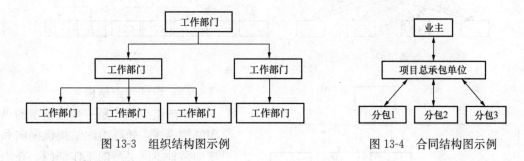

图 13-3　组织结构图示例　　　　图 13-4　合同结构图示例

（1）考虑项目进展的总体部署。

（2）考虑项目的组成。

（3）有利于项目实施任务（设计、施工和物资采购）的发包和有利于项目实施任务的进行，并结合合同结构。

（4）有利于项目目标的控制。

（5）结合项目管理的组织结构等。

以上所列举的都是群体工程的项目结构分解，单体工程如有必要也应进行项目结构分解，如一栋高层办公大楼可以分解为：

（1）地下工程。

（2）裙房结构工程。

（3）高层主体结构工程。

（4）建筑装饰工程（不包括幕墙工程）。

（5）幕墙工程。

（6）建筑设备工程（不包括建筑智能工程）。

（7）建筑智能工程。

（8）室外总体工程等。

2. 组织结构图

常用的组织结构模式包括职能组织结构、线性组织结构和矩阵组织结构等。这几种常用的组织结构模式既可以在企业管理中运用，也可在建设项目管理中运用。

（1）职能组织结构

职能组织结构是一种传统的组织结构模式。在职能组织结构中，每一个工作部门可能有多个矛盾的指令源。职能组织结构示意图如图 13-5 所示。

（2）线性组织结构

线性组织结构来自于军事组织系统。在线性组织结构中，每一个工作部门只有一个指令源，避免了由于矛盾的指令而影响组织系统的运行。在一个大的组织系统中，由于线性组织系统的指令路径过长，会造成组织系统运行的困难。线性组织结构示意图如图 13-6 所示。

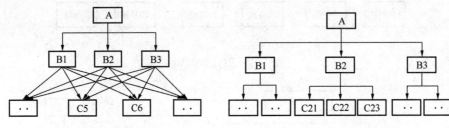

图 13-5　职能组织结构示意图　　　　图 13-6　线性组织结构

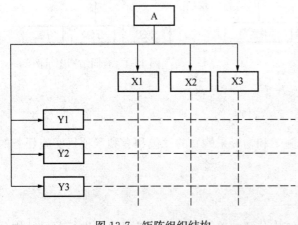

图 13-7　矩阵组织结构

（3）矩阵组织结构

矩阵组织结构是一种较新型的组织结构模式。矩阵组织结构设纵向和横向两种不同类型的工作部门。在矩阵组织结构中，指令来自于纵向和横向工作部门，因此其指令源有两个。矩阵组织结构适宜用于大的组织系统，如图 13-7 所示。

这几种常用的组织结构模式都可以在企业管理和项目管理中运用，见表 13-1。

常用组织结构模式的适用范围　　　　　　　　表 13-1

结构模式	特　点	适　用
职能组织结构	传统，可能有多个矛盾的指令源	小型的组织系统
线性组织结构	来自于军事，只有一个指令源，在大的组织系统中，指令路径有时过长	中型的组织系统
矩阵组织结构	较新型，指令源有两个	大型的组织系统

13.2.3　施工项目管理组织结构

1. 施工项目管理组织的概念

施工项目管理组织，也称为项目经理部，是指为进行施工项目管理、实现组织职能而进行组织系统的设计与建立、组织运行和组织调整三个方面工作的总工程。它由项目经理在企业的支持下组建并领导、进行项目管理的组织机构。

2. 施工项目管理组织主要形式

组织形式亦称组织结构的类型,是指一个组织以什么样的结构方式去处理层次、跨度、部门设置和上下级关系。施工项目组织的形式与企业的组织形式是不可分割的。

通常施工项目的组织形式有以下几种。

(1) 工作队式项目组织

由企业各职能部门抽调人员组成项目管理机构(工作队),由项目经理指挥,在工程施工期间,项目管理班子成员与原所在部门断绝领导与被领导关系。原单位负责人员负责业务指导及考察,但不能随意干预其工作或调回人员。项目管理组织与项目施工同寿命,项目结束后机构撤销,所有人员仍回原所在部门和岗位。

工作式项目组织通常适用于大型施工项目、工期要求紧迫的施工项目与要求多部门密切配合的施工项目。

(2) 部门控制式项目组织

部门控制式项目组织是按职能原则建立的项目组织。不打乱企业现行的建制,即由企业将项目委托给其下属某一专业部门或委托给某一施工队,由被委托的部门(施工队)领导,在本单位选人组合负责实施项目组织,项目终止后恢复原职。

这种形式的项目组织一般适用于小型的、专业性较强、不涉及众多部门的施工项目。

(3) 矩阵制项目组织。

项目组织机构与职能部门的结合部同职能部门数相同。多个项目与职能部门的结合部呈矩阵状。把职能原则和对象原则结合起来,既能发挥职能部门的纵向优势,又能发挥项目组织的横向优势,多个项目组织的横向系统与职能部门的纵向系统形成矩阵结构。但是,要求在水平方向和垂直方向有良好的信息沟通及良好的协调配合,对整个企业组织和项目组织的管理水平和组织渠道畅通提出了较高的要求。

矩阵式项目组织一般适用于同时承担多个需要进行工程项目管理的企业和大型、复杂的施工项目。因大型复杂的施工项目需要多部门、多技术、多工种配合实施,在不同阶段,对不同人员有不同数量和搭配需求。

(4) 事业部制项目组织。

企业下设事业部,事业部对企业来说是职能部门,对企业外来说享有相对独立的经营权,可以是一个独立单位。事业部能较迅速适应环境变化,提高企业的应变能力,调动部门的积极性。当企业向大型化、智能化发展并实行作业层和经营管理层分离时,事业部制是一种很受欢迎的选择,既可以加强经营战略管理,又可以加强项目管理。

适用大型经营型企业的工程承包,特别是适用于远离公司本部的施工项目。需要注意的是,一个地区只有一个项目,没有后续工程时,不宜设立地区事业部,也即它适用于在一个地区内有长期市场或一个企业有多种专业化施工力量时采用。在此情况下,事业部与地区市场同寿命。地区没有项目时,该事业部应予以撤销。

3. 施工项目管理组织机构的作用

(1) 组织机构是施工项目管理的组织保证。

(2) 形成一定的权力系统以便进行集中统一指挥。

(3) 形成责任制和信息沟通体系。

综上所述,可以看出组织机构非常重要,在项目管理中是一个焦点。

13.2.4 项目管理任务分工表

业主方和项目各参与方，如设计单位、施工单位、供货单位和工程管理咨询单位等都有各自的项目管理任务，上述各方都应该编制各自的项目管理任务分工表。

为了编制项目管理任务分工表，首先应对项目实施的各阶段的费用（投资或成本）控制、进度控制、质量控制、合同管理、信息管理和组织与协调等管理任务进行详细分解，在项目管理任务分解的基础上，确定项目经理和费用（投资或成本）控制、进度控制、质量控制、合同管理、信息管理和组织与协调等主管工作部门或主管人员的工作任务。

1. 施工管理的工作任务分工

（1）工作任务分工

每一个建设项目都应编制项目管理任务分工表，这是一个项目的组织设计文件的一部分。在编制项目管理任务分工表前，应结合项目的特点，对项目实施各阶段的费用控制、进度控制、质量控制、合同管理、管理和组织与协调等管理任务进行详细分解。在项目管理任务分解的基础上，明确项目经理和上述管理任务主管工作部门或主管人员的工作任务，从而编制工作任务分工表。

（2）工作任务分工表

在工作任务分工表中（表 13-2），应明确各项工作任务由哪个工作部门（或个人）负责，由哪些工作部门（或个人）配合或参与。无疑，在项目的进展过程中，应视必要性对工作任务分工表进行调整。

工作任务分工表

表 13-2

工作任务 工作部门	项目 经理部	投资 控制部	进度 控制部	质量 控制部	合同 控制部	信息 管理部			

2. 工作流程图

（1）工作流程图服务于工作流程组织，它用图的形式反映一个组织系统中各项工作之间的逻辑关系（图 13-8）。

（2）在项目管理中，可运用工作流程图来描述各项项目管理工作的流程，如投资控制工作流程图、进度控制工作流程图、质量控制工作流程图、合同管理工作流程图、信息管理工作流程图、设计的工作流程图、施工的工作流程图和物资采购的工作流程图等。

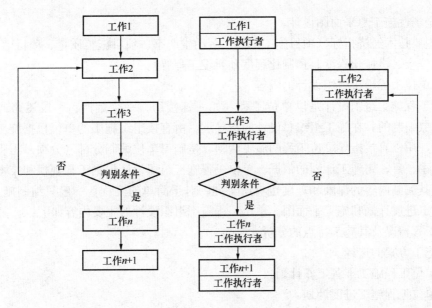

图 13-8 工作流程图

13.2.5 施工组织设计

1. 施工组织设计的基本内容

施工组织设计的内容要结合工程对象的实际特点、施工条件和技术水平进行综合考虑，一般包括以下基本内容：

（1）工程概况。

（2）施工部署及施工方案。

（3）施工进度计划。

（4）施工平面图。

（5）主要技术经济指标。

2. 施工组织设计的分类及其内容

根据施工组织设计编制的广度、深度和作用的不同，可分为：施工组织总设计；单位工程施工组织设计；分部（分项）工程施工组织设计。

下面分别具体介绍三类施工组织设计的内容。

（1）施工组织总设计的内容

施工组织总设计是以整个建设工程项目为对象（如一个工厂、一个机场、一个道路工程、一个居住小区等）而编制的。它是整个建设工程项目施工的战略部署，是指导全局性施工的技术和经济纲要。施工组织总设计的主要内容如下：

1）建设项目的工程概况。

2）施工部署及主要建筑物或构筑物的施工方案。

3）全场性施工准备工作计划。

4）施工总进度计划。

5）各项资源需要量计划。

6）全场性施工总平面图设计。

7）主要技术经济指标（项目施工工期、劳动生产率、项目施工质量、项目施工成本、项目施工安全、机械化程度、预制化程度和暂设工程等）。

（2）单位工程施工组织设计的内容

单位工程施工组织设计是以单位工程（如一栋楼房、一个烟囱、一段道路或一座桥等）为对象编制的，在施工组织总设计的指导下，由直接组织施工的单位根据施工图设计进行编制，用以直接指导单位工程的施工活动，是施工单位编制分部（分项）工程施工组织设计和季、月、旬施工计划的依据。单位工程施工组织设计根据工程规模和技术复杂程度不同，其编制内容的深度和广度也有所不同。对于简单的工程，一般只编制施工方案，并附以施工进度计划和施工平面图。单位工程施工组织设计的主要内容如下：

1）工程概况及其施工特点的分析。

2）施工方案的选择。

3）单位工程施工准备工作计划。

4）单位工程施工进度计划。

5）各项资源需要量计划。

6）单位工程施工平面图设计。

7）质量，安全，节约及冬、雨期施工的技术组织保证措施。

8）主要技术经济指标（工期、资源消耗的均衡性和机械设备的利用程度等）。

（3）分部（分项）工程施工组织设计的内容

分部（分项）工程施工组织设计［或称分部（分项）工程作业设计、或称分部（分项）工程施工设计］是针对某些特别重要的、技术复杂的或采用新工艺、新技术施工的分部（分项）工程，如深基础、无粘结预应力混凝土、特大构件的吊装、大量土石方工程和定向爆破工程等为对象编制的，内容具体、详细，可操作性强，是直接指导分部（分项）工程施工的依据。分部（分项）工程施工组织设计的主要内容如下：

1）工程概况及其施工特点的分析。

2）施工方法及施工机械的选择。

3）分部（分项）工程施工准备工作计划。

4）分部（分项）工程施工进度计划。

5）劳动力、材料和机具等需要量计划。

6）质量、安全和节约等技术组织保证措施。

7）作业区施工平面布置图设计。

3. 施工组织设计的编制原则

在编制施工组织设计时，宜考虑以下原则。

（1）重视工程的组织对施工的作用。

（2）提高施工的工业化程度。

（3）重视管理创新和技术创新。

（4）重视工程施工的目标创新。

（5）积极采用国内外先进的施工技术。

（6）充分利用时间和空间，合理安排施工顺序，提高施工的连续性和均衡性。

（7）合理部署施工现场，实现文明施工。

13.3 施工项目目标动态控制

13.3.1 施工项目目标动态控制原理

在项目实施过程中，必须随着情况的变化进行项目目标的动态控制。项目目标的动态控制是项目管理最基本的方法论。

项目目标动态控制的工作程序：第一步，项目目标动态控制的准备工作：将项目的目标进行分解，以确定用于目标控制的计划值。第二步，在项目实施过程中项目目标的动态控制：收集项目目标的实际值，如实际投资、实际进度等；定期（如每两周或每月）进行项目目标的计划值和实际值的比较；通过项目目标的计划值和实际值的比较，如有偏差，则采取纠偏措施进行纠偏。第三步，如有必要，则进行项目目标的调整，目标调整后再回复到第一步。

由于在项目目标动态控制时要进行大量数据的处理，当项目的规

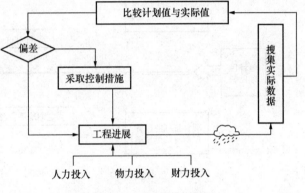

图 13-9 动态控制原理

模比较大时，数据处理的量就相当可观，采用计算机辅助的手段有助于项目目标动态控制的数据处理（图 13-9）。

13.3.2 项目目标动态控制的纠偏措施

项目目标动态控制的纠偏措施主要有以下几种：

（1）组织措施

分析由于组织的原因而影响项目目标实现的问题，并采取相应的措施，如调整项目组织结构、任务分工、管理职能分工、工作流程组织和项目管理班子人员等。

（2）管理措施（包括合同措施）

分析由于管理的原因而影响项目目标实现的问题，并采取相应的措施，如调整进度管理的方法和手段，改变施工管理和强化合同管理等。

（3）经济措施

分析由于经济的原因而影响项目目标实现的问题，并采取相应的措施，如落实加快工程施工进度所需的资金等。

（4）技术措施

分析由于技术（包括设计和施工的技术）的原因而影响项目目标实现的问题，并采取相应的措施，如调整设计、改进施工方法和改变施工机具等。

组织论的一个重要结论是：组织是目标能否实现的决定性因素。应充分重视组织措施

对项目目标控制的作用。

13.3.3　项目目标事前控制

项目目标动态控制的核心是，在项目实施的过程中，要定期地进行项目目标的计划值和实际值的比较，当发现项目目标偏离时应采取纠偏措施。为避免项目目标偏离的发生，还应重视事前的主动控制，即事前分析可能导致项目目标偏离的各种影响因素，并针对这些影响因素采取有效的预防措施（图13-10）。

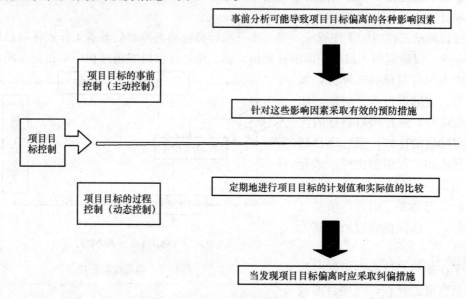

图13-10　项目的目标控制

13.3.4　动态控制方法在施工管理中的应用

1. 运用动态控制原理控制施工进度

运用动态控制原理控制施工进度的步骤如下：

（1）施工进度目标的逐层分解

施工进度目标的逐层分解是从施工开始前和在施工过程中，逐步地由宏观到微观、由粗到细编制深度不同的进度计划的过程；

（2）在施工过程中，对施工进度目标进行动态跟踪和控制

1）按照进度控制的要求，收集施工进度实际值。

2）定期对施工进度的计划值和实际值进行比较。

3）通过施工进度计划值和实际值的比较，如发现进度有偏差，则必须采取相应的纠偏措施进行纠偏。

（3）调整施工进度目标

如有必要（即发现原定的施工进度目标不合理，或原定的施工进度目标无法实现等），则应调整施工进度目标。

2. 运用动态控制原理控制施工成本

运用动态控制原理控制施工成本的步骤如下：

（1）施工成本目标的逐层分解

施工成本目标的分解指的是通过编制施工成本规划，分析和论证施工成本目标实现的可能性，并对施工成本目标进行分解。

（2）在施工过程中，对施工成本目标进行动态跟踪和控制

1）按照成本控制的要求，收集施工成本的实际值。

2）定期对施工成本的计划值和实际值进行比较。

成本的控制周期应视项目的规模和特点而定，一般的项目控制周期为一个月。

施工成本的计划值和实际值的比较包括：

①工程合同价与投标价中的相应成本项的比较；

②工程合同价与施工成本规划中的相应成本项的比较；

③施工成本规划与实际施工成本中的相应成本项的比较；

④工程合同价与实际施工成本中的相应成本项的比较；

⑤工程合同价与工程款支付中的相应成本项的比较等。

3）通过施工成本计划值和实际值的比较，如发现成本有偏差，则必须采取相应的纠偏措施进行纠偏。

（3）调整施工成本目标

如有必要（即发现原定的施工成本目标不合理，或原定的施工成本目标无法实现等），则应调整施工成本目标。

3. 运用动态控制原理控制施工质量

运用动态控制原理控制施工质量的工作步骤与进度控制和成本控制的工作步骤相类似。质量目标不仅是各分部分项工程的施工质量，还包括材料、半成品、成品和有关设备等的质量。在施工活动开展前，首先应对质量目标进行分解，也即对上述组成工程质量的各元素的质量目标作出明确的定义，它就是质量的计划值。在施工进展过程中，则应收集上述组成工程质量的各元素质量的实际值，并定期地对施工质量的计划值和实际值进行跟踪和控制，编制质量控制的月、季、半年和年度报告。通过施工质量计划值和实际值的比较，如发现质量有偏差，则必须采取相应的纠偏措施进行纠偏。

13.4 项目施工监理

13.4.1 建设工程监理的概念

建设工程监理是指监理单位受项目法人的委托，依据国家批准的工程项目建设文件、有关工程建设的法律、法规和工程建设监理合同及其他工程建设合同，对工程建设实施的监督管理。

1. 我国推行建设工程监理制度的目的

（1）确保工程建设质量。

（2）提高工程建设水平。

（3）充分发挥投资效益。

2. 住房城乡建设部规定工程项目管理的范围

（1）国家重点建设工程。

（2）大、中型公用事业工程。

（3）成片开发建设的住宅小区工程。

（4）利用外国政府或者国际组织贷款、援助资金的工程。

（5）国家规定必须实行监理的其他工程。

13.4.2　建设工程监理的工作性质

监理单位是建筑市场的主体之一，建设监理是一种高智能的有偿技术服务，在国际上把这类服务归为工程咨询（工程顾问）服务。

工程监理单位不按照委托监理合同的约定履行监理义务，对应当监督检查的项目不检查或者不按照规定检查，给建设单位造成损失的，应当承担相应的赔偿责任。工程监理单位与承包单位串通，为承包单位谋取非法利益，给建设单位造成损失的，应当与承包单位承担连带赔偿责任。

13.4.3　建设工程监理的工作任务

工程建设监理的主要内容是控制工程建设的投资、建设工期和工程质量，进行工程建设合同管理，协调有关单位间的工作关系。

建筑工程监理应当依照法律、行政法规及有关的技术标准、设计文件和建筑工程承包合同，对承包单位在施工质量、建设工期和建设资金使用等方面，代表建设单位实施监督。

13.4.4　建设工程监理的工作方法

实施建筑工程监理前，建设单位应当将委托的工程监理单位、监理的内容及监理权限，书面通知被监理的建筑施工企业。

工程监理人员认为工程施工有不符合工程设计要求、施工技术标准和合同约定的，有权要求建筑施工企业改正。工程监理人员如发现工程设计有不符合建筑工程质量标准或者合同约定的质量要求的，应当报告建设单位，要求设计单位改正。

13.4.5　旁站监理

1. 旁站监理的概念

旁站监理是指监理人员在房屋建筑工程施工阶段监理中，对关键部位、关键工序的施工质量实施全过程现场跟班的监督活动。

旁站监理是监理人员控制工程质量、保证质量目标实现必不可少的重要手段。

2. 旁站监理的工作要求

（1）旁站监理人员应当认真履行职责，对需要实施旁站监理的关键部位、关键工序在施工现场跟班监督，及时发现和处理旁站监理过程中出现的质量问题，如实准确地做好旁站监理记录，凡旁站监理人员和施工企业现场质检人员未在旁站监理记录上签字的，不得进行下一道工序施工。

（2）旁站监理人员实施旁站监理时，发现施工企业有违反工程建设强制性标准行为的，有权责令施工企业立即整改，发现其施工活动已经或者危及工程质量的，应当及时向监理工程师或总监理工程师报告，由总监理工程师下达局部暂停施工令或者采取其他应急措施。

（3）旁站监理记录是监理工程师或者总监理工程师依法行使有关签字的重要依据。对于需要旁站监理的关键部位、关键工序施工，凡没有实施旁站监理或没有旁站监理记录的，监理工程师或者总监理工程师不得在相应文件上签字。

（4）工程竣工验收后，监理单位应当将旁站监理记录存档备查。

13.5　施工前期策划

13.5.1　施工前期策划的概念

项目管理人员在充分调查项目的各种资源以及相关环境的基础上，对项目可能出现的情况进行预判，并制定出科学、可行的实施方案叫做施工前期策划。

13.5.2　施工前期策划的目的

帮助项目部全体管理人员在第一时间详实地了解和掌握项目情况；

帮助项目部梳理工作思路，根据现场情况和相关经验，提前制定工作计划，并推演出有利于计划实施的合理化具体方案。

有利于提高项目部对施工资源配置的利用程度，掌握主动；提高项目管理的应变能力，从而降低工程风险。

13.5.3　施工前期策划内容和方法

项目前期策划包含的内容较多，项目部不同岗位的管理人员的前期策划内容也不一致，本文主要阐述前期策划中涉及施工员岗位的内容，主要包括：装饰项目质量管理的策划、进度与资源配置的策划、成本管理的策划、职业健康安全与环境管理的策划。

1. 项目质量管理的策划

质量管理是在质量方面指挥和控制的组织、协调活动。这些活动通常包括制定质量目标、质量策划及质量控制。正式施工前进行事前主动质量控制，通过编制施工质量计划，明确质量目标，制定施工方案，设置质量管理点，落实质量责任，分析可能导致质量目标偏离的各种影响因素，针对这些影响因素制定有效的防范措施，防患于未然。

项目质量管理策划包含以下几个方面：

（1）质量目标的确定

项目质量目标的确定应根据项目合同约定的质量要求作为指导方向。一般在合同协议书部分对项目质量要求有明确的规定，部分项目合同对工程材料的质量要求、验收要求有相对比较详细的规定。人、材、机的选择应满足项目合同约定的质量要求。

（2）质量目标的分解

1）主要技术文件的编制。

①施工组织设计的编制。

②专项施工方案及交底。

2）参与图纸会审和施工测量放线。

3）图纸深化。

4）材料方面——小样先行、大样制作、材料下单。

在接到中标通知书进场后，应熟悉现场的情况和图纸内容，将主材和特殊材料列出，配合项目经理寻找小样，提交业主，将采购周期和工期的利弊关系明确告之业主，在满足整体工程效果和业主要求基础上，同设计师积极沟通，然后根据项目投标报价选择材料并制作小样，并请业主和设计师进行确认，在小样上签字并封样（图 13-11、图 13-12）；小样的确定时间应越早越好，为工程后期的施工提供良好的条件。

图 13-11　石材小样的确定

图 13-12　木饰面小样的确定

针对前面所提及项目重点、难点部位以及贵重材料等，应制作 1：1 的大样。大样制作可设置在实际施工的部位或项目重要的部位（图 13-13、图 13-14），这样能够更好地发现问题，避免在以后大面积施工中再次出现。

图 13-13　石材圆柱大样

图 13-14　吊顶造型大样

前期材料下单应重点关注湿作业材料、供货周期较长的材料两个部分，在确定材料供货商后，应及时组织厂家进场介入工程的放线及材料图纸的深化工作，并按照工程进度节点确定材料分批进场的时间。

5）分区管理。

针对项目体量、难易程度以及能力特长，实行分区管理，责任落实到人。

2. 进度与资源配置的策划

项目进场后，为了确保工程目标的实现，应根据项目特点和合同的要求，对工作进行结构分解，合理划分施工区域、优化调整施工顺序，确定工序间的逻辑关系，编制切实可行的施工总进度计划。

根据施工总进度计划和合同规定的要求，编制施工人员进场计划，合理安排各班组的人员进、退现场，按月或旬填报人员的动态表；负责安排各班组的工程进度和班组之间的沟通协调，避免交叉施工，影响工效。

针对工程实际进度，尽早做好材料比价和招标工作。对照工程进度制定详细的材料采购计划，动态调整材料的到场时间，并严格执行，要做到宁可材料等人，决不能出现人等材料。

（1）同一种材料尽早做好市场调研，储备可替代产品，以备不时之需。

（2）积极主动配合设计方、甲方、供货方确保甲供材按时保质到位。

（3）定期到源头对部品、部件实地考察进展情况，及时督促。

（4）对后场加工的部品、部件质量在后场即严格把关，避免因质量问题造成返工。

（5）合理预留机动时间给部品、部件的安装，避免因工期紧、交叉施工造成质量问题。

3. 成本管理的策划

项目的成本管理从投标报价开始，直至项目竣工结算完成为止，贯穿于项目实施的全过程。掌握项目特性，结合投标报价中利弊关系，确定项目经营目标，进行动态管理。

4. 安全管理的策划

施工员要按照项目部的各项安全方案要求，对施工现场全过程进行控制，坚持"安全第一、预防为主、综合治理"的方针；认真执行对施工人员的各项安全技术规程交底，并严格监督实施；对施工现场的各项安全隐患落实整改措施，并及时反馈主管领导；参与脚手架、临时用电、机电设备、临边洞口等防护设施的验收与维护等工作。

第14章 施工项目质量管理

14.1 施工项目质量管理概述

14.1.1 质量的概念

根据国家标准《质量管理体系基础和术语》GB/T 19000—2008/ISO 9000：2005 的定义，质量是一组固有特性满足要求的程度。就工程质量而言，其固有的特性通常包括使用功能、寿命以及可靠性、安全性、经济性等特性，这些特性满足要求的程度越高，质量越好。

14.1.2 质量管理的概念

GB/T 19000—2008 标准中，质量管理的定义是在质量方面指挥和控制组织的协调的活动。

质量管理的首要任务是确定质量方针、明确质量目标和岗位职责。质量管理的核心是建立有效的质量管理体系，通过质量策划、质量控制、质量保证和质量改进这四项具体活动，确保质量方针、目标的切实实施和具体实现。

质量管理应由参加项目的全体员工参与，并由项目经理部作为项目质量的第一责任人，通过全员共同努力，才能有效地实现预期的方针和目标。

14.1.3 施工项目质量的影响因素

全面质量管理要坚持"预防为主、防治结合"的基本思路，将管理重点放在影响工作质量的人、机、料、法、测和环境等因素上。

1. 人

人是质量活动的主体，这里泛指与工程有关的单位、组织及个人，包括建设、勘察设计、施工、监理及咨询服务单位，也包括政府主管及工程质量监督、检测单位，单位组织的施工项目的决策者、管理者和作业者等。

人的素质，包括人的文化、技术、决策、管理、身体素质及职业道德等，这些都将直接和间接地对质量产生影响，而规划、决策是否正确，设计、施工能否满足质量质量要求，是否符合合同、规范、技术标准的要求等，都将对施工项目质量产生不同程度的影响。所以，人是影响施工项目质量的第一个重要因素。

2. 材料

材料控制包括原材料、成品、半成品和构配件等的控制，应严把质量验收关，保证材料正确合理使用，建立管理台账，进行收、发、储、运等各环节的技术管理，避免混料和材料混用。

3. 机械设备

施工机械设备是实现施工机械化的重要物质基础，是现代化施工中必不可少的设备，对施工项目的进度、质量均有直接影响。为此，施工机械设备的选用，必须除了需要考虑施工现场的条件、建筑结构类型、机械设备性能等方面的因素外，还应结合施工工艺和方法、施工组织与管理和建筑技术经济等各种影响因素，进行多方案论证比较，力求获得较好的综合经济效益。

机械设备的选用，应着重从机械设备的选型、机械设备的主要性能参数和机械设备的使用操作要求等三方面予以控制。

要健全"人机固定"制度、"操作证"制度、岗位责任制度、交接班制度、"技术保养"制度、"安全使用"制度和机械设备检查制度等，确保机械设备处于最佳使用状态。另一类设备是生产设备，主要是控制设备的购置、设备的检查验收、设备的安装质量和设备的试车运转。

4. 工艺方法

施工项目建设期内所采取的技术方案、工艺流程、组织实施、检测手段和施工组织设计等都属于工艺方法的范畴。

对工艺方法的控制，尤其是施工方案的正确合理选择，是直接影响施工项目的进度控制、质量控制和投资控制三大目标能否顺利实现的关键。为此，在制定和审核施工方案时，必须结合工程实际，从技术、组织、经济和安全等方面进行全面分析、综合考虑，力求方案在技术可行、经济合理、工艺先进、措施得力、操作方便的前提下，有利于提高工程质量、加快工期进度、降低实际成本。

5. 测

测包括测量和测试、对工程质量的影响显而易见，包含测量测试仪器的质量和精度，测量、测试的方法和数理统计等，测量、测试数据的精确既是保证工程质量的前提，也是检验工程质量成果的依据。

6. 环境

影响施工项目质量的环境因素较多，有工程技术环境、工程管理环境、劳动环境。环境因素对质量的影响，具有复杂而多变的特点。因此，根据工程特点和具体条件，应对影响质量的环境因素，采取有效的措施严加控制。尤其是施工现场，应建立文明施工和文明生产的环境，保持材料工件堆放有序，道路畅通，工作场所清洁整齐，施工程序井井有条，为确保质量、安全创造良好条件。

14.1.4　施工项目质量的特点

由于项目施工涉及学科范围广，学科之间交叉重叠多，是一个极其复杂的综合过程，项目具有单件性、固定性、一次性的特征，再加上结构类型多，质量要求、施工方法各不相同，体型大、整体性强、建设周期长和受自然条件影响大，因此，施工项目的质量比一般工业产品的质量更难以控制，主要表现在以下几个方面。

1. 影响质量的因素多

设计、材料、机械、地形、地质、水文、气象以及施工工艺、操作方法、技术措施的选择都将对施工项目的质量产生不同程度的影响。

2. 容易产生质量变异

项目没有固定的生产流水线，也没有规范化的生产工艺、成套的生产设备和稳定的生产环境；同时，由于影响施工项目质量的偶然因素和系统性因素较多，因此，材料性能微小的差异以及机械设备操作微小的变化和环境微小的波动等，均会引起偶然性因素的质量变异。为此，在施工中要严防出现系统性因素的质量变异，要把质量变异控制在偶然性因素范围内。

3. 质量隐蔽性

工序交接多，中间产品多，隐蔽工程多是建议工程项目的主要特点，若不及时检查实体质量，事后再看表面，就容易产生第二判断错误；反之，若检查不认真，测量仪表不准，读数有误，则就会产生第一判断错误；应重视隐蔽工程的质量控制；尽量避免第一及第二判断错误的发生。

4. 质量检查不能解体、拆卸

施工项目产品建成后，不可能像某些工业产品那样，再拆卸或解体检查内在的质量，或者重新更换零件；工程项目的一次性也决定了工程项目产品也不可能像工业产品那样实行"包换"或"退款"。

5. 质量要受投资、进度的制约

施工项目的质量，受投资、进度的制约较大，因此，项目在施工中，还必须正确处理质量、投资、进度三者之间的关系，使其达到对立的统一。

6. 评价方法的特殊性

工程质量的检查评定及验收是按检验批、分项工程、分部工程和单位工程进行的。工程质量是在施工单位按合格质量标准自行检查评定的基础上，由监理工程师或总监理工程师（单位工程由建设单位项目负责人）组织有关单位、人员进行检验确认验收。这种评价方法体现了"验评分离、强化验收、完善手段、过程控制"的指导思想。

14.1.5 施工项目质量管理的基本原理

质量管理和其他各项管理工作一样，要做到有计划、有执行、有检查、有纠偏，可使整个管理工作循序渐进，保证工程质量不断提高。

PDCA 循环是人们在管理实践中形成的基本理论方法，这个循环工作原理是美国的戴明发明的，故又称"戴明环"。

PDCA 分为四个阶段：即计划 P（Plan）、执行 D（Do）、检查 C（Check）和处置 A（Action）。

1. 计划 P

此阶段可理解为质量计划阶段，是明确质量目标并制订实现质量目标的行动方案。具体是确定质量控制的组织制度、工作程序、技术方法、业务流程、资源配置、检验试验要求、管理措施等具体内容和做法。此阶段还包括对其实现预期目标的可行性、有效性、经济合理性进行分析论证。

2. 实施 D

此阶段是按照计划要求及制定的质量目标去组织实施。具体包含两个环节：即计划行动方案的交底和工程作业技术活动的开展。计划交底目的在于使具体的作业者和管理者，明确计划的意图和要求，为下一步作业活动的开展奠定基础，步调一致地去实现预期的质量目标。

3. 检查 C

检查可分为自检、互检和专检。各类检查都包含两大方面：一是检查是否严格执行了计划行动方案，不执行计划的原因。二是检查计划执行的结果，即产品的质量是否达到标准的要求，并对此进行确认和评价。

4. 处置 A

此阶段是总结经验，纠正偏差，并将遗留问题转入下一轮循环。对于遇到的质量问题，应及时分析原因，采取必要的纠偏措施，使质量保持受控状态。纠偏是采取应急措施，以解决当前的质量问题；而本次的质量信息也将反馈给管理部门，为今后类似质量问题的预防提供借鉴。

14.2　施工项目质量控制和验收方法

14.2.1　施工质量控制过程

施工质量控制的过程包括施工准备质量控制、施工过程质量控制和施工验收质量控制。

1. 施工准备阶段的质量控制

施工准备阶段的质量控制是指项目正式施工活动开始前，对项目施工各项准备工作及影响项目质量的各因素和有关方面进行的质量控制。

施工准备是为保证施工生产正常进行而必须事先做好的工作。施工准备工作不仅涉及工程开工准备时期，而且贯穿于整个施工过程。施工准备的基本任务就是为施工项目建立一切必要的施工条件，确保施工生产顺利进行，确保工程质量符合要求。

（1）技术资料、文件准备的质量控制

1）施工项目所在地的自然条件及技术经济条件调查资料

对施工项目所在地的自然条件以及技术经济条件的调查，是为选择施工技术与组织方案收集基础资料，并以此作为施工准备工作的依据。具体收集的资料包括：地形与环境条件、地质条件、地震级别、工程水文地质情况、气象条件以及当地水、电、能源供应条件、交通运输条件和材料供应条件等。

2）施工组织设计

施工组织设计是指导施工准备和组织施工的全面性技术经济文件。对施工组织设计要进行两方面的控制：一是在选定施工方案后，在制定施工进度时，必须考虑施工顺序、施工流向以及主要是分部分项工程的施工方法、特殊项目的施工方法和技术措施；二是在制定施工方案时，必须进行技术经济比较，使施工项目满足符合性、有效性和可靠性要求，不仅使得施工工期短、成本低，还要达到安全生产、效益提高的经济质量效益。

3）质量控制的依据

国家及政府有关部门颁布的有关质量管理方面的法律、法规性文件及质量验收标准质量管理方面的法律、法规，规定了工程建设参与各方的质量责任和义务，质量管理体系建立的要求、标准，质量问题处理的要求、质量验收标准等，这些是进行质量控制的重要依据。

4）工程测量控制资料

施工现场的原始基准点、基准线、参考标高及施工控制网等数据资料，是施工之前进行质量控制的基础，这些数据资料是进行工程测量控制的重要内容。

（2）设计交底和图纸审核的质量控制

设计图纸是进行质量控制的重要依据。为使施工单位熟悉有关的设计图纸，充分了解拟建项目的特点、设计意图和工艺与质量要求，最大程度上减少图纸的差错，并消灭图纸中的质量隐患，必须要做好设计交底和图纸审核工作。

1）设计交底

工程施工前，由设计单位向施工单位有关技术人员进行设计交底，其主要内容包括：

①地形、地貌、水文气象、工程地质及水文地质等自然条件。

②施工图设计依据：初步设计文件，规划、环境等要求，设计规范。

③设计意图：设计思想、设计方案比较、设计意图、设备安装和调试要求、施工进度安排等。

④施工注意事项：对基础处理的要求，对建筑材料的要求，采用新结构、新工艺的要求，施工组织和技术保证措施等。

交底后，由施工单位提出图纸中的问题和疑点，并结合工程特点提出要解决的技术难题。经双方协商研究，拟定出解决办法。

2）图纸审核

图纸审核是设计单位和施工单位进行质量控制的重要手段，也是使施工单位通过审查熟悉了解设计图纸，明确设计意图和关键部位的工程质量要求，发现和减少设计差错，保证工程质量。图纸审核的主要内容包括：

①对设计者的资质进行认定。

②设计是否满足抗震、防火、环境卫生等要求。

③图纸与说明是否齐全。

④图纸中有无遗漏、差错或相互矛盾之处，图纸表示方法是否清楚，是否符合标准要求。

⑤工程及水文地质等资料是否充分、可靠。

⑥所需材料来源有无保证，能否替代。

⑦施工工艺、方法是否合理，是否切合实际，是否便于施工，能否保证质量要求。

⑧施工图及说明书中涉及的各种标准、图册、规范和技术规程等，施工单位是否具备。

（3）采购质量控制

采购质量控制主要包括对采购产品及其供货方的质量控制，不仅要制订采购要求和验证采购产品。对于建设项目中的工程分包，也应符合规定的采购要求。

1）物资采购

采购物资应符合设计文件、标准、规范、相关法规及承包合同要求，如果项目部另有附加的质量要求，也应予以满足。

对于重要物资、大批量物资、新型材料以及对工程最终质量有重要影响的物资，可由企业主管部门对可供选用的供货方进行逐个评价，并确定合格供方名单。

2）分包服务

对各种分包服务选用的控制标准应根据其规模、控制的复杂程度区别对待。一般通过分包合同，对项目的分包服务进行动态控制。评价及选择分包方应考虑的原则如下：

①有合法的资质，外地单位应经本地主管部门核准。

②与本组织或其他组织合作的业绩、信誉。

③分包方质量管理体系对按要求如期提供稳定质量的产品的保证能力。

④对采购物资的样品、说明书或检验、试验结果进行评定。

3）采购要求

采购要求是采购产品控制的重要内容。采购要求的形式可以是合同、订单、技术协议、询价单及采购计划等。采购要求包括：

①有关产品的质量要求或外包服务要求。

②有关产品提供的程序性要求。

a）供方提交产品的程序。

b）供方生产或服务提供的过程要求。

c）供方设备方面的要求。

③对供方人员资格的要求。

④对供方质量管理体系的要求。

4）采购产品验证

①对采购产品的验证有多种方式，如在供方现场检验、进货检验，查验供方提供的合格证据等。组织应根据不同产品或服务的验证要求，规定验证的主管部门及验证方式，并严格执行。

②当组织或其顾客拟在供方现场实施验证时，组织应在采购要求中事先作出规定。

2. 施工阶段的质量控制

（1）技术交底

按照工程重要程度，单位工程开工前，应由企业或项目技术负责人向承担施工的负责人或分包人进行全面技术交底。分项工程施工前，应由项目技术负责人向参加该项目施工的所有班组和配合工种进行交底。

技术交底的主要内容包括图纸交底、施工组织设计交底、分项工程技术交底和安全交底等。通过交底明确对轴线、尺寸、标高、预留孔洞、预埋件、材料规格及配合比等要求，安排工序搭接、工种配合、施工方法、进度等施工安排，明确质量、安全、节约措施。交底的形式有书面、口头、会议、挂牌、样板、示范操作等。

（2）测量控制

工程测量放线是建设工程产品由设计转化为实物的第一步。施工测量质量的好坏，直接决定工程的定位和标高是否正确，并且制约施工过程的有关工序的质量。因此，施工单位应在开工前编制测量控制方案，经施工员批准后实施。对业主单位提供的原始基准点、基准线和参考标高等的测量控制点应做好复核工作，经监理工程师审核批准后，才能进行后续相关工序的施工。

（3）材料控制

1）对供货方质量保证能力进行评定

对供货方质量保证能力评定原则包括：

①材料供应的表现状况，如材料质量、交货期等。

②供货方质量管理体系对于满足如期交货的能力。

③供货方的顾客满意程度。

④供货方交付材料之后的服务和支持能力。

⑤其他因素，如价格、履约能力等方面的条件。

2）建立材料管理制度，减少材料损失、变质

对材料的采购、加工、运输、贮存通过建立管理制度，优化材料的周转，减少不必要的材料损耗，最大限度降低工程成本。

3）对原材料、半成品和构配件进行标识

进入施工现场的原材料、半成品、构配件应按型号、品种分区堆放，予以标识；对有防湿、防潮要求的材料，要有防雨防潮措施，并有标识；对容易损坏的材料、设备，要采取必要的保护措施做好防护；对有保质期要求的材料，要定期检查，以防过期，并做好标识。

4）加强材料检查验收

对于工程的主要材料，进场时必须备配正确的出厂合格证和材质化验单。凡标志不清或认为质量有问题的材料，要进行重新检验，确保质量。未经检验和检验不合格的原材料、半成品、构配件以及工程设备不能投入使用。

（4）影响施工项目质量的环境因素的控制

1）工程技术环境：工程技术环境包括工程地质、水文地质、气象等状况。施工时需要对工程技术环境进行调查研究。工程地质方面要摸清建设地区的钻孔布置图、工程地质剖面图及土壤试验报告；在水文地质方面，则需要掌握建设地区全年不同季节的地下水位变化、流向及水的化学成分，以及附近河流和洪水情况等；对于气象要查询建设地区历年同期的气温、风速、风向、降雨量和雨季月份等相关资料。

2）工程管理环境：工程管理环境包括质量管理体系、环境管理体系、安全管理体系和财务管理体系等。只有各管理体系的及时建立与正常运行，才能确保项目各项活动的正常、有序进行，它是搞好工程质量的必要条件之一。

3）劳动环境：劳动环境包括劳动组织、劳动工具、劳动保护与安全施工等方面的内容。劳动组织的基础是分工和协作，分工得当既有利于提高工人的熟练程度，也有利于劳动力的组织与运用。协作最基本的问题是配套，即各工种和不同等级工人之间互相匹配，从而避免停工窝工，获得最高的劳动生产率。劳动工具的数量、质量、种类应便于操作、使用，有利于提高劳动生产率。劳动保护与安全施工，是指在施工过程中，为改善劳动条件、保证员工的生产安全和保护劳动者的健康而采取的一些管理活动，这些活动有利于发挥员工的积极性和提高劳动生产率。

（5）计量控制

施工中的计量工作，包括施工生产时的投料计量、施工测算监测计量以及对项目、产品或过程的测试、检验和分析计量等。

计量控制的主要任务是统一计量单位制度，组织量值传递，保证量值的统一。这些工作有利于控制施工生产工艺过程，完善施工生产技术水平，提高施工项目的整体效益。因

此，计量不仅是保证施工项目质量的重要手段和方法，同时也是施工项目开展质量管理的一项重要基础工作。

为做好计量控制工作，应抓好以下几项工作。

1）建立计量管理部门和配备计量人员。

2）建立健全和完善计量管理的规章制度。

3）积极开展计量意识教育，完善监督机制。

4）严格按照有效计算器具使用、保管和检验。

（6）工序控制

工序亦称"作业"。工序是工程项目建设过程基本环节，也是组织生产过程的基本单位。一道工序，是指一个（或一组）工人在一个工作地对一个（或几个）劳动对象（工程、产品、构配件）所完成的一切连续活动的总和。

工序质量是指工序过程的质量。对于现场工人来说，工作质量通常表现为工序质量。一般来说，工序质量是指工序的成果符合设计、工艺（技术标准）要求符合规定的程序。人、材料、机械、方法和环境等五种因素对工序质量有不同程度的直接影响。

在施工过程中，测得的工序特性数据是有波动的，产生波动的原因有两种，因此，波动也分为两类。一类是操作人员在相同的技术条件下，按照工艺标准去做，可是不同的产品却存在着波动。这种波动在目前的技术条件下还不能控制，在科学上是由无数类似的原因引起的，所以称为偶然因素。另一类是在施工过程中发生了异常现象。这类因素经有关人员共同努力，在技术上是可以避免的。工序管理就是去分析和发现影响施工中每道工序质量的这两类因素中影响质量的异常因素，并采取相应的技术和管理措施，使这些因素被控制在允许的范围内，从而保证每道工序的质量。工序管理的实质是工序质量控制，即使工序处于稳定受控状态。

工序质量控制是为把工序质量的波动限制在要求的界限内所进行的质量控制活动。工序质量控制的最终目的是要保证稳定地生产合格产品。

（7）特殊过程控制

特殊过程是指该施工过程或工序施工质量不易或不能通过其后的检验和试验而得到充分的验证，或者万一发生质量事故则难以挽救的施工过程。

特殊过程是施工质量控制的重点，设置质量控制点就是要根据施工项目的特点，抓住影响工序施工质量的主要因素进行强化控制。

1）施工质量控制点的设置种类

①以质量特性值为对象来设置。

②以工序为对象来设置。

③以设备为对象来设置。

④以管理工作为对象来设置。

2）施工质量控制点的设置步骤

在设置质量控制点时，首先应对工程项目施工对象进行全面分析、比较，以明确特殊过程质量控制点，然后进一步分析该控制点在施工中可能出现的质量问题，查明问题原因并相应地提出对策措施予以预防。由此可见，设置质量控制点，是对工程质量进行预控的有力措施。

质量控制点的设置是保证施工过程质量的有力措施，也是进行质量控制的重要手段。

（8）工程变更控制

1）工程变更的含义

对于施工项目任何形式上、质量上、数量上的实质性变动，都称为工程变更，它既包括了工程具体项目的改动，也包括了合同文件内容的某种改动。

2）工程变更的范围

①设计变更：设计变更的原因主要是投资者对投资规模的改变导致变更，是对已交付的设计图纸提出新的设计要求，需要对原设计进行修改。

②工程量的变动：工程量清单中工程在数量上的增加或减少。

③施工时间的变更：对已批准的承包商施工进度计划中安排的施工时间或工期的变动。

④施工合同文件变更。

⑤施工图的变更。

⑥承包方提出修改设计的合理化建议，节约价值而引起的变更分配。

⑦由于不可抗力或双方事先未能预料而无法防止的事件发生，允许进行合同变更。

（9）成品保护

在施工项目施工中，某些部位已完成，而其他部位还正在施工，在这种情况下，施工单位必须对已完成部位或成品，采取妥善的措施加以保护，防止对已完部分工程造成损伤，影响工程质量；更加防止有些损伤难以恢复原状，而成为永久性的缺陷。

加强成品保护，要从两个方面着手，首先需要加强教育，提高全体员工的成品保护意识；同时要合理安排施工顺序，采取有效的保护措施。

成品保护的措施：

1）护

护就是提前保护，防止对成品的污染及损伤。如外檐水刷石大角或柱子要立板固定保护。为了防止清水墙面污染，应在相应部位提前钉上塑料布或纸板。

2）包

包就是进行包裹，防止对成品的污染及损伤。如在喷浆前对电气开关、插座和灯具等设备进行包裹。铝合金门窗应用塑料布包扎。

3）盖

盖就是表面覆盖，防止堵塞、损伤。如高级水磨石地面或大理石地面完成后，应用苫布覆盖。落水口、排水管安好后应加覆盖，以防堵塞。

4）封

封就是局部封闭。如室内塑料墙纸、木地板油漆完成后，应立即锁门封闭。屋面防水完成后，应封闭上屋面的楼梯门或出入口。

3. 竣工验收阶段的质量控制

（1）根据《建筑工程施工质量验收统一标准》GB 50300—2013，建筑工程施工质量应按下列要求进行验收。

1）建筑工程施工质量应符合验收标准和相关专业验收规范的规定。

2）建筑工程施工应符合工程勘察、设计文件的要求。

3）参加工程施工质量验收的各方人员应具备相应的资格。

4）工程质量的验收均应在施工单位自检合格的基础上进行。

5）隐蔽工程在隐蔽前应由施工单位通知监理单位进行验收，并应形成验收文件，验收合格后方可继续施工。

6）对涉及结构安全、节能、环境保护和主要使用功能的试块、试件及材料，应在进场时或施工中按规定进行见证检验。

7）检验批的质量应按主控项目和一般项目验收。

8）对涉及结构安全、节能、环境保护和使用功能的重要分部工程，应在验收前按规定进行抽样检验。

9）承担见证取样检测及有关结构安全检测的单位应具有相应资质。

10）工程的观感质量应由验收人员通过现场检查，并应共同确认。

（2）最终质量检验和试验

单位工程质量验收也称质量竣工验收，是建筑工程投入使用前的最后一次验收，也是最重要的一次验收。除有关的资料文件应完整以外，还须进行以下三方面的检查。

其一，对涉及安全和影响结构使用功能的分部工程检验资料进行复查。不仅要全面检查其完整性（不得有漏检缺项），而且还要对分部工程验收时补充进行的见证抽样检验报告进行复核。

其二，对主要使用功进行抽查。使用功能的检查是对建筑工程和设备安装工程最终质量的综合检验，应在分项、分部工程验收合格的基础上，对主要使用功能再作全面检查。抽查项目是在检查资料文件的基础上由参加验收的各方人员商量，并用计量、计数的抽样方法确定检查部位。检查要求按有关专业工程施工质量验收标准的要求严格开展。

其三，对建筑节能、环境保护方面进行抽查。

其四，由参加验收的各方人员共同对工程项目进行观感质量检查。观感质量验收，往往难以定量，只能以观察、触摸或简单量测的方式进行。

单位工程技术负责人应按编制竣工资料的要求收集和整理原材料、构件、零配件和设备的质量合格证明材料、验收材料，各种材料的试验检验资料，隐蔽工程、分项工程和竣工工程验收记录以及其他的施工记录等，以供工程质量竣工验收和以后备案之用。

（3）技术资料的整理

技术资料，特别是永久性技术资料，是施工项目进行竣工验收的主要依据，也是项目施工情况的重要记录。因此，技术资料的整理必须符合国家有关规定及规范的要求，做到准确、齐全，能够满足建设工程进行维修、改造、扩建时的需要，其主要内容如下：

1）施工项目开工报告。

2）施工项目竣工报告。

3）图纸会审和设计交底记录。

4）设计变更通知单。

5）技术变更核定单。

6）工程质量事故发生后调查和处理资料。

7）水准点位置、定位测量记录、沉降及位移观测记录。

8）材料、设备、构件的质量合格证明资料。

9）试验、检验报告。

10）隐蔽工程验收记录及施工日志。

11）竣工图。

12）质量验收评定资料。

13）工程竣工验收资料。

监理工程师应对上述技术资料进行严格审查，并请建设单位及有关人员对技术资料进行检查验证。当部分技术资料缺失时，应委托有资质的检测机构按有关标准进行相应的实体检验或抽样试验。

4. 施工质量缺陷的处理

我国国家标准《质量管理体系标准》GB/T 19000—2008 中"缺陷"的含义："未满足与预期或规定用途有关的要求。"应注意区分"缺陷"和"不合格"两个定义的区别。不合格是指不满足使用要求，该"要求"是指"明示的、习惯上隐含的或必须履行的需求或期望"，是一个包含多方面内容的"要求"，当然，也应包括"与期望或规定的用途有关的要求"。而"缺陷"是指未满足其中特定的（与预期或规定用途有关的）要求，例如，安全性有关的要求。它是一种特定范围内的"不合格"，故称之为"缺陷"。

对于工程质量缺陷，可采用以下处理方案。

1）修补处理

当工程的某些部分的质量虽未达到规定的规范、标准或设计要求，存在一定的缺陷，但经过修补后还可达到标准的要求，在不影响使用功能或外观要求的情况下，可以做出进行修补处理的决定。

2）返工处理

当工程质量未达到规定的标准或要求，有十分严重的质量问题，对结构的使用和安全都将产生重大影响，而又无法通过修补办法给予纠正时，可以做出返工处理的决定。

3）限制使用

当工程质量缺陷按修补方式处理不能达到规定的使用要求和安全，而又无法返工处理的情况下，不得已时可以做出结构卸荷、减荷以及限制使用的决定。

4）不做处理

某些工程质量缺陷虽不符合规定的要求或标准，但其情况不严重。经过分析、论证和慎重考虑后，可以做出不做处理的决定。具体分为以下几种情况：不影响结构安全和正常使用要求；经过后续工序可以弥补的不严重的质量缺陷；经复核验算，仍能满足设计要求的质量缺陷。

14.2.2　施工质量计划编制

结合施工项目的特点，施工质量计划的内容一般应包括以下几个方面。

（1）工程特点及施工条件分析（合同条件、法规条件和现场条件）。

（2）履行施工合同所必须达到的工程质量总目标及其分解目标。

（3）质量管理组织机构、人员及资源配置计划。

（4）为确保工程质量所采取的施工技术方案、施工程序。

（5）材料设备质量管理及控制措施。

（6）工程测量项目计划及方法等。

施工质量计划编制完毕，应经企业技术领导审核批准，并按施工承包合同的约定提交工程监理或建设单位批准确认后执行。

14.2.3　施工作业过程的质量控制

施工作业过程的质量控制，即是对各道工序的施工质量控制。

1. 施工工序质量控制的程序

（1）作业技术交底：施工方法、作业技术要领、质量要求、验收标准和施工过程中需注意的问题。

（2）检查施工工序、程序的合理性、科学性：施工总体流程、施工作业的先后顺序，应坚持先准备后施工、先地下后地上、先深后浅、先土建后安装和先验收后交工等。

（3）检查工序施工条件：水、电动力供应，施工照明，安全防护设备，施工场地空间条件和通道，使用的工具、器具，使用的材料和构配件等。

（4）检查工序施工中人员操作程序、操作方法和操作质量是否符合质量规程要求。

（5）对工序和隐蔽工程进行验收。

（6）经验收合格的工序方可准予进入下一道工序的施工。反之，不得进入下一道工序施工。

2. 施工工序质量控制的要求

（1）坚持预防为主。事先分析并找出影响工序质量的主导因素，提前采取措施加以重点控制，使质量问题消灭在发生之前或萌芽状态。

（2）进行工序质量检查。利用一定的方法和手段，对工序操作及其完成的可交付成果的质量进行检查、测定，并将实测结果与操作规程、技术标准进行比较，从而掌握施工质量状况。具体的检查方法为工序操作、质量巡查、抽查及重要部位的跟踪检查。

（3）按目测、实测及抽样试验程序，对工序产品、分项工程作出合格与否的判断。

（4）对合格工序产品应及时提交监理，经确认合格后予以签认验收。

（5）完善质量记录资料。质量记录资料主要包括各项检查记录、检测资料及验收资料。质量记录资料应真实、齐全、完整，它既可作为工程质量验收的依据，也可为工程质量分析提供可追溯的依据。

3. 施工工序质量检验

（1）质量检验的内容

1）开工前检查。主要检查工程项目是否具备开工条件，开工后能否连续正常施工，能否保证工程质量。

2）工序交接检查。对于重要的工序或对工程质量有重大影响的工序，在自检、互检的基础上，还要组织专职人员对工序进行交接检查。

3）隐蔽工程检查。凡是隐蔽工程均应检查认证后方能掩盖。

4）停工后复工前的检查。因处理工程项目质量问题或由于某种原因停工后需复工时，亦应经检查认可后方能复工。

5）分项、分部工程完工后，需经过检查认可，签署验收记录后，才能进行下一阶段施工项目施工。

6）成品保护检查。检查成品有无保护措施，或保护措施是否可靠。

此外，还应经常深入现场，对施工操作质量进行巡视检查。必要时，还应进行跟班或追踪检查，以确保工序质量满足工程需要。

（2）质量检查的方法

现场进行质量检查的方法主要有目测法、实测法和试验法3种。

1）目测法。其手段可归纳为看、摸、敲、照4个字。

看，就是根据质量标准进行外观目测。

摸，就是通过触摸手感检查，主要用于装饰工程的某些检查项目。

敲，是运用工具进行声感检查。对地面工程、装饰工程中的水磨石、面砖、锦砖和大理石贴面等，均应进行敲击检查，通过声音的虚实确定有无空鼓，还可根据声音的清脆和沉闷，判定是否属于面层空鼓或底层空鼓。

照，对于难以看到或光线较暗的部位，则可采用人工光源或反射光照射的方法进行检查。

2）实测法。就是通过实测数据与施工规范及质量标准所规定的允许偏差对照，以此判别工程质量是否合格。实测检查法的手段，可归纳为靠、吊、量、套4个字。

靠，是用直尺、塞尺检查墙面、地面、屋面等的平整度。

吊，是用托线板以线坠吊线检查垂直度。

量，是用测量工具和计量仪表等检查断面尺寸、轴线、标高、湿度和温度等的偏差。

套，是以方尺套方，辅以塞尺检查。

3）试验检查。指必须通过试验手段，才能对质量进行判断的检查方法。

14.2.4 建筑装饰工程施工质量验收

在施工项目管理过程中，进行施工项目质量的验收，是施工项目质量管理的重要内容。项目经理应根据合同和设计图纸的要求，严格执行国家颁发的有关施工项目质量验收标准。要及时地配合监理工程师、质量监督站等有关人员进行质量评定，按照操作规程办理竣工验收交接手续。施工项目质量验收程序是按分项工程、分部工程、单位工程依次进行的，施工项目质量等级只有"合格"，不合格的项目一律不予验收。

1. 建筑装饰工程质量验收的基本要求

建筑装饰工程施工质量，首先应符合各专业设计文件的要求。

其次还应符合《建筑工程施工质量验收统一标准》GB 50300—2013、《建筑装饰装修工程质量验收规范》GB 50210—2001、《建筑地面工程施工质量验收规范》GB 50209—2010 和其他专业验收规范（如《建筑电气工程施工质量验收规范》GB 50303—2002、《建筑内部装修防火施工及验收规范》GB 50354—2005、《建筑给水排水及采暖工程施工质量验收规范》GB 50242—2002 等规范）的规定。

（1）检验批质量检验抽样方案

1）计量、计数或计量—计数等抽样方案。

2）一次、二次或多次抽样方案。

3）对重要的检验项目，当有采用简易快速的检验方法时，选用全数检验方案。

4）根据生产连续性和生产控制稳定性情况，尚可采用调整型抽样方案。

5）经实践检验有效的抽样方案。

（2）对抽样检验风险控制的规定

合格质量水平的生产方风险 α，是指合格批被判为不合格的概率，即合格批被拒收的概率；使用方风险 β 为不合格批被判为合格批的概率，即不合格批被误收的概率。抽样检验必然存在这两类风险。

在制定检验批的抽样方案时，对生产方风险（或错判概率 α）和使用方风险（或漏判概率 β）可按下列规定采取：

1）主控项目：对应于合格质量水平的 α 和 β 均不宜超过 5%。

2）一般项目：对应于合格质量水平 α 不宜超过 5%，β 不宜超过 10%。

2. 工程质量验收的划分

验收标准将建筑工程质量验收划分为单位工程、分部工程、分项工程和检验批。由于各类工程的内容、规模、形式、形成的过程和管理方法的不同，划分分项、分部和单位工程的方法也不尽相同，但其目的都是要有利于质量的管理和控制。

检验批可根据施工及质量控制和专业验收需要按工程量、楼层、施工段、变形缝等进行划分。分项工程应按主要工种、材料、施工工艺和设备类别等进行划分，分项工程可划分成一个或若干检验批。分部工程可按专业性质、工程部位确定；当分部工程较大或较复杂时，可按材料种类、施工特点、施工程序、专业系统及类别将分部工程划分为若干子分部工程。具备独立施工条件并能形成独立使用功能的建筑物或构筑物为一个单位工程；对于建筑规模较大的单位工程，可将其能形成独立使用功能的部分划分为一个子单位工程。

3. 建筑装饰工程质量验收

（1）检验批合格规定

检验批合格质量应符合下列规定。

1）主控项目的质量经抽样检验均应合格；一般项目的质量经抽样检验合格。

2）具有完整的施工操作依据和质量检查记录。

检验批是工程验收的最小单位，是分项工程乃至整个建筑工程质量验收的基础。检验批是施工过程中条件相同并具有一定数量的材料、构配件或安装项目，由于其质量基本均匀一致，因此可以作为检验的基础单位，按批验收。

（2）分项工程合格规定

分项工程质量验收合格应符合下列规定：

1）分项工程所含的检验批均应验收合格。

2）分项工程所含的检验批的质量验收记录应完整。

分项工程的验收在检验批的基础上进行。一般情况下，检验批和分项工程具有相同或相近的性质，只是批量的大小不同而已。分项工程合格质量的条件比较简单，只要构成分项工程的各检验批的验收资料文件完整，并且均已验收合格，分项工程的质量验收合格。

（3）分部工程合格规定

分部（子分部）工程质量验收合格应符合下列规定。

1）分部（子分部）工程所含分项工程的质量均应验收合格。

2）质量控制资料完整。

3）有关安全、节能、环境保护及主要使用功能的检验和抽样检验结果符合相应规定。

4）观感质量验收应符合要求。

分部工程的验收在其所含各分项工程验收的基础上进行。

（4）单位工程合格规定

单位（子单位）工程质量验收合格应符合下列规定：

1）单位（子单位）工程所含分部（子分部）工程的质量均应验收合格。

2）质量控制资料应完整。

3）单位（子单位）工程所含分部工程有关安全、节能、环境保护和主要使用功能的检验资料应完整。

4）主要使用功能的抽查结果应符合相关专业验收规范的规定。

5）观感质量验收应符合要求。

（5）建筑装饰工程质量验收记录

建筑装饰工程质量验收记录应符合下列规定。

检验批的质量验收记录由施工项目专业质量检查员填写，专业监理工程师组织项目专业质量检查员等进行验收。

分项工程质量应由专业监理工程师组织项目专业技术负责人等进行验收。

分部（子分部）工程质量应由总监理工程师组织施工项目经理和有关勘察、设计单位项目负责人一起进行验收。

验收记录由施工单位填写，验收结论则由监理单位填写。综合验收结论由参加验收各方共同商定，由建设单位填写，应对工程质量是否符合设计和规范要求及总体质量水平做出评价。

（6）建筑装饰工程质量处理规定

当建筑装饰工程质量不符合要求时，应按下列规定进行处理。

1）经返工或返修的检验批，应重新进行验收。

2）经有资质的检测机构检测鉴定能够达到设计要求的检验批，应予以验收。

3）经有资质的检测机构检测鉴定达不到设计要求、但经原设计单位核算认可能够满足安全和使用功能的检验批，可予以验收。

4）经返修或加固处理的分项、分部工程，满足安全及使用功能要求时，可按技术处理方案和协商文件的要求予以验收。

5）经返修或加固处理仍不能满足安全或重要使用要求的分部工程、单位（子单位）工程，严禁验收。

（7）建筑装饰工程质量验收程序和组织

1）检验批及分项工程

检验批应由专业监理工程师组织施工单位项目专业质量检查员、专业工长等进行验收。分项工程应由专业监理工程师组织施工单位项目专业技术负责人等进行验收。

检验批和分项工程是建筑工程质量的基础，因此，所有检验批和分项工程均应由专业监理工程师负责组织验收。验收前，施工单位先填好"检验批和分项工程的质量验收记录"（有关监理记录和结论不填），并由项目专业质量检查员和项目专业技术负责人分别在检验批和分项工程质量检验记录中相关栏目签字，然后由专业监理工程师组织，严格按规定程序进行验收。

2) 分部工程

分部工程应由总监理工程师组织施工单位项目负责人和项目技术负责人等进行验收。设计单位项目负责人和施工单位技术、质量部门负责人应参加主体结构、节能分部工程的验收。

3) 单位工程

①单位工程完工后，施工单位应自行组织有关人员进行自检。总监理工程师应组织各专业监理工程师对工程质量进行竣工预验收。存在施工质量问题时，应由施工单位整改。整改完毕后，由施工单位向建设单位提交工程竣工报告，申请工程竣工验收。

②单位工程有分包单位施工时，分包单位应对所承包的工程项目进行自检，并应按标准规定的程序进行检查评定，验收时总包单位应派人参加。分包单位应将所分包工程的质量控制资料整理完整，并移交给总包单位。

③建设单位收到工程竣工报告后，应由建设单位项目负责人组织监理、施工、设计、勘察等单位项目负责人进行单位工程验收。

④当参加验收各方对工程质量验收意见不一致时，可请当地建设行政主管部门或工程质量监督机构协调处理，也可以各方认可的咨询单位进行协调处理。

⑤单位工程质量验收合格后，建设单位应在规定时间内将工程竣工报告和有关文件，报建设行政管理部门备案。

14.3 施工项目质量的政府监督

14.3.1 施工项目质量政府监督的职能

为加强对建设工程质量的管理，我国《建筑法》及《建设工程质量管理条例》明确政府行政主管部门应设立专门机构对建设工程质量行使监督职能，其目的是保证建设工程质量、保证建设工程的使用安全及环境质量。国务院建设行政主管部门对全国建设工程质量实行统一监督管理，国务院铁路、交通、水利等有关部门按照规定的职责分工，负责对全国有关专业建设工程质量的监督管理。

各级政府质量监督机构对建设工程质量监督的依据是国家、地方和各专业建设管理部门颁发的法律、法规及各类规范和强制性标准。

政府对建设工程质量监督的职能包括两大方面：

一是监督工程建设的各方主体（包括建设单位、施工单位、材料设备供应单位、设计勘察单位和监理单位等）的质量行为是否符合国家法律法规及各项制度的规定。

二是监督检查工程实体的施工质量，尤其是地基基础、土体结构、专业设备安装等涉及结构安全和使用功能的施工质量。

14.3.2 建设工程项目质量政府监督的内容

（1）建设工程的质量监督申报工作

在工程开工前，政府质量监督机构在受理建设工程质量监督的申报手续时，对建设单位提供的文件资料进行审查，审查合格后签发有关质量监督文件。

（2）开工前的质量监督

开工前召开项目参与各方参加的首次监督会议，并进行第一次监督检查。

（3）在施工期间的质量监督

在工程施工期间，按照监督方案对施工情况进行不定期的检查。

（4）竣工阶段的质量监督

做好竣工验收前的质量复查；参与竣工验收会议；编制单位工程质量监督报告；建立建设工程质量监督档案。

14.3.3 施工项目质量政府监督验收

建设工程质量验收是对已完工的工程实体的外观质量及内在质量按规定程序检查后，确认其是否符合设计及各项验收标准的要求、是否可交付使用的一个重要环节。正确地进行工程项目质量检查评定和验收，是保证工程质量的重要手段。

工程质量验收分为过程验收和竣工验收，其程序及组织包括：

（1）施工过程中，隐蔽工程在隐蔽前通知工程监理进行验收，并形成验收文件。

（2）分部分项工程完成后，应在施工单位自行验收合格后，通知专业工程监理验收，重要的分部分项应请设计单位参加验收。

（3）单位工程完工后，施工单位应组织自检，由总监理工程师组织各专业监理工程师进行竣工预验收，符号要求时由施工单位向建设单位提交工程竣工报告，申请工程竣工验收。

（4）建设单位收到工程竣工报告后，应由其项目负责人组织监理、施工、设计、勘察等单位项目负责人进行单位工程验收，明确验收结果，并形成验收报告。

（5）按国家现行管理制度，房屋建筑工程及市政基础设施工程验收合格后，尚需在规定时间内，将验收文件报政府管理部门备案。

14.4 施工项目质量问题的分析与处理

施工项目的特点是产品相对固定，生产流动；产品多样；材料品种、规格不同，材性各异，交叉施工，现场配合复杂；工艺要求不同，技术标准不一，对质量产生影响的因素繁多。施工过程中稍有疏忽，极易引起系统性因素的质量变异，而产生质量问题或严重的工程质量事故。为此，必须采取有效措施，对常见质量问题事先加以预防，对出现的质量事故及时进行分析和处理。

14.4.1 工程质量事故分类

国家现行对工程质量通常采用按造成损失严重程度进行分类，其基本分类如下：

（1）一般质量事故：

凡具备下列条件之一者为一般质量事故。

1）直接经济损失在5000元以上（含5000元），不满50000元的。

2）影响使用功能和工程结构安全，造成永久质量缺陷的。

（2）严重质量事故：

凡具备下列条件之一者为严重质量事故。

1）直接经济损失在 50000 元以上（含 50000 元），不满 10 万元的。

2）严重影响使用功能或工程结构安全，存在重大质量隐患的。

3）事故性质恶劣或造成 2 人以下重伤的。

（3）重大质量事故：

凡具备下列条件之一者为重大质量事故。

1）工程倒塌或报废。

2）由于质量事故，造成人员死亡或重伤 3 人以上。

3）直接经济损失 10 万元以上。

工程建设过程中或由于勘察设计、监理、施工等过失造成工程质量低劣，而在交付使用后发生重大质量事故；或因工程质量达不到合格标准，而需加固补强、返工；或报废，直接经济损失 10 万元以上。此外，由于施工安全问题，如施工脚手架、平台倒塌，机械倾覆，触电、火灾等也会造成建设工程重大事故。

14.4.2　施工项目质量问题原因

施工项目质量问题表现的形式多种多样，诸如破坏建筑结构、开裂、渗漏水、装饰构造不合理、饰面交接不细致、材料尺寸误差大等，究其原因，可归纳如下：

（1）违背建设程序：如条件不足而仓促开工；边设计、边施工；无图施工；不经竣工验收就交付使用等。

（2）违反法规行为：如无证设计；无证施工；越级设计；越级施工；工程招、投标中的不公平竞争；超常的低价中标；非法分包；转包、挂靠；擅自修改设计等行为。

（3）设计差错：如盲目套用图纸；采用不正确或未经核准的设计方案；各专业之间没有协调好等情况。

（4）施工与管理不到位：不按图施工或未经设计单位同意擅自修改设计。

（5）使用不合格的原材料、制品及设备。

（6）自然环境因素：温度、湿度、暴雨、大风等均可能成为质量问题的诱因。

（7）使用不当：对建筑物或设施使用不当也易造成质量问题。如未经校核验算就任意；对建筑物加层；任意拆除承重结构部位；任意在结构物上开槽、打洞，削弱承重结构截面等也会引起质量问题。

14.4.3　施工项目质量问题调查分析

事故发生后，应及时组织调查处理。调查的主要目的，是要确定事故的范围、性质、影响和原因等，通过调查为事故的分析与处理提供依据，调查一定要力求全面、准确、客观。调查结果，要整理撰写成事故调查报告。

事故原因分析要建立在调查的基础上，事故的处理要建立在原因分析的基础上，对有些事故认识不清时，只要事故不致产生严重的恶化，可以继续观察一段时间，做进一步调查分析，不要急于处理，以免造成同一事故多次处理的不良后果。事故处理的基本要求是：安全可靠，不留隐患，满足建筑功能和使用要求，技术可行，经济合理，施工方便。事故处理中，还必须加强质量检查和验收。对每一个质量事故，无论是否需要处理都要经过分析，做出明确的结论。

14.4.4 工程质量问题的处理方式和程序

1. 处理方式

在各项工程的施工过程中或完工以后，现场质量管理人员如发现工程项目存在着不合格项或质量问题，应根据其性质和严重程度按如下方式处理：

（1）当施工而引起的质量问题在萌芽状态时，应及时制止，并根据具体情况要求更换不合格材料、设备或不称职人员，或要求改变不正确的施工方法和操作工艺。

（2）当因施工而引起的质量问题已出现时，应立即向施工队伍（班组）发出《工程质量整改通知》，要求其对质量问题进行补救处理，并采取足以保证施工质量的有效措施，对屡教不改或问题严重者必要时开《罚款单》（按奖惩制度执行）。

（3）当某道工序或分项工程完工以后，出现不合格项，应要求施工队伍及时采取措施予以整改。现场工程师应对其补救方案进行确认，质量员进行跟踪处理过程，对处理结果进行验收，否则不允许进行下一道工序或分项的施工，对拒不改正的有权要求停工整改。

2. 处理程序

处理程序可参照工程质量监理程序。

（1）当发生工程质量问题时，质量员首先应判断其严重程度。对可以通过返修或返工弥补的质量问题可签发《质量整改通知》，责成施工队伍提出处理方案并付诸实施，对处理结果应重新进行验收。

（2）对需要加固补强的质量问题，或质量问题的存在影响下道工序和分项工程的质量时，应签发《工程暂停令》，指令施工队伍（班组）停止有质量问题部位和与其有关联部位及下道工序的施工。必要时，应要求施工队伍（班组）采取防护措施，协助现场工程师（项目技术负责人）写出质量问题调查报告，提出处理方案，征得监理、建设单位同意，对处理结果应重新进行验收。

质量问题调查的主要目的是明确质量问题的范围、程度、性质、影响和原因，为问题处理提供依据，调查应力求全面、详细、客观准确。

调查报告的主要内容：

1）与质量问题相关的工程情况（工程概况）。

2）质量问题发生的时间、地点、部位、性质、现状及发展变化等详细情况（质量问题描述）。

3）调查中的有关数据和资料（搜集质量问题原始资料）。

4）原因分析与判断（数据资料分析判断）。

5）是否需要采取临时防护措施（视具体情况决定）。

6）质量问题处理补救的建议方案（视具体情况采取有针对性的措施）。

7）涉及的有关人员和责任及预防该质量问题重复出现的措施（相关责任人的处理和下次防范）。

14.4.5 工程质量事故处理的依据

工程质量事故处理的依据主要依据有 4 个方面：

（1）质量事故的实况资料。

（2）有关合同及合同文件。

（3）有关的技术文件和档案。

（4）相关的建设法规。

工程质量事故发生后，总监理工程师应签发《工程暂停令》，要求停止进行质量缺陷部位和与其有关联部位及下道工序施工，要求施工单位采取必要的措施，防止事故扩大并保护好现场。同时，要求质量事故发生单位迅速按类别和等级向相应的主管部门上报，并于 24h 内写出书面报告。事故处理完毕后，总监理工程师签发《工程复工令》，恢复正常施工。

第 15 章　施工项目进度管理

15.1　施工项目进度管理概述

进度是指某项工作进行的速度，工程进度即为工程进行的速度。工程进度计划是指根据已批准的建设文件或签订的承发包合同，对工程项目的建设进度做出周密的安排。

15.1.1　工程进度计划分类

1. 根据工程建设的参与者来分

参与工程建设的每一个单位均要编制和自己任务相适应的进度计划。根据工程进度管理不同的需要和不同的用途，业主方和其他参与方可以构建多个不同的工程进度计划系统。由不同项目参与方的计划构成进度计划系统，如业主方编制的整个工程实施的进度计划、设计进度计划、施工和设备安装进度计划等。

2. 根据工程项目的实施阶段来分

根据工程项目的实施阶段，工程项目的进度计划可以分为以下几种。

（1）设计进度计划：即对设计阶段进度安排的计划。

（2）施工进度计划：施工阶段是进度管理的"操作过程"，要严格按计划进度实施，对造成计划偏离的各种干扰因素予以排除，保证进度目标实现。

（3）物资设备供应进度计划。其中，施工进度计划，可按实施阶段分解为年、季、月、旬等不同阶段的进度计划；也可按项目的结构分解为单位（项）工程、分部分项工程的进度计划等。

15.1.2　工程工期

工程工期是指工程从开工至竣工所经历的时间。工程工期一般按日历月计算，有明确的起止年月。可以分为定额工期、计算工期与合同工期。

1. 定额工期

定额工期指在平均建设管理水平、施工工艺和机械装备水平及正常的建设条件（自然的、社会经济的）下，工程从开工到竣工所经历的时间。

2. 计算工期

计算工期指根据项目方案具体的工艺、组织和管理等方面情况，排定网络计划后，根据网络计划所计算出的工期。

3. 合同工期

合同工期指业主与承包商签订的合同中确定的承包商完成所承包项目的工期，也即业主对项目工期的期望。合同工期的确定可参考定额工期或计划工期，也可根据投产计划来确定。广义的合同工期还应考虑因工程内容或工程量的变化、自然条件不利的变化、业主违约及应由业主承担的风险等，以及不属于承包人责任事件的发生，且经过监理工程师发布变更指令或批准承包人的工期索赔要求而允许延长的天数。

15.1.3 影响进度的因素

工程进度管理是一个动态过程，影响进度因素多，风险大，应认真分析和预测，采取合理措施，在动态管理中实现进度目标。影响工程进度的因素主要有以下几方面。

（1）业主。业主提出的建设工期目标的合理性、在资金及材料等方面的供应进度、业主各项准备工作的进度和业主项目管理的有效性等，均影响着建设项目的进度。

（2）设计单位。设计目标的确定、可投入的力量及其工作效率、各专业设计的配合，以及业主和设计单位的配合等均影响着建设项目进度控制。

（3）承包人。施工进度目标的确定、施工组织设计编制、投入的人力及施工设备的规模，以及施工管理水平等均影响着建设项目进度控制。

（4）建设环境。建筑市场状况、国家财政经济形势、建设管理体制和当地施工条件（气象、水文、地形、地质、交通和建筑材料供应）等均影响着建设项目进度控制。

上述多方面的因素是客观存在的，但有许多是人为的，是可以预测和控制的，参与工程建设的各方要加强对各种影响因素的控制，确保进度管理目标的实现。

15.2 施工组织与流水施工

在工程项目施工过程中，可以采用以下三种组织方式：依次施工、平行施工与流水施工。

15.2.1 依次施工

依次施工是将拟建工程项目的整个建造过程分解成若干个施工过程，然后按照一定的施工顺序，各施工过程或施工段依次开工、依次完成的一种施工组织方式。这种施工方式组织简单，但由于同一工种工人无法连续施工造成窝工，从而使得施工工期较长。

15.2.2 平行施工

平行施工是所有施工对象的各施工段同时开工、同时完工的一种施工组织方式。这种施工方式施工速度最快，但由于工作面拥挤，同时投入的人力、物力过多而造成组织困难和资源浪费。

15.2.3 流水施工

流水施工是把施工对象划分成若干施工段，每个施工过程的专业队（组）依次连续地在每个施工段上进行作业，当前一个专业队（组）完成一个施工段的作业之后，就为下一个施工过程提供了作业面，不同的施工过程，按照工程对象的施工工艺要求，先后相继投入施工，使各专业队（组）在不同的空间范围内可以互不干扰地同时进行不同的工作。流水施工能够充分、合理地利用工作面争取时间，减少或避免工人停工、窝工。而且，由于其连续性、均衡性好，有利于提高劳动生产率，缩短工期。同时，可以促进施工技术与管理水平的提高。

1. 流水施工组织及其横道图表示

在合理确定流水参数的基础上，流水施工组织可以通过图表的形式表示出来。

（1）流水施工参数及流水组织

流水参施工数是在组织流水施工时，用以表达流水施工在工艺流程、空间布置与时间排列等方面的特征和各种数量关系的参数。流水参数主要包括工艺参数、空间参数与时间参数三大类。

1）工艺参数

流水施工过程中的工艺参数主要指施工过程和流水强度。

施工过程是指在组织流水施工时，根据建造工艺，将施工项目的整个建造过程进行分解后，对其组织流水施工的工艺对象。施工过程的单位可大可小，可以是分项工程，也可以是分部工程，甚至是单位工程。施工过程单位的确定需要考虑组织流水施工的建造对象的大小及流水施工组织的粗细程度。施工过程的数量一般以 n 表示。

2）空间参数

流水施工过程中的空间参数主要包括工作面、施工段与施工层。

①工作面

某专业工种的工人在从事建筑产品施工生产过程中，所必须具备的活动空间，这个活动空间称为工作面。它的大小是根据相应工种单位时间内的产量定额、工程操作规程和安全规程等的要求确定的。

②施工段

划分施工段的目的是使各施工队（组）的劳动力能正常进行流水连续作业，不至于出现停歇现象。合理的流水段划分可以给施工管理带来很大的效益，如节省劳动力，节省工具设备，工序搭接紧凑，可充分利用空间及时间。施工段一般以 m 表示。

划分施工段的原则：

a）同一施工过程在各流水段上的工作量（工程量）大致相等，其相差幅度不宜超过10％～15％，以保证各施工班组连续、均衡地施工。

b）为了充分发挥工人、主导机械的效率，每个施工段要有足够的工作面，使其所容纳的劳动力人数或机械台数能满足合理的劳动组织要求。

c）结合建筑物的外形轮廓、变形缝的位置和单元尺寸划分流水段。

d）当流水施工有空间关系（分段又分层）时，对同一施工层，应使最少流水段数大于或等于主要施工过程数。

③施工层

施工层是指为满足竖向流水施工的需要，在建筑物垂直方向上划分的施工区段，常用 j 表示。施工层的划分，要按施工项目的具体情况，根据建筑物的高度、楼层来确定。

3）时间参数

流水施工过程中的时间参数主要包括流水节拍、流水步距与间歇时间等。

①流水节拍

流水节拍是指在组织流水施工时，施工过程的工作班组在一个流水段上的作业时间。流水节拍的大小，直接关系到投入劳动力、机械和材料量的多少，决定着施工速度和施工的节奏，因此必须正确、合理地确定各个施工过程的流水节拍。流水节拍一般用符号 t 表示。

流水节拍 t 一般可按以下公式确定，即

$$t_i = P_i/(R_iB) = Q_i/(S_iR_iN_i) \tag{15-1}$$

或

$$t_i = P_i/(R_iN_i) = Q_iH_i/(R_iN_i) \tag{15-2}$$

式中　t_i——施工过程 i 的流水节拍；

　　　P_i——施工过程 i 在一个施工段上所需完成的劳动量（工日数）或机械台班量（台班数）；

　　　R_i——施工过程 i 的施工班组人数或机械台数；

　　　N_i——每天专业队的工作班数；

　　　Q_i——施工过程 i 在某施工段上的工程量；

　　　S_i——施工过程 i 的每工日（或每台班）产量定额；

　　　H_i——施工过程 i 相应的时间定额。

式（15-1）与（15-2）是根据现有施工班组人数或机械台数以及能够达到的定额水平来确定流水节拍的。在工期规定的情况下，也可以根据工期要求先确定流水节拍，然后应用上式求出所需的施工班组人数或机械台数。可见，在一个施工段上的工程量不变的情况下，流水节拍越小，所需施工班组人数和机械设备台数就越多。

确定流水节拍时应注意以下问题：

a）劳动组织应符合实际情况，流水节拍的取值必须考虑专业队（组）组织方面的限制和要求。

b）要考虑工作面的大小，以保证施工效率和安全。

c）要考虑机械台班效率或机械台班产量的大小。在流水段确定的条件下，流水节拍愈小，单位时间内机械设备的施工负荷愈大。

d）施工过程本身在操作上的时间限制及施工技术条件的要求应相符。

e）要考虑各种材料、构件的施工现场堆放量、供应能力及其他有关条件的制约。

f）主导施工过程流水节拍应尽可能安排成有节奏（即等节拍）的施工。

②流水步距

流水步距是指组织流水施工时，前后两个相邻的施工过程（或专业工作队）先后开工的时间间隔。在流水施工段一定的条件下，流水步距越小，即相邻两施工过程平行搭接较多时，则工期短；流水步距越大，即相邻两施工过程平行搭接较少时，则工期长。施工过程 i 与施工过程 $i+1$ 之间的流水步距一般用符号 K_i，$i+1$ 表示。

确定流水步距时应注意以下问题：

a）施工工作面是否允许。

b）施工顺序的合理性。

c）技术间歇的合理性。

d）合同工期的要求。

e）施工劳动力、机械和材料使用的均衡性。

③间歇时间

间歇时间指两个相邻的施工过程之间，由于工艺或组织上的要求而形成的停歇时间，

包括技术间歇时间、层间间歇时间和组织间歇时间。间歇时间一般以 Z 表示。

在确定上述主要流水参数的基础上，在组织流水施工时，还需要注意以下方法要点：

a) 划分分部（分项）工程，每个施工过程组织独立的施工班组负责完成其施工任务。

b) 根据施工段的划分原则确定施工段。

c) 每个施工过程的施工班组，按施工工艺的先后顺序要求，配备必要的施工机具，各自依次、连续地以均衡的施工速度从第一个施工段转移到下一个施工段，直到最后一个施工段，在各段上完成本施工过程的相同施工操作。

d) 主导施工过程必须连续、均衡施工，工程量小的、时间短的施工过程可合并，或可间断施工。

表示流水施工的图表主要有两大类：第一类是线条图，第二类是网络图。

（2）流水施工的横道图表示

工程施工的流水组织可以通过线条图来表示，线条图又分为两种类型：横道图表与垂直图表。其中，横道图表使用最为广泛。横道图表的示意图如图 15-1 所示。

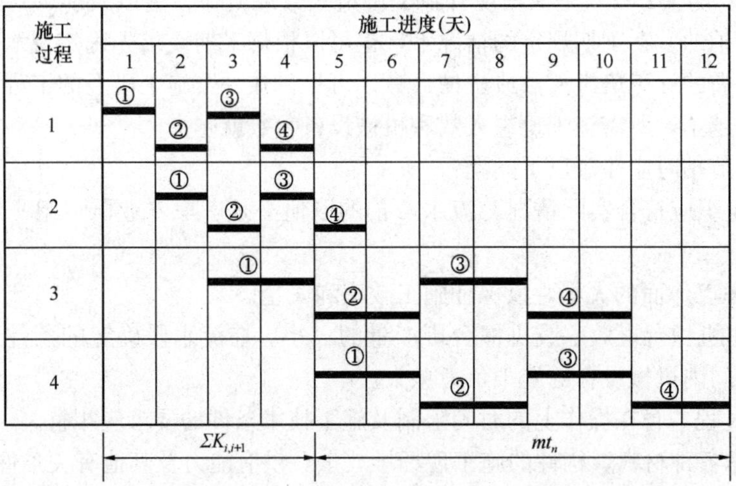

施工过程	施工进度(天)											
	1	2	3	4	5	6	7	8	9	10	11	12
1	①	②	③	④								
2		①	②	③	④							
3			①	②		③		④				
4					①	②		③		④		

图 15-1　流水施工的横道图表示其工期构成示意图

横道图表的水平方向表示工程施工的持续时间，其时间单位可大可小（如季度、月、周或天），需要根据施工工期的长短加以确定；垂直方向表示工程施工的施工过程（专业队名称）。横道图中每一条横道的长度表示流水施工的流水节拍，横道上方的数字为施工段的编号。

流水施工工期计算的一般公式为

$$T = \sum K_{i,i+1} + mt_n \qquad (15\text{-}3)$$

式中　T——流水施工的工期；

$K_{i,i+1}$——施工过程 i 与施工过程 $i+1$ 之间的流水步距；

m——施工段；

t_n——最后一个施工过程的流水节拍。

2. 等节拍专业流水施工

等节拍专业流水施工是指所有的施工过程在各施工段上的流水节拍全部相等，并且等于流水步距的一种流水施工。

等节拍流水一般适用于工程规模较小、建筑结构比较简单和施工过程不多的建筑物。常用于组织一个分部工程的流水施工。节拍流水施工的组织方法是：首先分理施工过程，确定施工顺序，应将劳动量小的施工过程合并到相邻施工过程中去，以使各流水节拍相等；其次确定主要施工过程的施工班组人数及其组成。

等节拍专业流水又分为无间歇时间的等节拍专业流水与有间歇时间的等节拍专业流水两种。

（1）无间歇时间的等节拍专业流水

所谓无间歇时间的等节拍专业流水，是指各个施工过程之间没有技术间歇时间或组织间歇时间的等节拍专业流水。

组织无间歇时间的等节拍专业流水时，当流水施工有空间关系（分段又分层）时，最理想的情况是施工段数等于施工过程数，这样既能保证各个施工过程连续作业，同时施工段也没有空闲；当流水施工只分段不分层时，则施工段数与施工过程数之间无此规定。

无间歇时间的等节拍专业流水的施工工期计算公式推导如下：

1）分段不分层时

$$T = \sum K_{i,i+1} + mt$$
$$= (n-1) \times K + mt$$
$$= (n+m-1)K \tag{15-4}$$

或
$$T = (n+m-1)t \tag{15-5}$$

式中　n——施工过程数。

其余符号含义同式（15-3）。

2）分段又分层时

$$T = \sum K_{i,i+1} + m \times j \times t$$
$$= (n-1)K + m \times j \times t$$
$$= (n+m \times j-1)K \tag{15-6}$$

或
$$T = (n+m \times j-1)t \tag{15-7}$$

式中　j——施工层数。

其余各符号含义同式（15-3）。

（2）有间歇时间的等节拍专业流水

所谓有间歇时间的等节拍专业流水，指施工过程之间存在技术间歇时间或组织间歇时间的等节拍专业流水。

组织有间歇时间的等节拍专业流水时，当流水施工有空间关系（分段又分层）时，施工段数应当大于施工过程数，这样既能保证各个施工过程连续作业，同时施工段有空闲；当流水施工只分段不分层时，则施工段数与施工过程数之间无此规定。

$$m = n + (\sum Z_1 + Z_2)/K \tag{15-8}$$

式中 $\sum Z_1$——一个楼层内的技术间歇时间与组织间歇时间之和；

Z_2——楼层间的技术间歇时间与组织间歇时间之和；

有间歇时间的等节拍专业流水的施工工期计算公式推导如下：

1）分段不分层时

$$T = \sum K_{i,i+1} + mt + \sum Z_{i,i+1}$$
$$= (n-1)K + mt + \sum Z_{i,i+1}$$
$$= (n+m-1)K + \sum Z_{i,i+1} \tag{15-9}$$

或 $$T = (n+m-1)t + \sum Z_{i,i+1} \tag{15-10}$$

式中 $\sum Z_{i,i+1}$——两施工过程之间的技术与组织间歇时间之和。

其余符号含义同式（15-3）。

2）分段又分层时

$$T = \sum K_{i,i+1} + m \times j \times t + \sum Z_1$$
$$= (n-1)K + m \times j \times t + \sum Z_1$$
$$= (n+m \times j -1)K + \sum Z_1 \tag{15-11}$$

或 $$T = (n+m \times j -1)t + \sum Z_1 \tag{15-12}$$

式中 $\sum Z_1$——楼层内的间歇时间之和；

其余符号含义同式（15-3）。

3. 成倍节拍流水施工

成倍节拍流水施工指同一施工过程在各施工段上的流水节拍相等，而不同的施工过程在同一施工段上的流水节拍不全相等，而成倍数关系的施工组织方法。成倍节拍流水施工又分为一般成倍节拍流水施工与加快成倍节拍流水施工两种。以下成倍节拍流水施工的内容暂不考虑层间流水，有层间流水的成倍节拍流水施工原理同等节拍专业流水施工。

（1）一般成倍节拍流水施工

一般成倍节拍流水施工指根据各个施工过程的流水节拍来组织流水施工，而不通过增加班组数来加快流水施工的组织方式。一般成倍节拍流水施工的组织关键是确定流水施工的流水步距。成倍节拍流水施工流水步距的确定方法有多种，本书介绍图上分析法。

为了组织连续的流水施工，图上分析法确定流水步距的原理如下：

1）若某一施工过程的流水节拍小于等于其紧后施工过程的流水节拍，即该施工过程比其紧后的施工过程快，则该施工过程只需在一个施工段完成作业后，其紧后工作便可以投入施工。其公式表示为

$t_i \leqslant t_{i+1}$ 时，　　　　　　　　$K_{i,i+1} = t_i$ 　　　　　　　　(15-13)

各符号含义同式（15-3）。

2）若某一施工过程的流水节拍大于其紧后施工过程的流水节拍，即该施工过程比其紧后的施工过程慢，为了保证紧后工作的连续施工，需要通过最后一个施工段加以控制

其公式表示为

当 $t_i > t_{i+1}$ 时，　　　　　　$K_{i,i+1} = mt_i - (m-1)t_{i+1}$ 　　　　　(15-14)

各符号含义同式（15-3）。

（2）加快成倍节拍流水施工

加快成倍节拍流水施工指通过增加施工过程班组数的方法来达到缩短工期的目的。具体方法如下：

1）确定加快成倍节拍流水施工的流水节拍。

加快成倍节拍流水施工的流水节拍取各个施工过程流水节拍的最大公约数，一般以 t_0 表示。

2）确定各施工过程工作队的班组数。

各施工过程工作队的班组数（一般以 n_i 表示）通过以下公式确定，即

$$n_i = t_i/t_0 \tag{15-15}$$

加快成倍节拍流水相当于在施工班组之间组织等步距流水，流水步距（一般以 K_0 表示）等于加快成倍节拍流水施工的流水节拍，即

$$K_0 = t_0 \tag{15-16}$$

3）计算加快成倍节拍流水的工期。

加快成倍节拍专业流水的工期通过以下公式计算，即

$$T = (\Sigma n_i - 1)K_0 + mt_0$$
$$= (m + \Sigma n_i - 1)t_0 \tag{15-17}$$

4）绘制横道图。

加快成倍节拍流水施工横道图中增加了工作班组一列，各个班组之间以相同的流水步距进行等步距流水施工。

4. 无节奏专业流水施工

在实际工程施工中，有时由于各施工段的工程量不等，各施工班组的施工人数又不同，各专业班组的劳动生产率差异也较大，使同一施工过程在各施工段上或各施工过程在同一施工段上的流水节拍无规律性。这时，若组织全等节拍或成倍节拍专业流水施工均有困难，则只能组织无节奏专业流水施工。

无节奏专业流水施工是指同一施工过程在各施工段上的流水节拍不全相等，各施工过程在同一施工段上的流水节拍也不全相等、也不全成倍数关系的流水施工方式。组织无节奏专业流水施工的基本要求是：各施工班组尽可能依次在施工段上连续施工，允许有些施工段出现空闲，但不允许多个施工班组在同一施工段交叉作业，更不允许发生工艺顺序颠倒现象。

15.3 施工项目进度控制

15.3.1 概念

施工项目进度控制是指在既定的工期内，编制出最优的施工进度计划，在执行该计划的施工中，经常检查施工实际进度情况，并将其与计划进度相比较。如有偏差，则分析产生偏差的原因，采取补救措施或调整、修改原计划，直至工程竣工。进度控制的最终目的是确保项目施工目标的实现，施工进度控制的总目标是建设工期。见图 15-2。

××××酒店施工进度计划横道图

2013-7-20

楼层划分	工序编号	(子)分项工程	工期	开始时间	完成时间	2013年8月 / 2013年9月 / 2013年10月 / 2013年11月 横道图
一层大堂、餐厅、厨房	(1)	吊筋、吊顶龙骨安装	25天	8月1日	8月25日	
	(2)	吊顶石膏板及其他饰面封板	30天	8月26日	9月25日	
	(3)	墙柱龙骨、钢骨架安装	25天	8月10日	9月5日	
	(4)	墙柱面饰面板安装	30天	9月6日	10月5日	
	(5)	墙柱面砖、石材干挂	30天	9月6日	10月5日	
	(6)	地面找平及防水	10天	8月25日	9月5日	
	(7)	地面砖、石材铺贴	30天	9月6日	10月5日	
	(8)	成品门及门套制安	20天	9月21日	10月10日	
	(9)	服务台及柜子制安	25天	9月21日	10月15日	
	(10)	楼梯栏杆、踏步制安	20天	9月1日	9月20日	
	(11)	墙顶面批灰、打磨	20天	9月15日	10月5日	
	(12)	墙顶面乳胶漆、墙纸裱糊	30天	10月6日	11月5日	
	(13)	镜面玻璃及玻璃门安装	15天	10月10日	10月25日	
	(14)	卫生间隔断、洗漱台安装	15天	10月13日	10月28日	
	(15)	五金件安装	10天	10月28日	11月8日	
	(16)	地毯铺设	15天	10月28日	11月13日	

图15-2 某酒店施工进度计划横道图

工程施工的进度，受许多因素的影响，需要事先对影响进度的各种因素进行调查分析，预测它们对进度可能产生的影响，编制科学合理的进度计划，指导建设工作按计划进行。然后根据动态控制原理，不断进行检查，将实际情况与计划安排进行对比，找出偏离计划的原因，采取相应的措施，对进度进行调整或修正，再按新的计划实施，这样不断地计划、执行、检查、分析和调整计划的动态循环过程，就是进度控制。进度控制的主要环节包括进度检查、进度分析和进度的调整等。

15.3.2 影响施工项目进度的因素

由于施工项目具有规模大、周期长、参与单位多等特点，因而影响进度的因素很多。从产生的根源来看，主要来源于业主及上级机构、设计监理、施工及供货单位、政府、建设部门、有关协作单位和社会等。归纳起来，这些因素包括以下几方面：

（1）人的干扰因素。

（2）材料、机具和设备干扰因素。

（3）地基干扰因素。

（4）资金干扰因素。

（5）环境干扰因素。

受以上因素影响，工程会产生延期和延误。工程延误是指由于承包商自身的原因造成工期延长，损失由承包商自己承担，同时业主还有权对承包商违约误期罚款。工程延期是指由于承包商以外的原因造成的工期延长，经监理工程师批准的工程延期。所延长的时间属于合同工期的一部分，承包商不仅有权要求延长工期，而且还有向业主提出赔偿的要求。

15.3.3 施工项目进度控制的方法和措施

1. 施工项目进度控制的主要方法

（1）行政方法

用行政方法控制进度，是指上级单位及上级领导人、本单位领导人，利用其行政地位和权力，发布进度指令，进行指导、协调和考核，利用激励手段（奖、罚、表扬、批评）、监督和督促等方式进行进度控制。

使用行政方法进行进度控制，优点是直接、迅速和有效，但应当注意其科学性，防止武断、主观和片面。

行政方法应结合政府监理开展工作，多一些指导，少一些指令。

行政方法控制进度的重点应是进度控制目标的决策或指导，在实施中应尽量让实施者自行控制，尽量少进行行政干预。

（2）经济方法

所谓进度控制经济方法，是指用经济类的手段对进度控制进行影响和制约。

在承发包合同中，要有有关工期和进度的条款。建设单位可以通过工期提前奖励和延期罚款实施进度控制，也可以通过物资的供应数量和进度实施进行控制。

施工企业内部也可以通过奖励或惩罚经济手段进行施工项目的进度控制。

（3）管理技术方法

进度控制的管理技术方法是指通过各种计划的编制、优化、实施和调整从而实现进度控制的方法，主要包括：流水作业方法、科学排序方法、网络计划方法、滚动计划方法和电子计算机辅助进度管理等。

2. 施工项目进度控制的措施

进度控制的措施包括组织措施、技术措施、经济措施和合同措施等。

（1）组织措施

进度控制的组织措施主要包括：

①建立进度控制小组，将进度控制任务落实到个人。

②建立进度报告制度和进度信息沟通网络。

③建立进度协调会议制度。

④建立进度计划审核制度。

⑤建立进度控制检查制度和调整制度。

⑥建立进度控制分析制度。

⑦建立图纸审查、及时办理工程变更和设计变更手续的措施。

（2）技术措施

进度控制的技术措施主要包括：

①采用多级网络计划技术和其他先进适用的计划技术。

②组织流水作业，保证作业连续、均衡、有节奏。

③缩短作业时间，减少技术间歇。

④采用电子计算机控制进度的措施。

⑤采用先进高效的技术和设备。

（3）经济措施

进度控制的经济措施主要包括：

①对工期缩短给予奖励。

②对应急赶工给予优厚的赶工费。

③对拖延工期给予罚款、收赔偿金。

④提供资金、设备、材料和加工订货等供应保证措施。

⑤及时办理预付款及工程进度款支付手续。

⑥加强索赔管理。

（4）合同措施

进度控制的合同措施包括：

①加强合同管理，加强组织、指挥和协调，以保证合同进度目标的实现。

②严格控制合同变更，对各方提出的工程变更和设计变更，经监理工程师严格审查后补进合同文件。

③强风险管理，在合同中要充分考虑风险因素及其对进度的影响和处理办法等。

15.3.4 施工项目进度控制的内容

施工阶段是工程实体的形成阶段，对施工阶段进度进行控制是整个工程项目建设进度控制的重点。做好施工进度计划与项目建设总进度计划的衔接，跟踪检查施工进度计划的执行情况，在必要时对施工进度计划进行调整，对于控制工程建设进度总目标的实现具有重要的意义。

1. 施工阶段进度控制目标的确定

施工项目进度控制系统是一个有机的大系统，从目标上来看，它是由进度控制总目标、分目标和阶段目标组成；从进度控制计划上来看，它由项目总进度控制计划、单位工程进度计划和相应的设计、资源供应、资金供应和投产动用等计划组成。

（1）施工进度控制目标及其分解

保证工程项目按期建成交付是施工阶段进度控制的最终目标。为了有效控制施工进度，完成进度控制总目标，首先要从不同角度对施工进度总目标进行层层分解，形成施工进度控制目标网络体系，并以此作为实施进度控制的依据，展开进度控制计划。

（2）施工进度控制目标的确定

为了提高进度计划的预见性和增强进度控制的主动性，在确定施工进度控制目标时，必须全面细致地分析与工程项目进度有关的各种有利和不利因素。只有这样，才能制定出一个科学、合理的进度控制目标。

确定施工进度控制目标的主要因素有：工程建设总进度对工期的要求；工期定额；类似工程项目的进度；工程难易程度和工程条件。在进行施工进度分解目标时，还要考虑以下因素。

①对于大型工程建设项目，应根据工期总目标对项目的要求集中力量分期分批建设，以便尽早投入使用，尽快发挥投资效益。

②结合本工程的特点，参考同类工程建设的建设经验确定施工进度目标。避免片面按主观愿望盲目确定进度目标，造成项目实施过程中进度的失控。

③做好资金供应、施工力量配备、物资（材料、构配件和设备）供应与施工进度需要的平衡工作，确保工程进度目标的要求不落空。

④考虑外部协作条件的配合情况。了解施工过程中及项目竣工动用所需的水、电气、通讯、道路及其他社会服务项目的满足程序和满足时间。确保它们与有关项目的进度目标相协调。

⑤考虑工程项目所在地区地形、地质、水文和气象等方面的限制条件。

2. 施工阶段进度控制的内容

施工项目进度控制是一个不断变化的动态控制的过程，也是一个循环进行的过程。它是指在限定的工期内，编制出最佳的施工进度计划，在执行该计划的施工过程中，经常将实际进度与计划进度进行比较，分析偏差，并采取必要的补救措施和调整、修改原计划，如此不断循环，直至工程竣工验收为止。

施工项目的进度控制主要包括以下内容。

（1）根据合同工期目标，编制施工准备工作计划、施工方案、项目施工总进度计划和单位工程施工进度计划，以确定工作内容、工作顺序、起止时间和衔接关系，为实施进度控制提供相关依据。

（2）编制月（旬）作业计划和施工任务书，做好进度记录以掌握施工实际情况，加强调度工作以促成进度的动态平衡，从而使进度计划的实施取得显著成效。

（3）采用实际进度与计划进度相对比的方法，把定期检查与应急检查相结合，对进度实施跟踪控制。实行进度控制报告制度，在每次检查之后，写出进度控制报告，提供给建设单位、监理单位和企业领导作为进度纠偏提供依据，为日后更好地进行进度控制提供参考。

（4）监督并协助分包单位实施其承包范围内的进度控制。

（5）对项目及阶段进度控制目标的完成情况、进度控制中的经验和问题作出总结分析，积累进度控制信息，促进进度控制水平不断提高。

（6）接受监理单位的施工进度控制监理。

进度控制的循环过程如图 15-3 所示。

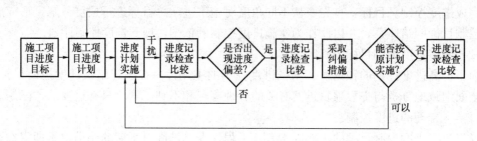

图 15-3　进度控制的循环过程

15.3.5　进度计划实施中的监测与分析

在工程施工过程中，由于外部环境和条件的变化，很难事先对项目实施过程中可能出现的所有问题进行全面的估计。气候变化、意外事故以及其他条件的变化都会对工程进度计划的实施产生影响，造成实际进度与计划进度的偏差。如果这种偏差得不到及时纠正，势必会影响到进度总目标的实现。为此，在施工进度计划的实施过程中，必须采取系统有效的进度控制措施，形成健全的进度报告采集制度收集进度控制数据，采取有效的监测手段来发现问题，并运用行之有效的进度调整方法来解决问题。

1. 进度监测

在工程项目的实施过程中，项目管理者必须经常地、定期地对进度的执行情况进行跟踪检查，发现问题，应及时采取有效措施加以解决。

施工进度的监测不仅是进度计划实施情况信息的主要来源，还是分析问题、采取措施和调整计划的依据。施工进度的监督是保证进度计划顺利实现的有效手段。因此，在施工进程中，应经常地、定期地跟踪监测施工实际进度情况，并切实做好监督工作。主要包括以下几方面的工作。

（1）进度计划执行中的跟踪检查

跟踪检查施工实际进度是分析施工进度、调整施工进度的前提。其目的是收集实际施工进度的有关数据。

跟踪检查的主要工作是定期收集反映实际工程进度的有关数据。收集的方式：一是以报表的方式，二是进行现场实地检查。收集的进度数据如果不完整或不正确将导致不全面或不正确的决策，从而影响总体进度目标的实现。跟踪监测的时间、方式、内容和收集数据的质量，将直接影响控制工作的质量和效果。

1）监测的时间

监测的时间与施工项目的类型、规模、施工条件和对进度执行要求程度有关，通常分两类：一类是日常监测，另一类是定期监测。定期监测一般与计划的周期和召开现场会议的周期相一致，可视工程的情况，每月、每半月、每旬或每周监测一次。当施工中的某一阶段出现不利的进度信息，监测的间隔时间可相应缩短。日常监测是常驻现场的管理人员每日进行的监测，监测结果通常采用施工记录和施工日志的方法记载下来。

2）监测的方式

监测和收集资料的方式：

①经常地、定期地收集进度报表资料。

②定期召开进度工作汇报会。

③派人员常驻现场，监测进度的实际执行情况。

为了保证汇报资料的准确性，进度控制的工作人员要经常到现场察看施工项目的实际进度情况。

3）监测的内容

施工进度计划监测的内容是在进度计划执行记录的基础上，将实际执行结果与原计划的进度要求进行比较，比较的内容包括开始时间、结束时间、持续时间、逻辑关系、实物量或工作量、总工期、网络计划的关键线路及时差利用等。

（2）整理、统计和分析收集的数据

收集的数据要及时进行整理、统计和分析，形成与计划具有可比性的数据资料。例如根据本期检查实际完成量确定累计完成的量、本期完成的百分比和累计完成的百分比等数据资料。

对于收集到的施工实际进度数据，要进行必要的分析整理，按计划控制的工作项目内容进行统计，以相同的量纲和形象进度，形成与计划进度具有可比性的数据系统。一般可以按实物工程量、工作量和劳动消耗量以及累计百分比等整理和统计实际监测的数据，以便与相应的计划完成量对比分析。

（3）对比分析实际进度与计划进度

对比分析实际进度与计划进度主要是将实际的数据与计划的数据进行比较，如将实际累计完成量、实际累计完成百分比与计划累计完成量、计划累计完成百分比进行比较。通常可利用表格形成各种进度比较报表或直接绘制比较图形来直观地反映实际与计划的偏差。通过比较判断实际进度比计划进度拖后、超前还是与计划进度一致。

将收集的资料整理和统计成与计划进度具有可比性的数据后，用实际进度与计划进度的比较方法进行比较分析。可采用的比较通常有：横道图比较法、S型曲线比较法、"香蕉"型曲线比较法及前锋线比较法等。通过比较，得出实际进度与计划进度是一致、超前还是拖后，以便为决策提供依据。

（4）编制进度控制报告

进度控制报告是把监测比较的结果，以及有关施工进度现状和发展趋势的情况，以最简练的书面报告形式提供给项目经理及各级业务职能负责人。承包单位的进度控制报告应提交给监理工程师，作为其控制进度、核发进度款的依据。

（5）施工进度监测结果的处理

通过监测分析，如果进度偏差比较小，应在分析其产生原因的基础上采取有效控制和纠偏措施，解决矛盾，排除障碍，继续执行原进度计划。如果经过努力，确实不能按原计划实现时，再考虑对原计划进行必要的调整。如适当延长工期，或改变施工速度等。计划的调整一般是不可避免的，但应当慎重，尽量减少对计划的调整。

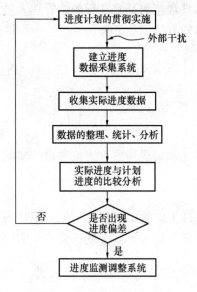

图 15-4　项目进度监测过程

项目进度监测过程见图 15-4。

2. 实际进度与计划进度的比较方法

（1）横道图比较法

横道图比较法是指将在项目实施中检查实际进度收集的信息，经整理后直接用横道线并标于原计划的横道线处，进行直观比较的方法。通过这种简单而直观的比较，为进度控制者提供了实际进度与计划进度之间的偏差，为采取调整措施提供了明确的证据。

完成任务量可以用实物工程量、劳动消耗量和工作量三种量来表示，为了比较方便，一般用它们实际完成量的累计百分比与计划应完成量的累计百分比进行比较。

根据工程项目实施中各项工作的速度，以及进度控制要求和提供的进度信息的不同，可以采用以下几种方法。

1）匀速进展横道图比较法

匀速进展是指工程项目中每项工作的实际进展进度都是均匀的，即在单位时间内完成的任务都是相等的。

其比较方法的步骤如下：

①编制横道图进度计划。

②在进度计划上标出检查日期。

③将检查收集的实际进度数据，按比例用涂黑的粗线标于计划进度线的下方，如图 15-5 所示。

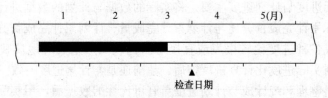

图 15-5　均匀施工横道图比较图

④比较分析实际进度与计划进度。

a）涂黑粗线右端与检查日期重合，表明实际进度与计划进度相一致。

b）涂黑的粗线右端在检查日期左侧，表明实际进度比计划进度拖后。

c）涂黑的粗线右端在检查日期右侧，表明实际进度比计划进度超前。

2）双比例单侧横道图比较法

双比例单侧横道图比较法是适用于工作的进度按变速进展的情况下，实际进度与计划进度进行比较的一种方法。该方法在表示工作实际进度的涂黑粗线同时，并标出其对应时刻完成任务的累计百分比，将该百分比与其同时刻计划完成任务的累计百分比相比较，从而判断工作的实际进度与计划进度之间的关系。

比较方法的步骤如下：

①编制横道图进度计划。

②在横道线上方标出各主要时间工作的计划完成任务累计百分比。

③在横道线下方标出相应日期工作的实际完成任务累计百分比。

④用涂黑粗线标出实际进度线，由开工日标起，同时反映出实际过程中的连续与间断情况。

⑤对照横道线上方计划完成任务累计量与同时刻的下方实际完成任务累计量，比较出实际进度与计划进度之间的偏差。

a）同一时刻上下两个累计百分比相等，表明实际进度与计划进度一致。

b）同一时刻上面的累计百分比大于下面的累计百分比，表明该时刻实际进度比计划进度拖后，拖后的量为两者之差。

c）同一时刻上面的累计百分比小于下面的累计百分比，表明该时刻实际进度比计划进度超前，超前的量为两者之差。

这种比较法，不仅适合于进展速度是变化情况下的进度比较，同样，除标出检查日期进度比较情况外，还能提供某一指定时间两者比较的信息。当然，这是在实施部门按规定的时间记录当时的任务完成情况的前提下。

从图 15-6 中可以看出，实际开始时间比计划时间晚一段时间，进程中连续工作，在检查日工作是超前的，第一天比实际进度超前 1%，以后各天分别为 2%、2%、5%。

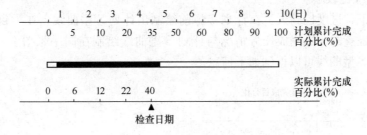

图 15-6 双比例单侧横道图

但是，横道图的使用是有局限性的。一是当工作内容划分较多时，进度计划的绘制比较复杂；二是各工作之间的逻辑关系不能明确表达，因而不便于抓住主要矛盾；三是当某项工作的时间发生变化时，难于借此对后续工作以及整个进度计划的影响进行预测。因此，横道图作为进度控制的工具，在某种程度上有一定的局限性。

（2）S 型曲线比较法

S 型曲线比较法是先以横坐标表示进度时间，纵坐标表示累计完成任务量，绘制出一条按计划时间累计完成任务量的 S 型曲线，然后将工程项目的各检查时间实际完成的任务量也绘制在 S 型曲线上，进行实际进度与计划进度比较的一种方法。在工程项目的进展全过程中，一般是开始和收尾时单位时间投入的资源量较少，中间阶段单位时间投入的资源量较多，所以与其相对应的单位时间完成的任务量也是呈相同趋势的变化。

1）S 型曲线绘制方法

①确定工程进展速度曲线。

根据单位时间内完成的实物工程量、投入的劳动力或费用，计算出各单位时间计划完成的任务量 q_i，如图 15-7（a）所示。

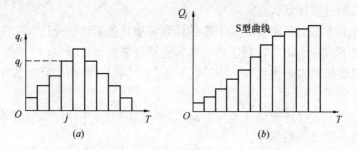

图 15-7　实际工程中时间与完成任务量关系曲线

②计算规定时间 i 累计完成的任务量。

将各单位时间完成的任务量累加求和，即可求出 j 时间累计完成的任务量 Q_j，即

$$Q_j = \sum Q_{ji} = 1 q_i \qquad (15\text{-}18)$$

式中　Q_j——j 时刻时计划累计完成的任务量；

　　　q_i——单位时间内计划完成的任务量。

③制 S 型曲线。

按各规定的时间 j 及其对应的累计完成任务量 Q_j 绘制 S 型曲线，如图 15-7（b）所示。

2）S 型曲线比较法

一般情况下，进度控制人员在计划实施前绘制出计划 S 型曲线，在项目实施过程中，按规定时间将检查的实际完成任务情况与计划 S 型曲线绘制在同一张图上，如图 15-8 所示。比较两条 S 型曲线可以得到如下信息。

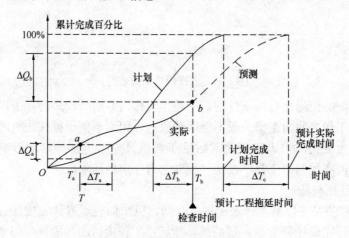

图 15-8　S 型曲线比较图

①工程项目实际进度与计划进度比较情况。

实际进度点落在计划 S 型曲线左侧，表示此时实际进度比计划进度超前；若刚好落在其上，则表示二者一致；若落在其右侧，则表示实际进度比计划进度拖后。

②工程项目实际进度比计划进度超前或拖后的时间。

如图 15-8 所示，ΔT_a 表示 T_a 时刻实际进度超前的时间；ΔT_b 表示 T_b 时刻实际进度拖后的时间。

③工程项目实际进度比计划进度超额或拖欠的任务量。

如图 15-8 所示，ΔQ_a 表示 T_a 时刻超额完成的任务量；ΔQ_b 表示在 T_b 时刻拖欠的任务量。

④预测工程进度。

后期工程按原计划速度进行，则工期拖延预测值为 ΔT_c。

（3）香蕉型曲线比较法

1）香蕉型曲线的绘制

香蕉型曲线是由两条 S 型曲线组合而成的闭合曲线。由 S 型曲线比较法可知，任一工程项目，其计划时间和累计完成任务量之间的关系，都可以用一条 S 型曲线表示。而在网络计划中，任一工程项目在理论上可以分为最早和最迟两种开始与完成时间。因此，任一工程项目的网络计划都可绘制出两条曲线：一条是以各项工作的计划最早开始时间安排进度绘制而成的 S 型曲线，称为 ES 曲线；另一条是以各项工作的计划最迟开始时间安排进度绘制而成的 S 型曲线，称为 LS 曲线。由于两条 S 型曲线都是从计划的开始时刻开始，在计划完成时刻结束，因此两条曲线是闭合的。一般情况下，ES 曲线上的其余时刻各点均应落在 LS 曲线相应点的左侧，形成一个形如香蕉的曲线，所以称为香蕉型曲线，如图 15-9 所示。

在项目的实施过程中，进度控制的理想状况是任一时刻按实际进度绘出的点应落在该香蕉型曲线的区域内，如图 15-9 中的实际进度线。

2）香蕉型曲线比较法的用途

①对进度进行合理安排。

②进行工程实际进度与计划进度的比较。

③确定在检查状态下后期工程的 ES 曲线与 LS 曲线的发展趋势。

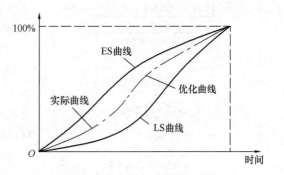

图 15-9　香蕉型曲线比较图

（4）前锋线比较法

当施工项目的进度计划用时标网络计划表达时，可采用实际进度前锋线法进行实际进度与计划进度的比较。

前锋线比较法是从检查时刻的时标点出发，自上而下地用直线段依次连接各项工作的实际进度点，最后到达计划检查时刻的时间刻度线为止，由此组成一条一般为折线的前锋线。通过比较前锋线与箭线交点的位置判定工程实际进度与计划进度的偏差。

用前锋线比较实际进度与计划进度，可反映出本检查日有关工作实际进度与计划进度的关系。其主要有以下三种情况。

①工作实际进度点位置与检查日时间坐标相同，则该工作实际进度与计划进度一致。

②工作实际进度点位置在检查日时间坐标右侧，则该工作实际进度比计划进度超前，超前天数为二者之差。

③工作实际进度点位置在检查日时间坐标左侧，则该工作实际进度比计划进度拖后，拖后天数为二者之差。

15.3.6　施工进度计划的调整

1. 概述

在项目进度监测过程中，一旦发现实际进度与计划进度不符，即出现进度偏差时，必须认真寻找产生进度偏差的原因，分析进度偏差对后续工作产生的影响，并采取必要的调整措施，以确保施工进度总目标的实现。

通过检查分析，如果发现原有施工进度计划不能适用实际情况时，为确保施工进度控制目标的实现或确定新的施工进展计划目标，需要对原有计划进行调整，并以调整后的计划作为施工进度控制的新依据。具体的过程如图 15-10 所示。

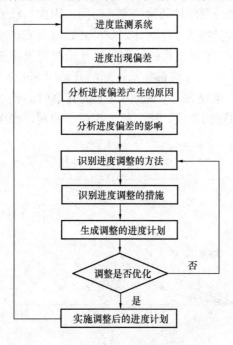

图 15-10　项目进度调整系统过程

2. 进度计划实施中的调整方法

先要分析偏差对后续工作及总工期的影响，根据对实际进度与计划进度的比较，能显示出实际进度与计划进度之间的偏差。当这种偏差影响到工期时，应及时对施工进度进行调整，以实现通过对进度的检查达到对进度控制的目的，保证预定工期目标的实现。偏差的大小及其所处的位置，对后续工作和总工期的影响程度是不同的。

用网络计划中总时差和自由时差的概念进行判断和分析，如分析出现进度偏差的工作是否为关键工作；分析进度偏差是否大于总时差；分析进度偏差是否大于自由时差。通过分析，可以确定需要调整的工作和调整偏差的大小，以便采取调整措施，获得符合实际进度情况和计划目标的新进度计划。

在对实施进度计划分析的基础上，确定调整原计划的方法主要有以下两种。

（1）改变某些工作的逻辑关系

通过以上分析比较，如果进度产生的偏差影响了总工期，并且有关工作之间的逻辑关系允许改变，可以改变关键线路和超过计划工期的非关键线路上的有关工作之间的逻辑关系，以达到缩短工期的目的。

这种方法不改变工作的持续时间，而只是改变某些工作的开始时间和完成时间。对于大中型建设项目，因其单位工程较多且相互制约比较少，可调整的幅度比较大，所以容易采用平行作业的方法来调整施工进度计划。而对于单位工程项目，由于受工作之间工艺关系的限制，可调整的幅度比较小，所以通常采用搭接作业的方法来调整施工进度计划。

（2）改变某些工作的持续时间

不改变工作之间的先后顺序关系，只是通过改变某些工作的持续时间来解决所产生的工期进度偏差，使施工进度加快，从而保证实现计划工期。但应注意，这些被压缩持续时间的工作应是位于因实际施工进度的拖延而引起总工期延长的关键线路和某些非关键线路上的工作，且这些工作又是可压缩持续时间的工作。具体措施如下：

1）组织措施：增加工作面，组织更多的施工队伍。增加每天的施工时间。增加劳动力和施工机械的数量。

2）技术措施：改进施工工艺和施工技术，缩短工艺技术间歇时间。采用更先进的施工方法，加快施工进度；用更先进的施工机械。

3）经济措施：实行包干激励，提高奖励金额。对所采取的技术措施给予相应的经济补偿。

4）其他配套措施：改善外部配合条件，改善劳动条件，实施强有力的调度等。

一般情况下，不管采取哪种措施，都会增加费用。因此，在调整施工进度计划时，应利用费用优化的原理选择费用增加最少的关键工作作为压缩对象。

第16章　施工项目成本管理

16.1　施工项目成本管理内容

16.1.1　施工项目成本管理任务

施工项目成本管理的工作内容包括成本预测、成本计划、成本控制、成本核算、成本分析和成本考核等。施工项目成本管理的基础是项目经理负责制，项目施工过程中，在保证工期和质量满足要求的情况下，利用组织措施、经济措施、技术措施、合同措施把成本控制在计划范围内，并进一步寻求最大程度的成本节约，运用"三控制二管理一协调"，即控制费用、控制质量、控制进度、管理合同、管理信息和组织协调。对所发生的各种成本信息通过有组织、有系统的预测、计划、控制、核算和分析等一系列工作，促使施工项目系统内各种要素按照一定的目标运行，使施工项目的实际成本能够控制在预定的计划成本范围内。

1. 施工项目成本预测

施工项目成本预测就是根据成本信息和施工项目的具体情况，运用一定的专门方法，对未来的成本水平及其可能发展趋势做出科学的估计，其实质就是在施工以前对成本进行预控。通过成本预测，可以使项目经理部在满足业主和施工企业要求的前提下，选择成本低、效益好的最佳成本方案，并能够在施工项目成本形成过程中，针对薄弱环节，加强成本控制，克服盲目性，提高预见性。因此，施工项目成本预测是施工项目成本决策与计划的依据。预测时，通常是对施工项目计划工期内影响其成本变化的各个因素进行分析，比照近期已完工施工项目或将完工施工项目的成本（单位成本），预测这些因素对工程成本中有关项目的影响程度，预测出工程的单位成本或总成本。

2. 施工项目成本计划

施工项目成本计划是以货币形式编制的施工项目在计划期内的生产费用、成本水平、成本降低率以及为降低成本所采取的主要措施和规划的书面方案，它是建立施工项目成本管理责任制、开展成本控制和核算的基础。一般来说，一个施工项目成本计划应包括从开工到竣工所必需的施工成本，它是该施工项目降低成本的指导文件，是建立目标成本的依据，可以说，成本计划是目标成本的一种形式。

3. 施工项目成本控制

施工项目成本控制是指在项目施工过程中，对影响施工项目成本的各种因素加强管理，并采取各种有效措施，将施工中实际发生的各种消耗和支出严格控制在成本计划范围内，严格审查各项费用是否符合标准，计算实际成本和计划成本（目标成本）之间的差异并进行分析，消除施工中的损失浪费现象，进一步有效地控制成本。

施工项目成本控制应贯穿于施工项目从投标阶段开始直到项目竣工验收的全过程，它是企业全面成本管理的重要环节。因此，必须明确各级管理组织和各级人员的责任和权限，这是成本控制的基础之一，必须给以足够的重视。

施工成本控制可分为事先控制、事中控制（过程控制）和事后控制。

一般方法有：

（1）以施工图预算、二算对比控制成本。

（2）以施工预算、二算对比控制人力资源和物质资源的消耗。

（3）建立材料、资源消耗台账，实行材料、资源消耗的中间控制。

（4）应用成本与进度同步跟踪的方法控制分部分项工程成本。

（5）建立项目月度财务收支计划制度，以用款计划控制成本费用支出。

（6）建立项目成本内审制度，控制成本费用支出。

（7）加强质量管理，控制质量成本。

（8）坚持现场管理标准化，堵塞浪费漏洞。

（9）定期开展"三同步"检查，防止项目成本盈亏异常。

（10）应用成本动态控制的方法——成本分析表法来控制项目成本。

4. 施工项目成本核算

施工项目成本的核算过程，实际上也是各项成本项目费用的归集和分配过程。成本归集是将计算出施工费用的实际发生额，并根据成本核算对象，采用适当的方法，计算出该施工项目的单位成本。而成本的分配是指将归集的间接成本分配给成本对象的过程，也称间接成本的分摊或分派。

（1）人工费核算：内包人工费，按月估算计入项目单位工程成本。外包人工费，按月凭项目经济员提供的"包清工工程款月度成本汇总表"预提计入项目单位工程成本。

（2）材料费核算：包括工程耗用的主材料、石材、木饰面、不锈钢、钢材、水泥、木材价差等核算。

（3）周转材料费核算。

（4）结构件费核算。

（5）机械使用费核算。

（6）其他直接费核算。

（7）施工间接费核算。

（8）分包工程成本核算。

5. 施工项目成本分析

施工项目成本分析是在成本形成过程中，对施工项目成本进行的对比评价和总结工作。它贯穿于施工成本管理的全过程，主要利用施工项目的成本核算资料，与计划成本、预算成本以及类似施工项目的实际成本等进行比较，了解成本的变动情况，同时也要分析主要技术经济指标对成本的影响，系统地研究成本变动原因，检查成本计划的合理性，深入揭示成本变动的规律，以寻求进一步降低成本的途径（包括项目成本中的有利偏差的挖潜和不利偏差的纠正），另一方面，通过成本分析，可从账簿、报表反映的成本现象看清成本的实质，从而增强项目成本的透明度和可控性，以便有效地进行成本管理。

影响施工项目成本变动的因素有两个方面，一是外部的属于市场经济的因素，二是内部的属于企业经营管理的因素。作为项目经理，应该了解这些因素，但应将施工项目成本分析的重点放在影响施工项目成本升降的内部因素上。

成本分析的基本方法包括：比较法、因素分析法、差额计算法和比率法。

由此可见，施工项目成本分析也是降低成本、提高项目经济效益的重要手段之一。

6. 施工项目成本考核

施工项目成本考核是指施工项目完成后，对施工项目成本形成中的各责任者，按施工项目成本目标（降低成本目标）责任制的有关规定，将成本的实际指标与计划、定额、预算进行对比和考核，评定施工项目成本计划的完成情况和各责任者的业绩，并以此给予相应的奖励和处罚。通过成本考核，做到有奖有惩，赏罚分明，才能有效地调动企业的每一个职工在各自的施工岗位上努力完成目标成本的积极性，为降低施工项目成本和增加企业的积累，做出自己的贡献。

16.1.2 施工项目成本管理中存在的主要问题及措施

建筑装饰企业在工程建设中实行项目成本管理是企业生存和发展的基础和核心，施工阶段的成本控制是建筑企业能否有效进行项目成本控制的关键，必须在组织和控制措施上给予高度的重视，应当从多方面采取措施实施管理，以期达到提高企业经济效益的目的。

1. 施工项目成本管理中存在的主要问题

随着建筑市场的不断发展，企业在市场开发、施工组织、财务核算等方面已不同于过去，加强成本管理是适应市场经济的需要。目前，施工企业项目成本管理中存在的问题主要有：

（1）项目成本管理制度不健全、不完善

在项目经营管理中，只有责、权、利相互结合，才能有效调动各方面的积极性，取得最佳的经济效益。目前，施工的项目成本管理中未能将这三者很好地结合，无科学公正的激励与约束机制，重奖轻罚的现象比较严重，无法充分调动工作人员的积极性。同时，未建立完善的成本分析制度，达不到成本管理的需要。

（2）施工项目材料管理混乱、无秩序

每完成一项施工任务，需花费大量的人工费、材料费和机械使用费，其中，材料费占总成本的70%左右，因此，在项目成本管理中，材料管理是重中之重，材料管理失控，就谈不上对工程项目成本管理。目前，施工企业为了加强材料管理，也制定了相应的管理制度，但实际执行中却不能严格遵照执行，采购材料因无计划，多买形成积压浪费的现象。同时，因缺乏科学的测算而少采购材料，不得不多次去购买，不仅失去了大宗采购压价的机会，增加了运输成本，也严重影响了正常施工。另外，部分采购人员不以材料价格、质量为采购依据，而是以材料商所给回扣高低作为购买条件，使材料管理困难重重。同时，在施工现场，材料堆放混乱无序，有效利用率很低。在领用材料时，无定额控制制度，随意发放材料，造成材料浪费现象十分严重。另外，在周转材料管理中，施工技术人员对所租用的材料不及时归还，白白支付了许多租赁费，增加了项目材料成本。

（3）忽视工程项目"工期成本"、"质量安全成本"的管理和控制

工期成本是施工企业为完成项目建设所需要的时间，一般来说，项目建设时间越长，工期成本就越大，反之，工期成本越小。工期成本与质量、安全成本相互关联、相互制约。一些施工企业未充分认识到质量、安全、工期和成本之间的关系，片面强调某方面而

忽略其他方面，都会造成整个项目施工顾此失彼，如片面强调工程质量，则经济效益不理想；施工组织不当，拖延工期违背合同约定就会承担违约责任；片面追求经济效益，盲目地赶工期要进度，无视质量、安全要求，将会导致工程质量不合格而返工，或者忽视安全造成人员伤亡的事故，给企业造成人员伤亡、财产损失、额外返工、保修等成本，严重影响了企业的经济和社会效益。

（4）项目技术人员管理素质低，达不到项目成本管理的需要

项目成本管理，要以部门成本预算开支为基础编制，因此，基础材料要求的准确性很高，同时，成本分析程序需要大量的数据、统计工作。这就要求施工人员有较高的综合素质，然而现有的建筑施工企业专业技术人员大多是从施工一线工人成长起来的，未经过专业学习，他们具有丰富的实践经验但缺乏系统的管理知识，无法很好地实施项目成本管理措施。

2. 施工项目成本管理的"四个原则"、"四个措施"

（1）施工阶段成本控制原则

1）全面控制原则：项目成本的全员控制和项目成本的全过程两个方面。施工项目成本是考核施工项目经济效益的综合性指标，它涉及与施工项目形成有关的各个部门，同时也与每个员工的切身利益有关。因此，在投标阶段，做好成本预测，签好合同；在中标以后的施工过程中，制定好成本计划和成本目标，并采取技术与经济相结合的有效手段，控制好事中成本；竣工验收阶段，要及时办理工程结算及追加的合同价款，做好两算对比成本的核算分析，使施工成本自始至终处于控制之下。

2）开源与节流相结合的原则：为了提高经济效益，主要途径是降低成本支出和增加预算收入两个方面。就是在成本控制中做到：每发生一笔金额较大的成本费用，都要核实有无与其相应的预算收入，是否支大于出，在经常性的分部分项工程成本核算和月度核算中，也要进行实际成本与预算收入的对比分析，以便从中探索成本节超的原因，纠正项目成本的不利偏差，提高项目成本的降低水平。

3）目标管理原则：目标管理是进行任何一项管理工作的基本方法和手段，成本控制也应遵循这一原则。即设定、分解目标的责任到位和执行检查目标的执行结果，评价和修正目标，从而形成管理的计划、实施、检查、处理循环。只有将成本控制于这样一个良性循环之中，成本目标才得以实现。

4）责、权、利相结合的原则：这是成本控制得以实现的重要保证。在成本控制过程中，项目经理及各专业管理人员都负有一定的责任，从而形成了整个项目成本控制的责任网络。企业领导对项目经理，项目经理对各部门在控制中的业绩要进行定期检查和考评，要与工资、奖金挂钩，做到奖罚分明。实践证明，只有责、权、利相结合，才能使成本控制真正落实到实处。

（2）施工阶段成本控制的有效途径

1）按照"量、价"分离原则，控制工程直接成本。

首先材料费的控制。材料的成本包括用量控制和价格控制两个方面。

材料用量控制：认真审核图纸，提前计算出工程量，各施工班组只能在规定限额内分批领用；改进施工技术，推广使用降低材料消耗的各种新技术、新工艺、新材料；认真计量验收，坚持余料回收，降低材料消耗水平；加强现场管理，合理堆放，减少搬运，降低

损耗。材料价格控制：通过市场行情的调查，在保质量的前提下，考虑资金权衡，控制运费，货比三家，择优选购。

其次是人工费的控制。在人工费控制方面：

①根据劳动定额计算出定额用工量，并将安全生产、文明施工及零星用工按一次比例包给领工员或班组，进行包干控制。

②通过现场讲解及培训来提高工人的技术水平和施工班组的施工管理水平，合理安排每天的工作计划，减少和避免无效劳动，提高劳动效率。

③机械费的控制。充分利用现有机械设备进行内部合理调度，力求提高主要机械的使用率，在设备选型配套中，注意一机多用，尽量减少设备维修养护人员的数量和设备零星配件的费用，从而达到成本的控制。

④质量控制。在施工过程中，要严把质量关，项目小组的人员要把自检工作贯彻到施工的整个过程中，建筑企业还应该定期对工程项目进行质量检测，做到工作一次合格，杜绝返工现象的发生，造成不必要的人力物力的浪费。

2）精简项目机构、合理配置项目部成员、降低间接成本。

按照组织设计原则，因事设职，因职选人，各司其职，各负其责，选配一专多能的复合型人才，组建项目部。

3）组织连续、均衡有节奏的施工，合理使用资源，降低工期成本。

在安排工期时，注意处理工期与成本的辩证统一关系，均衡有节奏地进行施工，以求在合理使用资源的前提下，保证工期，降低成本。

4）从"开源"原则出发，增加预算收入。

16.2　施工项目成本计划的编制

16.2.1　施工项目成本计划的编制依据及原则

施工项目成本计划的编制依据及原则包括：合同报价书；施工预算；施工组织设计或施工方案；人、料、机市场价格；材料指导价格；机械台班价格；周转设备内部租赁价格；摊销损耗标准。充分挖掘企业内部潜力，使降低成本指标既积极可靠，又切实可行。施工项目管理部门降低成本的潜力在于正确选择施工方案，合理组织施工；提高劳动生产率；改善材料供应，降低材料消耗，提高机械利用率，节约施工管理费用等。但要注意，不能为降低成本而偷工减料，忽视质量，忽视安全工作。

1. 按施工项目成本组成编制施工项目成本计划

施工项目成本可以按成本构成分解为人工费、材料费、施工机械使用费、措施费和间接费。

2. 按子项目组成编制施工项目成本计划

大中型的工程项目通常是由若干单项工程构成的，而每个单项工程包括了多个单位工程，每个单位工程又是由若干个分部分项工程构成。因此，首先要把项目总施工成本分解到单项工程和单位工程中，再进一步分解为分部工程和分项工程。

3. 按工程进度编制施工项目成本计划

编制按时间进度的施工成本计划，通常可利用控制项目进度的网络图进一步扩充而得。即在建立网络图时，一方面确定完成各项工作所需花费的时间，另一方面同时确定完成这一工作的合适的施工成本支出计划。在实践中，将工程项目分解为既能方便地表示时间，又能方便地表示施工成本支出计划的工作是不容易的，通常如果项目分解程度对时间控制合适的话，则对施工成本支出计划可能分解过细，以至于不可能对每项工作确定其施工成本支出计划。反之亦然。因此在编制网络计划时，应在充分考虑进度控制对项目划分要求的同时，还要考虑确定施工成本支出计划对项目划分的要求，做到二者兼顾。

以上三种编制施工成本计划的方法并不是相互独立的，在实践中，往往是将这几种方法结合起来使用，从而达到扬长避短的效果。例如：将按子项目分解项目总施工成本与按施工成本构成分解项目总施工成本两种方法相结合，横向按施工成本构成分解，纵向按子项目分解，或相反。这种分解方法有助于检查各分部分项工程施工成本构成是否完整，有无重复计算或漏算；同时还有助于检查各项具体的施工成本支出的对象是否明确或落实，并且可以从数字上校核分解的结果有无错误。或者还可将按子项目分解项目总施工成本计划与按时间分解项目总施工成本计划结合起来，一般纵向按子项目分解，横向按时间分解。

16.2.2　成本计划与目标成本

所谓目标成本即是项目（或企业）对未来期产品成本所规定的奋斗目标，要让已经达到的实际成本低，但又是经过努力可以达到的。目标成本管理是现代化企业经营管理的重要组成部分，它是市场竞争的需要，是企业挖掘内部潜力，不断降低产品成本，提高企业整体工作质量的需要，是衡量企业实际成本节约或开支，考核企业在一定时期内成本管理水平高低的依据。

施工项目的成本管理实质就是一种目标管理。项目管理的最终目标是低成本、高质量、短工期，而低成本是这三大目标的核心和基础。目标成本有很多形式，在制定目标成本作为编制施工项目成本计划和预算的依据时，可能以计划成本、定额成本或标准成本作为目标成本，这将随成本计划编制方法的变化而变化。

一般而言，目标成本的计算公式如下：

项目目标成本 ＝ 预计结算收入 － 税金 － 项目目标利润

目标成本降低额 ＝ 项目的预算成本 － 项目的目标成本

16.3　施工项目成本核算

施工成本核算与施工成本预测、成本计划、成本控制、成本分析和成本考核有机构成了成本管理系统。做好成本核算工作，对全面提高企业管理水平，落实项目部经济责任制，提高企业经济效益，有很大的推动作用。在竞争日趋激烈的市场经济环境中，加强项目成本核算，减支增效，将成为大多数企业的长期经营战略。

16.3.1　施工项目成本核算的方法

加强施工项目成本核算工作，可以按以下几个步骤进行：

（1）根据成本计划确立成本核算指标

项目经理组织成本核算工作的第一步是确立成本核算指标。为了便于进行成本控制，成本核算指标的设置应尽可能与成本计划相对应。将核算结果与成本计划对照比较，使其及时反映成本计划的执行情况。

（2）成本核算主要因素分析

对于任何一个工程项目，都存在众多的成本核算科目，无法也没有必要对每一科目进行核算，否则会造成信息成本较高，得不偿失。在涉及成本的因素中，包括该项目实际作业中资源消耗数量、价格及资源价格变动的概率。

（3）成本核算指标的敏感性分析

对主要成本核算因素进行敏感性分析，是设置成本控制界限的方法之一。通过敏感性分析，用以判断对某项成本因素应予以核算和控制的强度。

（4）成本核算成果

在施工项目管理机构中，应要求每位项目管理人员都具备一专多能的素质，既是工程质量检查、进度监督人员，又是成本控制和核算人员。管理人员每天结束工作前应保证1个小时的内部作业时间，其中成本核算工作就是重要的作业之一。将汇总好的信息提交项目经理，作为其制定成本控制措施的依据。

16.3.2　工程变更价款

1. 工程变更价款的确定程序

合同中综合单价因工程量变更需调整时，除合同另有约定外，应按照下列办法确定：

（1）工程量清单漏项或设计变更引起的新的工程量清单项目，其相应综合单价由承包人提出，经发包人确认后作为结算的依据。

（2）由于工程量清单的工程数量有误或设计变更引起工程量增减，属合同约定幅度以内的，应执行原有的综合单价；属合同约定幅度以外的，其增加部分的工程量或减少后剩余部分的工程量的综合单价由承包人提出，经发包人确认后作为结算的依据。

2. 工程变更价款的确定方法

（1）我国现行工程变更价款的确定方法

《建设工程施工合同（示范文本）》（2013版）约定的工程变更价款的确定方法如下：

1）合同中已有适用于变更工程的价格，按合同已有的价格变更合同价款。

2）合同中只有类似于变更工程的价格，可以参照类似价格变更合同价款。

3）合同中没有适用或类似于变更工程的价格，由承包人提出适当的变更价格，经工程师确认后执行。

采用合同中工程量清单的单价和价格：合同中工程量清单的单价和价格由承包商投标时提供，用于变更工程，容易被业主、承包商及监理工程师所接受，从合同意义上讲也是比较公平的。

采用合同中工程量清单的单价或价格有几种情况：一是直接套用，即从工程量清单上直接拿来使用；二是间接套用，即依据工程量清单，通过换算后采用；三是部分套用，即依据工程量清单，取其价格中的某一部分使用。

协商单价和价格：协商单价和价格是基于合同中没有（适用或类似）或者有但不合适的情况而采取的一种方法。

（2）FIDIC 施工合同条件下工程变更的估价

工程师应通过 FIDIC（1999 年第一版）第 12.1 款和第 12.2 款商定或确定的测量方法和适宜的费率和价格，对各项工程的内容进行估价，再按照 FIDIC 第 3.5 款，商定或确定合同价格。

各项工作内容的适宜费率或价格，应为合同对此类工作内容规定的费率或价格，如合同中无某项内容，应取类似工作的费率或价格。但在以下情况下，宜对有关工作内容采用新的费率或价格。

第一种情况：

1）如果此项工作实际测量的工程量比工程量表或其他报表中规定的工程量的变动大于 10%。

2）工程量的变化与该项工作规定的费率的乘积超过了中标合同金额的 0.01%。

3）工程量的变化直接造成该项工作单位成本的变动超过 1%。

4）这项工作不是合同中规定的"固定费率项目"。

第二种情况：

1）此工作是根据变更与调整的指示进行的。

2）合同没有规定此项工作的费率或价格。

3）由于该项工作与合同中的任何工作没有类似的性质或不在类似的条件下进行，故没有一个规定的费率或价格适用。

每种新的费率或价格应考虑以上描述的有关事项对合同中相关费率或价格加以合理调整后得出。如果没有相关的费率或价格可供推算新的费率或价格，应根据实施该工作的合理成本和合理利润，并考虑其他相关事项后得出。

工程师应在商定或确定适宜费率或价格前，确定用于期中付款证书的临时费率或价格。

（3）索赔费用的组成

索赔费用的主要组成部分，同工程款的计价内容相似。按我国现行规定（参见《建筑安装工程费用项目组成》建标［2013］44 号），建安工程合同价包括直接费、间接费、利润利税金，我国的这种规定，同国际上通行的做法还不完全一致。按国际惯例，建安工程直接费包括人工费、材料费和机械使用费；间接费包括现场管理费、保险费、利息等。

从原则上说，承包商有索赔权利的工程成本增加，都是可以索赔的费用。但是，对于不同原因引起的索赔，承包商可索赔的具体费用内容是不完全一样的。哪些内容可索赔，要按照各项费用的特点、条件进行分析论证，现概述如下。

1）人工费

人工费包括施工人员的基本工资、工资性质的津贴、加班费、奖金以及法定的安全福利的费用。对于索赔费用中的人工费部分而言，人工费是指完成合同之外的额外工作所花费的人工费用；由于非承包商责任的工效降低所增加的人工费用；超过法定工作时间加班劳动；法定人工费增长以及非承包商责任工程延期导致的人员窝工费和工资上涨费等。

2）材料费

材料费的索赔包括：由于索赔事项材料实际用量超过计划用量而增加的材料费；由于客观原因材料价格大幅度上涨；由于非承包商责任工程延期导致的材料价格上涨和超期储存费用。材料费中应包括运输费、仓储费以及合理的损耗费用。如果由于承包商管理不善，造成材料损坏失效，则不能列入索赔计价。承包商应该建立健全的物资管理制度，记录建筑材料的进货日期和价格，建立领料耗用制度，以便索赔时能准确地分离出索赔事项所引起的材料额外耗用量。为了证明材料单价的上涨，承包商应提供可靠的订货单、采购单，或官方公布的材料价格调整指数。

3）施工机械使用费

施工机械使用费的索赔包括：由于完成额外工作增加的机械使用费；非承包商责任工效降低增加的机械使用费；由于业主或监理工程师原因导致机械停工的窝工费。窝工费的计算，如系租赁设备，一般按实际租金和调进调出费的分摊计算；如系承包商自有设备，一般按台班折旧费计算，而不能按台班费计算，因台班费中包括了设备使用费。

4）分包费用

分包费用索赔指的是分包商的索赔费，一般也包括人工、材料、机械使用费的索赔。分包商的索赔应如数列入总承包商的索赔款总额以内。

5）现场管理费

索赔款中的现场管理费是指承包商完成额外工程、索赔事项工作以及工期延长期间的现场管理费，包括管理人员工资、办公费、通信费、交通费等。

6）利息

在索赔款额的计算中，经常包括利息。利息的索赔通常发生于下列情况：拖期付款的利息；由于工程变更和工程延期增加投资的利息；索赔款的利息；错误扣款的利息。至于具体利率应是多少，在实践中可采用不同的标准，主要有这样几种规定：

①按当时的银行贷款利率。

②按当时的银行透支利率。

③按合同双方协议的利率。

④按中央银行贴现率加2个百分点。

7）总部（企业）管理费

索赔款中的总部管理费主要指的是工程延期期间所增加的管理费。包括总部职工工资、办公大楼、办公用品、财务管理、通信设施以及总部领导人员赴工地检查指导工作等开支。这项索赔款的计算，目前没有统一的方法。在国际工程施工索赔中总部管理费的计算有以下几种：

①按照投标书中总部管理费的比例（3%～8%）计算：

总部管理费 = 合同中总部管理费比率(%)×(直接费索赔款额＋现场管理费索赔款额等)

②按照公司总部统一规定的管理费比率计算：

总部管理费 = 公司管理费比率(%)×(直接费索赔款额＋现场管理费索赔款额等)

③以工程延期的总天数为基础，计算总部管理费的索赔额：

索赔的总部管理费 = 该工程的每日管理费×工程延期的天数

8）利润

一般来说，由于工程范围的变更、文件有缺陷或技术性错误、业主未能提供现场等引起的索赔，承包商可以列入利润。但对于工程暂停的索赔，由于利润通常是包括在每项实施工程内容的价格之内的，而延长工期并未影响削减某些项目的实施，也未导致利润减少。所以，一般监理工程师很难同意在工程暂停的费用索赔中加进利润损失。

索赔利润的款额计算通常是与原报价单中的利润百分率保持一致。

（4）索赔费用的计算方法

索赔费用的计算方法有实际费用法、总费用法和修正的总费用法。

1）实际费用法

实际费用法是计算工程索赔时最常用的一种方法。这种方法的计算原则是以承包商为某项索赔工作所支付的实际开支为根据，向业主要求费用补偿。

用实际费用法计算时，在直接费的额外费用部分的基础上，再加上应得的间接费和利润，即是承包商应得的索赔金额。由于实际费用法所依据的是实际发生的成本记录或单据，所以，在施工过程中，系统而准确地积累记录资料是非常重要的。

2）总费用法

总费用法就是当发生多次索赔事件以后，重新计算该工程的实际总费用，实际总费用减去投标报价时的估算总费用，即为索赔金额，即：

索赔金额 ＝ 实际总费用 － 投标报价估算总费用

不少人对采用该方法计算索赔费用持批评态度，因为实际发生的总费用中可能包括了承包商的原因，如施工组织不善而增加的费用；同时投标报价估算的总费用也可能为了中标而过低。所以这种方法只有在难以采用实际费用法时才应用。

3）修正的总费用法

修正的总费用法是对总费用法的改进，即在总费用计算的原则上，去掉一些不合理的因素，使其更合理。修正的内容如下：将计算索赔款的时段局限于受到外界影响的时间，而不是整个施工期；只计算受影响时段内的某项工作所受影响的损失，而不是计算该时段内所有施工工作所受的损失；与该项工作无关的费用不列入总费用中；对投标报价费用重新进行核算：按受影响时段内该项工作的实际单价进行核算，乘以实际完成的该项工作的工程量，得出调整后的报价费用。

按修正后的总费用计算索赔金额的公式如下：

索赔金额＝某项工作调整后的实际总费用－该项工作的报价费用

修正的总费用法与总费用法相比，有了实质性的改进，它的准确程度已接近于实际费用法。

（5）工程结算的方法

1）承包工程价款的主要结算方式

承包工程价款结算可以根据不同情况采取多种方式。

①按月结算

先预付部分工程款，在施工过程中按月结算工程进度款，竣工后进行竣工结算。

②竣工后一次结算

建设项目或单项工程全部建筑安装工程建设期在 12 个月以内，或者工程承包合同价值在 100 万元以下的，可以实行工程价款每月月中预支，竣工后一次结算。

③分段结算

即当年开工，当年不能竣工的单项工程或单位工程按照工程形象进度，划分不同阶段进行结算。分段结算可以按月预支工程款。

④结算双方约定的其他结算方式

实行竣工后一次结算和分段结算的工程，当年结算的工程款应与分年度的工作量一致，年终不另清算。

2）工程预付款

工程预付款是建设工程施工合同订立后由发包人按照合同约定，在正式开工前预先支付给承包人的工程款。它是施工准备和所需要材料、结构件等流动资金的主要来源，国内习惯上又称为预付备料款。工程预付款的具体事宜由承发包双方根据建设行政主管部门的规定，结合工程款、建设工期和包工包料情况在合同中约定。在《建设工程施工合同（示范文本）》（2013 版）中，对有关工程预付款作了如下约定："实行工程预付款的，双方应当在专用条款内约定发包人向承包人预付工程款的时间和数额，开工后按约定的时间和比例逐次扣回。预付时间应不迟于约定的开工日期前 7 天。发包人不按约定预付，承包人在约定预付时间 7 天后向发包人发出要求预付的通知，发包人收到通知后仍不能按要求预付，承包人可在发出通知后 7 天停止施工，发包人应从约定应付之日起向承包人支付应付款的贷款利息，并承担违约责任。"

工程预付款额度，各地区、各部门的规定不完全相同，主要是保证施工所需材料和构件的正常储备。一般是根据施工工期、建安工作量、主要材料和构件费用占建安工作量的比例以及材料储备周期等因素经测算来确定。发包人根据工程的特点、工期长短、市场行情、供求规律等因素，招标时在合同条件中约定工程预付款的百分比。

3）工程预付款的扣回

发包人支付给承包人的工程预付款其性质是预支。随着工程进度的推进，拨付的工程进度款数额不断增加，工程所需主要材料、构件的用量逐渐减少，原已支付的预付款应以抵扣的方式予以陆续扣回。扣款的方法由发包人和承包人通过洽商用合同的形式予以确定，可采用等比率或等额扣款的方式，也可针对工程实际情况具体处理。如有些工程工期较短、造价较低，就无须分期扣还；有些工期较长，如跨年度工程，其备料款的占用时间很长，根据需要可以少扣或不扣。

4）工程进度款

①工程进度款的计算

工程进度款的计算，主要涉及两个方面：一是工程量的计量（参见《建设工程工程量清单计价规范》GB 50500—2013）；二是单价的计算方法。

单价的计算方法，主要根据由发包人和承包人事先约定的工程价格的计价方法决定。目前我国一般来讲，工程价格的计价方法可以分为工料单价和综合单价两种方法。二者在选择时，既可采取可调价格的方式，即工程价格在实施期间可随价格变化而调整，也可采取固定价格的方式，即工程价格在实施期间不因价格变化而调整，在工程价格中已考虑价格风险因素并在合同中明确了固定价格所包括的内容和范围。

工程价格的计价方法：可调工料单价法将人工、材料、机械再配上预算价作为直接成本单价，其他直接成本、间接成本、利润、税金分别计算。因为价格是可调的，其人工、材料等费用在竣工结算时按工程造价管理机构公布的竣工调价系数，或按主材计算差价，或主材用抽料法计算、次要材料按系数计算差价而进行调整。固定综合单价法是包含了风险费在内的全费用单价，故不受时间价值的影响。由于两种计价方法的不同，因此工程进度款的计算方法也不同。

工程进度款的计算 当采用可调工料单价法计算工程进度款时，在确定已完工程量后，可按以下步骤计算工程进度款：

根据已完工程量的项目名称、分项编号、单价得出合价；

将本月所完成全部项目合价相加，得出直接工程费小计；

按规定计算措施费、间接费、利润；

按规定计算主材差价或差价系数；

按规定计算税金；

累计本月应收工程进度款。

用固定综合单价法计算工程进度款比用可调工料单价法更方便、省事，工程量得到确认后，只要将工程量与综合单价相乘得出合价，再累加即可完成本月工程进度款的计算工作。

②工程进度款的支付

工程进度款的支付，一般按当月实际完成工程量进行结算，工程竣工后办理竣工结算。

5）竣工结算

工程竣工验收报告经发包人认可后 28 天内，承包人向发包人递交竣工结算报告及完整的结算资料，双方按照协议书约定的合同价款及专用条款约定的合同价款调整内容，进行工程竣工结算。专业监理工程师审核承包人报送的竣工结算报表并与发包人、承包人协商一致后，签发竣工结算文件和最终的工程款支付证书。

6）建安工程价款的动态结算

建安工程价款的动态结算就是要把各种动态因素渗透到结算过程中，使结算大体能反映实际的消耗费用。下面介绍几种常用的动态结算办法。

①按实际价格结算法

②按主材计算价差

发包人在招标文件中列出需要调整价差的主要材料表及其基期价格（一般采用当时当地工程造价管理机构公布的信息价或结算价），工程竣工结算时按竣工当时当地工程造价管理机构公布的材料信息价或结算价，与招标文件中列出的基期价比较计算材料差价。

③竣工调价系数法

按工程价格管理机构公布的竣工调价系数及调价计算方法计算差价。

④调值公式法（又称动态结算公式法）

即在发包方和承包方签订的合同中明确规定了调值公式。

价格调整的计算工作比较复杂，其程序是：

首先，确定计算物价指数的品种，一般地说，品种不宜太多，只确立那些对项目投资影响较大的因素，如设备、水泥、钢材、木材和工资等，这样便于计算。

其次，要明确以下两个问题：一是合同价格条款中，应写明经双方商定的调整因素，在签订合同时要写明考核几种物价波动到何种程度才进行调整，一般都在±10％左右。二是考核的地点和时点：地点一般在工程所在地，或指定的某地市场价格；时点指的是某月某日的市场价格。这里要确定两个时点价格，即基准日期的市场价格（基础价格）和与特定付款证书有关的期间最后一天的 49 天前的时点价格。这两个时点就是计算调值的依据。

最后，确定各成本要素的系数和固定系数，各成本要素的系数要根据各成本要素对总造价的影响程度而定。各成本要素系数之和加上固定系数应该等于 1。

建筑安装工程费用的价格调值公式：

建筑安装工程费用价格调值公式包括固定部分、材料部分和人工部分三项。但因建筑安装工程的规模和复杂性增大，公式也变得更长更复杂。典型的材料成本要素有钢筋、水泥、木材、钢构件、沥青制品等，同样，人工可包括普通工和技术工。调值公式一般为：

$$P = P_0 \left(a_0 + a_1 \frac{A}{A_0} + a_2 \frac{B}{B_0} + a_3 \frac{C}{C_0} + a_4 \frac{D}{D_0} \right)$$

式中　　　　P——调值后合同价款或工程实际结算款；

P_0——合同价款中工程预算进度款；

a_0——固定要素，代表合同支付中不能调整的部分；

a_1、a_2、a_3、a_4——代表有关成本要素（如人工费用、钢材费用、水泥费用、运输费用等）在合同总价中所占的比重，$a_0 + a_1 + a_2 + a_3 + a_4 = 1$；

A_0、B_0、C_0、D_0——基准日期与 a_1、a_2、a_3、a_4 对应的各项费用的基期价格指数价格；

A、B、C、D——与特定付款证书有关的期间最后一天的 49 天前与 a_1、a_2、a_3、a_4 对应的各成本要素的现行价格指数或价格。

各部分成本的比重系数在许多标书中要求承包方在投标时即提出，并在价格分析中予以论证。但也有的是由发包方在标书中规定一个允许范围，由投标人在此范围内选定。

16.4　施工项目成本控制和分析

16.4.1　施工项目成本控制的依据

施工成本控制的依据包括以下内容。

1. 工程承包合同

施工成本控制要以工程承包合同为依据，围绕降低工程成本这个目标，从预算收入和实际成本两方面，努力挖掘增收节支潜力，以求获得最大的经济效益。

2. 施工成本计划

施工成本计划是根据施工项目的具体情况制定的施工成本控制方案，既包括预定的具体成本控制目标，又包括实现控制目标的措施和规划，是施工成本控制的指导文件。

3. 进度报告

进度报告提供了每一时刻工程实际完成量、工程施工成本实际收到工程款情况等重要信息。施工成本控制工作正是通过实际情况与施工成本计划相比较，找出二者之间的差别，分析偏差产生的原因，从而采取措施改进以后的工作。此外，进度报告还有助于管理者及时发现工程实施中存在的隐患，并在事态还未造成重大损失之前采取有效措施，尽量避免损失。

4. 工程变更

在项目的实施过程中，由于各方面的原因，工程变更是很难避免的。工程变更一般包括设计变更、进度计划变更、施工条件变更、技术规范与标准变更、施工次序变更、工程数量变更等。一旦出现变更，工程量、工期、成本都必将发生变化，从而使得施工成本控制工作变得更为复杂和困难。因此，施工成本管理人员就应当通过对变更要求当中各类数据的计算、分析，随时掌握变更情况，包括已发生工程量、将要发生工程量、工期是否拖延、支付情况等重要信息，判断变更以及变更可能带来的索赔额度等。

除了上述几种施工成本控制工作的主要依据以外，有关施工组织设计、分包合同文本等也都是施工成本控制的依据。

16.4.2　施工项目成本控制的步骤

在确定了项目施工成本计划之后，必须定期地进行施工成本计划值与实际值的比较，当实际值偏离计划值时，分析产生偏差的原因，采取适当的纠偏措施，以确保施工成本控制目标的实现。其步骤如下：

1. 比较

按照某种确定的方式将施工成本计划值与实际值逐项进行比较，以发现施工成本是否已超支。

2. 分析

在比较的基础上，对比较的结果进行分析，以确定偏差的严重性及偏差产生的原因。这一步是施工成本控制工作的核心，其主要目的在于找出产生偏差的原因，从而采取有针对性的措施，减少或避免相同原因的再次发生或减少由此造成的损失。

3. 预测

根据项目实施情况估算整个项目完成时的施工成本。预测的目的在于为决策提供支持。

4. 纠偏

当工程项目的实际施工成本出现了偏差，应当根据工程的具体情况、偏差分析和预测的结果，采取适当的措施，以期达到使施工成本偏差尽可能小的目的。纠偏是施工成本控制中最具实质性的一步。只有通过纠偏，才能最终达到有效控制施工成本的目的。

5. 检查

指对工程的进展进行跟踪和检查，及时了解工程进展状况以及纠偏措施的执行情况和效果，为今后的工作积累经验。

16.4.3　施工项目成本控制的方法

1. 投标、签约阶段成本控制

随着市场经济的发展，施工企业经常处于"找米下锅"的紧张状态，忙于找信息，忙于搞投标，忙于找关系。为了中标，施工企业把标价越压越低。有的工程项目，管理好的单位能盈利，管理稍一放松，则要发生亏损。因此，做好标前成本预测，科学合理的计算投标价格，显得尤为重要。同时，投标要发生多种费用，包括标书费、差旅费、咨询费、办公费、招待费等。因此，提高中标率、节约投标费用开支，成为降低成本开支的一项重要内容。对投标费用，要进行与标价相关联的总额控制，规范开支范围和数额，并落实到责任人进行管理。

2. 施工准备阶段成本控制

根据设计图纸和有关技术资料，对施工方法、施工程序、作业组织形式、机械设备选型、技术组织措施等进行认真的研究分析，制定出科学先进、经济合理的施工方案。

3. 施工过程中的成本控制

（1）人工、材料、机械及其他间接费控制

人工费主要从用工数量方面进行控制，要根据劳动定额计算出定额用工量，提高生产工人的技术水平和班组的组织管理水平，减少和避免无效劳动，提高劳动效率。对技术含量较低的单位工程，可分包给分包商，采取包干控制，降低工费。

材料成本的控制包括材料用量控制和材料价格控制两方面。材料用量要坚持按定额实行限额领料制度，并推广使用降低料耗的新技术、新工艺、新材料，并坚持余料回收，降低料耗水平，降低堆放、仓储损耗。材料购入时要实行买价控制，在保质保量的前提下择优购料。材料运输要选用最经济的运输方法，以降低运输成本。考虑资金的时间价值，减少资金占用，降低存货成本。

控制机械使用费，要根据工程的需要，科学、合理地选用机械，充分利用现有机械设备，内部合理调度，力求提高主要机械的利用率，充分挖掘机械的效能；要合理化地安排施工段落，以期提高现场机械的利用率，减少机械使用成本；定期保养机械，提高机械的完好率，为整体进度提供保证。

其他间接费中开支大的主要是工资，差旅费和业务招待费，这3项开支占其他间接费开支总额的50％以上。要把其他间接费用开支降下来，应该做到：制订开支计划，总额控制间接费；精简管理人员和行政用车，严格出差审批手续；控制招待费用开支，严格事前报告制度和事后审批制度；对各项费用按费用性质、管理部门核定计划，落实责任部门和人员；对特殊性开支和较大数额开支，要会议研究，领导审批。

（2）加强施工组织，合理使用资源，降低工期成本

在合理工期下，项目成本支出较低。工期比合理工期提前或拖后都意味着工程成本的提高。因此，施工项目负责人安排工期时，应考虑工期与成本的辩证统一关系，组织均衡有节奏地进行施工，以求在合理使用资源的前提下，保证工期，降低成本。

（3）加强安全、质量管理，控制安全和质量成本

安全和质量成本包括两个方面，即控制成本和事故成本。要实行安全生产、文明施工，提高产品质量，适当的控制成本是必需的，需要降低的是事故成本，即发生事故时项目会遭受的损失。事故成本是工程无安全、质量事故时就会消失的成本，我们必须加强安全、质量管理，使安全、质量的事故成本降至最低。

（4）采取工程项目内部承包经营责任制，加强成本控制

工程施工项目由于规模、类别、施工工期及进度等的差异，有的项目规模较小，有的项目每年只有6个月有效施工期，另外6个月由于其他原因无法施工，在这种情况下，可以采取施工项目内部承包制，以加强成本控制。由于是内部承包，如发生重大失误导致成

本严重超支时则不易处理。因此，要抓好重要施工部位、关键线路的技术交底和质量控制。

对于分包工程，除了严格对分包队伍的资格审查外，要科学、合理地确定分包工程价格。要充分利用市场经济条件，用甲方对待施工单位的一系列管理办法来对待分包队伍，包括合同的签订、预付款和工程款的支付、保函质保金的扣留等。严格为分包队伍代办材料、出租机械等费用扣还手续，防止对分包队伍工程款超付和质量、进度不合要求等问题发生。

4. 竣工验收阶段的成本控制

从现实情况看，很多工程从开工到竣工扫尾阶段，就把主要技术力量抽调到其他在建工程，以致扫尾工作拖拖拉拉，战线拉得很长，机械、设备无法转移，成本费用照常发生，使已取得的经济效益逐步流失。因此，要精心安排，力争把竣工扫尾时间缩短到最低限度，以降低竣工阶段成本支出。特别要重视竣工验收工作，在验收以前，要准备好验收所需要的种种书面资料送甲方备查；对验收中甲方提出的意见，应根据设计要求和合同内容认真处理，确保顺利交付。

项目完工后，应对项目责任成本执行情况进行考核。实际工作中往往有这种情况发生，前一个项目尚未完工，一部分人员、机构转入另一个项目。完工后，在账目不清、遗留问题不清、责任不清的情况下，人员机械转入新项目，财务账目也转入新项目，几个项目下来，遗留问题一大堆，甚至发生大数额亏损。因此，必须落实项目责任，认真做到按期完工、及时清理、严格考核，从而明确责任，控制项目成本。

16.4.4　施工成本控制的偏差分析法

1. 偏差的概念

在施工成本控制中，把施工成本的实际值与计划值的差异叫做施工成本偏差，即：

施工成本偏差 ＝ 已完工程实际施工成本 － 已完工程计划施工成本

其中，　　　　已完工程实际施工成本＝已完工程量×实际单位成本

已完工程计划施工成本＝已完工程量×计划单价成本

结果为正表示施工成本超支，结果为负表示施工成本节约。但是，必须特别指出，进度偏差对施工成本偏差分析的结果有重要影响，如果不加考虑就不能正确反映施工成本偏差的实际情况。如：某一阶段的施工成本超支，可能是由于进度超前导致，也可能由于物价上涨导致。所以，必须引入进度偏差的概念。

进度偏差（Ⅰ）＝ 已完工程实际时间 － 已完工程计划时间

为了与施工成本偏差联系起来，进度偏差也可表示为：

进度偏差（Ⅱ）＝ 拟完工程计划施工成本 － 已完工程计划施工成本

所谓拟完工程计划施工成本，是指根据进度计划安排在某一确定时间内所应完成的工程内容的计划施工成本，即：

拟完工程计划施工成本 ＝ 拟完工程量（计划工程量）×计划单位成本

进度偏差为正值，表示工期拖延；结果为负值表示工期提前。用公式来表示进度偏差，其思路是可以接受的，而表达并不十分严格，在实际应用时，为了便于工期调整，还需将用施工成本差额表示的进度偏差转换为所需要的时间。

2. 偏差分析的方法

偏差分析可采用不同的方法，常用的有横道图法、表格法和曲线法。

（1）横道图法

用横道图法进行施工成本偏差分析，是用不同的横道标识已完工程计划施工成本、拟完工程计划施工成本和已完工程实际施工成本，横道的长度与其金额成正比例。

横道图法具有形象、直观、一目了然等优点，它能够准确表达出施工成本的绝对偏差，而且能一眼感受到偏差的严重性，但这种方法反映的信息量少，一般在项目的较高管理层应用。

（2）表格法

表格法是进行偏差分析最常用的一种方法，它将项目编号、名称、各施工成本参数以及施工成本偏差数综合归纳入一张表格中，并且直接在表格中进行比较。由于各偏差参数都在表中列出，使得施工成本管理者能够综合地了解并处理这些数据。用表格法进行偏差分析具有如下优点：

①灵活、适用性强，可根据实际需要设计表格，进行增减项。

②信息量大。可以反映偏差分析所需的资料，从而有利于施工成本控制人员及时采取针对性措施，加强控制。

③表格处理可借助于计算机，从而节约大量数据处理所需的人力，并大大提高速度。

（3）曲线法

曲线法是用施工成本累计曲线（S形曲线）来进行施工成本偏差分析的一种方法。

用曲线法进行偏差分析同样具有形象、直观的特点，但这种方法很难直接用于定量分析，只能对定量分析起一定的指导作用。

16.4.5 施工项目成本分析的依据

施工项目成本分析，就是根据会计核算、业务核算和统计核算提供的资料，对施工成本的形成过程和影响成本升降的因素进行分析，以寻求进一步降低成本的途径；另一方面，通过成本分析，可从账簿、报表反映的成本现象看清成本的实质，从而增强项目成本的透明度和可控性，为加强成本控制，实现项目成本目标创造条件。

1. 会计核算

会计核算主要是价值核算。会计是对一定单位的经济业务进行计量、记录、分析和检查已做出预测，参与决策，实行监督，旨在实现最优经济效益的一种管理活动。它通过设置账户、复式记账、填制和审核凭证、登记账簿、成本计算、财产清查和编制会计报表等一系列有组织有系统的方法，来记录企业的一切生产经营活动，然后据以提出一些用货币来反映的有关各种综合性经济指标的数据。资产、负债、所有者权益、营业收入、成本、利润是会计六要素指标，主要是通过会计来核算。至于其他指标，会计核算的记录中也可以有所反映，但在反映的广度和深度上有很大的局限性，一般不用会计核算来反映。由于会计记录具有连续性、系统性、综合性等特点，所以它是施工成本分析的重要依据。

2. 业务核算

业务核算是各业务部门根据业务工作的需要而建立的核算制度，它包括原始记录和计算登记表，如单位工程及分部分项工程进度登记，质量登记，工效、定额计算登记，物资消耗定额记录，测试记录等。业务核算的范围比会计、统计核算要广，会计和统计核算一般是对已经发生的经济活动进行核算，而业务核算不但可以对已经发生的，而且还可以对尚未发生或正在发生的或尚在构思中的经济活动进行核算，看是否可以做，是否有经济效果。它的特点是对个别的经济业务进行单项核算，只是记载单一的事项，最多是略有整理或稍加归类，不求提供综合性、总括性指标。核算范围不太固定，方法也很灵活，不像会计核算和统计核算那样有一套特定的系统的方法。例如各种技术措施、新工艺等项目，可以核算已经完成的项目是否达到原定的目的，取得预期的效果，也可以对准备采取措施的项目进行核算和审查，看是否有效果，值不值得采纳。业务核算的目的，在于迅速取得资料，在经济活动中及时采取措施进行调整。

3. 统计核算

统计核算是利用会计核算资料和业务核算资料，把企业生产经营活动客观现状的大量数据，按统计方法加以系统整理，表明其规律性。它的计量尺度比会计宽，可以用货币计算，也可以用实物或劳动量计量。它通过全面调查和抽样调查等特有的方法，不仅能提供绝对数指标，还能提供相对数和平均数指标，可以计算当前的实际水平，确定变动速度，可以预测发展的趋势。统计除了主要研究大量的经济现象以外，也很重视个别先进事例与典型事例的研究。有时，为了使研究的对象更有典型性和代表性，还把一些偶然性的因素或次要的枝节问题予以剔除。为了对主要问题进行深入分析，不一定要求对企业的全部经济活动做出完整、全面的反映。

16.4.6 施工项目成本分析的方法

1. 成本分析的基本方法

施工成本分析的方法包括比较法、因素分析法、差额计算法、比率法等基本方法。

（1）比较法

比较法，又称"指标对比分析法"，就是通过技术经济指标的对比，检查目标的完成情况，分析产生差异的原因，进而挖掘内部潜力的方法。这种方法，具有通俗易懂、简单易行、便于掌握的特点，因而得到了广泛的应用，但在应用时必须注意各技术经济指标的可比性。比较法的应用，通常有下列形式。

1）将实际指标与目标指标对比。以此检查目标完成情况，分析影响目标完成的积极因素和消极因素，以便及时采取措施，保证成本目标的实现。在进行实际指标与目标指标对比时，还应注意目标本身有无问题。如果目标本身出现问题，则应调整目标，重新正确评价实际工作的成绩。

2）本期实际指标与上期实际指标对比。通过这种对比，可以看出各项技术经济指标的变动情况，反映施工管理水平的提高程度。

3）与本行业平均水平、先进水平对比。通过这种对比，可以反映本项目的技术管理和经济管理与行业的平均水平和先进水平的差距，进而采取措施赶超先进水平。

（2）因素分析法

因素分析法又称连环置换法。这种方法可用来分析各种因素对成本的影响程度。在进行分析时，首先要假定众多因素中的一个因素发生了变化，而其他因素不变，然后逐个替换，分别比较其计算结果，以确定各个因素的变化对成本的影响程度。因素分析法的计算步骤如下：

1）确定分析对象，并计算出实际数与目标数的差异。

2）确定该指标是由哪几个因素组成的，并按其相互关系进行排序。

3）以目标数为基础，将各因素的目标数相乘，作为分析替代的基数。

4）将各个因素的实际数按照上面的排列顺序进行替换计算，并将替换后的实际数保留下来。

5）将每次替换计算所得的结果，与前一次的计算结果相比较，两者的差异即为该因素对成本的影响程度。

6）各个因素的影响程度之和，应与分析对象的总差异相等。

（3）差额计算法

差额计算法是因素分析法的一种简化形式，它利用各个因素的目标值与实际值的差额来计算其对成本的影响程度。

（4）比率法

比率法是指用两个以上的指标的比例进行分析的方法。它的基本特点是：先把对比分析的数值变成相对数，再观察其相互之间的关系。常用的比率法有以下几种。

1）相关比率法。由于项目经济活动的各个方面是相互联系、相互依存又相互影响的，因而可以将两个性质不同而又相关的指标加以对比，求出比率，并以此来考察经营成果的好坏。例如：产值和工资是两个不同的概念，但它们的关系又是投入与产出的关系。在一般情况下，都希望以最少的工资支出完成最大的产值。因此，用产值工资率指标来考核人工费的支出水平，就很能说明问题。

2）构成比率法。又称比重分析法或结构对比分析法。通过构成比率，可以考察成本总量的构成情况及各成本项目占成本总量的比重，同时也可看出量、本、利的比例关系（即预算成本、实际成本和降低成本的比例关系），从而为寻求降低成本的途径指明方向。

3）动态比率法。动态比率法，就是将同类指标不同时期的数值进行对比，求出比率，以分析该项指标的发展方向和发展速度。动态比率的计算，通常采用基期指数和环比指数两种方法。

2. 综合成本的分析方法

所谓综合成本，是指涉及多种生产要素，并受多种因素影响的成本费用，如分部分项工程成本、月（季）度成本、年度成本、竣工成本等。由于这些成本部是随着项目施工的进展而逐步形成的，与生产经营有着密切的关系。因此，做好上述成本的分析工作，无疑将促进项目的生产经营管理，提高项目的经济效益。

（1）分部分项工程成本分析

分部分项工程成本分析是施工项目成本分析的基础。分部分项工程成本分析的对象为已完成分部分项工程，分析的方法是：进行预算成本、目标成本和实际成本的"三算"对比，分别计算实际偏差和目标偏差，分析偏差产生的原因，为今后的分部分项工程成本寻求节约途径。

分部分项工程成本分析的资料来源（依据）是：预算成本来自投标报价成本，目标成本来自施工预算，实际成本来自施工任务单的实际工程量、实耗人工和限额领料单的实耗材料。

由于施工项目包括很多分部分项工程，不可能也没有必要对每一个分部分项工程都进行成本分析。特别是一些工程量小、成本费用微不足道的零星工程。但是，对于那些主要的分部分项工程则必须进行成本分析，而且要做到从开工到竣工进行系统的成本分析。这是一项很有意义的工作，因为通过主要分部分项工程成本的系统分析，可以基本上了解项目成本形成的全过程，为竣工成本分析和今后的项目成本管理提供一份宝贵的参考资料。

（2）月（季）度成本分析

月（季）度成本分析，是施工项目定期的、经常性的中间成本分析。对于具有一次性特点的施工项目来说，有着特别重要的意义。因为通过月（季）度成本分析，可以及时发现问题，以便按照成本目标指定的方向进行监督和控制，保证项目成本目标的实现。

月（季）度成本分析的依据是当月（季）的成本报表。分析的方法，通常有以下几个方面。

1）通过实际成本与预算成本的对比，分析当月（季）的成本降低水平；通过累计实际成本与累计预算成本的对比，分析累计的成本降低水平，预测实现项目成本目标的前景。

2）通过实际成本与目标成本的对比，分析目标成本的落实情况，以及目标管理中的问题和不足，进而采取措施，加强成本管理，保证成本目标的落实。

3）通过对各成本项目的成本分析，可以了解成本总量的构成比例和成本管理的薄弱环节。

4）通过主要技术经济指标的实际与目标对比，分析产量、工期、质量、"二材"节约率、机械利用率等对成本的影响。

5）通过对技术组织措施执行效果的分析，寻求更加有效的节约途径。

6）分析其他有利条件和不利条件对成本的影响。

（3）年度成本分析

企业成本要求一年结算一次，不得将本年成本转入下一年度。而项目成本则以项目的寿命周期为结算期，要求从开工、竣工到保修期结束连续计算，最后结算出成本总量及其盈亏。由于项目的施工周期一般较长，除进行月（季）度成本核算和分析外，还要进行年度成本的核算和分析。这不仅是为了满足企业汇编年度成本报表的需要，同时也是项目成本管理的需要。因为通过年度成本的综合分析，可以总结一年来成本管理的成绩和不足，为今后的成本管理提供经验和教训，从而可对项目成本进行更有效的管理。

年度成本分析的依据是年度成本报表。年度成本分析的内容，除了月（季）度成本分析的6个方面以外，重点是针对下一年度的施工进展情况规划提出切实可行的成本管理措施，以保证施工项目成本目标的实现。

（4）竣工成本的综合分析

凡是有几个单位工程而且是单独进行成本核算（即成本核算对象）的施工项目，其竣工成本分析应以各单位工程竣工成本分析资料为基础，再加上项目经理部的经营效益（如资金调度、对外分包等所产生的效益）进行综合分析。如果施工项目只有一个成本核算对象（单位工程），就以该成本核算对象的竣工成本资料作为成本分析的依据。

单位工程竣工成本分析，应包括以下三方面内容：

1）竣工成本分析。

2）主要资源节超对比分析。

3）主要技术节约措施及经济效果分析。

通过以上分析，可以全面了解单位工程的成本构成和降低成本的来源，对今后同类工程的成本管理很有参考价值。

16.4.7 目前项目成本管理中需要重视的问题

1. 加强项目收入管理

加强成本控制支出管理，减少工程项目消耗，这是狭义上的成本管理。广义上的运行成本，不仅要合理降低成本耗费，更要扩大项目收入。我们必须转变观念，充分认识到项目收入管理是成本管理的重要组成部分。要通过加强施工合同、工程变更的管理，特别是加强施工项目索赔管理，增加工程收入。

2. 加强项目成本预算工作

由于对全面预算工作认识不够，责任成本预算的编制未做到科学、规范、及时，许多项目部没有编制责任成本预算，导致对项目部经济承包指标的确定无可靠数据为依据，人为因素过大。特别是预算的取数、编制、过程考核等关键性问题缺乏理论研究和技术支持，导致预算编制不科学，预算执行不理想。

3. 加强过程控制

项目内部管理不善，特别表现在合同管理薄弱，如内部承包合同签订不及时，劳务分包、租赁、大宗采购合同审批不严格，执行不严肃，过程控制的台账、资料不健全，结算依据不足，分析不重视，不能及时防范经营风险。同时，财务管理对项目成本管理力度不够，对一些工期特别紧张的"短、平、快"项目不能真正地贯彻落实各项管理制度，导致项目成本管理流于形式。

4. 加强风险控制

随着市场化进程的进一步加快，企业经营除了要面对价格、需求、技术变化等市场风险，还要面对各种纷繁复杂的法律、政治和社会风险。要高度重视项目风险控制，要将风险成本纳入项目成本管理范畴，从而识别风险、规避风险、控制和化解风险。

施工项目成本控制是项目管理的核心内容。加强施工项目成本管理，既要合理降低成本耗费，更要扩大项目收入，从而最大限度地实现项目经济效益；加强项目成本管理，要树立起全面成本管理的意识，建立起相应的管理制度和组织领导，抓住成本管理的关键环节，重视和解决成本管理中出现的问题，对项目成本进行全过程控制。

第 17 章　施工项目安全管理与职业健康

17.1　施工项目安全管理与职业健康概述

党和政府历来重视安全生产和职业健康，国家先后出台了《安全生产法》、《建设工程安全生产管理条例》等一系列法律法规，把安全生产纳入构建社会主义和谐社会的总体布局。安全生产与职业健康是我国的一项基本国策，必须强制贯彻执行。同时，安全管理与职业健康也是建筑企业的立身之本，关系到企业能否稳定、持续、健康地发展。近年新出台了 GB/T 28001—2011《职业健康安全管理体系　要求》，该体系规范的建立成为我国职业健康和安全管理的执行依据标准。总之，安全管理与职业健康是建筑企业科学规范管理的重要标志。

在一个施工项目中，项目经理是安全生产管理工作的第一责任人，安全员是该工作的专职管理人员。然而，安全管理的责任并不仅限于项目经理和安全员，其中有关施工方案与技术的安全管理与职业健康活动，就是以施工员为中心展开的，落实谁负责施工谁就负责安全的原则，本章将着重从施工项目安全管理与职业健康角度，分析安全生产的各个要素。

施工项目安全管理与职业健康，就是在施工过程中，项目部组织安全生产的全部管理活动。通过对生产要素的过程控制，使其不安全或影响健康的行为和状态减少或消除，达到减少一般事故，杜绝伤亡事故，从而保证安全管理目标的实现。

项目，是指用有限的资源、有限的时间为特定客户完成特定目标的阶段性工作。项目安全管理与职业健康，就是按照国家、地方相关法律法规要求，把各种要素、各种系统、方法和人员结合在一起，在规定的时间、预算和规定目标范围内安全地完成项目的各项工作。在国际上，项目安全管理与职业健康已广泛应用于建筑工程、电子工程、计算机工程、金融工程等各大产业。

建筑装饰工程的项目安全与职业健康管理工作，要求通过项目经理和项目组织的努力，对既定的装饰装修工程，即从项目装饰安装修工程的决策开始，按照国家、地方等相关的安全、环境、卫生标准，进行前期策划、过程控制，直到项目装饰的结束检验的全过程的计划、组织、指挥、协调、控制和评价，以实现规定的全部项目安全、环境、卫生目标。

17.1.1　安全生产方针

建筑企业的安全生产方针经历了从"安全生产"到"安全第一、预防为主、综合治理"的产生和发展过程，应强调在施工生产中要做好预防工作，尽可能将事故消灭在萌芽状态之中。因此，对于安全生产方针的含义，归纳起来主要有以下几方面的内容。

1. 安全生产的重要性

施工过程中的安全是生产发展的客观需要，特别是现代化施工，更不允许忽视，在生产活动中必须强化安全生产，把安全工作放在第一位，尤其当生产与安全发生冲突矛盾时，生产服从安全，这是安全第一的含义。

在我国，安全施工又是国家的一项重要政策，是社会主义企业管理的一项重要原则，这是我国的社会主义制度性质决定的。

2. 安全与生产的辩证关系

在施工管理过程中，用辩证统一的观点去处理好安全与生产的关系是最合理的途径。施工员既要抓质量又要抓进度，必须妥善安排好安全工作与生产工作，特别是在生产任务繁忙的情况下，安全工作与生产工作发生矛盾时，更应处理好两者的关系，不要把安全工作挤掉。越是生产任务忙，越要重视安全，把安全工作搞好，否则，就容易发生安全事故，既妨碍生产，又影响企业信誉，这是多年来生产实践证明了的一条宝贵经验。

长期以来，在施工管理中往往出现生产任务重，事故发生就频繁；进度均衡，安全情况就好的现象，人们称之为安全生产规律。前一种情况其实质是反映了某些项目管理者在经营管理上的思想片面性。只看到进度的一面，看不见质量和安全的重要性；只看到一段时间内生产数量增加的一面，没有认识到如果不消除事故安全隐患，这种数量的增加只是一种短暂的现象，一旦条件具备了就会发生事故。这是多年来安全施工工作中深刻的教训。总之，安全与生产是互相联系、互相依存、互为条件的。要正确贯彻安全生产方针，就必须按照辩证法办事，克服思想的片面性。

3. 安全施工必须强调预防为主

安全施工的预防为主是现代生产发展的需要。现代施工技术日新月异，而且往往又是进行事前控制学科综合运用，安全问题十分复杂，稍有疏忽就会酿成安全事故。预防为主，就是要进行事前控制，"防患于未然"。依靠科技进步，加强安全科学管理，搞好科学预测与分析工作，把工伤事故和职业危害消灭在萌芽状态中。"安全第一、预防为主"两者是相辅相成、互相促进的。"预防为主"是实现"安全第一"的基础。要做到安全第一，首先要搞好预防措施。预防工作做好了，就可以保证安全生产，实现安全第一，否则安全第一就是一句空话，这也是在实践中总结出来的重要经验。

17.1.2 安全生产管理制度

安全生产管理制度是依据国家法律法规制定的，项目全体员工在生产经营活动中必须贯彻执行，同时也是企业规章制度的重要组成部分。通过建立安全生产管理制度，可以把企业员工组织起来，围绕安全目标进行生产建设。同时，我国的安全生产方针和法律法规也是通过安全生产管理制度去实现的。安全生产管理制度既有国家制定的，也有地方和企业制定的。企业必须建立的基本制度包括：安全生产责任制、安全技术措施、安全生产培训和教育、安全生产检查制度、伤亡事故的调查和处理等制度。此外，随着社会和生产的发展，安全生产管理制度也在不断发展，国家和企业在这些基本制度的基础上又建立和完善了许多新制度，比如，特种设备及特种作业人员管理，机械设备安全检修以及文明生产等制度。

17.2 施工安全管理体系

17.2.1 施工安全管理体系概述

施工安全管理体系是项目管理体系中的一个子系统，它是根据 PDCA 循环模式的运行方式，以逐步提高、持续改进的思想指导企业系统地实现安全管理的既定目标。因此，施工安全管理体系是一个动态的、自我调整和完善的管理系统。

1. 建立施工安全管理体系的重要性

（1）建立施工安全管理体系，能使劳动者获得安全与健康，是体现社会经济发展和社会公正、安全、文明的基本标志。

（2）通过建立施工安全管理体系，可以改善企业的安全生产规章制度不健全、管理方法不适当、安全生产状况不佳的现状。

（3）施工安全管理体系对企业环境的安全卫生状态规定了具体的要求和限定，从而使企业必须根据安全管理体系标准实施管理，才能促进工作环境达到安全卫生标准的要求。

（4）推行施工安全管理体系，是适应国内外市场经济一体化趋势的需要。

（5）实施施工安全管理体系，可以促使企业尽快改变安全卫生的落后状况，从根本上系统调整健全完善企业的安全文明卫生管理机制，改善劳动者的安全卫生条件，增强企业参与国内外市场的竞争能力。

2. 建立施工安全管理体系的原则

（1）贯彻"安全第一、预防为主、综合治理"的方针，企业必须建立健全安全生产责任制和群防群治制度，确保工程施工劳动者的人身和财产安全。

（2）施工安全管理体系的建立，必须适用于工程施工全过程的安全管理和控制。

（3）施工安全管理体系文件的编制，必须符合《中华人民共和国建筑法》、《中华人民共和国安全生产法》、《建设工程安全生产管理条例》、《建筑施工安全检查标准》JGJ 59—2011、《职业安全卫生管理体系标准》和国际劳工组织（ILO）167 号公约等法律、行政法规及规程的要求。

（4）项目经理部应根据本企业的安全管理体系标准，结合各项目的实际加以充实，确保工程项目的施工安全。

（5）企业应加强对施工项目的安全管理、指导，帮助项目经理部建立和实施安全管理体系。

17.2.2 施工安全保证体系

1. 施工安全保证体系的含义

施工安全管理的工作目标，主要是避免或减少一般安全事故和轻伤事故，杜绝重大、特大安全事故和伤亡事故的发生，最大限度地确保施工中劳动者的人身和财产安全。能否达到这一施工安全管理的工作目标，关键是需要安全管理和安全技术来保证。

2. 施工安全保证体系的构成

（1）施工安全的组织保证体系

施工安全的组织保证体系是负责施工安全工作的组织管理系统，一般包括最高权力机构、专职管理机构的设置和专兼职安全管理人员的配备（如企业的主要负责人，专职安全管理人员，企业、项目部主管安全的管理人员以及班组长、班组安全员）。

（2）施工安全的制度保证体系

施工安全的制度保证体系是为贯彻执行安全生产法律、法规、强制性标准、工程施工设计和安全技术措施，确保施工安全而提供制度的支持与保证体系。

（3）施工安全的技术保证体系

为了达到施工状态安全、施工行为安全以及安全生产管理到位的安全目的，施工安全的技术保证，就是为上述安全要求提供安全技术的保证，确保在施工中准确判断其安全的可靠性，对出现危险状况、事态的可能情况作出限制和控制规定，对施工安全保险与排险措施给予规定以及对一切施工生产给予安全保证。

施工安全技术保证由专项工程、专项技术、专项管理、专项治理 4 种类别构成，每种类别又有若干项目，每个项目都包括安全可靠性技术、安全限控技术、安全保险与排险技术和安全保护技术 4 种技术。

（4）施工安全投入保证体系

施工安全投入保证体系是确保施工安全应有与其要求相适应的人力、物力和财力投入，并发挥其投入效果的保证体系。其中，人力投入可在施工安全组织保证体系中解决，而物力和财力的投入则需要解决相应的资金问题。其资金来源为工程费用中的机械装备费、措施费（如脚手架费、环境保护费、安全文明施工费、临时设施费等）、管理费和劳动保险支出等。

（5）施工安全信息保证体系

施工安全工作中的信息主要有文件信息、标准信息、管理信息、技术信息、安全施工状况信息及事故信息等，这些信息对于企业搞好安全施工工作具有重要的指导和参考作用。因此，企业应把这些信息作为安全施工的基础资料保存，建立起施工安全的信息保证体系，以便为施工安全工作提供有力的安全信息支持，施工安全信息保证体系由信息工作条件、信息收集、信息处理和信息服务 4 部分工作内容组成。

17.3　施工安全技术措施

17.3.1　概述

施工安全技术措施是在施工项目生产活动中，遵循施工安全同时设计、同时施工、同时投入使用的"三同时"原则，根据工程特点、规模、结构复杂程度、工期、施工现场环境、劳动力组织、施工方法、施工机械设备、变配电设施、架设工具以及各项安全防护设施等，针对施工中存在的不安全因素进行预测和分析。找出危险点，为消除和控制危险隐患，从技术和管理上采取措施加以防范，消除不安全因素，防止事故发生，确保施工项目安全施工。

17.3.2　施工安全技术措施的编制要求

（1）施工安全技术措施在施工前必须编制好，并且经过审批后正式下达施工单位指导施工。设计和施工发生变更时，安全技术措施必须及时变更或作补充。

（2）根据不同分部分项工程的施工方法和施工工艺可能给施工带来的不安全因素，制定相应的施工安全技术措施，真正做到从技术上采取措施保证其安全实施。

1）装饰施工主要的分部分项工程，如门窗工程、抹灰工程、吊顶工程、砌筑工程、轻质隔墙工程、幕墙工程、裱糊与软包工程及脚手架工程等要求单项编制的都必须编制单独的分部分项工程施工安全技术措施。

2）编制施工组织设计或施工方案时，在使用新技术、新工艺、新设备、新材料的同时，必须考虑相应的施工安全技术措施。

（3）编制各种机械动力设备、用电设备的安全技术措施。

（4）对于有毒、有害、易燃、易爆等项目的施工作业，必须考虑防止可能给施工人员造成危害的安全技术措施。

（5）对于施工现场的周围环境中可能给施工人员及周围居民带来的不安全因素，以及由于施工现场狭小导致材料、构件、设备运输的困难和危险因素，制定相应的施工安全技术措施。

（6）针对季节性施工的特点，必须制定相应的安全技术措施。夏季要制定防暑降温措施；雨期施工要制定防触电、防雷、防坍塌措施；冬期施工要制定防风、防火、防滑、防煤气和亚硝酸钠中毒措施。

（7）施工安全技术措施中要有施工总平面图，在图中必须对危险的油库、易燃材料库以及材料、构件的堆放位置、垂直吊装设备、主要机电设备、半成品加工区的位置等，按照施工需要和安全规程的要求明确定位，并提出具体要求。

（8）制定的施工安全技术措施必须符合国家颁发的施工安全技术法规、规范及标准。

17.3.3　施工安全技术措施的主要内容

施工安全技术措施可按施工准备阶段和施工阶段编写。

1. 施工准备阶段安全技术措施

（1）技术准备

①了解工程设计对安全施工的要求。

②调查工程的自然环境（水文、地质、气候、洪水、雷击等）和施工环境（粉尘、噪声、地下设施、管道和电缆的分布、走向等）对施工安全及施工对周围环境安全的影响。

③改扩建工程装饰施工与建设单位使用、生产发生交叉，可能造成双方伤害时，双方应签订安全施工协议，搞好施工与生产的协调，明确双方责任，共同遵守安全事项。

④在施工组织设计中，编制符合项目实际情况切实可行、行之有效的安全技术措施，危险性较大工程应编制专项施工安全方案，超过一定规模的危险性较大工程的专项施工方案，还应通过专家论证，并严格履行审批手续，送安全监督部门备案。

（2）物质准备

①及时供应质量合格的安全防护用品（安全帽、安全带、安全网等），并满足施工

需要。

②保证特殊工种（电工、焊工、起重工、现场驾驶工、架子工等）使用工具、器械质量合格，安全技术性能良好。

③施工机具、设备（起重机、卷扬机、电焊机、空压机、电锯、平刨机、冲击电锤、电气设备）、车辆等，须经安全技术性能检测，鉴定合格，防护装置齐全，制动装置可靠，方可进场使用。

④施工周转材料（可移活动脚手架、人字梯、操作平台、脚手杆、扣件、跳板等）须经认真挑选检测，不符合安全要求禁止使用。

（3）施工现场准备

①按施工总平面图要求做好现场施工准备。

②现场各种临时设施、库房，特别是危险品库、油库的布置，易燃易爆品存放都必须符合安全规定和消防要求，并经公安消防部门批准。

③电气线路、配电设备符合安全要求，有安全用电防护措施。

④场内道路畅通，设交通标志，危险地带设危险信号及禁止行人、车辆通行标志，保证行人、车辆的安全。

⑤施工现场周围和陡坡、沟坑处设围栏、防护扳，现场入口处设"无关人员禁止入内"的警示标志，防止闲杂人员进入施工现场。

⑥塔吊等起重设备安置要与输电线路、永久或临设工程间有足够的安全距离，避免碰撞，以保证搭设脚手架、安全网的施工距离。

⑦现场设消防栓，有足够的有效的灭火器材、设施并符合施工现场消防安全管理规定。

（4）施工队伍准备

①总包单位及分包单位都应持有《施工企业安全资格审查认可证》方可组织施工。

②新工人、特殊工种工人须经岗位技术培训、安全教育交底及考试合格后，持合格证上岗。

③高险难作业工人须经身体检查合格，具有安全生产资格，方可施工作业。

④特殊工种作业人员，必须持有有效的《特种作业操作证》方可上岗。

2. 施工阶段安全技术措施

（1）一般工程

①单项工程、单位工程均有安全技术措施，分部分项工程有安全技术具体措施，施工前由技术负责人向参加施工的有关人员进行安全技术交底，并应逐级和保存"安全交底任务单"。

②安全技术应与施工生产技术统一，各项安全技术措施必须在相应的工序施工前落实好。

③操作者严格遵守相应的操作规程，实行标准化作业。

④针对采用的新工艺、新技术、新设备、新结构制定专门的施工安全技术措施。

⑤在明火作业现场（焊接、切割、熬沥青等）有防火、防爆措施。

⑥考虑不同季节的气候对施工生产带来的不安全因素可能造成的各种突发性事故，从防护上、技术上、管理上有预防自然灾害的专门安全技术措施。

（2）特殊工程

①对于结构复杂、危险性大的特殊工程，应编制单项的安全技术措施。

②安全技术措施中应注明设计依据，并附有计算、详图和文字说明。

（3）拆除工程

①详细调查拆除工程的结构特点、结构强度、电线线路、管道设施等现状，制定可靠的安全技术方案。

②拆除建筑物、构筑物之前，在工程周围划定危险警戒区域，设立安全围栏，禁止无关人员进入作业现场。

③拆除工作开始前，先切断被拆除建筑物、构筑物的电线、供水、供热、供煤气的通道。

④拆除工作应自上而下顺序进行，禁止数层同时拆除，必要时要对底层或下部结构进行加固。

⑤栏杆、楼梯、平台应与主体拆除程序配合进行，不能先行拆除。

⑥拆除作业工人应站在脚手架或稳固的结构部分上操作，拆除承重梁、柱之前应拆除其承重的全部结构，并防止其他部分坍塌。

⑦拆下的材料要及时清理运走，不得在旧楼板上集中堆放，以免超负荷。

⑧拆除建筑物、构筑物内需要保留的部分或设备，要事先搭好防护棚。

⑨一般不采用推倒方法拆除建筑物，必须采用推倒方法时，应采取特殊安全措施。

17.3.4 安全技术交底

1. 安全技术措施交底的基本要求

（1）项目经理部必须实行逐级安全技术交底制度，纵向延伸到班组全体作业人员。

（2）技术交底必须具体、明确，针对性强。

（3）技术交底的内容应针对分部分项工程施工中给作业人员带来的潜在危害和存在问题而定。

（4）应优先采用新的安全技术措施。

（5）应将工程概况、施工方法、施工程序、安全技术措施等向工长、班组长进行详细交底。

（6）定期向由两个以上作业队和多工种进行交叉施工的作业队伍进行书面交底。

（7）保持书面安全技术交底签字记录。

2. 安全技术交底主要内容

（1）严格执行行业标准《建筑施工安全检查标准》JGJ 59—2011。

1）安全生产六大纪律

①进入现场应戴好安全帽，系好帽带，并正确使用个人劳动防护用品。

②2m以上的高处、悬空作业、无安全设施的，必须系好安全带，扣好保险钩。

③高处作业时，不准往下或向上乱抛材料和工具等物件。

④各种电动机械设备应有可靠有效的安全接地和防雷装置，才可启动使用。

⑤不懂电气和机械的人员，严禁使用和摆弄机电设备。

⑥吊装区域非操作人员严禁入内，吊装机械性能应完好，把杆垂直下方不准站人。

2）安全技术操作规程一般规定

①施工现场

a) 参加施工的人员（包括学徒工、实习生、代培人员和民工）要熟知本工种的安全技术操作规程。在操作中，应坚守工作岗位，严禁酒后操作。

b) 电工、焊工、驾驶工、起重机吊装工、架子工和各种机动车司机，必须经过专门训练，考试合格后发给岗位证，方可独立操作。

c) 正确使用安全防护用品和采取安全防护措施，进入施工现场，应戴好安全帽，禁止穿拖鞋或光脚；在没有防护设施的高空悬崖和陡坡施工，应系好安全带。上下交叉作业有危险的出入口，要有防护棚或其他隔离设施。距地面 2 m 以上作业区要有防护栏杆、挡板或安全网。安全帽、安全带、安全网要定期检查，不符合要求的，严禁使用。

d) 施工现场的脚手架、防护设施、安全标识和警告牌不得擅自拆动，需要拆动的，要经工地负责人同意。

e) 施工现场的洞、坑、沟、升降口和漏斗等危险处，应有防护设施或明显标识。

f) 施工现场要有交通指示标识，交通频繁的交叉路口，应设指挥。火车道口两侧，应设落杆；危险地区，要悬挂"危险"或"禁止通行"牌，夜间设红灯示警。

g) 工地行驶的斗车、小平车的轨道坡度不得大于 3%，铁轨终点应有车挡，车辆的制动闸和挂钩要完好可靠。

h) 坑槽施工，应经常检查边壁土质稳固情况，发现有裂缝、疏松或支撑走动，要随时采取加固措施，根据土质、沟深、水位和机械设备重量等情况，确定堆放材料和机械距坑边距离。往坑槽运材料，先用信号联系。

i) 调配酸溶液，先将酸液缓慢地注入水中，搅拌均匀，严禁将水倒入酸液中。贮存酸液的容器应加盖并设有标识牌。

j) 做好女工在月经、怀孕、生育和哺乳期间的保护工作。女工在怀孕期间对原工作不能胜任时，根据医院的证明意见，应调换轻便工作。

②机电设备

a) 项目要有机械操作安全管理规定和制度，机械操作时要束紧袖口，女工发辫要挽入帽内。

b) 机械和动力机械的机座应稳固，转动的危险部位要安装防护装置。

c) 工作前应查机械、仪表和工具等，确认完好方可使用。

d) 电气设备和线路必须绝缘良好，电线不得与金属物绑在一起，各种电动机具应按规定接地接零，并设置单一开关，临时停电或停工休息时，必须拉闸上锁。

e) 施工机械和电气设备不得带病运行和超负荷作业。发现不正常情况时应停机检查，不得在运行中修理。

f) 电气、仪表和设备试运转，应严格按照单项安全技术措施进行，运转时不准清洗和修理，严禁将头手伸入机械行程范围内。

g) 在架空输电线路下面作业应停电，不能停电的，应有隔离防护措施。起重机不得在架空输电线下面作业。通过架空输电线路时应将起重臂落下。在架空输电线路一侧作业时，不论在何种情况下，起重臂、钢丝绳或重物等与架空输电线路的最近距离不应小于有关规定。

h) 室内装饰照明行灯要架空使用，高度不得低于 2.5m，低于 2.5m 的及楼梯、地下室照明灯电压不得超过 36V，在潮湿场所或金属容器内工作时，行灯电压不得超过 12V。

i）受压容器应有安全阀、压力表，并避免曝晒、碰撞，氧气瓶严防沾染油脂。乙炔发生器、液化石油气，应有防止回火的安全装置。

j）有 X 光或其他射线探伤作业区，非操作人员，不准进入。从事腐蚀、粉尘、放射性和有毒作业，要有防护措施，并定期进行体检。

③高处作业

a）从事高处作业要定期体检，凡患有高血压、心脏病、贫血病和癫痫病以及其他不适应高处作业的人员，不得从事高处作业。

b）高处作业衣着要灵便，禁止穿硬底和带钉易滑的鞋。

c）高处作业所用材料要堆放平稳，工具应随手放入工具袋内，上下传递物件禁止抛掷。

d）遇有恶劣气候（如风力在 6 级以上）影响施工安全时，禁止进行露天高空、起重和打桩作业。

e）人字梯、单梯不得缺档或垫高使用，梯子横档间距以 30cm 为宜，使用时上端要扎牢，下端应采取防滑措施。单面梯与地面夹角以 60°～70°为宜，禁止二人同时在一部梯上作业，不准夹梯行走，不许私自接长使用人字梯上面可设软布袋存放工具，下面两腿之间设宽帆布带拉接，在通道处使用梯子，应有人监护或设置围栏。

f）没有安全防护措施的，禁止在屋架的上弦、支撑、桁条、挑架的挑梁和半固定的构件上行走或作业。高处作业与地面联系，应设通讯装置并由专人负责。

g）乘人的外用电梯，室内的载人电梯等应有可靠的安全装置。要指派专业人员培训操作，禁止攀登起重臂、绳索和随同运料的吊笼吊物上下或人货混装。

h）高空作业无防护必须要系好安全带，安全带要高挂低施工。

i）可移动活动脚手架不准私自拆卸杆件，叠加使用时一定要有安全稳固措施，要设置防护栏杆，移动时上面不准许有人。

④季节施工

a）暴雨台风前后，要切断施工电源，检查工地临时设施、脚手架、机电设备和临时线路，发现倾斜、变形、下沉、漏雨和漏电等现象，应及时修理加固，有严重危险的应立即排除。

b）高层建筑的脚手架及易燃、易爆仓库和塔吊、升降机等机械，应设临时避雷装置。对机电设备的电气开关，要有防雨、防潮和防雷电设施。

c）现场道路应加强维护，斜道和脚手板应有防滑措施。

d）夏季作业应调整作息时间。从事高温、地下工作的场所，应采取通风和降温措施。

e）冬季施工使用煤炭、暖气等取暖时，应符合防火等安全要求和指定专人负责管理，并有防止一氧化碳中毒的措施。

3）施工现场安全防护标准

①高处起重吊装作业防护

a）起重吊装检查评定应符合现行国家标准《起重机械安全规程》GB 6067—2010 的规定。

b）起重吊装安全检查评定保证项目应包括：施工方案、起重机械、钢丝绳与地锚、索具、作业环境、作业人员。一般项目应包括：起重吊装、高处作业、构件码放、警戒监护。

吊装作业：设置安全防护警示标志，使用上压式或吊笼，长度在 1m 以上的材料采用不少于两点的吊装法。

②安全平网

a）网绳不破损，应生根牢固、绷紧、圈牢和拼接严密，网杠支杆应用钢管。

b）网宽伸出不少于 2.6m，里口离墙不大于 15cm，外高内低，每隔 3m 设支撑，角度为 45°左右。

③安全立网

a）随施工层提升，网应高出施工层面 1m 以上。

b）网之间拼接应严密，空隙不大于 10 cm。

④洞口临边防护

预留孔洞：

a）边长或直径在 20～50cm 的洞口，可用混凝土板内钢筋或固定盖板防护。

b）边长或直径在 50～150cm 的洞口，可用混凝土板内钢筋贯穿洞径构成防护网，网格大于 20cm 时要另外加密。

c）边长或直径在 150cm 以上的洞口，四周设护栏，洞口下张安全网，护栏高 1.2m，0.6m 高处设一水平横杆，下设 0.18m 挡脚板。

d）预制构件的洞，包括缺件临时形成的洞口，参照上述原则防护或架设脚手板，满铺竹笆固定防护。

e）垃圾井道、烟道，随楼层砌筑或安装消防洞口，或参照预留洞口要求加以防护。

f）管笼施工时，四周设防护栏，并应设有明显标识。见图 17-1。

电梯井门口：应安装开关式固定栅门或护栏，护栏高 1.8m，竖档距 0.15m，下设 0.18m 挡脚板。见图 17-2。

楼梯口：

a）分层施工楼梯口应安装高 1.2m，0.6m 处设一水平横杆，下设 0.18m 挡脚板的临时护栏。

b）梯段每边应设临时防护栏杆（用钢管或毛竹）。

c）顶层楼梯口，应随施工安装正式栏杆或临时护栏。

d）装设临时护栏立柱间距不宜大于 2m，大于 2m 时要增设立柱。见图 17-3。

⑤深坑防护

深坑顶周边设防护栏杆。行人走道设扶手及防滑措施（深度 2m 以上）。

⑥底层通道

固定出入口通道，应搭设防护棚，棚宽大于道口，多层建筑棚顶应满铺木板或竹笆，高层建筑棚顶须双层铺设。

⑦垂直运输设备防护栏

井架：

物料提升机检查评定应符合现行行业标准《龙门架及井架物料提升机安全技术规范》JGJ 88—2010 的规定。

a）井架下部三面搭防护棚，正面宽度不小于 2m，两侧不小于 1m，井架高度超过

图 17-1 临边洞口围护

（a）临边洞口围护；（b）临边洞口围护（可拆装式）；（c）平台临边洞口围护；

（d）临边洞口围护

图 17-2 电梯井门口防护示意

30m，棚顶设双层。

　b）井架底层入口处设外压门，楼层通道口设安全门，通道两侧设护栏，下设挡脚笆。

图 17-3　楼梯临时护栏

c) 井架吊篮安装内落门、冲顶限位和弹闸等防护安全装置。

d) 井架底部设可靠的接地装置。

e) 井架本身腹杆及连接螺栓应齐全，缆风绳及与建筑物的硬支撑应按规定搭设，齐全牢固。

f) 临街或人流密集区，在防坠棚以上三面挂安全网防护。

脚手架：

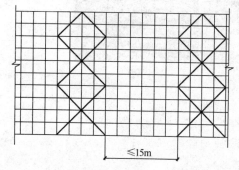

图 17-4　高度 24m 以下剪刀撑布置

a) 材质合格，不得钢竹混搭，高层脚手架应经专门设计计算。

b) 立杆底部为硬基层，回填土应坚实平整，下垫 5cm 厚木板，底部排水要畅通。

c) 按规定设置拉撑点，剪刀撑用钢管，接头搭接不小于 60cm。见图 17-4。

d) 每隔四步要铺隔离笆，伸入墙面。二步架起及以上外侧设挡脚笆或安全挂网。

e) 设登高通道，坡度应符合规范要求，在外侧设配防护栏杆。转弯平台须设二道水平栏杆。

人货两用电梯：

a) 电梯下部三面应搭设双层防坠棚，搭设宽度正面不小于 2.8m，两侧不小于 1.8m，搭设高度为 4m。

b) 必须设有楼层通讯装置或传话器。

c) 楼层通道口须设防护门及明显标识，电梯吊笼停层后与通道桥之间的间隙不大于 10 cm，通道桥两侧须设有防护栏杆和挡脚笆。

d) 应装有良好的接地装置，底部排水要畅通。

e) 吊笼门上要挂设起重量、乘人限额标识牌。

⑧塔吊

a) "三保险"、"五限位"应齐全有效。

b) 夹轨器要齐全。

c) 路轨纵横向高低差不大于 1%，路轨两端设缓冲器，离轨端不小于 1m。

316

d) 轨道横拉杆两端各设一组，中间杆距不大于 6m。

e) 路轨接地两端各设一组，中间间距不大于 25m，电阻不大于 4Ω。

f) 轨道内排水应畅通，移动部位电缆严禁有接头。

g) 轨道中间严禁堆杂物，路轨两侧和两端外堆物应离塔吊回转台尾部 50cm 以上。

⑨现场安全用电

a) 现场临时变配电所。

a. 高压露天变压器面积不小于 3m×3m，低压配电应邻靠高压变压器间，其面积也不小于 3m×3m。围墙高度不低于 3.5m。室内地坪满铺混凝土，室外四周做 80cm 宽混凝土散水坡。

b. 变压器四周及配电板背面凸出部位，须有不小于 80cm 的安全操作通道，配电板下沿距地面为 1m。

c. 配电挂箱的下沿距地面不少于 1.2m。

b) 现场电箱。

a. 电箱应安装双扇开启门，并有门锁、插销，写上指令性标识和统一编号。

b. 电源线进箱有滴水弯，进线应先进入熔断器后再进开关，箱内要配齐接地线，金属电箱外壳应设接地保护。

c. 电箱内分路凡采用分路开关、漏电开关，其上方都要单独设熔断保护。

d. 箱内要单独设置单相三眼插座，上方要装漏电保护自动开关，现场使用单相电源的设备应配用单相三眼插头。

e. 手提分路流动电箱，外壳要有可靠的保护接地，10A 铁壳开关或按用量配上分路熔断器。

f. 要明显分开"动力"、"照明"和"电焊机"使用的插座。

c) 用电线路。

a. 现场电气线路，必须按规定架空敷设坚韧橡皮线或塑料护套软线。在通道或马路处可采用加保护管埋设，树立标识牌，接头应架空或设接头箱。

b. 手持移动电具的橡皮电缆，引线长度不应超过 5m，不得有接头。

c. 现场使用的移动电具和照明灯具一律用软质橡皮线的，不准用塑料胶质线代替。

d. 现场大型临时设施的电线安装，凡使用橡皮或塑料绝缘线，应立柱明线架设，开关设置要合理。

d) 接地装置

a. 接地体可用角钢，钢管不少于两根，入土深度不小于 2m，两根接地体间距不小于 2.5m，接地电阻不大于 4Ω。

b. 接地线可用绝缘铜或铝芯线，严禁在地下使用裸铝导线作接地线，接头处应采用焊接压接等可靠连接。

c. 橡皮电缆芯线中"黑色"或"绿黄双色"线作为接地线。

e) 高压线防护。

a. 在架空输电线路附近施工，须搭设毛竹防护架。

b. 在高压线附近搭设的井架、脚手架外侧在高压线水平上方的，应全部设安全网。

f) 手持或移动电动机具。

电源线须有漏电保护装置（包括下列机具：振动机、磨石机、打夯机、潜水泵、手电刨、手电钻、砂轮机、切割机、绞丝机和移动照明灯具等）。

⑩中小型机具

a）拌合机械

a. 应有防雨顶棚。

b. 排水应畅通，要设有排水沟和沉淀池。

c. 拌合机操纵杆，应有保险装置。

d. 应有良好的接地装置，可采用 36V 低压电。

e. 砂石笼挡墙应坚固。

f. 四十式砂浆机拌筒防护栅应齐全。

b）卷扬机

a. 露天操作应搭设操作棚。

b. 应配备绳筒保护。

c. 开关箱的位置应正确设置，禁用倒顺开关，操作视线必须良好。凡用按钮开关的，在操作人员处应设断电开关。

c）电焊机

a. 一机一闸并应装有随机开关和二次侧防漏电保护器。

b. 一、二次电源线符合安全要求，电源与焊机接头处应有防护装置，二次线要使用线鼻子。

c. 接地线要规范牢固。

d）乙炔器、氧气瓶。

a. 安全阀应装设有效，压力表应保持灵敏准确，回火防止器应保持一定的水位。

b. 乙炔器与氧气瓶间距应大于 5m，与明火操作距离应大于 10m，不准放在高压线下。

c. 乙炔器皮管为"黑色"、氧气瓶皮管为"红色"，皮管头用轧箍轧牢。

e）木工机械。

a. 应有可靠灵活的安全防护装置，圆锯设松口刀，轧刨设回弹安全装置，外露传动部位均应有防护罩。

b. 木工棚内应备有符合规定要求的消防器材。

4）起重吊装"十不吊"规定

①起重臂和吊起的重物下面有人停留或行走不准吊。

②起重指挥应由技术培训合格的专职人员担任，无指挥或信号不清不准吊。

③钢筋、型钢、管材等细长和多根物件应捆扎牢靠，支点起吊。捆扎不牢不准吊。

④多孔板、积灰斗、手推翻斗车不用四点吊或大模板外挂板不用卸甲不准吊。预制钢筋混凝土楼板不准双拼吊。

⑤吊砌块应使用安全可靠的砌块夹具，吊砖应使用砖笼，并堆放整齐。木砖、预埋件等零星物件要用盛器堆放稳妥，叠放不齐不准吊。

⑥楼板、大梁等吊物上站人不准吊。

⑦埋入地下的板桩、井点管等下有粘连、附着的物件不准吊。

⑧多机作业，应保证所吊重物距离不小于3m。在同一轨道上多机作业，无安全措施不准吊。

⑨遇6级及以上强风不准吊。

⑩斜拉重物或超过机械允许荷载不准吊。

5）气割、电焊"十不烧"规定

①焊工应持证上岗，无特种作业安全操作证的人员，不准进行焊、割作业。

②凡一、二、三级动火范围的焊、割作业，未经动火审批，不准进行焊、割。

③焊工不了解焊、割现场周围情况，不得进行焊、割。

④焊工不了解焊件内部是否安全，不得进行焊、割。

⑤各种装过可燃气体、易燃液体和有毒物质的容器，未经彻底清洗和排除危险性之前，不准进行焊、割。

⑥用可燃材料作保温层、冷却层、隔声和隔热设施的部位，或火星能飞溅到的地方，在未采取切实可靠的安全措施之前，不准焊、割。

⑦有压力或密闭的管道、容器，不准焊、割。

⑧焊、割部位附近有易燃易爆物品，在未采取有效安全措施之前，不准焊、割。

⑨有与明火作业相抵触的工种在附近作业时，不准焊、割。

⑩与外单位相连的结合部，在没有弄清有无险情，或明知存在危险而未采取有效措施之前，不准焊、割。

17.4 施工安全教育与培训

17.4.1 施工安全教育和培训的重要性

安全生产保证体系的成功实施，有赖于施工现场全体人员的参与，需要他们具有良好的安全意识和安全知识。保证他们得到适当的教育和培训，是实现施工现场安全保证体系有效运行，达到安全生产目标的重要环节。施工现场应在项目安全保证计划中确保对员工进行教育和培训的需求，指定安全教育和培训的责任部门或责任人。

安全三级教育和培训要体现全面、全员、全过程的原则，覆盖施工现场的所有人员（包括分包单位人员），贯穿于从施工准备、工程施工到竣工交付的各个阶段和方面，通过动态控制，确保只有经过安全教育的人员才能上岗。

17.4.2 施工安全教育和培训的目标

通过施工安全教育与培训，使处于每一层次和职能的人员都认识到：

（1）遵守"安全第一、预防为主、综合治理"方针和工作程序，以及符合安全生产保证体系要求的重要性。

（2）与工作有关的重大安全风险，包括可能发生的影响，以及其个人工作的改变可能带来的安全因素。

（3）在执行"安全第一、预防为主"方针和工作程序，以及实现安全生产保证体系要求方面的作用与职责，包括在应急准备方面的作用与职责。

（4）偏离规定的工作程序可能带来的后果。

17.4.3 工程项目部应建立安全教育培训制度

（1）当施工人员入场时，工程项目部应组织进行以国家安全法律法规、企业安全制度、施工现场安全管理规定及各工种安全技术操作规程为主要内容的三级安全教育培训和考核。

（2）当施工人员变换工种或采用新技术、新工艺、新设备、新材料施工时，应进行安全教育培训。

（3）施工管理人员、专职安全员每年度应进行安全教育培训和考核。

17.4.4 施工安全教育主要内容

1. 安全生产法规和企业安全制度教育

（1）党和国家的安全生产方针、政策及国家建筑施工安全生产法规，标准和法制观念。

（2）企业单位施工过程及安全生产规章制度，安全纪律。

（3）企业单位安全生产形势、曾发生的重大事故及应吸取的教训。

（4）发生事故后如何抢救伤员，排险，保护现场和及时报告。

（5）企业单位施工特点及施工安全基本知识。

（6）企业单位安全生产制度、规定及安全注意事项。

2. 现场规章制度和遵章守纪教育

（1）本工程施工特点及施工安全基本知识。

（2）本工程（包括施工生产现场）安全生产制度、规定及安全注意事项。

（3）工种的安全技术操作规程。

（4）高处作业、机械设备、电气安全基础知识。

（5）防火、防毒、防尘、防爆及紧急情况安全防范自救。

（6）防护用品发放标准及防护用品、用具使用的基本知识。

3. 本工种岗位安全操作及班组安全制度、纪律教育

（1）本班组作业特点及安全操作规程。

（2）本班组安全活动制度及纪律。

（3）爱护和正确使用安全防护装置（设施）及个人劳动防护用品。

（4）本岗位易发生事故的不安全因素及其防范对策。

（5）本岗位的作业环境及使用的机械设备、工具的安全要求。

4. 安全生产须知

（1）新工人进入工地前必须认真学习本工种安全技术操作规程。未经安全知识教育交底和培训考试合格，不得进入施工现场操作。

（2）进入施工现场，必须戴好安全帽、扣好帽带。

（3）在没有防护设施的 2m 高处、悬崖或陡坡施工作业必须系好安全带，安全带要高挂低施工。

（4）高空作业时，不准往下或向上抛材料和工具等物件。

（5）不懂电器和机械的人员，严禁使用和玩弄机电设备。

（6）建筑材料和构件要堆放整齐稳妥，不要过高。

（7）危险区域要有明显标志，要采取防护措施，夜间要设红灯示警。

（8）在操作中，应坚守工作岗位，严禁酒后操作。

（9）特殊工种（电工、焊工、起重和指挥、架子工、各种机动车辆司机等）必须经过有关部门专业培训考试合格发给操作证，方准独立操作。

（10）施工现场禁止穿拖鞋、高跟鞋，易滑、带钉的鞋，禁止赤脚和赤膊操作。

（11）不得擅自拆除施工现场的脚手架、防护设施、安全标志、警告牌、脚手架连接铁丝或连接件。需要拆除时，必须经过加固后并经施工负责人同意。

（12）施工现场的洞、坑、井架、升降口、漏斗等危险处，应有防护措施并有明显标志。

（13）任何人不准向下、向上乱丢材、物、垃圾、工具等。不准随意开动一切机械。操作时思想要集中，不准开玩笑，做私活。

（14）不准坐在脚手架防护栏杆上休息。

（15）手推车装运物料时，应注意平稳，掌握重心，不得猛跑或撒把溜放。

（16）拆下的脚手架、钢模板、轧头或木模、支撑，要及时整理，圆钉要及时拔除。

（17）砌墙斩砖要朝里斩，不准朝外斩。防止碎砖堕落伤人。

（18）工具用完后要随时装入工具袋。

（19）不准在井架内穿行；不准在井架提升后不采取安全措施到下面去作业等；吊篮不准久停空中；下班后吊篮必须放在地面处，且切断电源。

（20）要及时清扫脚手架上的及作业处的霜、雪、泥等。

（21）脚手板两端间要扎牢，防止空头板（竹脚手片应四点扎牢）。

（22）脚手架超载危险。脚手架均布荷载每平方米不得超过 250kN，不准私自将脚手架连接物拆除；不准坐在防护栏杆上休息；不准在搭、拆脚手架、井字架不系安全带。

（23）单梯上部要扎牢，下部要有防滑措施。

（24）挂梯上部要挂牢，下部要绑扎。

（25）人字梯中间要扎牢，下部要有防滑措施，不准人坐在上面作骑马式夹梯行走。

（26）高空作业：从事高空作业的人员，必须身体健康，严禁患有高血压、贫血症、严重心脏病、精神症、癫痫病、深度近视眼在 500 度以上的人员，以及经医生检查认为不适合高空作业的人员从事高空作业，对井架、起重工等从事高空作业的工种人员要每年体检一次。

在平台、屋檐口操作时，面部要朝外，系好安全带。

17.5 施工安全检查

工程项目安全检查的目的是为了消除隐患、防止事故，它是改善劳动条件及提高员工安全生产意识的重要手段，是安全控制工作的一项重要内容。通过安全检查可以发现工程中的危险因素，以便有计划地采取措施，保证安全生产。施工项目的安全检查应由项目经理组织，定期进行，检查要符合《建筑施工安全检查标准》JGJ 59—2011 标准要求。

17.5.1 安全检查的类型

安全检查可分为日常性检查、专业性检查，季节性检查、节假日前后的检查和不定期检查。

（1）日常性检查。日常性检查即经常的、普遍的检查。企业一般每年进行 1～4 次；工程项目组、车间、科室每月至少进行一次；班组每周、每班次都进行检查。专职安全技术人员的日常检查应该有计划，针对重点部位周期性地进行。

（2）专业性检查。专业性检查是针对特种作业、特种设备、特殊场所进行的检查，如电焊、气焊、起重设备、运输车辆、锅炉压力容器、易燃易爆场所等。

（3）季节性检查。季节性检查是指根据季节特点，为保障安全生产的特殊要求所进行的检查。如春季风大，要着重防火、防爆；夏季高温，雨雷电，要着重防暑、降温、防汛、防雷击、防触电：冬季着重防寒、防冻等。

（4）节假日前后的检查。节假日前后的检查是针对节假日期间容易产生麻痹思想的特点而进行的安全检查，包括节日前进行安全生产综合检查，节日后要进行遵章守纪的检查等。

（5）不定期检查。不定期检查是指在工程或设备开工和停工前，检修中，工程或设备竣工及试运转时进行的安全检查。

17.5.2 安全检查的注意事项

（1）安全检查要深入基层，紧紧依靠职工，坚持领导与群众相结合的原则，组织好检查工作。

（2）建立检查的组织领导机构，配合适当的检查力量，挑选具有较高技术业务水平的专业人员参加。

（3）做好检查的各项准备工作，包括思想、业务知识、法规政策和检查设备、奖金的准备。

（4）明确检查的目的和要求。既要严格要求，又要防止一刀切，要从实际出发，分清主次矛盾，力求实效。

（5）把自查与互查有机结合起来，基层以自检为主，企业内相应部门互相检查，取长补短，互相学习和借鉴。

（6）坚持查改结合。检查不是目的，只是一种手段，整改才是最终目标。发现问题，要及时采取切实有效的防范措施。

（7）建立检查档案。结合安全检查表的实施，逐步建立健全检查档案，收集基本的数据，掌握基本安全状况，为及时消除隐患提供数据，同时也为以后的职业健康安全检查奠定基础。

（8）在制定安全检查表时，应根据用途和目的具体确定安全检查表的种类。安全检查表的主要种类有：设计用安全检查表；车间安全检查表；班组及岗位安全检查表：专业安全检查表等。制定安全检查表要在安全技术部门的指导下，充分依靠职工来进行。初步制定出来的检查表，要经过群众的讨论，反复试行，再加以修订，最后由安全技术部门审定后方可正式实行。

17.5.3　安全检查的主要内容

（1）查思想：主要检查企业的领导和职工对安全生产工作的认识。

（2）查管理：主要检查工程的安全生产管理是否有效。主要内容包括：安全生产责任制，安全技术措施计划，安全组织机构，安全保证措施，安全技术交底，安全教育，持证上岗，安全设施，安全标识，操作规程，违规行为，安全记录等。

（3）查隐患：主要检查作业现场是否符合安全生产、文明生产的要求。

（4）查整改：主要检查对过去提出问题的整改情况。

（5）查事故处理：对安全事故的处理应达到查找事故原因、明确责任并对责任者作出处理、明确和落实整改措施等要求。同时还应检查对伤亡事故是否及时报告、认真调查、严肃处理。

安全检查的重点是违章指挥和违章作业。安全检查后应编制安全检查报告，说明已达标项目、未达标项目、存在问题、原因分析、纠正和预防措施。

17.5.4　项目经理部安全检查的主要规定

（1）定期对安全控制计划的执行情况进行检查、记录、评价和考核，对作业中存在的不安全行为和隐患，签发安全整改通知，由相关部门制定整改方案，落实整改措施，实施整改后应予复查。

（2）根据施工过程的特点和安全目标的要求确定安全检查的内容。

（3）安全检查应配备必要的设备或器具，确定检查负责人和检查人员，并明确检查的方法和要求。

（4）检查应采取随机抽样、现场观察和实地检测的方法，并记录检查结果，纠正违章指挥和违章作业。

（5）对检查结果进行分析，找出安全隐患，确定危险程度。

（6）编写安全检查报告并上报。

17.5.5　安全检查评分方法

以《建筑施工安全检查标准》JGJ 59—2011（以下简称"标准"）为重要检查依据。

（1）建筑施工安全检查评定中，保证项目应全数检查。

（2）建筑施工安全检查评定应符"标准"中各检查评定项目的有关规定，并应按标准附录 A、B 的评分表进行评分。检查评分表应分为：安全管理、文明施工、脚手架、基坑工程、模板支架、高处作业、施工用电、物料提升机与施工升降机、塔式起重机与起重吊装、施工机具分项检查评分表和检查评分汇总表。

（3）各评分表的评分应符合下列规定：

1）分项检查评分表和检查评分汇总表的满分分值均应为 100 分，评分表的实得分值应为各检查项目所得分值之和；

2）评分应采用扣减分值的方法，扣减分值总和不得超过该检查项目的应得分值；

3）当按分项检查评分表评分时，保证项目中有一项未得分或保证项目小计得分不足40 分，此分项检查评分表不应得分；

4）检查评分汇总表中各分项项目实得分值应按下式计算：

$$A_1 = \frac{B \times C}{100} \qquad\qquad (17\text{-}1)$$

式中　A_1——汇总表各分项项目实得分值；

　　　B——汇总表中该项应得满分值；

　　　C——该项检查评分表实得分值。

5）当评分遇有缺项时，分项检查评分表或检查评分汇总表的总得分值应按下式计算：

$$A_2 = \frac{D}{E} \times 100 \qquad\qquad (17\text{-}2)$$

式中　A_2——遇有缺项时总得分值；

　　　D——实查项目在该表的实得分值之和；

　　　E——实查项目在该表的应得满分值之和。

6）脚手架、物料提升机与施工升降机、塔式起重机与起重吊装项目的实得分值，应为所对应专业的分项检查评分表实得分值的算术平均值。

（4）检查评定等级

1）应按汇总表的总得分和分项检查评分表的得分，对建筑施工安全检查评定划分为优良、合格、不合格三个等级。

2）建筑施工安全检查评定的等级划分应符合下列规定：

①优良：

分项检查评分表无零分，汇总表得分值应在 80 分及以上。

②合格：

分项检查评分表无零分，汇总表得分值应在 80 分以下，70 分及以上。

③不合格：

当汇总表得分值不足 70 分时；

当有一分项检查评分表得零分时。

3）当建筑施工安全检查评定的等级为不合格时，必须限期整改达到合格。

17.6　施工过程安全控制

17.6.1　临边、洞口防护

1. 临边作业安全防护

①施工深度离基准面达到 2m 及以上时必须设置 1.2m 高的两道护身栏杆，并按要求设置固定高度不低于 18cm 的挡脚板，或搭设固定的立网防护。

②横杆长度大于 2m 时，必须加设栏杆柱，栏杆柱的固定及其与横杆的连接，其整体构造应在任何一处能经受任何方向的 1 000N 的外力。

③当临边的外侧面临街道时，除防护栏杆外，敞口立面必须采取满挂密目安全立网或其他可靠措施做全封闭处理。

④分层施工的楼梯口、竖井梯边及休息平台处必须安装临时护栏，见图 17-5。

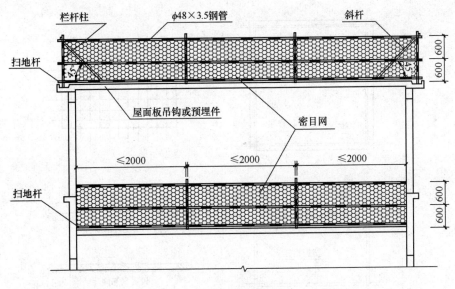

图 17-5　临边防护

2. 洞口作业安全防护

①施工作业面、楼板、屋面和平台等面上短边尺寸为 25cm 及以下的洞口，必须设坚实盖板并能防止挪动移位。

②25cm×25cm～50cm×50cm 的洞口，必须设置固定盖板，保持四周搁置均衡，有固定其位置的措施。

③50cm×50cm～150cm×150cm 的洞口，必须预埋通长钢筋网片，钢筋间距不得大于 15cm，或满铺脚手板，脚手板应绑扎固定，任何人不得随意移动。

④150cm×150cm 以上的洞口，四周必须搭设围护架，并设双道防护栏杆，洞口中间支挂水平安全网，网的四周必须牢固、严密。

⑤位于车辆行驶道路旁的洞口、深沟、管道、坑、槽等，所加盖板应能承受不小于当地额定卡车后轮有效承载力的 2 倍的荷载。

⑥电梯井必须设不低于 1.8m 的金属防护门。

⑦洞口必须按规定设置照明装置和安全标志。

洞口防护作业见图 17-6。

17.6.2　高处作业安全防护

（1）凡高度在 4m 以上建筑物施工的必须支搭安全水平网，网底距地不小于 3m。

（2）建筑物出入口应搭设长 3～6m，且宽于通道两侧各 1m 的防护网，非出入口和通道两侧必须封严。

（3）对人或物构成威胁的地方，必须支搭防护棚，保证人、物的安全。

（4）高处作业使用的凳子应牢固，不得摇晃，凳间距离不得大于 2m，且凳上脚手板至少铺两块以上，凳上只许一人操作。

（5）作业人员必须穿戴好个人劳动防护用品，严禁投掷物料。

（6）在人字梯上施工不准站在顶部上二档作业，不准夹梯行走，一部梯子上不准站两

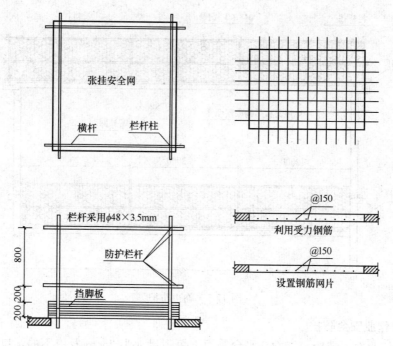

图 17-6 洞口防护

人作业。

（7）门式移动脚手架上施工，要有防护栏杆，作业时轮子要有效刹住不得晃动，移动架子时，上面不准有人连架移动。

17.6.3 起重设备安全防护

（1）起重吊装的指挥人员必须持证上岗，作业时必须与操作人员密切配合。

（2）起重机作业时，起重臂和重物下方严禁有人停留、工作或通过。物料吊运时，严禁从人上方通过。严禁用起重机载运人员。

（3）吊索与物件的夹角宜采用 45°～60°，且不得小于 30°，吊索与物件棱角之间应加垫块。

（4）起重机的任何部位与架空输电导线的安全距离要按临时用电规范执行。

（5）钢丝绳与卷筒应连接牢固，放出钢丝绳时，卷筒上应至少保留三圈，收放钢丝绳时，应防止钢丝绳打环、扭结、弯折和乱绳，不得使用扭结、变形的钢丝绳。

（6）钢丝绳采用编结固接时，编结部分的长度不得小于钢丝绳直径的 20 倍，并不应小于 300mm，其编结部分应捆扎细钢丝。

（7）当采用绳卡固接时，与钢丝绳直径匹配的绳卡的规格、数量应符合规定要求。

（8）最后一个绳卡距绳头的长度不得小于 140mm。绳卡夹板紧固应在钢丝绳承载时受力的长绳一侧，"U"螺栓应在钢丝绳的尾端（短绳一侧），不得正反交错。绳卡初次固定后，应待钢丝绳受力后再度紧固，并宜拧紧到使两绳直径的高度压扁 1/3。

（9）每次作业前，应检查钢丝绳及钢丝绳的连接部位。当钢丝绳在一个节距内断丝根数达到或超过规定要求时，要给予报废。

（10）吊钩的质量非常重要，其断裂可能导致重大的人身及设备事故。目前，中小起重量的起重机的吊钩是锻造的，大起重梁起重机的吊钩采用钢板铆合，称为片式吊钩。起重机的吊钩和吊环严禁补焊。当出现下列情况时，必须更换。

①表面有裂纹、破口，可用煤油洗净钩体，用 20 倍的放大镜检查钩体是否有裂纹，特别要检查危险断面和螺纹退刀槽处；

②危险断面及钩颈有永久变形；

③挂绳处断面磨损超过原高度 10％时；

④吊钩衬套磨损超过原厚度 50％，应报废衬套；

⑤销子（心轴）磨损超过其直径的 3％～5％。

17.6.4　施工电器、机具安全防护

1. 电焊机

电焊机必须安装二次侧空载降压保护装置。

(1) 电焊机设备的外壳应做保护接零（接地），开关箱内装设漏电保护器。

(2) 关于电焊机二次侧安装空载降压保护装置问题：

①交流电焊机实际就是一台焊接变压器，由于一次线圈与二次线圈相互绝缘，所以一次侧加装漏电保护器后，并未减轻二次侧的触电危险。

②二次侧具有低电压、大电流的特点，以满足焊接工作的需要。二次侧的工作电压只有 20 多 V，但为了引弧的需要，其空载电压一般为 45～80V（高于安全电压）。

③强制要求弧焊变压器加装触电装置，因为此种装置能把空载电压降到安全电压以下（一般低于 24V）。

④空载降压保护装置。当弧焊变压器处于空载状态时，可使其电压降到安全电压值以下，当启动焊接时，焊机空载电压恢复正常。

⑤防触电保护装置。将电焊机输入端加装漏电保护器和输出端加装空载降压保护器合二为一，采用一种保护装置。

⑥电焊机的一次侧与二次侧比较，一次侧电压高，危险性大，如果一次侧线过长（拖地），容易损坏机械或使机械操作发生危险，所以一次侧线安装的长度以尽量不拖地为准（一般不超过 3m），焊机尽量靠近开关箱，一次线最好穿管保护和焊机接线柱连接后，上方应设防护罩防止意外碰触。

⑦焊把线长度一般不超过 30m，并不准有接头。接头处往往由于包扎达不到电缆原有的防潮、抗拉、防机械损伤等性能，所以接头处不但有触电的危险，同时由于电流大，接头处过热，接近易燃物容易引起火灾。

⑧不得用金属构件或结构钢筋代替二次线的地线。

2. 空气压缩机

(1) 使用前应测量绝缘电阻，其值不得小于 0.5MΩ，电动机应装设过载和短路保护装置。

(2) 空压机作业区应保持清洁干燥。

(3) 空压机的输气气管较长时，应加以固定，管路不得有急弯，管路接头应联接牢固严密，严禁漏气。

(4) 贮气罐每三年应做水压试验一次，试验压力为额定压力的 150％，压力表和安全

阀每年至少校验一次。

（5）作业前重点检查应符合下列要求：

①润滑油添加充足；

②各连接部位紧固，各运动机构及各部阀门开闭灵活；

③各防护装置齐全良好，贮气罐内无存水。

（6）空压机应在无载状态下启动，启动后低速空运转，检查各仪表指示值符合要求，运转正常后逐步进入载荷运转。

（7）作业中贮气罐内压力不得超过铭牌额定压力，安全阀应灵敏有效。

（8）发现漏气、漏电、异响等情况应立即停机检查。

（9）工作结束或下班前要切断电源。

3. 圆盘锯

（1）必须用单面开关，不得安装倒顺开关。锯片的安装，应保持与轴同心。

（2）锯片的锯齿尖锐，不得连续缺齿两个，裂纹长度不得超过 20mm，裂纹末端应冲止裂孔。

（3）被锯木料厚度，以锯片能露出木料 10～20mm 为限，夹持锯片的法兰盘的直径应为锯片直径的 1/4。

（4）启动后，待转速正常后方可进行锯料。送料时不得将木料左右晃动或高抬，遇木节要缓缓送料。锯料长度应不小于 500mm。接近端头时，应用推棍送料。

（5）如锯线走偏，应逐渐纠正，不得猛扳，以免损坏锯片。

（6）操作人员不得站在和面对与锯片旋转的离心力方向操作，手不得跨越锯片。

（7）锯片温度过高时，应用水冷却，直径 600mm 以上的锯片。在操作中应喷水冷却。

4. 手持电动工具

（1）使用刃具的机具，应保持刃磨锋利，完好无损，安装正确，牢固可靠。

（2）使用砂轮的机具，应检查砂轮与接盘间的软垫并安装稳固，螺母不得过紧，凡受潮、变形、裂纹、破碎或接触过油、碱类的砂轮均不得使用，并不得将受潮的砂轮片自行烘干使用。

（3）在潮湿金属构架、压力容器等导电良好的场所作业时，必须使用双重绝缘或加强绝缘的电动工具。

（4）作业前的检查应符合下列要求：

外壳、手柄不出现裂缝、破损；

电缆软线及插头等完好无损，开关动作正常，保护接零连接正确，牢固可靠；

各部防护装置齐全牢固，电气保护装置可靠。

（5）机具启动后，应空载运转，应检查并确认机具联动灵活无阻。作业时，加力应平稳，不得用力过猛。

（6）严禁超载使用，作业中应注意音响及温升，发现异常应立即停机检查。在作业时间过长，机具温升超过 60℃时，应停机，自然冷却后再行作业。

（7）作业中，不得用手触摸刃具、模具和砂轮，发现其有磨钝、破损情况时，应立即停机修整或更换，然后再继续作业。

（8）机具转动时，不得撒手不管。

（9）使用冲击电钻或电锤时，应符合下列要求：

①作业时应掌握电钻和电锤手柄，打孔时先将钻头抵在工作表面，然后开动，用力适度，避免晃动；转速若急剧下降，应减少用力，防止电机过载，严禁用木杠加压。

②钻孔时，应注意避开混凝土中的钢筋。

③电钻和电锤为40％继续工作制，不得长时间连续使用。

（10）使用瓷砖切割机时应符合下列要求：

①作业时应防止杂物、泥尘混合电机内，并应随时观察机壳温度，当机壳温度过高及产生炭刷火花时，应立即停机检查处理；

②切割过程中用力应均匀适当，推进刀片不得用力过猛，当发生刀片卡死时，应立即停机，慢慢退出刀片，应在重新对正后方可再切割。

（11）使用角向磨光机时应符合下列要求：

①砂轮应选用增强纤维树脂型，其安全线速度不得小于80m/s。配用的电缆与插头应具有加强绝缘性能，并不得任意更换。

②磨削作业时，应使砂轮与工件面保持15°～30°。的倾斜位置；切削作业时，砂轮不得倾斜，并不得横向摆动。

（12）使用射钉枪时应符合下列要求：

①严禁用手掌推压钉管和将枪口对准人；

击发时，应将射钉枪垂直压紧在工作面上，当两次扣动扳机子弹均不击发时，应保持原射击位置数秒后，再退出钉弹；

②在更换零件或断开射钉枪之前，射枪内均不得装有射钉弹。

17.6.5 季节施工安全防护

（1）夏季施工：重点注意作息时间和防暑降温及住宿饮食卫生工作。

（2）雨期施工：重点做好防止触电、防雷、防坍塌、防大风等安全技术措施。

（3）防止地震、洪水、台风等自然灾害威胁。

（4）冬期施工：制定防风、防火、防滑、防煤气中毒的安全措施。

17.6.6 环境施工安全防护

（1）一是触电事故，二是中毒窒息事故，三是交通事故等。

（2）在高压线下和高压输变电设施附近作业时，要保持有效安全距离，严禁雨天、雾天、雷电天气作业和使用金属塔尺、标杆。

（3）夜间作业必须有足够的照明。

（4）使用10W以上的大功率仪器设备时，作业人员应具备安全用电和触电急救的常识。工作电压超过36V时，供电作业人员必须使用绝缘防护用品。接地电极附近应设置明显警示标志，并设专人看管。雷电天气严禁使用大功率仪器设备施工。在井下作业的所有电气设备外壳必须接地。

（5）严禁使用金属杆直接扦插探测地下输电线和光缆。

（6）对地下管线进行开挖验证时，必须小心谨慎，防止损坏管线。

（7）预防缺氧、窒息的对策措施。

①应遵守先通风、检测，后作业的原则。

打开窨井盖至少 5min 以上才可探视井下情况。

应配备氧气浓度、有害气体浓度检测仪器、报警仪器、隔离式空气保护器具（空气呼吸器、氧气呼吸器等）、通风换气设备和抢救器具（绳缆、梯子等）。

下井调查或施放探头、电极、导线前，必须进行有毒、有害及可燃气体的浓度测定，超标的管道必须采取安全生产防护措施以后才能进行作业。

②作业环境空气中氧气浓度大于 18% 和有害气体浓度达到标准要求以后，在密切监视下才能作业；对氧气、有害气体浓度可能发生变化的作业场所，作业过程中应定时或连续检测保证安全作业，严禁用纯氧进行通风换气，以防止氧中毒。

③在井口或缺氧、窒息危险的工作场所，要有人看守，在醒目的地方设警示标志，严禁无关人员进入。

④禁止在井内或管道等地方吸烟及使用明火；下井人员必须佩戴安全带、安全绳；井下作业完毕应立即盖好井盖。

⑤加强有关缺氧、窒息危险的安全管理、教育、抢救等措施。

17.6.7 "三宝"、"四口"

"三宝"防护：安全帽、安全带、安全网的正确使用。

"四口"防护：楼梯口、电梯井口、预留洞口、通道口等各种洞口的防护应符合要求。

1. 安全帽

（1）安全帽是防冲击的主要用品，由具有一定强度的帽壳和帽衬缓冲结构组成，可以承受和分散落物的冲击力，并保护或减轻由于杂物从高处坠落至头部的撞击伤害。

（2）人体颈椎冲击承受能力是有限度的，国家标准规定：用 5kg 钢锤自 1m 高度落下进行冲击试验，头模受冲击力的最大值不应超过 500kg；耐穿透性能用 3kg 钢锥自 1m 高度落下进行试验，钢锥不得与头部接触。

（3）帽衬顶端至帽壳顶内面的垂直间距为 20～25mm，帽衬至帽壳内侧面的水平间距为 5～20mm。

（4）安全帽在保证承受冲击力的前提下，要求越轻越好，重量不应超过 400g。帽壳表面光滑，易于滑走落物。

（5）安全帽必须是正规生产厂家生产，有许可证编号、检查合格证等，不得购买劣质产品。

（6）戴安全帽时，必须系紧下颚系带，防止安全帽坠落失去防护作用。安全帽佩戴在防寒帽外时，应随头型大小调节帽箍，保留帽衬与帽壳之间缓冲作用的空间。

2. 安全网

（1）安全网的每根系绳都应与构架系结，四周边绳（边缘）应与支架贴紧，系结应符合打结方便，连结牢固又容易解开，工作中受力不散脱的原则。有筋绳的安全网安装时还应把筋绳连接在支架上。

（2）平网网面不宜绷得过紧，平网与下方物体表面的最小距离应不小于 3m，两层平网间距不得超过 10m。

（3）立网面应与水平面垂直，并与作业边缘最大间缝不超过 10cm。

（4）安装后的安全网应经专人检验后，方可使用。

（5）对使用中的安全网，应进行定期或不定期的检查，并及时清理网上落物。当受到较大冲击后应及时更换。

3. 安全带

使用安全带要正确悬挂。

（1）架子工使用的安全带绳长限定在 1.5～2m。

（2）应做垂直悬挂，高挂低用比较安全，当做水平位置悬挂使用时，要注意摆动碰撞，不宜低挂高用；不应将绳打结使用，不应将钩直接挂在不牢固物体或直接挂在非金属墙上，防止绳被割断。

（3）关于安全带的标准。安全带一般使用 5 年应报废。使用 2 年后，按批量抽检，以 80kg 重量自由坠落试验，不破断为合格。

4. 楼梯口

楼梯口边设置 1.2m 高防护栏杆和 0.3m 高踢脚杆。

5. 预留洞口

可根据洞口的特点、大小及位置采用以下几种措施：

（1）楼、屋面等平面上孔洞边长小于 50cm 者，可用坚实盖板固定盖设。要防止移动挪位。

（2）平面洞短边长 50～150cm 者，宜用钢筋网格或平网防护，上铺遮盖物，以防落物伤人。

（3）平面洞口边长大于 150cm 者，先在洞口四周设置防护栏杆，并在洞口下方张挂安全网，也可搭设内脚手架。

（4）挖土方施工时的坑、槽、孔洞及车辆行驶道旁的洞口、沟、坑等，一般以防护盖板为准。同时，应设置明显的安全樗如挂牌警示、栏杆导向等，必须时可专人疏导。

6. 电梯井口

（1）电梯井口应设置 1.5～1.8m 高防护开关式栅门。

（2）电梯井内二层楼面起，不超过二层（不大于 10m）须拉设一道平网。

（3）防护设施定型化、工具化、牢固可靠。

7. 通道口防护

（1）进出建筑物主体通道口、井架或物料升机进口处等均应搭设独立支撑系统的防护棚。棚宽大于道口，两端各长出 1m，垂直长度 2.5m，棚顶搭设夺层，采用脚手片的，铺设方向应互相垂直，间距大于 30cm，折边翻高 0.5m。通道口附近挂设安全标志。

（2）砂浆机、拌合机和钢筋加工场地等应搭设操作简易棚。

（3）底层非进入建筑物通道口的地方应采取禁止出入（通行）措施和设置禁行标志。

17.6.8 项目施工安全资料管理

（1）施工现场安全基础管理资料必须按标准整理，做到真实准确、齐全，要符合国家和地方的施工安全文明和环境管理要求。

（2）做好书面记录并签字。

①有利于规范安全生产检查、活动、教育及其各项安全生产管理行为。

②有利于从程序上保证书面记录的内容完整、全面、真实，有利于安全管理部门更好地掌握本单位或各被检查单位安全生产的实际情况。

③对安全生产管理部门及人员的工作是一个考核，有利于提高其责任心。

④在各单位发生生产安全事故时，书面记录对确定、分清有关人员的生产安全事故责任提供直接的证据，也可以据此判断有关领导和安全管理人员是否有失职、渎职等行为。

需要做出书面记录的事项有：

①检查、活动、教育、技术交底等的时间。

②地点。检查、活动、教育等工作的地点，尽量详细到具体单位和场所。

③内容。安全检查的内容，安全活动的内容，安全教育的内容，安全技术交底的内容，开会具体研究的内容等。

④发现的问题及其处理情况。

需要在原始记录上签字，是对其行为的一种监督和制约。

（3）加强单位安全档案管理。

17.7 职业健康与环境保护

17.7.1 职业健康

（1）建设工程职业健康是指在建筑工程生产活动中，控制影响工作人员和其他相关人员的健康的条件因素，保护生产者的健康和安全，并考虑和防范因施工作业或相关原因而给工作人员或其他人员造成的健康危害，建筑工程的职业健康安全是项目管理工作的重要内容之一，也是项目工程管理的重要任务。

（2）为了加强职业健康和安全管理，2001 年我国以《职业健康安全管理体系—规范》OHSAS18001：1999 的内容为基础，参考国际上相关的职业健康安全管理全系制定了《职业健康安全管理体系》GB/T 28001—2001，2011 年编制了修订版。该体系成为我国职业健康和安全管理的依据。

（3）体系的结构系统都采用 PDCA 动态循环、不断上升的螺旋式运行模式，由"职业健康安全方针—策划—实施与运行—检查和纠正措施—管理评审"五大要素构成，体现持续改进的动态的管理提升思想。

17.7.2 环境保护

（1）目前，为了实现人类社会的可持续发展，保护自然环境减少污染等已经成为我们日常生活中不可缺少的一部分内容，建筑业的施工生产过程和特点决定了建筑施工过程中存在着很多环境污染的潜在隐患，施工扰民，大气、废水、噪声污染等，如果处理不好，会造成环境、社会的严重后果。

（2）为保护施工现场周边生活环境，防止污染和其他公害，"以人为本"，保障人的健康和环境的安全，在工程施工期间要对噪声、振动、废水和固体废弃物进行全面控制，尽量减少这些污染排放所造成的影响，采用适合的措施做到对噪声、振动、废水、废气和固体废气的环境影响能满足国家和当地有关法规的要求，只有这样社会、企业才能得到和谐健康的发展。

（3）在施工工程管理中，通过科学管理和技术进步，最大限度地节约资源，实现节能、节地、节水、节材等绿色施工减少对环境的负面影响施工活动，也是对环境的最大保护。

17.7.3 施工伤亡事故的分类和处理

1. 伤亡事故的分类

（1）按照伤亡事故原因分类

根据我国建筑企业伤害事故分类，主要是：高空坠落、物体打击、机械伤害、触电、坍塌"五大伤害"；其中，高空坠落占建筑施工事故的48%，近来对装饰施工安全事故统计表明，火灾、猝死、交通事故发生有所增加，也发生了一些其他的扭伤、跌伤、淹溺、中毒等伤害。

（2）按照伤亡严重程度分类

按照伤亡严重程度分类可以将伤亡事故分为轻伤、重伤、死亡、重大伤亡和特大伤亡事故，其中，轻伤是指造成员工肢体或某些器官功能性或器质性轻度损伤，表现为劳动能力轻度或暂时伤失的伤害，一般每个工作人员休息1个工作日以上，105个工作日以下，重伤事故是指受伤人员肢体残缺或视觉、听觉等器官受到严重损伤，能引起人体长期存在功能障碍或劳动力有重大损失的伤害或者造成每个受伤人员损失105个工作日以上的失能伤害，死亡事故：①一般事故，是指造成3人以下死亡，或者10人以下重伤，或者1000万元以下直接经济损失的事故。②较大事故，是指造成3人以上10人以下死亡，或者10人以上50人以下重伤，或者1000万元以上5000万元以下直接经济损失的事故；③重大事故，是指造成10人以上30人以下死亡，或者50人以上100人以下重伤，或者5000万元以上1亿元以下直接经济损失的事故；④特别重大事故，是指造成30人以上死亡，或者100人以上重伤（包括急性工业中毒，下同），或者1亿元以上直接经济损失的事故。

2. 安全事故的处理

施工安全事故的处理要遵循"四不放过"的处理原则：即事故原因未查清不放过、事故有关人员未受到教育不放过、相关事故责任人未处理不放过、整改措施未落实不放过。施工安全事故处理应该遵循一定的程序，包括：①报告安全事故，②抢救伤员、保护现场，③调查安全事故，④处理事故相关责任人，⑤落实事故调查报告并上报。

施工伤亡事故应该及时上报和处理，发现施工安全事故发生应该在2个小时内上报上级管理人员和部门，处理时间一般不超过90个工作日，特殊情况不超过180个工作日，并应该公开宣布事故处理结果。

附录 A　建筑工程分部（子分部）工程、分项工程划分表

建筑工程分部工程、子分部工程划分　　　　附表 A-1

序号	分部工程	子分部工程	序号	分部工程	子分部工程
1	地基与基础	地基	5	建筑给水排水及供暖	建筑中水系统及雨水利用系统
		基础			游泳池及公共浴池水系统
		基坑支护			水景喷泉系统
		地下水控制			热源及辅助设备
		土方			监测与控制仪表
		边坡	6	通风与空调	送风系统
		地下防水			排风系统
2	主体结构	混凝土结构			防排烟系统
		砌体结构			除尘系统
		钢结构			舒适性空调系统
		钢管混凝土结构			恒温恒湿空调系统
		型钢混凝土结构			净化空调系统
		铝合金结构			地下人防通风系统
		木结构			真空吸尘系统
3	建筑装饰装修	12 个子分部（表 A-2）			冷凝水系统
					空调（冷、热）水系统
4	屋面	基层与保护			冷却水系统
		保温与隔热			土壤源热泵换热系统
		防水与密封			水源热泵换热系统
		瓦面与板面			蓄能系统
		细部构造			压缩式制冷（热）设备系统
5	建筑给水排水及供暖	室内给水系统			吸收式制冷设备系统
		室内排水系统			多联机（热泵）空调系统
		室内热水系统			太阳能供暖空调系统
		卫生器具			设备自控系统
		室内供暖系统	7	建筑电气	室外电气
		室外给水管网			变配电室
		室外排水管网			供电干线
		室外供热管网			电气动力
		建筑饮用水供应系统			电气照明
					备用和不间断电源
					防雷及接地

序号	分部工程	子分部工程	序号	分部工程	子分部工程
8	智能建筑	智能化集成系统	8	智能建筑	火灾自动报警系统
		信息接入系统			安全技术防范系统
		用户电话交换系统			应急响应系统
		信息网络系统			机房
		综合布线系统			防雷与接地
		移动通信室内信号覆盖系统	9	建筑节能	围护系统节能
		卫星通信系统			供暖空调设备及管网节能
		有线电视及卫星电视接收系统			电气动力节能
		公共广播系统			监控系统节能
		会议系统			可再生能源
		信息导引及发布系统	10	电梯	电力驱动的曳引式或强制式电梯
		时钟系统			液压电梯
		信息化应用系统			自动扶梯、自动人行道
		建筑设备监控系统			

建筑装饰装修子分部工程、分项工程划分　　　　　附表 A-2

分部工程	序号	子分部工程	分项工程
建筑装饰装修	1	建筑地面	基层铺设、整体面层铺设、板块面层铺设、木竹面层铺设
	2	抹灰	一般抹灰，保温层薄抹灰，装饰抹灰，清水砌体勾缝
	3	外墙防水	外墙砂浆防水，涂膜防水，透气膜防水
	4	门窗	木门窗安装，金属门窗安装，塑料门窗安装，特种门安装，门窗玻璃安装
	5	吊顶	整体面层吊顶，板块面层吊顶，格栅吊顶
	6	轻质隔墙	板材隔墙，骨架隔墙，活动隔墙，玻璃隔墙
	7	饰面板	石板安装，陶瓷板安装，木板安装，金属板安装，塑料板安装
	8	饰面砖	外墙饰面砖粘贴，内墙饰面砖粘贴
	9	幕墙	玻璃幕墙安装，金属幕墙安装，石材幕青安装，陶板幕墙安装
	10	涂饰	水性涂料涂饰，溶剂型涂料涂饰，美术涂饰
	11	裱糊与软包	裱糊、软包
	12	细部	橱柜制作与安装，窗帘盒、窗台板制作与安装，门窗套制作与安装，护栏和扶手制作与安装，花饰制作与安装

附录 B 常用建筑装饰材料重量

常用建筑装饰材料重量（kg/m³）　　　　　　　附表 B

材料名称	重量	备注	材料名称	重量	备注
1. 木材			石灰石	2640	
杉木	<400	重量随含水率而不同	花岗石、大理石	2800	
东北落叶松、水曲柳	600～700	重量随含水率而不同	花岗石	1540	片石堆置
木丝板	400～500		碎石子	1400～1500	堆置
刨花板	600		硅藻土填充料	400～600	
软木板	250		5. 砖及砖块		
2. 胶合板材			普通砖	2500；堆积密度为1800～1900	240mm×115mm×53mm（684 块/m³）
胶合三夹板	560	杨木	缸砖	2100～2150	230mm×110mm×65mm
胶合三夹板	590	水曲柳	耐火砖	1900～2200	230mm×110mm×65mm
竹胶合板	890		水泥空心砖	1030	300mm×250mm×110mm
3. 常用金属			水泥花砖	1980	200mm×200mm×24mm
铸铁	7250		瓷面砖	1780	150mm×150mm×8mm
钢	7850		陶瓷马赛克	1200	厚 5mm
紫铜、赤铜	8900		6. 石灰、水泥、混凝土		
黄铜、青铜	8500		生石灰块	1100	堆置，$\phi=30°$
铝	2700		生石灰粉	1200	堆置，$\phi=35°$
铝合金	2800		熟石灰膏	1350	
铅	1140		石灰砂浆	1700	
金	19300		石膏粉	900	
银	10500		灰土	1750	37 灰土，夯实
水银	13600		水泥	1250～1450	松散状态
4. 砂土、岩石			水泥	1600	袋装压实，$\phi=40°$
黏土	1600	干，$\phi=40°$，压实	水泥砂浆	2000	
砂土	1220	干，松	石膏砂浆	1200	
砂子	1400～1700	干砂的表观密度	碎砖混凝土	1850	
卵石	1600～1800	干	素混凝土	2700	表观密度为2200～2400
砂岩	2360		泡沫混凝土	400～600	
页岩	2800		加气混凝土	550～750	
页岩	1480	片石堆置			

材料名称	重　量	备　注	材料名称	重　量	备　注
钢筋混凝土	2400～2500		8. 杂项		
7. 油料、液体等			普通玻璃	2560	
柏油	1200		有机玻璃	1180	
煤油	800		水晶	2950	
汽油	670		聚苯乙烯板	1500	
动物油、植物油	930		聚苯乙烯泡沫塑料	500	
硫酸	1780	浓度87%	玻璃棉	50～100	作绝缘层填充料用
酒精	785	100%纯	石棉	1000	压实
酒精	660	桶装、相对密度 0.79～0.82	GRP 制品	1400～2200	
			GRG 制品	1600～2000	
水	1000	4℃时	GRC 制品	1900～2200	
冰	896		建筑碎料	约1500	建筑垃圾

附录 C 创建筑装饰"精品工程"实施指南

当前,施工企业创建筑装饰"精品工程"的积极性空前高涨,出现了一大批体量较大、设计新颖、用材考究、工艺精湛的精品佳作。

但是,相当一些"精品工程",或多或少地存在着不该在此类工程中出现的"低级错误",这是属于稍加注意就能消除的问题,是属于不需要增加任何成本就能做到的事情。

对于装饰施工企业申报"市优"、"省优"、"国优"的项目复查,主要查:

(1) 项目的合法性:必要文件是否齐备;

(2) 项目的安全性:是否存在安全隐患,有无违反强制性条款的地方;

(3) 项目的先进性:是否存在行业内的"通病",项目的特点是否明显,施工过程中采用"四新"的做法,施工过程中节能、环保的做法等。

第一章 项目的合法性

必要文件是否齐备?

必要文件是受检项目合法性证明文件,共七大类,缺一不可。

(一) 企业资质资料

(1) 企业法人证照;

(2) 资质等级证书;

(3) 安全生产许可证。

主要检查企业资质的有效性,名称是否有变更?与合同是否一致?

《建筑法》第十三条:从事建筑活动的建筑施工企业、勘探单位、设计单位和工程监理单位,按照其拥有的注册资本、专业技术人员、技术装备和已完成的建筑工程业绩等资质条件,经资质审查合格,取得相应等级资质证书后,方可在其资质等级许可范围内从事建筑活动。

第二十六条:承包建筑工程的单位应当持有依法取得的资质证书,并在其资质等级许可的业务范围内承揽工程。

《建筑施工企业安全生产许可证管理规定》第二条:国家对建筑施工企业实行安全生产许可证制度,建筑施工企业未取得安全生产许可证的,不得从事建筑施工活动。

第八条:安全生产许可证的有效期为 3 年。安全生产许可证有效期满需要延期的,企业应于期满前 3 个月向原安全生产许可证颁发管理机关申请办理延期手续。

(二) 项目经理资料

(1) 项目经理证书;

(2) 安全考核证 (安全生产 B 证);

(3) 身份证。

对建造师证件有疑义的可上网复查。

《建筑法》第十四条：从事建筑活动的专业技术人员，应当依法取得相应的职业资格证书，并在职业资格证书许可的范围内从事建筑活动。

《建设工程安全生产管理条例》第三十六条：施工单位的主要负责人、项目负责人、专职安全生产管理人员应当经建设主管部门或者其他有关部门考核合格后方可任职。

（三）施工许可证

存在主要问题：未单独办理施工许可证（附图 C-1）；许可证过期未办理延期。

《建筑法》第七条：建筑工程开工前，建设单位应当按照国家的规定，向工程所在地县级以上人民政府建设行政主管部门申请领取施工许可证。

第九条：建设单位应当自领取施工许可证之日起三个月内开工，因故不能按期开工的，应当向发证机关申请延期；延期以两次为限，

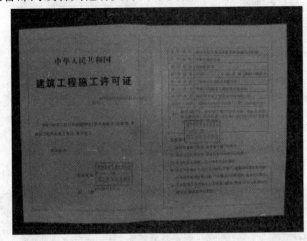

附图 C-1　建筑工程施工许可证

每次不超过三个月。既不开工又不申请延期时限的，施工许可证自行作废。

（四）施工合同、结算资料

施工合同应重点关注：

（1）申报工程名称与合同中工程名称是否相符；

（2）施工范围及施工内容；

（3）合同金额是否满足申报要求；

（4）项目经理姓名；

（5）中标通知书；

（6）有无特殊约定条款；

（7）结算金额不少于 1000 万元（未完成结算的由业主方出具不少于 1000 万结算证明），见附图 C-2。

《建筑法》第十五条：建筑工程的发包单位与承包单位应当依法订立书面施工合同，明确双方的权利和义务。

（五）工程竣工验收资料

（1）《竣工验收报告》：参建各方主体（设计、施工、监理、业主等）必须签字盖章；开竣工日期为，2011 年 1 月 1 日—2012 年 6 月 30 日；工程名称和实际施工的内容相符。

（2）签字在《单位（子单位）工程质量竣工验收记录》、《装饰分部（子分部）工程验收记录》等资料体现；见附图 C-3。

（3）应具有《竣工验收备案证明书》，见附图 C-4。

《建筑法》第六十一条：交付竣工验收的建筑工程，必须符合规定的建筑工程质量标准，有完整的工程技术经济资料和经签署的工程保修书，并具备国家规定的其他竣工

附图 C-2　结算证明

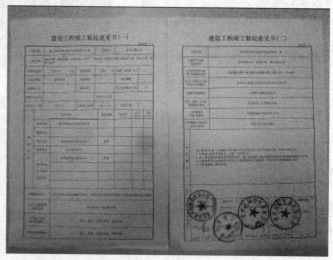

附图 C-3　工程竣工验收材料

条件。

（六）消防验收资料

附图 C-4　竣工验收备案证明书

（1）消防验收工程名称应与申报名称一致；

（2）消防验收范围应覆盖申报项目范围；

（3）公章、日期必须齐全，结论为合格，见附图 C-5；

（4）涉及装饰部分整改意见应有复查合格记录。

《消防法》第十一条：国务院公安部门规定的大型人员密集场所和其他特殊建设工程，

附图 C-5　消防验收资料

建设单位应当将消防设计文件报送公安消防机构审核。公安消防机构依法对审核结果负责。

第十三条：依法应当进行消防验收的建设工程，未经消防验收或者消防验收不合格的，禁止投入使用；其他建设工程经依法抽查不合格的，应当停止使用。

第十三条：按照国家工程建设消防技术标准需要进行消防设计的工程竣工，依照下列规定进行消防验收、备案。①本法第十一条规定的建设工程，建设单位应当向公安消防机构申请消防验收。②其他建设工程，建设单位在验收后应当向公安消防机构备案，公安消防机构应当进行初查。

（七）室内环境质量检测验收报告

验收报告需由国家权威部门认可的检测机构出具。

根据《建筑装饰装修工程质量验收规范》GB 50210—2001，有：

第 3.2.3 条：建筑装饰装修工程所有材料应符合国家有关建筑装饰装修材料有害物质限量标准的规定。

第 6.0.20 条：室内环境质量验收不合格的民用建筑工程，严禁投入使用。

根据《民用建筑工程室内环境污染控制规范》GB 50325—2010（2013 年版），有：

第 6.0.4 条：民用建筑工程验收时，必须进行室内环境污染物浓度检测。检测结果应符合表 6.0.4 规定。

第 6.0.1 条：民用建筑工程及室内装修工程的室内环境质量验收，应在工程完工至少 7d 以后，工程交付使用前进行。

第 6.0.21 条：室内环境质量验收不合格的民用建筑工程，严禁投入使用。

过程资料、管理文件

复查中每个项目内业资料检查时间有限，对施工过程资料进行全面检查有难度。根据以往检查经验，一般采用"贯通法"检查 2～3 个分项工程。

如墙面干挂石材分项：

（1）查看某一区域或部位竣工图，从而了解材料和做法；

（2）根据竣工图上材料标注，查找钢材、膨胀螺栓（化学锚栓）、干挂连接件、干挂胶、石材等主要材料材质证明文件及现场复验报告；

（3）查看隐蔽验收记录；

（4）查看检验批；

（5）查看分项、子分部、分部验收记录；

（6）查看施工文件（施工组织设计、技术交底、施工日志）。

第二章　项目的安全性

是否存在安全隐患？有无违反强制性条款的地方？

（1）发现受检项目的安全隐患问题，必须整改！

（2）排除隐患是全国建筑装饰工程奖复查工作的重点。

（3）对不能整改、不愿整改的受检项目实行质量安全的"一票否决制"。

装饰工程中可能存在下列安全隐患问题，需特别关注：

（1）关于室内干挂石材墙、柱面的安全问题。

（2）关于共享空间、中庭的栏杆、栏板，临空落地窗及楼梯防护的安全问题。

（3）关于大型吊灯安装的安全问题。

（4）关于安全玻璃使用的相关问题。

（5）关于隐藏式消火栓箱的安全问题。

（6）关于变形缝设置的安全问题。

（7）关于开关、插座和顶棚内的电线连接的安全问题。

（8）关于改动建筑主体、承重结构、增加结构荷载的安全问题。

（一）关于室内干挂石材墙、柱面的安全问题

根据《建筑装饰装修工程质量验收规范》GB 50210—2001，有：

8.2.4　饰面板安装工程的预埋件（或后置埋件）、连接件的数量、规格、位置、连接方法和防腐处理必须符合设计要求。饰面板安装必须牢固。

8.3.4　饰面砖粘贴必须牢固。

8.3.5　满粘法施工的饰面砖工程应无空鼓、裂缝。

9.1.14　幕墙的金属框架与主体结构预埋件的连接、立柱与横梁的连接及幕墙面板的安装必须符合设计要求，安装必须牢固。

9.4.6　石材幕墙的金属框架立柱与主体结构预埋件的连接、立柱与横梁的连接、连接件与金属框架的连接、连接件与石材面板的连接必须符合设计要求，安装必须牢固。

根据《建筑幕墙工程质量验收规程》DGJ 32/J124—2011，有：

8.2.6　石材幕墙金属挂件与石材固定材料应选用干挂石材用环氧树脂胶，不应选用不饱和聚酯类胶粘剂或云石胶。

环氧树脂胶特性：成分是环氧树脂，由 A、B 组合使用，调制简单，属于柔性结合，

且不渗油，不污染石材，抗震、扭曲性能强，应力小，粘结强度不受影响，在温度和振动条件作用下，伸缩、沉降产生的位移较小，是用于石材与金属粘结专用的专用胶。

云石胶的特性：成分是不饱和聚酯，属于刚性结合，由于未经过完全脱油处理，容易将油渗进石材，造成透胶污染，影响石材美观。由于不饱和聚酯与固化剂比例容易失调，导致剪力不够，应力大，在温差和振动条件作用下，产生的位移比较大，容易开裂；主要用于石材与石材的粘结和修补。

干挂石材应选用环氧树脂胶，用云石胶代替环氧树脂胶是不科学的且存在着安全隐患。

根据《建筑幕墙工程质量验收规程》DGJ 32/J 124—2011，有：

8.1.10 石材幕墙工程应对下列材料及其性能指标进行复验：……石材幕墙挂件材质、规格、厚度等。

8.2.1 幕墙采用的材料、五金配件、组件以及表面处理等应符合设计文件要求。

对申报项目中有超高度干挂石材墙、石材吊顶、梁下部干挂石材、门套上部平挂石材等部位，受检单位未能提供可靠的安装节点图，计算书，隐蔽验收记录等资料，均认为存在安全隐患。

吊顶、梁下部、门套上部平挂石材具有一定的重量，在悬挂时应采取加固措施，不得按照普通墙面干挂工艺施工。主要检查设计文件中相关部位的节点图。见附图 C-6。

附图 C-6 悬挂石材示例

（二）关于共享空间、中庭的栏杆、栏板，临空落地窗及楼梯防护的安全问题

关注有无防护，栏杆高度和安全玻璃问题。

（1）阳台栏杆设计应防儿童攀登，放置花盆处必须采取防坠落措施。住宅、托儿所、幼儿园、中小学及少年儿童专用活动场所的栏杆，必须采取防止少年儿童攀登的构造，当采用垂直杆件做栏杆（包括此类活动场所的梯井净宽＞0.20m 时的楼梯栏杆）时，其杆件净距应≤0.11m；文化娱乐、商业服务、体育、园林景观建筑等允许少年儿童进入活动的场所，当采用垂直杆件做栏杆时，其杆件净距也应≤0.11m。

（2）临空高度＜24.0m 时，栏杆高度应≥1.05m；临空高度≥24.0m（包括中高层住宅）时，栏杆高度应≥1.10m；封闭阳台栏杆也应满足阳台栏杆净高要求；中高层、高层及寒冷、严寒地区住宅的阳台宜采用实体栏板。

（3）临空的窗台的高度（由楼、地面算起）≤0.80m（住宅为 0.90m）时，应采取防护措施。窗外有阳台或平台时可不受此限制。低窗台、凸窗等下部有能上人站立的宽窗台时，贴窗护栏或固定窗的防护高度应从窗台面起计算，保证净高 0.80m（住宅为 0.90m）。

临空落地窗无防护实例，见附图 C-7。

（4）阳台、外廊、室内回廊、内天井、上人屋面及室外楼梯等临空处应设置防护栏

附图 C-7　临空落地窗无防护实例

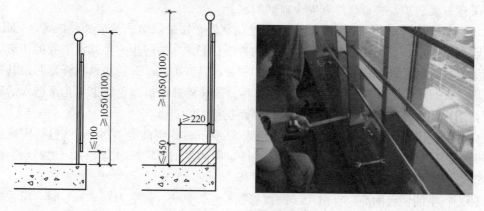

附图 C-8　临空处设防护栏杆

杆，并应符合下列规定：

    1）栏杆应以坚固、耐久的材料制作，并能承受荷载规范规定的水平荷载；

    2）栏杆高度应从楼、地面或屋面至栏杆扶手顶面的垂直高度计算，如底部有可踏部位（宽度≥0.22m，且高度≤0.45m），应从可踏部位的顶面起计算。

（5）楼梯扶手的高度应≥0.90m（自踏步前缘线量起），顶层水平栏杆及水平段长度＞0.50m 时，其高度≥1.05m。见附图 C-9。

附图 C-9　楼梯扶手

（6）人流密集的场所的台阶高度≥0.70m 且侧面临空时，应有防护设施。见附图 C-10。

附图 C-10　台阶防护设施

（7）栏杆离楼（屋）面 10cm 高度内不宜留空，栏板侧边离墙（柱）边的空隙不能＞11cm。见附图 C-11。

（8）装饰改造工程中，原有建筑物的玻璃幕墙、外落地窗未设置栏杆或栏板的，必须按照新规范的要求安装栏杆或栏板；原有栏杆或栏板高度不能达到强制性条文所要求的，必须要增加高度。

（9）家庭装饰工程中，如业主不听劝阻坚持拆除原房间内落地窗、凸窗设置的栏杆或栏板的，我们应从保护自己的角度出发与其办好相应手续。

（三）关于大型吊灯安装的安全问题

关注荷载试验和相关隐蔽资料。

根据《建筑电气照明装置施工与验收规范》GB 50617—2010（2011 年 6 月 1 日实施）有：

3.0.6　在砌体和混凝土结构上严禁使用木楔、尼龙塞或塑料塞安装固定电气照明装置。

附图 C-11　栏杆留空示意

4.1.15　质量大于 10kg 的灯具其固定装置应按 5 倍灯具重量的恒定均布载荷全数作强度试验，历时 15min，固定装置的部件应无明显变形。

4.1.9　卫生间照明灯具不宜安装在便器或浴缸正上方。

8.0.3　工程交接验收时，应提交下列技术资料和文件：

（1）竣工图；

（2）设计变更、洽商记录文件及图纸会审记录；

（3）产品合格证、3C认证证书，照明设备电磁兼容检测报告；

（4）检测记录。包括灯具的绝缘电阻检测记录；照度、照明功率密度检测记录；剩余电流动作保护装置的测试记录；

（5）试验记录。包括照明系统通电试运行记录；有自控要求的照明系统的程序控制记录和质量大于10kg的灯具固定装置的载荷强度试验记录。

大型吊灯实例，见附图C-12。

附图 C-12　大型吊灯实例

工程实施中，很多情况下业主会将大型灯具安装外包给灯具供应商，遇此情况，我们需做下列工作：

（1）若吊钩是我们设置，须向业主索取灯具方面的书面信息（包括灯具的重量），严格按照规范要求设置吊钩；

（2）若吊钩不是我们设置，须向业主提供灯具安装的有关规范，要求他们以此对安装单位进行监管；

（3）配合业主、监理单位对灯具安装单位的施工过程进行监控，发现问题我们应善意地、及时地、背后向业主提出，以便业主及时纠正安装单位的错误；

（4）配合业主、监理单位对安装单位进行隐蔽工程验收；

（5）要求业主提供灯具安装的最终资料（复印件），最为备忘文件存放在我们的资料里。

（四）关于安全玻璃使用的相关问题

关注承受水平荷载的玻璃采用，装饰设计玻璃（镜面）顶、墙面采用及安装工艺。

（1）玻璃栏板可用于室外，也可用于室内，玻璃栏板可采用点式安装方式，也可采用框式安装方式。

（2）玻璃栏板分为承受水平荷载玻璃栏板和不承受水平荷载玻璃栏板。

（3）水平荷载是指人体的背靠、俯靠和手的推、拉等产生的、施加在扶手上的水平荷载力。承受水平荷载玻璃栏板，有栏板，但无立柱，水平荷载通过玻璃栏板传到主体结构上。

根据《建筑玻璃应用技术规程》JGJ 113—2009 有：

7.2.5 室内栏板用玻璃应符合下列规定：

（1）不承受水平荷载时，栏板玻璃的使用应符合本规程表 7.1.1－1 的规定且公称厚度不小于 5mm 的钢化玻璃，或公称厚度不小于 6.38mm 的夹层玻璃。

（2）承受水平荷载时，栏板玻璃的使用应符合本规程表 7.1.1－1 的规定且公称厚度不小于 12mm 的钢化玻璃或公称厚度不小于 16.76mm 钢化夹层玻璃。当栏板玻璃最低点离一侧楼地面高度在 3m 或 3m 以上，5m 或 5m 以下时，应使用公称厚度不小于 16.76mm 钢化夹层玻璃。当栏板玻璃最低点离一侧楼地面高度大于 5m 时，不得使用承受水平荷载的栏板玻璃。

7.2.6 室外栏板玻璃除应符合第 7.2.5 条规定外，尚应进行玻璃抗风压设计。对有抗震设计要求的地区，尚应考虑地震作用的组合效应。

当护栏一侧距楼地面、高度≥3.0m 时，护栏玻璃应使用公称厚度≥12mm 的钢化玻璃。当护栏一侧距楼地面、高度≥5.0m 时，应使用钢化夹层玻璃。见附图 C-13。

附图 C-13 护栏玻璃要求

承受水平荷载的栏板玻璃实例见附图 C-14。

对于玻璃吊顶：

（1）饰面板采用玻璃板的吊顶称为玻璃吊顶，玻璃吊顶的支撑方式有边框支撑方式，点支撑倒挂方式。吊顶用玻璃常见的有磨砂玻璃、彩绘玻璃，但必须是钢化夹层玻璃。

（2）设计原则：

1）玻璃吊顶的吊杆宜采用钢筋或型钢，龙骨宜采用型钢或铝合金型材，点支式驳接件应采用不锈钢。不锈钢材料宜采用性能不低于奥氏体型不锈钢 S30408 的材料；碳素结构钢和低合金结构钢应采取热浸镀锌、电镀铬、聚酯粉末喷涂或氟碳喷涂等有效防腐、防锈处理，表面镀层或涂层的厚度应符合相关标准规定；铝合金型材尺寸精度应符合相关规范中高精级规定；采用阳极氧化、聚酯粉末喷涂、氟碳喷涂等防腐处理时，膜层的厚度和质量应符合相关规范的规定。

2）吊顶玻璃的选用应符合现行行业标准《建筑玻璃应用技术规程》JGJ 113—2009 的相关规定。

3）吊顶玻璃应进行自身重力荷载下的变形设计计算，可采用弹性力学方法进行计算。四边支撑玻璃板，其挠度限值不应超过其跨度的 1/300 和 2mm 两者中的最小值。点支撑玻璃板，其挠度限值不应超过其支承点间长边边长的 1/300 和 2mm 两者中的最小值。

附图 C-14　承受水平荷载的栏板玻璃

4）用于吊顶的钢化夹层玻璃，公称厚度不应小于 6.76mm，PVB 胶片厚度不应小于 0.76mm。

5）玻璃与龙骨之间应设置衬垫，连接方式应牢固，配合尺寸应符合《建筑玻璃应用技术规程》JGJ 113—2009 的规定。

6）玻璃吊顶应考虑灯光系统的维护和玻璃的清洁，宜采用冷光源，并应考虑散热和通风，光源和玻璃之间应留有一定的间距。

7）玻璃吊顶当采用边框支承方式时，应注意框与结构层之间留有足够的安装尺寸，特别是吊顶内布置有灯具时，应确保玻璃面板安装到位。

玻璃吊顶实例见附图 C-15。

附图 C-15　玻璃吊顶实例

关于玻璃隔断：

（1）玻璃隔断按安装方式可分为点支式、框式和玻璃肋支撑结构。

采用的玻璃可以是透明的，可以是非透明的；也可以是彩绘玻璃，也可采用 U 型玻璃；采用的形式可以是封闭的，也可以是开放式。

（2）设计原则：

室内玻璃隔断易受人体冲击，因此应采用安全玻璃，其最大许用面积应符合《建筑玻璃应用技术规程》JGJ 113—2009 中表 7.1.1-1 和表 7.1.1-2 的有关规定。根据玻璃厚度的不同，玻璃抗冲击能力也不同，玻璃越厚，抗冲击能力越强。

1）活动门玻璃、固定门玻璃和落地窗玻璃的选用应符合下列规定：

①有框玻璃应使用符合《建筑玻璃应用技术规程》JGJ 113—2009 中表 7.1.1-1 和表 7.1.1-2 的有关规定的安全玻璃；

②无框玻璃应使用公称厚度不小于 12mm 的钢化玻璃。

2）室内隔断应使用安全玻璃，且最大许用面积应符合《建筑玻璃应用技术规程》JGJ 113—2009 中表 7.1.1-1 和表 7.1.1-2 的有关规定。

3）人群集中的公共场所和运动场所中装配的室内隔断玻璃应符合下列规定：

①有框玻璃应使用符合《建筑玻璃应用技术规程》JGJ 113—2009 中表 7.1.1-1 和表 7.1.1-2 的有关规定。且公称厚度不小于 5mm 的钢化玻璃或公称厚度不小于 6.38mm 的夹层玻璃；

②无框玻璃应使用符合《建筑玻璃应用技术规程》JGJ 113—2009 中表 7.1.1-1 和表 7.1.1-2 的有关规定。且公称厚度不小于 10mm 的钢化玻璃。

4）浴室用玻璃应符合下列规定：

①淋浴隔断、浴缸隔断玻璃应使用符合《建筑玻璃应用技术规程》JGJ 113—2009 中表 7.1.1-1 和表 7.1.1-2 的有关规定的安全玻璃；

②浴室内无框玻璃应使用符合《建筑玻璃应用技术规程》JGJ 113—2009 中表 7.1.1-1 和表 7.1.1-2 的有关规定。且公称厚度不小于 5mm 的钢化玻璃。

5）透明玻璃隔断可采取在视线高度设醒目标志或设置护栏等防碰撞措施。

（五）关于隐藏式消火栓箱的安全问题

关注消火栓箱内四周的封闭，栓门上的标识及栓门的开启方式、方向、角度等问题。

根据《消火栓箱》GB 14561—2003 规定：

5.10.2.2　箱门关闭到位后，应于四周框面平齐，其不平的最大允许偏差为 2.0mm。

5.10.2.3　箱门与框之间的间隙应均匀平直，最大间隙不超过 2.5mm。

5.13.1　栓箱应设置门锁或关紧装置。

5.13.3　箱门的开启角度不得小于 160°。

5.13.4　箱门开启应轻便灵活，无卡阻现象，开启拉力不得大于 50N。

8.1　栓箱箱门正面应以直观、醒目、匀整的字体标注"消火栓"字样。字体不得小于：高 100mm，宽 80mm。

消火栓箱实例可见附图 C-16。

（六）关于变形缝设置的安全问题

关注变形缝处饰面层及其各构造层的断开问题。

（1）装饰饰面施工在变形缝（抗震缝、伸缩缝、沉降缝）部位的处理应满足变形功能和饰面的完整。

（2）在变形缝处，饰面层及其各构造层应断开，并应与结构变形缝的位置贯通一致。

（七）关于开关、插座和顶棚内电线连接的安全问题

关注在木饰面、软包、硬包墙面的开关、插座的安装问题。

附图 C-16　消火栓箱实例

根据《建筑电气照明装置施工与验收规范》GB 50617—2010 有：

5.1.2 插座的接线应符合下列规定：

(1) 单相两孔插座，面对插座，右孔或上孔应与相线连接，左孔或下孔应与中性线连接；单相三孔插座，面对插座，右孔应与相线连接，左孔应与中性线连接；

(2) 单相三孔、三相四孔及三相五孔插座的保护接地线（PE）必须接在上孔。插座的保护接地端子不应与中性线端子连接。同一场所的三相插座，接线的相序应一致；

(3) 保护接地线（PE）在插座间不得串联连接；

(4) 相线与中性线不得利用插座本体的接线端子转接供电。

5.1.3 插座的安装应符合下列规定：

(1) 当住宅、幼儿园及小学等儿童活动场所电源插座底边距地面高度低于 1.8m 时，必须选用安全型插座；

(2) 当设计无要求时，插座底边距地面高度不宜小于 0.3m；无障碍场所插座底边距地面高度宜为 0.4m，其中厨房、卫生间插座底边距地面高度宜为 0.7~0.8m；老年人专用的生活场所插座底边距地面高度宜为 0.7~0.8m；

(3) 暗装的插座面板紧贴墙面或装饰面，四周无缝隙，安装牢固，表面光滑整洁、无碎裂、划伤，装饰帽（板）齐全；接线盒应安装到位，接线盒内干净整洁，无锈蚀。暗装在装饰面上的插座，电线不得裸露在装饰层内；

(4) 地面插座应紧贴地面，盖板固定牢固，密封良好。地面插座应用配套接线盒。插座接线盒内应干净整洁，无锈蚀；

(5) 同一室内相同标高的插座高度差不宜大于 5mm；并列安装相同型号的插座高度差不宜大于 1mm；

(6) 应急电源插座应有标识；

(7) 当设计无要求时，有触电危险的家用电器和频繁插拔的电源插座，宜选用能断开电源的带开关的插座，开关断开相线；插座回路应设置剩余电流动作保护装置；每一回路插座数量不宜超过 10 个；用于计算机电源的插座数量不宜超过 5 个（组），并应采用 A 型剩余电流动作保护装置；潮湿场所应采用防溅型插座，安装高度不应低于 1.5m。

5.2.1 同一建筑物、构筑物内，开关的通断位置应一致，操作灵活，接触可靠。同一室内安装的开关控制有序不错位，相线应经开关控制。

5.2.2 开关的安装位置应便于操作，同一建筑内开关边缘距门框（套）的距离宜为 0.15~0.2m。

5.2.3 同一室内相同规格相同标高的开关高度差不宜大于 5mm；并列安装相同规格的开关高度差不宜大于 1mm；并列安装不同规格的开关宜底边平齐；并列安装的拉线开关相邻间距不小于 20mm。

5.2.4 当设计无要求时，开关安装高度应符合下列规定：

(1) 开关面板底边距地面高度宜为 1.3~1.4m；

(2) 无障碍场所开关底边距地面高度宜为 0.9~1.1m；

(3) 老年人生活场所开关宜选用宽板按键开关，开关底边距地面高度宜为 1.0~1.2m。

5.2.5 安装的开关面板应紧贴墙面或装饰面，四周应无缝隙，安装应牢固，表面应光滑整洁、无碎裂、划伤,装饰帽(板)齐全;接线盒应安装到位,接线盒内干净整洁,无锈蚀。安装在装饰面上的开关,其电线不得裸露在装饰层内。

根据《住宅装饰装修工程施工规范》GB 50327—2001有:

16.1.4 配线时,相线与零线的颜色应不同;同一住宅相线(L)颜色应统一,零线(N)宜用蓝色,保护线(PE)必须用黄绿双色线。

16.3.4 同一回路电线应穿入同一根管内,但管内总根数不应超过8根,电线总截面积(包括绝缘外皮)不应超过管内截面积的40%。

16.3.5 电源线与通信线不得穿入同一根管内。

根据《建筑设计防火规范》GB 50016—2006有:

第11.2.4条 开关、插座和照明灯具靠近可燃物时,应采取隔热、散热等防火保护措施。

安装在木饰面、软包、硬包墙面上的开关、插座,除按要求准确接线外,应特别注意:

(1)在饰面板内应增加一个暗盒,防止从原建筑墙面预留的暗盒直接引出电线接入开关、插座中;

(2)与饰面板相连的暗盒,应加一防火垫片;

(3)引入新增暗盒中的电线应加装防护套管,电线不得裸露。

饰面板上电线接线不规范的实例见附图C-17。

附图C-17 饰面板电线接线不规范实例

（八）关于改动建筑主体、承重结构、增加结构荷载的安全问题

关注此类工程项目的手续问题。

根据《建筑装饰装修工程质量验收规范》GB 50210—2001 有：

3.1.5 建筑装饰装修工程设计必须保证建筑物的结构安全和主要功能。当涉及主体和承重结构改动或增加荷载时，必须由原结构设计单位或具备相应资质的设计单位核查有关原始资料，对既有建筑结构的安全性进行核验、确认。

增加荷载实例，见附图 C-18。

附图 C-18　增加荷载实例

第三章　项目的先进性

项目的特点是否明显？是否存在行业内的"通病"？工艺的精细度如何？施工过程中采用了哪些"四新"的做法？采用了哪些节能、环保的措施？

项目的先进性与否，精细度的强弱，细节的处理均是复查中增、减分的依据。

（一）关于楼梯、踏步、坡道的设置

（1）每个梯段的踏步数应≤18 级、≥3 级；室内台阶踏步数应≥2级，当高差不足 2 级时，应按坡道设置，见附图 C-19。室内坡道坡度不宜＞1∶8。

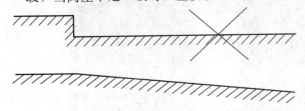
附图 C-19　室内台阶不足 2 级时按坡道设置

（2）室外坡道坡度不宜＞1∶10；供轮椅使用的坡道坡度应≤1∶12，困难地段应≤1∶8，见附图 C-20。

（3）公共建筑室内外台阶踏步的宽度不宜＜0.30m，踏步的高度不宜＞0.15m 且不宜＜0.10m；相邻踏步的宽差、高差应≤10mm；踏步坡度应内高外低，约 0.5％；踏步应立面垂直、棱角通顺，阳角无破损。

（4）水泥踏步应设置挡水台：以栏杆取中对称抹挡水台，厚度 10mm，宽 80mm；顶层楼梯平台栏杆下也应设挡水台，见附图 C-21。

（5）石材（饰面砖）踏步：端部应突出楼梯侧帮 10mm（5mm），端部应磨光，见附图 C-22。

（6）楼梯、台阶的踏步板上及坡道上面均应设防滑条（槽），见附图 C-23。

注：未设置防滑条的同质材料的楼梯踏步应设置醒目的警示标识。

根据《托儿所、幼儿园建筑设计规范》JGJ 39—87 有：

第 3.6.5 条：楼梯、扶手、栏杆和踏步应符合下列规定：

（1）楼梯除设成人扶手外，并应在靠墙一侧设幼儿扶手，其高度不应大于 0.6m。

附图 C-20　室外坡道坡度

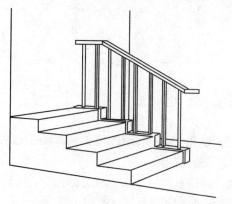

附图 C-21　踏步挡水台

附图 C-22　端部突出并磨光　　　　附图 C-23　踏步防滑条

（2）楼梯踏步的高度不应大于 0.15m，宽度不应小于 0.26m.

托儿所、幼儿园楼梯设置幼儿扶手实例见附图 C-24。

根据《剧场建筑设计规范》JGJ 57—2000 有：

第 5.3.7 条　楼座前排栏杆和楼层包厢栏杆高度不应遮挡视线，不应大于 0.85m，并应采取措施保证人身安全，下部实心部分不得低于 0.40m。

（二）关于厨房、卫生间、淋浴间的装饰细节

（1）厨房、卫生间铺贴地砖后的地面应低于其他房间 15～20mm，在门洞地面的启口

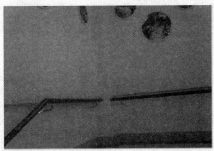

附图 C-24　幼儿园楼梯扶手实例

处宜镶贴一条形石材过渡；若因某些原因厨房、卫生间地面不能低于甚至略高于其他房间，则镶条形石材将作为挡水门槛。条形石材应采用花岗岩石材，且与厨房、卫生间地面不同颜色。见附图 C-25。

（2）条形石材的长度应≥原始门洞的宽度，条形石材的横断面宜为直角梯形（条形石材若充当门槛，则其横断面宜为等腰梯形），宽度宜与门套等宽；条形石材应用水泥砂浆镶贴密实，与厨房、卫生间地面相接的一面应增添一条防水性透明玻璃胶；木制

附图 C-25　条形石材

门套须安装在条形石材上面，木制门套与条形石材应留有 5～8mm 的缝隙，用防水性透明玻璃胶隔离，防止厨房、卫生间积水而被门套吸入引起霉变。见附图 C-26。

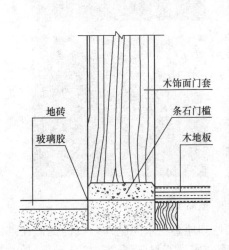

附图 C-26　木制门套与条形石材的连接

（3）厨房、卫生间地砖的排列，应根据地漏位置进行设计：宜将地漏中心置放在一块地砖的中心（附图 C-27a）或四块地砖的交叉点（附图 C-27b）；地砖铺贴应按照 2% 的泛水率从厨房、卫生间的四周坡向地漏，置放地漏的一块地砖或四块地砖应裁成放射状，泛

水率达 5％，形成"斗"型，且地漏算子应略低于地砖面 3～5mm，使地面积水顺畅地排净。若无法将地漏置放在地砖的中心，则参照（附图 C-27c）的方式设置。

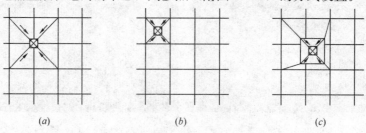

(a)   (b)   (c)

附图 C-27 地漏位置设计

地漏设置实例见附图 C-28。

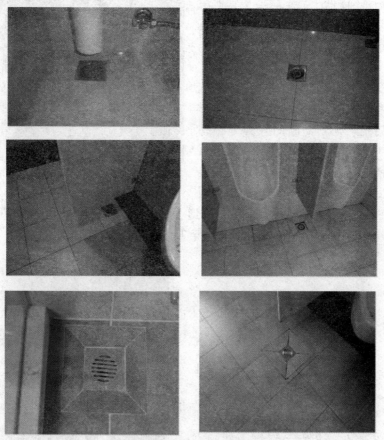

附图 C-28 地漏实例

（4）淋浴间除按厨房、卫生间地面方法处理地漏泛水问题外，我们提倡在淋浴间地面增铺一层比淋浴间每边少 60～100mm 的毛面花岗岩石材（厚 20～30mm）。让洗浴的"脏水"既能从周边的明沟流进地漏、又不至于淹没脚背。见附图 C-29。

（5）厨房、卫生间的上、下水和天然（煤）气立管的根部做面层前，应做 20～50mm 高的防水台；暖气立管应做套管，高度为 50mm 左右。

（6）公共卫生间的小便器、台盆的下水管与地面的交接处，均应做 20～50mm 高的防

附图 C-29　增铺花岗岩石材实例

水台；同一墙面并列安装的小便器、设置两套及两套以上台盆的下水管与地面的交接处，可做成一长条形的防水台，防水台上口面应向外倾斜。

（三）关于木门及小五金件的安装细节

（1）成品（胶合板、纤维板、模压）木门的上、下冒头应各留有两个以上的通气孔；木门的上、下口不应漏刷油漆。

（2）卫生间的门应在下四分之一处设置透气百叶窗。

（3）木门框、扇均开合页槽，槽深浅应适宜、吻合，合槽准确；不得单面开槽。

（4）合页的承重轴应安装在门框上，框三、扇二不得装反；一字形或十字形木螺钉的凹槽方向宜调整在同一方向。见附图 C-30。

（5）若采用三副合页，则中间一副宜安放在上下合页的上 1/3～1/4 处。见附图 C-31。

（6）同一建筑空间内比一般木门小的其他门（如管道井门、消火栓门等），宜采用比一般门所用的、小一号的合页。

（7）门拉手垂直高度由拉手中心距楼、地面 0.95m，水平位置距门扇开启边 60mm；条形拉手应垂直安装，不得斜装。

（8）门插销应安装在拉手下面，插销母应配套，不得在门框上打孔代替插销母。

（9）各种执手门锁无论锁芯在执手上面或下面，执手中心距楼地面 0.95m；装有执手门锁后不必再安装拉手。

（10）安装完毕的木门，扇与框之间的缝隙应满足以下要求：

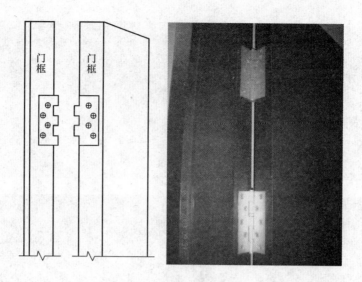

附图 C-30　合页安装

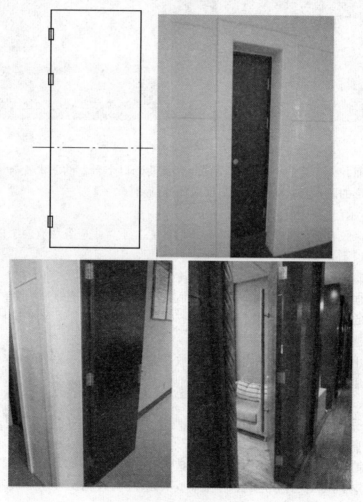

附图 C-31　三副合页的安装

1）上缝宽——1～1.5mm。

2）侧缝宽——1～1.5mm。

3）底缝宽——外门：5～6mm；

内门：6～7mm；

卫生间门：8～10mm。

弹簧门的缝隙可适当放大。

（四）关于楼、地面块料面层的铺贴细节

楼、地面块料面层的铺贴，重点是解决空鼓问题，特别是大理石石材的铺贴。

（1）大理石楼、地面空鼓的主要原因：

1）大理石材质松软，有背网，施工时不可能将背网撕下后再铺贴；

2）一般情况下，楼地面铺贴石材已是工程尾声，肯定进入倒计时阶段，工期紧迫，施工程序已经顾不上了；

3）铺贴石材的水泥砂浆尚未到达终凝期，就上机打磨进入镜面处理阶段，机器抖动将水泥砂浆震得酥松；

4）抢工阶段，各路人马齐上阵，成品保护无法顾及；

5）抢工阶段遇上冬期施工，"雪上加霜"；

6）无意使用了过期水泥；等等。

（2）块料面层铺贴前，必须根据现场实际尺寸进行排砖设计。

（3）公共建筑大厅、走廊及各类房间和居住建筑的公共部分、门厅、起居室等地面，应由房中间向四周排砖，周边应对称；居住建筑的居室、厨房、卫生间也可以从一边排砖，但无论怎样排，均不得出现小于1/2的条砖。

（4）公共建筑的大厅、工业与商业建筑等有柱子的地面，应以柱子居中排砖，若无具体设计要求，则优先考虑柱子与地面四周套边的做法。见附图 C-32。

附图 C-32　柱子与地面四周套边

（5）地砖与墙砖的尺寸模数相同者，地砖、墙砖的拼缝应贯通；石材、面砖踢脚线的拼缝应与地砖缝贯通；室内相通的房间地砖拼缝必须贯通；房间与走廊之间的地砖缝尽量贯通；不能贯缝的地方要用异色石材、地砖等过渡方法解决。见附图 C-33。

（6）室内走廊地砖一般应对称铺贴，无论是以走廊中心线向两侧排砖，还是中间一块地砖跨走廊中心线排砖，两边都不能出现小于1/2的条砖。见附图 C-34。

（7）房间门口的过渡砖（条石）或门槛应采用整砖（条石），或对称镶贴。见附图 C-35。

（8）石材或其他块料面层的接缝处不得进行局部二次研磨，若出现地面平整度超过规范标准的现象，应采取整体研磨方式（尤其是采用天然石材的地面）。

（五）关于踢脚线的安装细节

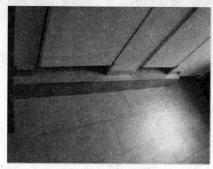

附图 C-33　地砖拼缝处理

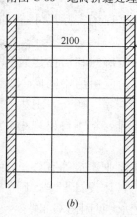
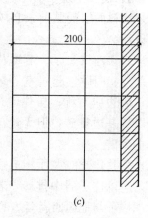

2100

600×600地砖

2100

2100

(a)　　　　　　　　　　*(b)*　　　　　　　　　　*(c)*

附图 C-34　走廊地砖铺贴方式

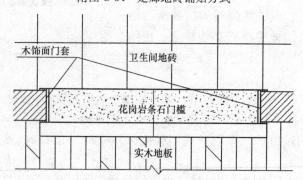

木饰面门套　　　　卫生间地砖

花岗岩条石门槛

实木地板

附图 C-35　过门石铺贴

（1）石材踢脚线的上口应磨光，出墙厚度控制在 8～10mm，可将石材踢脚线嵌入墙体内一部分；阴、阳角接头应采用 45°割角对缝。见附图 C-36。

（2）饰面砖踢脚线的做法与石材踢脚线基本相同，上口必须为光面，一般宜采用加工好的成品。

（3）实木踢脚线的背面应抽槽并做防腐处理；基层应整平，踢脚线应紧贴墙面，不得出现波浪状。

（4）金属踢脚线和实木踢脚线一样，基层应整平，踢脚线应紧贴墙面，出墙应一致，不得出现波浪状；安装完毕应采取妥善办法加以保护，避免出现凹点。

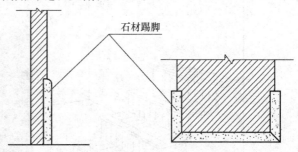

石材踢脚

附图 C-36 踢脚线安装细节

（5）踢脚线施工必须待地面面层完成后进行。

附图 C-37 实木地板的铺装

（六）关于实木地板的铺装细节

（1）实木地板面层铺装时，面板与墙之间应留 8～12mm 的缝隙；长条地板的铺装方向宜与门垂直，相邻木地板的接缝应错开，木地板错缝应有规律。见附图 C-37。

（2）木格栅应垂直于面板，间距约大于一般成人的脚长（≤300mm）。

（3）毛地板宜采用变形较小的天然、风干、长条板材，铺设时木材髓心应向上，板间缝隙应≤3mm，与墙之间应留 8～12mm 的空隙，表面应刨平；毛地板铺设方向宜与木格栅倾斜 60°左右。整块的细木工板不宜做毛地板。

（4）实木地板的收头、镶边，应采用同类材料；不提倡采用金属条。

（5）木楼梯面层若采用长条实木地板铺装时，介绍如下一种方式：

楼梯踏步最外面用一块地板横向做封板，公榫朝外、刨圆，母榫朝内，飞出楼梯侧板 5～6mm（约为实木地板厚度的 1/2）；踏步里面用"零头板"（铺装房间等大面积地板剩下的地板头）竖向铺装，但板头均应做成公榫插入横向封板中。楼梯踢面板也采用"零头板"竖向铺装，且与踏步板贯缝。见附图 C-38。

此铺装方式的优点：美观、顺向、牢固、节约。

（七）关于天棚吊顶的安装细节

（1）天棚吊顶施工前必须根据设计图纸与现场实际尺寸进行校对，将原设计图纸上的灯具、烟感器、喷淋头、风口、检修孔、吸顶式空调等位置进行调整；在满足功能要求的前提下，应做到"对称、平直、均匀、有规律"。见附图 C-39。

（2）明龙骨吊顶必须根据现场实际尺寸逐个房间、逐个区域进行排版设计。

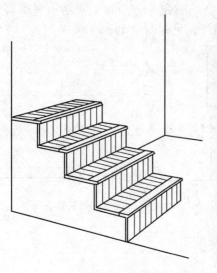

附图 C-38 实木地板作本楼梯面层

附图 C-39 天棚吊顶安装实例

（3）纸面石膏板吊顶的阴、阳角和应力集中处必须进行特殊处理，防止出现裂缝。

（4）格栅吊顶的格板必须横平、竖直。

（5）叠级吊顶的阴、阳角应挺拔，线、面要平顺、笔直。

（6）造型吊顶上的圆、曲线处理要认真，不得出现不顺滑的现象；装饰线条应加工定制。

（7）玻璃天棚应采用钢化夹胶玻璃，并应有足够的刚度防止天棚下挠、玻璃脱落。

（8）吊顶与立管交接部位应加套管护口，套管出吊顶下约 20mm；涂料天棚与立管的交接部位，宜将涂料下返约 20mm，与立管的银粉漆分色，以增加感官效果。

（八）关于卫生设备的安装细节和注意点

（1）蹲便器按设计要求位置固定后，应以蹲便器的中心线为基准，将整砖居中跨中心线、或由中心线向两侧排列；蹲便器四周的地砖要对称、合理，根部不得出现小于 1/2 的条砖。见附图 C-40。

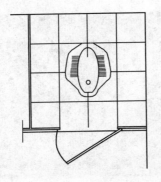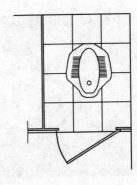

附图 C-40 蹲便器四周地砖布置

（2）公共卫生间里并列安装若干套蹲便器时，应统筹考虑地砖的排列，首先应强调各个蹲便器的中心线位置，使每个蹲便区位（卫生间隔断之间）里的地砖排列呈居中、对称形态；相邻蹲便器的过渡地砖应尽量采用整砖。

（3）坐便器与蹲便器一样，安装时其中心线应对准卫生间墙、地砖的中心线或两块墙、地砖的接缝处；若此处墙、地砖接缝不能贯通，可采取在中心线两侧或跨中心线镶贴其他类型的墙砖、锦砖等方式来处理。见附图 C-41。

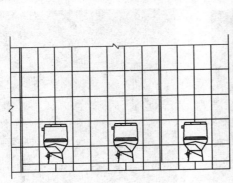

附图 C-41 坐便器安装细节

（4）小便器的中心线应对准卫生间墙砖的中心线或两块墙砖的接缝处，对应的感应器、冲水装置、下水管等应处于小便器的正中。

（5）小便器两侧应设置挡板，挡板也应安装在墙砖的中心线或两块墙砖的接缝处；小便器挡板不应直接接触地面，尿垢难以清理；注意挡板高度和材质。见附图 C-42。

（6）公共卫生间里并列安装两套及两套以上小便器时，其安装高度、间距应一致；并列安装的小便器的中心距离应≥ 0.70m。见附图 C-43。

（7）盥洗台上设置两套及两套以上的台盆，其位置应对称或均匀分布，对应的水龙头、去水管等应处于台盆的正中。

（8）卫生间镜子、灯具的位置应与盥洗台对中，镜子两边显现的墙砖应对称。见附图 C-44。

（9）盥洗台台下盆的安装，应在钢架上用垫有木质材料的两根金属构件支撑盆体，不得采用胶粘或螺钉顶住盆体的方法，杜绝安全隐患发生。

附图 C-42　挡板小便器

（10）盥洗台下水管应采用能存水的弯管。

（11）应采用节水型的卫生器具和水嘴。

（12）小便器周边与墙（地）面交接处，蹲便器周边与地砖交接处，坐便器底座与地面交接处，台上盆周边与盥洗台面交接处，拖布池上口与墙面、底座与地面的交接处，盥洗台、镜子周边与墙砖的交接处等，均应采用防霉性能好、非透明的玻璃胶进行封闭处理。

（九）关于不同材料交接处的缝隙处理

（1）在室内精装修工程中，凡遇到两种不同材料交接、且不能做到交接处严丝合缝的话，我们提倡采用非透明的柔性材料进行装饰性封闭，目前较好的材料即为防霉性能好、中性的玻璃胶。

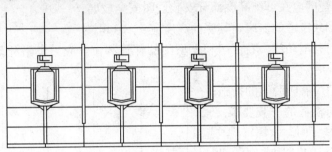

附图 C-43　小便器安装实例

（2）打玻璃胶应指派专人熟练操作，从上到下、从左到右一气呵成，不应留接头痕迹；在满足要求的前提下，胶条宽度应一致，并尽量窄一点。

（3）玻璃胶的颜色应在设计师的指导下选用。

（十）关于其他问题的细部处理

（1）采用湿贴法施工的石板材，其背面及四个侧面必须刷防碱背涂，必须使用低碱水泥，防止泛（吐）碱。

（2）镜面玻化砖做墙面装饰宜采取干挂的方式，尽可能不采用水泥砂浆粘贴，若非得粘贴则须采取内加固措施，防止一段时间后因水泥砂浆与玻化砖剥离而空鼓、脱落。

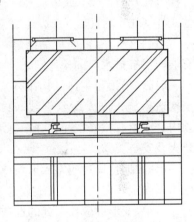

附图 C-44　镜子安装示意

（3）厕浴间和有防水要求的建筑地面必须设置防水隔离层；楼层结构必须采取现浇混凝土或整块预制混凝土板，混凝土强度等级应 ≥C20；楼板四周除门洞外，应做混凝土翻边（反梁），其高度应≥200mm。装饰改造工程中若发现原建筑未设置反梁，应与业主办理相关手续，以确保安全。

（4）PVC、橡胶之类的面层施工前，基层处理务必认真，平整度要高，待基层透干后方能进行面层铺贴；面层与基层粘接应牢固、平整、无气泡，不翘边、不脱胶、不溢胶；接缝严密、焊缝顺直、光滑。

（5）采用玻璃做墙体时，玻璃板应具有相应刚度，必要时需增加玻璃肋板；玻璃板下口与槽口交接处应加设柔性垫块（一般为两块，分别垫放在每块玻璃边长的 1/4 处），严禁玻璃与槽口直接接触；安装完成后应采用玻璃胶将玻璃与槽口的交接处封闭，并按要求在玻璃墙上设置防冲撞标识。见附图 C-45。

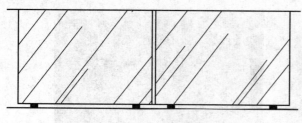

附图 C-45　玻璃墙体示意

（6）安装压花玻璃，压花面应朝室外；安装磨砂玻璃，磨砂面应朝室内；但磨砂玻璃用在厨房间时，磨砂面应朝外，否则厨房间的油烟粘在磨砂面上不宜清洗。

（7）全玻璃门应采用安全玻璃，并应在玻璃门上设置防冲撞提示标识。

（8）天窗应采用防破碎伤人的透光材料。

（9）双面弹簧门应在可视高度部分安装透明安全玻璃。

（10）开向公共走道的窗扇，其底面高度应≥2.0m。

（11）旋转门、电动门、卷帘门和大型门的邻近部位，应另设平开疏散门，手动开启的大门扇应有制动装置。

（12）推拉门应有防脱轨的措施。

（13）扶手与栏杆的安装要求：采用木螺钉固定木扶手时，木螺钉应与扁铁装平；扶手端头不得嵌入墙内；收头立杆（柱）的直径（或边长）应大于其他立杆（柱）的直径（或边长）。

（14）侧面有饰面板的浴缸，应留有通向浴缸排水口的检修门。

（15）吊顶与主体结构吊挂应有安全构造措施；高大厅堂管线较多的吊顶内，应留有检修空间，并根据需要设置检修走道和便于进入吊顶的人孔，且应符合有关防火及安全要求。

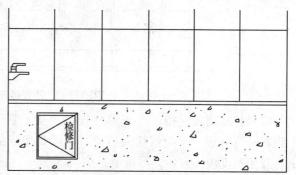

附图 C-46　浴缸检修门

（16）地毯周边应塞入卡条或踢脚线下口内，门口的地毯与其他地面材料交接处均应用压条固定。但压条材料不宜选用劣质的铝合金条或铜条。

（17）变形缝应按设缝的性质和条件设计，使其在产生位移或变形时不受阻，不被破坏，并不破坏建筑物；其构造和材料应根据其部位需要分别采取相应措施。

（18）排水立管不得穿越卧室、病房等对卫生、安静有较高要求的房间，并不宜靠近与卧室相邻的内墙。

（19）无外窗的浴室和厕所应设置机械通风换气设施，并设通风道。

（十一）关于对人性化问题的关注

（1）楼梯、台阶的踏步板上及坡道上面均应设防滑条（槽）。尤其是大酒楼、大饭店里的不起眼的三两级台阶，特别容易造成人身伤害事故。见附图 C-47。

（2）由于公共场所的卫生间蹲便区的台阶面层，通常采用与卫生间地面相同的地砖（石材）进行装饰，因而那些"完成任务"急促离开的人经常会忽略这一两级台阶，造成意外伤害。因此，须在蹲便区外沿设置警示条或其他警示标识。见附图 C-48。

（3）灯管、灯带的安装不能直接裸露在人手能碰到的地方，以免发生触电安全事故。见附图 C-49。

附图 C-47　踏步防滑条

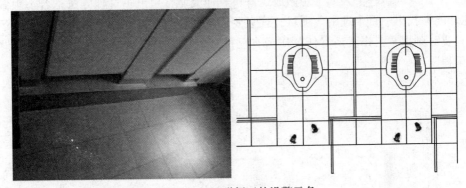

附图 C-48　蹲便区外设警示条

附图 C-49　灯管、灯带隐蔽安装

（4）室外景观工程中铺装防腐木条形地板时，应特别注意地板之间空隙不能留得太大，要防止女性游客的高跟鞋嵌入，以免造成意外。见附图 C-50。

附图 C-50　防腐木条形地板安装

　　一个项目只要"条件较好，考虑周全，施工精心，注重细节，出新出奇"，就能创成精品工程。当然施工企业应该在该项目施工前就制定出创优规划，过程中按照规划去踏踏实实地做，而不是等工程完成后想方设法地去申报。"创"优与"报"优，一字之差，性质不同，差距太大。一个人如果想做成这件事，他就能够想出一百种方法；若不想做这件事，他却能够找出一百个理由。项目经理只要"重视规范，关注安全，讲究美观，运用智慧"，只要时刻把"工作就是责任"作为自己的座右铭，他所承担的每个项目都能够成为"精品工程"。

附录 D　绿色建筑与评价

（一）绿色建筑简介

（1）2006 年，住房和城乡建设部正式颁布了《绿色建筑评价标准》GB /T 50378—2006。在此标准内明确定义：绿色建筑是指在建筑的全寿命周期内，最大限度地节约资源（节能、节地、节水、节材）、保护环境和减少污染，为人们提供健康、适用和高效的使用空间，与自然和谐共生的建筑。

（2）"绿色建筑"的"绿色"，并不是指一般意义的建筑物的立体绿化，而是一种概念或象征（附图 D-1），是指建筑对环境无害，能充分利用环境自然资源，并且在不破坏环境基本生态平衡条件下建造的一种建筑，又可称为可持续发展建筑、生态建筑、回归大自然建筑、节能环保建筑等。绿色建筑评价体系共有六类指标，由高到低划分为三星、二星和一星。

（3）2015 年 1 月 1 日即将实施的新版《绿色建筑评价标准》GB/T 50378—2014 有以下亮点：

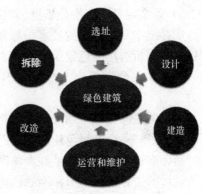

附图 D-1　绿色建筑的含义

1）评价方法升级

旧标准采用了条数计数法判定级别，新标准采用分数计数法判定级别，这是新标准重大的更新元素。判定级别形态与国际流行绿色建筑评价标准 LEED 保持了相同性和一致性，应该说，体现国内绿色建筑标准设计者吸取和传承了国际绿色建筑标准精髓和特长，扬长避短，同时真实反映国内众多绿色建筑认证师内心的呼声。

分数计数法判定级别的最大优势是条文权衡性和弹性空间增强，为绿色建筑设计方案和策略提供更为丰富的遴选空间。

2）结构体系更紧凑

保持原有"控制项"不变；取消"一般项"和"优选项"，二者合并成为"评分项"；新增"施工管理"、"提高和创新"。可以说，新增项内容促使绿色建筑设计、建设和运营的发挥空间更加宽阔，致使绿色建筑在整个生命周期内各阶段体现得更加淋漓尽致。

同时，结构体系也沿用了国际主流绿色建筑标准 LEED 结构体系，这种结构体系已在国际大量工程中落地应用，赢得绿色建筑业界一致的称赞和肯定，评价方法和结构体系的更新升级，显现出国内绿色建筑逐渐踏入国际主流轨道，于细微处表达了与时俱进、同步国际的理念。

虽然结构体系发生了甚微变化，但更加符合绿色建筑本质内涵，结构更加紧凑，可操作性更加理性。

3) 保持级别不变

新标准绿色建筑等级依旧保持为原有三个等级，一星、二星和三星，三星为最高级别。

7 大项分数各为 100 分，提高和创新为 10 分，7 大项通过加权平均计算出分数，并且各大项分数不应少于 40 分。一星：50～60 分；二星：60～80 分；三星：80～110 分。7 大项包括："节地与室外环境"、"节能与能源利用"、"节水与水资源利用"、"节材与材料资源利用"、"室内环境质量"、"施工管理"、"运营管理"。

4) 适用范围更广

新国标将标准适用范围由住宅建筑和公共建筑中的办公建筑、商业建筑和旅馆建筑，扩展至各类民用建筑。应该说，新标准是一本繁杂和集成式绿色建筑标准体系，充分考虑建筑类型、建筑体量和气候区域，并做出更加特殊吻合评价指南。

5) 条文定量和定性分析更加明确

旧标准中一些含糊的技术指标和概念将凸出明确解析，扩大了绿色建筑设计的深度和宽度，侧面折射出绿色建筑量体裁衣和因地制宜的思想，根据工程实际情况和本地特色特点，选择条文合适规定分数，既不有失绿色建筑设计元素，又增添绿色建筑设计师创造力。

值得关注的是，更加详细和可靠的条文分数评价方法，为绿色建筑设计追求更高级别等级开辟了一条全新绿色建筑设计通道。

新标准针对绿色建筑某些专项设计的技术规定更加明细，定量分析已经占据整个绿色建筑设计的主导位置，旧标准绿色建筑设计主导定性分析已悄然"消失"。

6) 条文适用性更加清晰

每个条文均明确说明条文的适用性，主要体现在 2 个方面，譬如：A 条文适用公共建筑；B 条文适用所有民用建筑；C 条文适用设计标识；D 条文适用于设计标识和运营标识等。

这些具体的条文信息促使绿色建筑设计工程师头脑更加敞亮，绿色建筑技术方案博弈之间不需要更多的斟酌和思考，解放了旧标准存在疑虑和质疑空间。

7) 标准灵活性更强

旧标准采用的是条文条数判定，选择的余地和空间十分有限，导致很多绿色建筑设计师在追求更高绿色建筑等级时出现了瓶颈。旧标准很多控制项内容在新标准中均已设置在得分项数内，譬如：人均居住用地、人均公共绿地、绿化率等当前居住绿色建筑设计棘手的问题，如今似乎都轻松得到解决或规避，充分表现了绿色建筑评价标准的以人为本，考虑整体，顾及个体的大局路线。

2006 年至 2014 年已经走过整整 8 个年头，建筑行业诸多标准已经更新或将于近期颁布，譬如《建筑照明设计标准》GB 50034—2013、《建筑采光设计标准》GB 50033—2013、《公共建筑节能设计标准》GB 50189—2014 等，意味着绿色建筑技术性能参数集体升级，绿色建筑设计难度不言而喻。

（二）LDDE 认证简介

（1）LEED 认证全称为 Leadership in Energy and Environmental Design，美国能源设计先锋奖；是国际各类建筑环保评估及可持续性评估标准中最完善、最权威、最具影响力的评估标准之一。LEED 是以美国绿色建筑委员会（USGBC）推行的 LEED 绿色建筑评价标准为指导的奖项，LEED 认证体系包含四个等级，由低至高分别是认证级、银级、金级和铂金级（附图 D-2）。

四等级

40~49　　　　50~59　　　　60~79　　　　80+

评分

附图 D-2　LEED 认证体系

（2）LEED 体系构成（以 BD+C 为例）见附图 D-3。

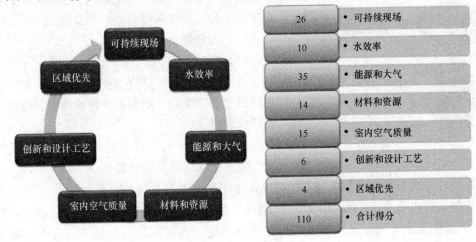

附图 D-3　LEED 体系构成

（3）LEED 认证建筑的经济及社会价值见附图 D-4。

（4）环境影响：

1）固体废弃物降低：25~60%。

2）污水排放降低：30%~80%。

3）CO_2 排放降低：10%~40%。

4）空气和水源污染持续减少。

（5）节约能源，见附图 D-5。

（6）舒适和健康：

1）改善室内空气质量。

2）改善社区和建筑周围空气质量。

3）提高居住和工作环境舒适度。

4）提高生产效率。

附图 D-4　LEED认证建筑的经济及社会价值　　　　附图 D-5　能源的节约情况

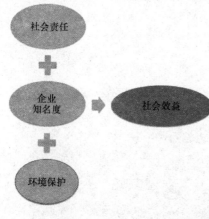

附图 D-6　社会效益

(7) 社会效益见附图 D-6。

（三）建筑装饰绿色施工的原则

(1) 全寿命周期性（总体方案优化）。

(2) 全过程管理：施工策划、材料采购，现场施工，工程验收等各阶段管理和监督。

(3) 因地制宜。

(4) 实施管理：

1) 编制并完善《绿色施工方案》，针对"四节一环保"各项措施，明确各项评价指标，编制相应的评价表格。

2) 定期对项目管理人员、分包管理人员进行绿色施工交底培训及安全教育。

3) 结合平面布置方案及现场实际情况，优化平面布置，动态管理。

4) 根据绿色施工组织架构，以项目经理为第一责任人，各小组担负实施职责，具体实施，严把安全质量关，保证现场严格按照绿色施工方案部署进行施工，并保证施工安全，控制施工质量。

5) 严格控制材料采购和领料程序。

6) 定时组织评价；做好评分、统计及整理工作。

7) 及时完成示范工程相关申报、资料统计、评审申报等工作。

（四）施工现场的环境保护

(1) 制定扬尘控制措施。

(2) 使用环境友好型材料。

(3) 使用绿色环保临时场地办公室应用。

(4) 建筑废料分类回收利用。

(5) 平面布置科学合理，施工场地占用面积少。

(6) 办公系统自动化、网络化、数据化，实现无纸化办公以节约能源等。

（五）认证体系比较（LEEDV3.0对比《绿色建筑评价标准》GB/T 50378—2006)

(1) 分项比例及权重不同。

(2) LEED为打分法。

（3）绿色建筑评价标准侧重项目达到和满足的数目。

详见附表 D-1。

LEED 认证与《绿色建筑评价标准》对比

序号	LEED 认证		《绿色建筑评价标准》	
	类 型	权重	类 型	权重
1	可持续性场址（SS）—26 分	24％	节地与室外环境—8 项	19％
2	节水（WE）—10 分	9％	节水与水资源利用—6 项	14％
3	能源与大气（EA）—35 分	32％	节能与能源利用—10 项	23％
4	材料与资源（MR）—14 分	13％	节材与材料资源利用—5 项	12％
5	室内环境质量（IEQ）—15 分	14％	室内环境质量—7 项	16％
6	创新与设计（IDP）—6 分	5％	全生命周期综合性能—7 项	16％
7	区域优化加分—4 分	4％		

参 考 文 献

[1] 中华人民共和国国家标准. 建筑工程施工质量验收统一标准 GB 50300—2013[S]. 北京：中国建筑工业出版社，2014.

[2] 中华人民共和国国家标准. 建筑装饰装修工程质量验收规范 GB 50210—2001[S]. 北京：中国建筑工业出版社，2001.

[3] 李继业，等. 建筑装饰工程施工技术与质量控制[M]. 北京：中国建筑工业出版社，2013.

[4] 国振喜. 建筑装饰装修工程施工及质量验收手册[M]. 北京：机械工业出版社，2006.

[5] 吴竞军. 建筑装饰装修工程施工工艺标准[M]. 北京：中国计划出版社，2004.

[6] 侯建华. 建筑装饰石材[M]. 北京：化学工业出版社，2003.

[7] 中国建筑装饰协会工程委员会. 实用建筑装饰施工手册(第二版)[M]. 北京：中国建筑工业出版社，2004.

[8] 杨嗣信，等. 建筑装饰装修施工技术手册[M]. 北京：中国建筑工业出版社，2005.

[9] 简名敏. 软装设计师[M]. 南京：江苏人民出版社，凤凰出版传媒集团，2011.

[10] 李方方. 室内陈设艺术设计[M]. 武汉：华中科技大学出版社，2012.

[11] 纪迅. 施工员(建筑工程)专业管理实务[M]. 南京：河海大学出版社，2012.

[12] 北京市建筑装饰协会. 建筑装饰施工员[M]. 北京：高等教育出版社，2008.

[13] 北京市建筑装饰协会. 建筑装饰施工员必读[M]. 北京：中国建筑工业出版社，2009.